普通高校"十三五"规划教材

# 电工电子技术

主　编　孙君曼　方　洁
副主编　刘　娜　王英聪

北京航空航天大学出版社

## 内 容 简 介

本书是按照教育部高等学校电工电子基础课程教学指导委员会制定的《电工电子技术教学基本要求》编写的。作者本着对非电类工程技术专业人才培养的原则,从工程分析的角度对传统电工电子技术的内容进行了梳理;同时针对非电类专业的特点及学时分布情况,对课程内容和结构体系做了适当整合。全书共分为12章,由上篇(电工技术)和下篇(电子技术)构成。上篇内容包括:直流电路、一阶动态电路的分析、正弦交流电路、三相交流电路、变压器与交流电动机、输电技术发展。下篇内容包括:半导体器件、基本放大电路、集成运算放大电路、直流稳压电源、组合逻辑电路、时序逻辑电路。每章均附有学习导引、学习目标和要求及小结,并配有例题与习题,便于读者自学。

编者具有丰富的教学实践经验,书中覆盖了电工电子技术课程教学大纲的所有内容,并且语言流畅,可读性强。书中内容由浅入深、循序渐进,既注重必要的基本原理的讲解,又力求突出工程上的适用性,同时对新技术进行了适当的拓展。

本书可作为普通高等学校非电类专业电工学或电工电子技术课程的教材,覆盖48~72学时(标以"＊"为选学内容),也可供工程技术人员参考。

**图书在版编目(CIP)数据**

电工电子技术/ 孙君曼,方洁主编. -- 北京 : 北京航空航天大学出版社,2019.7

ISBN 978 - 7 - 5124 - 3008 - 2

Ⅰ.①电… Ⅱ.①孙… ②方… Ⅲ.①电工技术—高等学校—教材②电子技术—高等学校—教材 Ⅳ.①TM ②TN

中国版本图书馆 CIP 数据核字(2019)第 103525 号

**电工电子技术**

主  编  孙君曼  方  洁
副主编  刘  娜  王英聪
责任编辑  董  瑞  周世婷

＊

北京航空航天大学出版社出版发行

北京市海淀区学院路 37 号(邮编 100191)  http://www.buaapress.com.cn
发行部电话:(010)82317024  传真:(010)82328026
读者信箱:goodtextbook@126.com  邮购电话:(010)82316936
北京宏伟双华印刷有限公司印装  各地书店经销

＊

开本:787×1 092  1/16  印张:19.25  字数:505 千字
2019 年 8 月第 1 版  2023 年 3 月第 3 次印刷  印数:5 001～6 000 册
ISBN 978 - 7 - 5124 - 3008 - 2  定价:49.80 元

# 前　言

　　"电工电子技术"是一门综合性、实践性很强的专业基础课程,是非电类专业学生获取电工、电子技术基础知识的关键课程,学好此课程可为后续专业课的学习打下良好的基础。本书编写的目的是为适应高等教育新形势的需要,拓宽学生知识面,加强学生的基本技能和自学能力的培养。

　　本教材是按照教育部高等学校电工电子基础课程教学指导委员会制定的《电工电子技术教学基本要求》编写的。但考虑到信息技术的迅速发展及其在非电类专业越来越广泛的应用,本书在满足课程教学基本要求的前提下,适当增加先进的电气工程新技术、新工艺、新产品等方面的经典内容,强调电气设备和工程安全,力求使本书成为适应工程教育需要并与国际接轨的《电工电子技术》教材。本书主要有以下特点。

　　**1. 取材紧扣教学大纲、内容精练、突出三基知识**

　　教材按照课程教学要求介绍电路的基本概念、基本理论、基本分析和计算方法。在阐明物理概念和基本定律的前提下,采用工程近似方法进行计算,略去一些不必要的数学推导,在编写的过程中通过大量实例来加深学生对基本定理与电路分析方法的理解与应用。

　　**2. 注重由简入深、循序渐进**

　　从电路两大分类开始介绍,引出电路模型的建立,进而对直流稳态电路、暂态电路、交流电路响应问题进行分析。对电子电路的分析采用以器件为主线,先从半导体二极管、三极管、集成器件、门电路、触发器等器件构成电路的分析逐级推进。重点介绍器件的应用、特点及技术指标,以及不同器件构成应用电路的分析方法。

　　**3. 重视应用、采用工程分析方法、突出工程优化设计思想**

　　管为路用(晶体管组成电路),注重实际应用,引入重要概念、呈现电路优化设计思路、强化学生工程设计意识、突出工程设计工程分析思想。所选例题大部分来自实际工程,理论和实际相结合,教材内容更倾向于培养学生分析问题、解决实际问题的能力。

　　**4. 强调安全、将基本理论和标准的学习相结合**

　　本书按照现行的国家标准规范和国际电工委员会(IEC)有关标准编写,强调电工、电子设备和工程建设要以人为本,在工程设计、制造和施工中,应保证人身安全。

　　标准是衡量事物的准则。本书力求把现行的国家标准规范和IEC有关标准有机地结合到相应章节中,帮助学生在学习基本理论的同时,了解电工领域的标准及应用,学会查阅这些标准,为继续学习、从事与本专业有关的工程技术和科学研究等工作打下一定的基础。

　　由于非电类专业较多,对教学内容的要求不一,学时也有所差异,为了使教材具有灵活性,本教材将课程内容划分为计划讲解内容及扩展了解内容两个部分,书中无特殊标示部分表示必修内容,以基本原理、基本概念、基本方法和基本问题为出发点,课堂讲授、作业习题和实验等各教学环节应协调配合、反复强调,使学生概念清晰,牢固掌握。标示"＊"的为选学拓宽内容,学生可根据兴趣了解相关内容或结合相关书籍扩展学习。

　　本书共分12章。第1章主要介绍了直流电路的基本概念、基本定律及分析方法。第2章主要介绍了电路的暂态分析法。第3章主要介绍了分析交流电路的有效方法、相量分析法,相量图在交流电路中的应用及交流电路中功率的计算。第 4 章主要介绍了三相电路的特征及三相电路中线电压、线电流、相电压、相电流及三相功率的计算。第 5 章主要介绍了变压器、三相交流异步电动机的基本构造和转动原理,三相交流异步电动机的机械特性,启动、反转及调速和制动的基本方法。第 6 章主要介绍了当前先进的电气工程技术及电力工程项目。第 7 章主要介绍了半导体器件的基本工作原理与主要参数。第 8 章主要介绍了由分立元件组成的基本放大电路及其构成原理、工作原理、性能指标及计算方法。第 9 章主要介绍了集成运算放大电路的构成、工作原理及分析方法。第 10 章主要介绍了直流稳压电源的电路组成、工作原理和估算方法。第 11 章主要介绍了门电路的工作原理和一般用途,逻辑代数的基本概念、公式和化简,常用组合逻辑电路的分析与设计。第 12 章主要介绍了时序逻辑电路的基本单元、常用触发器的逻辑功能以及时序逻辑电路的分析方法。

　　本教材由郑州轻工业大学多年从事电工电子技术教学的一线教师编著,编委会成员有孙君曼、方洁、刘娜、王英聪、张培。孙君曼老师任第一主编,负责全书的规划、初稿修改、统稿定稿及全书工作;方洁老师任第二主编;副主编为刘娜和王英聪老师;张培老师也参加了本书部分章节的编写。本教材凝结了编者的辛勤汗水和智慧,在借鉴相关优秀教材的基础上融入了老师们多年从事电工学教学研究和教学改革的实践体会,是一本紧扣大纲要求、易于学习、易于理解的好教材。当然任何优秀教材都需要反复修订和优化,本教材是在上一版(曹卫锋、黄春主编的《电工电子技术》,书号:978 - 7 - 5124 - 1843 - 1)的基础上,结合教学实际优化调整、完善修改的,编写中注重工程分析及标准规范的应用表述,以求适应工程认证要求和大纲学时的变化。由于我们的水平有限,书中的错误和不妥之处,希望读者在使用过程中提出宝贵的修改建议,我们将进一步修改完善,努力将其打造成精品教材。

　　本书参考了郑州轻工业学院电子信息中心的老师们编写的《电子技术》《电工技术》《电工电子技术》等教材,在此向参加教材编写的老师们表示感谢。在编写本书的过程中,征求了科研院所、设计院和企业工程技术人员的意见,吸取了全国电工学教学会议上专家学者们一些好的观点,本书的出版也获得郑州轻工业大学教务处及电气信息工程学院等部门的大力支持,在此,对所有帮助过我们的老师一并表示衷心的感谢!

编　者

2019 年 5 月

# 目　　录

## 上篇　电工技术

# 下篇　电子技术

# 上篇 电工技术

# 绪 论

## 0.1 电工电子技术发展历程

人类在生产活动和科学实验的过程中,不断总结和丰富着自己的知识,同时推动着科技的进步。电工电子技术就是在生产实践中发展起来的。詹姆斯·瓦特(James Watt)于 1769 年发明了第一台蒸汽机;1782 年,又发明了联动式蒸汽机。蒸汽机的发明与运用,使人类生产实现了由手工生产向机械化生产的飞跃,引起了一场划时代的工业革命,人类从此步入机械化时代。

18 世纪末,由于生产发展的需要,电工技术发展很快。从 1785 年库仑建立库仑定律开始到 1800 年化学电池的发明,人类揭开了利用电能的序幕。1820 年,奥斯特发现了电流对磁针有力的作用,揭开了电学理论新的一页。同年,安培确定了通有电流的线圈的作用与磁铁相似,指出了磁现象的本质;1826 年,欧姆建立了欧姆定律;1831 年,法拉第发现了电磁感应现象,为以后电工技术的发展提供了重要理论基础;1833 年,楞次建立楞次定律,后来他致力于电机理论的研究,并阐明了电机的可逆性原理;1834 年,雅可比制造出世界上第一台电动机,从而证明了实际应用电能的可能性;1844 年,楞次与焦耳分别独立确定了电流热效应定律——焦耳–楞次定律;1864—1873 年,麦克斯韦总结出了电磁波理论;1888 年,赫兹通过实验获得了电磁波;19 世纪,发明了三相同步发电机、三相变压器、三相异步电动机以及三相输电方式。

电磁感应定律是电工技术发展的重要基础,据此制成了世界上第一台电动机,开创了人类通向电气化的道路。正是蒸汽机、电动机的发明与运用,使科学技术与生产第一次有机地结合在一起。现在电力广泛应用到国民经济的各个领域,电力的发展和广泛使用,提高了生产效率,减轻了劳动,促进了生产和生活各领域技术的革新及社会的不断进步和发展。

电子技术是在 19 世纪末无线电发明之后才发展起来的一门重要学科,是随着电子器件的发展而迅猛发展的先进技术。电子器件发展经历了如下阶段:20 世纪初第一代电子器件——真空管;20 世纪 40 年代第二代电子器件——晶体管,晶体管与电子管相比具有体积小、重量轻、功耗低、寿命长等优点;20 世纪 60 年代第三代电子器件——中、小规模集成电路;第四代电子器件——大规模集成电路;第五代电子器件——超大规模集成电路。Intel 公司的创始人之一 Moore 在 1965 年指出,集成电路上集成的晶体管数量每 18 个月将增加一倍,性能将提高一倍,而价格却不相应增加,这就是摩尔定律(Moore's Law)。根据美国半导体工业协会预测,集成电路(IC)线宽依然按"摩尔定律"缩小,在以后几年,芯片的特征尺寸将继续缩小。因此需要不断发展新的加工工艺,达到更高的加工精度。2016 年芯片的特征尺寸已达到 25 nm,2019 年初当人们还在纠结新买的手机或电脑是不是最新的 7 nm 或 10 nm 芯片时,台积电就在 5 月重磅宣布率先完成 5 nm 的架构设计,且已进入试产阶段,预计 2020 年攻下 5 nm 高地。半导体工艺在如此短暂的时间内实现了如此快速的迭代,完全超出了人们的预期。

电子技术如此迅猛的发展,也带动了其他高新技术的飞速发展,使工业、农业、科技和国防等领域以及人们的社会生活发生了巨大的变革。如果说,19 世纪电工技术的发展使人类实现了由机械化时代向电气化时代的飞跃,那么 20 世纪电子技术的发展使通信、控制和计算机相互有机结合,正在推动信息技术的变革,以 Internet 为代表的信息基础设施的出现,标志着人类已进入信息时代。21 世纪将是不同领域的科学技术相互渗透和融合的时代。进入 21 世纪以来,作为信息时代发展支撑的电子技术必将得到进一步的发展,也必定在各行业更加广泛深入地应用,各行各业的发展已和电工、电子技术密不可分。电工电子学与其他学科的结合或向其他学科的渗透,已经或正在促进这些学科的发展并开拓出新的学科领域。因此,21 世纪的工程师,掌握和运用电工电子学是十分必要的。处在信息时代的大学生们尤其是理工科学生更要深入学习掌握电工电子技术,成为适应当前社会发展需求的复合型工程技术人才。

# 0.2 电工电子技术课程的主要内容及学习任务

电工电子技术是一门研究电能在技术领域中应用的技术基础课,包括电工技术和电子技术两部分。电工技术主要研究直流电路、交流电路、暂态电路、变压器及电动机电路等各类电路的基本概念、基本定律及基本分析方法,分析讨论激励和响应的问题。电子技术是研究电子器件、电子电路及其应用的科学技术,处理各类信号的电子系统的基本组成和工作原理。信号是信息的载体,电子技术中承载信息的信号分为两大类:

① 模拟信号,数值随时间作连续变化的信号,即在时间上、数值上均连续的信号。典型代表是温度、速度和压力等物理量通过传感器变成的连续电信号。用于传递、处理模拟信号的电子线路称为模拟电路。

② 数字信号,在时间上和数值上均离散的信号,即在时间上是断续的、在数值上也是不连续的信号。典型代表是方波。用于传递、处理数字信号的电子线路称为数字电路,该电路能够实现对数字信号的传输、逻辑运算、控制、计数、寄存、显示及脉冲信号的产生和转换。

数字电路被广泛应用于数字电子计算机、数字通信系统、数字式仪表、数字控制装置及工业逻辑系统等领域。数字电子技术研究的是处理数字信号的电路,所以电子技术可分为模拟和数字两大部分。模拟部分重点讲述各种基本放大电路及其分析方法、放大电路中的反馈、集成运算放大器及其应用等几方面内容。数字部分主要讲述组合逻辑电路和时序逻辑电路的分析方法和设计方法。

本课程的任务是使非电类专业学生获得电工技术和电子技术必要的基本理论、基本知识和基本技能,了解电工技术和电子技术的应用和发展概况,为继续学习以及从事与本专业有关的工程技术和科学研究等工作打下一定的基础。非电类专业学生学习该课程重在应用,为此课程内容学习要理论联系实际,重视实际技能的训练,以培养分析和解决实际问题的能力。

# 0.3　电工电子技术课程学习要求

由于本课程涉及内容广泛、线路众多、入门难,因此教学上应注重各种基本电子电路的分析方法,突出其规律,使学生能够"举一反三",灵活应用。各章节之间的内容衔接应注意循序渐进,由浅入深,突出重点。配合理论教学需要,加强实践性环节,开设适当实验课,使学生通过实验,既加强对理论教学的理解,又增强动手能力,同时提高独立分析电子电路的能力。

学习时应侧重掌握电路器件的使用、不同器件构成的基本电子电路及其分析方法,并配以实践性学习,学生应该有能力去分析和设计具体的基本电子电路。电子技术部分以掌握或了解电子器件和集成电路的外部特性和基本应用电路为主,对内部激励或内部电路一般不作深入分析。通过对本课程的学习,要求熟练掌握各种放大电路与逻辑电路的分析和设计方法,为今后使用、分析和改进各行业所用各类电子仪器设备打下良好的专业技能基础。

## 1. 特性和共性相结合

学习时要能从共性中发现特性,又能从特性中总结出共性。例如,电路是由各种电路实体抽象出来的电路模型,研究的是电路分析和计算的普遍规律。在学习中,需要从共性中去发现它们的特性,要注意理论的严密和计算的精确。电子技术中的管(电子器件)、路(电子电路)、用(实际应用)三者的关系是:管、路、用结合,管为路用,以路为主。要把重点放在最基本的电路上。对于电子器件则重点在于了解它们的外部性能及如何用于电路中;分立电路和集成电路的关系是:分立为基础,集成是重点,分立为集成服务。又如低压电器和电机等则是讨论各种不同特性的,以及由它们组成的用以完成各种不同功能的电路。叙述中较多地强调了它们的应用特性。在学习时,要注意从这些特性中去发现它们的共性,要注意工程近似的分析方法。

## 2. 将基本理论与标准相结合

标准是衡量事物的准则。本教材中所引用的标准都标注出该标准的名称。学生在学习基本理论的同时,须了解一些电工、电子的标准及应用,学会查阅这些标准。

标准按其作用和有效的范围,可以划分为不同层次和级别的标准。

① 国际标准:由国际标准化或标准组织制定,并公开发布的标准。

② 区域标准:由某一区域标准或标准组织制定,并公开发布的标准,如欧洲标准。

③ 国家标准:由国家标准机构制定并公开发布的标准。

④ 行业标准:由行业标准化机构发布并在某行业的范围内统一实施的标准。

⑤ 地方标准:由一个国家的地方部门制定并公开发布的标准。

⑥ 企业标准:又称公司标准,是由企事业单位自行自定、发布的标准。

我国标准的编号由标准代号、标准顺序号和年号三部分组成。强制性国家标准代号为"GB",推荐性国家标准代号为"GB/T";行业标准代号由国务院标准化主管部门规定。如强制性电力行业标准代号为"DL",推荐性电力行业标准代号为"DL/T";地方标准的标准代号为DB 加上省自治区或直辖市的代码前两位数字;企业标准代号为 Q 加企业代号。

电器设备应按标准设计和制造,电气工程必须按标准设计和施工,而且应优先采用国家强制性标准或规范。如低压配电必须按《低压配电设计规范》(GB 50054—1995)设计,按《建筑电气工程施工质量验收规范》(GB 50303—2002)施工,才能保证人身安全和设备正常运行。

国际标准主要由国际标准化组织(International Organization for Standardization,ISO)、

国际电工委员会(International Electrotechnical Commission,IEC)或国际电信联盟(International Telecommunication Union,ITU)等制定的标准。

ISO 是最大的国际标准化组织,负责除电工、电子领域之外的所有其他领域的标准化活动。IEC 主要负责电工、电子领域的标准化活动。ITU 是促进电信全球标准化制定的国际组织。

# 第1章　直流电路

## 【学习导引】

本章从电路的基本概念和实际电路两大分类开始,介绍了电路模型,电路的基本物理量和基本元件,电流、电压的参考方向以及电路中电位的基本概念。应用欧姆定律、基尔霍夫定律等基本定律对直流电路进行分析计算。这些定律只要稍加扩展,原则上也适用于交流电路及其他各种线性电路的分析和计算,同时也是分析电子电路的基础。最后介绍非线性电阻元件的伏安特性、静态电阻、动态电阻以及简单非线性电阻电路的图解分析法。

## 【学习目标和要求】

① 理解电路模型和理想电路元件(电阻、电感、电容、电压源和电流源)的电压-电流关系。

② 理解电压和电流参考方向的意义,了解电路参考点的意义,掌握电位的计算。

③ 了解电源的两种模型及其等效变换方法,了解额定值和电功率的意义。

④ 理解基尔霍夫定律、叠加定理和戴维南定理,并能正确应用于分析电路。

⑤ 了解非线性电阻元件的伏安特性及静态电阻和动态电阻的概念,了解简单非线性电阻电路的图解分析法。

# 1.1　电路的基本概念

## 1.1.1　电路的组成及作用

### 1. 什么是电路

电路就是电流流通的路径,是由电气设备和(或)元器件按一定方式连接起来的总体,用以实现电能的输送和转换,实现信号的传递和处理。

### 2. 组成及作用

电路按其功能可分为两类:一类是电力电路,如图 1.1.1 所示。电力电路主要用以实现电能的传输和转换。在传输和转换过程中,要求尽量减少能量损耗以提高效率。另一类是信号电路,如图 1.1.2 所示,其主要作用是传递和处理信号等(如语音、图像和温度等)。在这种电路中,一般所关心的是信号传递与处理质量,要求不失真、高信噪比等。现分述如下:

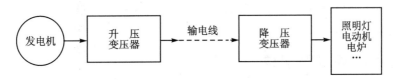

图 1.1.1　电力电路

(1) 实现电能的传输、分配与转换

发电机:提供电能的电源,将非电形态的能量转换为电能。

升压变压器、输电线和降压变压器：构成中间环节，起传递、分配和控制电能的作用。

照明灯、电动机、电炉：构成用电负载，将电能转换为非电形态的能量。

（2）实现信号的传递与处理

电源或信号源的电压或电流称为激励，它推动电路工作，由激励在负载上产生的电压和电流称为响应。

图 1.1.2　信号电路

## 1.1.2　电路模型

人们在工作和生活中会遇到很多实际电路。实际电路是为完成某种预期目的（也可以是在非预期情况，如短路、漏电等）而设计、安装、运行的，是由电路部件和电路器件相互连接而成的电流通路装置。在实际应用中，为了便于数学分析，一般要将实际电路模型化，用以反映其主要电磁性质的理想电路元件或其组合来模拟，从而构成与实际电路相对应的电路模型。在电路图中，不需要画出实际元件的形状，而是用理想元件取代实际元件，并用特定的图形符号来表示。理想元件是组成电路模型的最小单元，是具有某种确定电磁性质并有精确数学定义的基本结构。在一定的工作条件下，理想电路元件及它们的组合足以模拟实际电路中部件、器件中发生的物理过程。理想电路元件主要有电阻元件、电感元件、电容元件和电源元件等。

图 1.1.3 所示是日常生活中使用的手电筒的电路模型，手电筒是由干电池、照明灯、导线和开关组成的。图中电源（干电池）是将非电能转换为电能的元件；负载（如灯泡等）是将电能转换成非电能的元件；开关是接通或断开电路，起控制电路的作用；导线负责把电源与负载连接起来。一个完整的电路是由电源（或信号源）、负载和中间环节（开关、导线等）三个基本部分组成的。

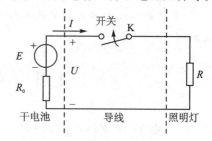

图 1.1.3　手电筒的电路模型

干电池是电源元件，其参数为电动势 $E$ 和内阻 $R_0$；

照明灯主要具有消耗电能的性质，是电阻元件，其参数为电阻 $R$；

导线用来连接电池和照明灯，其电阻忽略不计，认为是无电阻的理想导体。

开关用来控制电路的通断。

用理想电路元件或其组合模拟实际器件就是建立其模型，简称建模。建模时必须考虑工作条件，并按不同准确度的要求把给定工作情况下的主要物理现象和功能反映出来。建模问题需要专门进行研究，本书不作介绍。

今后本书所涉及电路均指由理想电路元件构成的电路模型，简称电路。在电路图中，各种电路元件都用规定的图形符号表示。

## 1.1.3　电路的基本物理量

### 1. 基本物理量

线性电路的基本物理量有电流和电压（电动势），复合物理量有电功率和电能等。

① 电流：单位时间内通过的电荷量，即有 $i = \dfrac{\mathrm{d}q}{\mathrm{d}t}$，$q$ 代表电荷。直流电路中电流用 $I$ 表示，

单位为安［培］（A）。

② 电位：电场力将单位正电荷从电路的某一点移至参考点时所消耗的电能。参考点的电位为零。直流电路中电位用 $V$ 表示，单位为伏［特］（V）。参考点的选择：a. 选大地为参考点；b. 选元件汇集的公共端或公共线为参考点。

③ 电压：电场力将单位正电荷从电路的某一点移至另一点时所做的功。电场中两点间的电压就是这两点的电位差。直流电路中电压用 $U$ 表示，单位为伏［特］（V）。

④ 电动势：电源中的局外力（非电场力）将单位正电荷从电源负极移至电源正极时所转换而来的电能称为电源的电动势。在直流电路中电动势用 $E$ 或 $e$ 表示，单位为伏［特］（V）。

⑤ 电功率：单位时间内所转换的电能。在直流电路中电功率用 $P$（直流电路）表示，单位为瓦［特］（W）。

⑥ 电能：在时间 $t$ 内转换的电功率称为电能，用符号 $W$ 表示，且 $W=Pt$，单位为焦耳（J）。工程中常用千瓦时（kW·h）表示，1 千瓦时为 1 度电，且有 $1\ kW·h=3.6×10^6\ J$。

**2. 电路基本物理量的实际方向**

表 1.1.1 所列为电路中对基本物理量规定的方向。

**表 1.1.1　物理中对基本物理量规定的方向**

| 物理量 | 实际方向 | 单　位 |
|---|---|---|
| 电流 $I$ | 正电荷运动的方向 | kA、A、mA、μA |
| 电压 $U$ | 高电位→低电位（电位降低的方向） | kV、V、mV、μV |
| 电动势 $E$ | 低电位→高电位（电位升高的方向） | kV、V、mV、μV |

**3. 电路基本物理量的参考方向**

① 参考方向：在分析与计算电路时，由于电流或电压的实际方向可能是未知的，也可能是随时间变动的，因此有必要指定电流或电压的参考方向，即对电量任意假定一个方向。指定参考方向的用意在于把电流或电压看成代数量。

② 参考方向的表示方法：如图 1.1.4 所示。

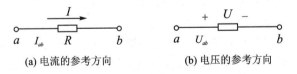

(a) 电流的参考方向　　　　　(b) 电压的参考方向

**图 1.1.4　参考方向的表示方法**

注意：在参考方向选定后，电流（或电压）值才有正负之分。

③ 实际方向与参考方向的关系：实际方向与参考方向一致，电流（电压）值为正；实际方向与参考方向相反，电流（电压）值为负。

④ 关联参考方向：一个元件的电流或电压的参考方向可以独立地任意指定。如果指定流过元件的电流的参考方向是从标以电压正极性的一端指向负极性的一端，即两者的参考方向一致，则称电流和电压的参考方向为关联参考方向。反之，称为非关联参考方向，如图 1.1.5 所示。

**【例 1.1.1】**　电路如图 1.1.6 所示，电动势为 $E=3\ V$，方向由"—"极指向"＋"极；电压 $U$ 的参考方向与实际方向相同，且 $U=2.8\ V$；电压 $U'$ 的参考方向与实际方向相反，且 $U'=$

－2.8 V，电流 $I$ 的参考方向与实际方向相同，$I=0.28$ A。

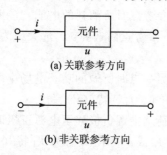

(a) 关联参考方向

(b) 非关联参考方向

**图 1.1.5　关联(非关联)参考方向**

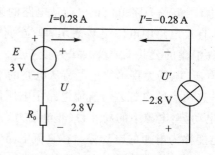

**图 1.1.6　实际方向与参考方向的关系**

# 1.2　电路的基本状态

实际电路在使用过程中可能处于有载、空载或短路三种不同的基本状态。下面以简单直流电路为例具体讨论这三种不同的基本状态。本节还将介绍电源的伏安特性以及电气设备的额定值等重要概念。

## 1.2.1　有载状态

简单直流电路如图 1.2.1 所示，其中，由电动势为 $E$ 的理想电压源与电阻 $R_0$ 串联表示实际电源，$R_L$ 表示负载电阻。

若开关 K 闭合，就会有电流 $I$ 通过负载电阻，电路处于有载状态。此时，电路中的电流 $I$ 为

$$I=E/(R_0+R_L) \tag{1.2.1}$$

电源的端电压就是负载电压，即

$$U=E-IR_0 \tag{1.2.2}$$

式(1.2.2)表明了电源的端电压与其电流的关系，即电源的端电压等于电源的电动势与其内阻上电压降之差。当电流 $I$ 增加时，电源的端电压 $U$ 将随之下降。若将式(1.2.2)用曲线表示，则称此曲线为电源的伏安特性或电源的外特性。在图 1.2.2 中，用纵坐标表示电源的端电压 $U$，横坐标表示电流 $I$。显然当电源的电动势 $E$ 与其内阻 $R_0$ 为常数时，电源的伏安特性为一向下倾斜的直线。当 $R_0 \ll R_L$ 时，则 $U \approx E$，表明当负载变化时，电源的端电压变化不大，即带负载能力强。

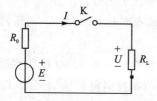

**图 1.2.1　简单直流电路**

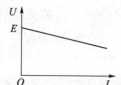

**图 1.2.2　实际电压源的伏安特性**

如果电压源的内阻 $R_0$ 为 0，则有 $U=E$，即电压源的端电压等于电源的电动势，为一恒定值，这时的电源就是理想电压源，简称电压源。电压源是一个理想电路元件，它的端电压可以

保持为恒定值,也可以随时间按某一规律变化,如按正弦规律变化。前者称为直流电压源,图 1.2.3 所示为直流电压源的伏安特性,它是一条平行于横轴的直线。此特性表明,电压源的端电压是固定的,而电流取决于与之连接的负载的大小。

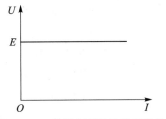

**图 1.2.3　理想电压源的伏安特性**

在 $U = E - IR_0$ 的两端同乘以 $I$ 得到 $UI = EI - I^2R_0$,即 $P = P_E - \Delta P$,其中,$P$ 为负载消耗功率(电源输出功率),$P_E$ 为电源产生功率,$\Delta P$ 为电源内阻消耗功率。在一个电路中,电源产生的功率和负载取用的功率以及内阻上所损耗的功率是平衡的。电源输出的功率由负载决定,负载大小的概念是:在电压一定时,负载增加指负载的电流和功率增加。

电路处于有载工作状态时,电源向负载提供功率和输出电流。对电源来讲,一般希望它尽可能多地向负载供给功率和电流,但是它提供给负载的功率和电流有无限制? 另外,对于负载而言,它能承受的电压、允许通过的电流以及功率又如何确定? 为了表明电气设备的工作能力与正常工作条件,在电气设备铭牌上标有额定电流($I_N$)、额定电压($U_N$)和额定功率($P_N$)。额定值是根据绝缘材料在正常寿命下的允许温升,考虑电气设备在长期连续运行或规定的工作状态下允许的最大值,同时兼顾可靠性、经济效益等因素规定的电气设备的最佳工作状态。

在使用电气设备时,应严格遵守额定值的规定。如果电流超过额定值过多或时间过长,由于导线发热、温升过高会引起电气设备绝缘材料损坏,严重时,绝缘材料也可能被击穿。当设备在低于额定值下工作,不仅其工作能力没有得到充分利用,而且不能正常工作,甚至损坏。例如,一照明灯的额定电压为 220 V,额定功率为 60 W,这表示该照明灯在正常使用时应把它接在 220 V 的电源上,此时它的功率为 60 W,并能保证正常的使用寿命,而不能把它接在 380 V 的电源上。又如某直流发电机的铭牌上标有 2.5 kW、220 V、10.9 A,这些都是额定值。发电机实际工作时的电流和其发出的功率取决于负载的需要,而不是铭牌上的标注。通常发电机等电源设备可以近似为电压源,即其端电压基本不变。负载是与电源并联的,当负载增加时(指并联负载数目的增加),负载电流就会增加;反之,当负载减小时(指并联负载数目的减小),负载电流就会减小。一般情况下电气设备有三种运行状态,即额定工作状态:$I = I_N$,$P = P_N$(经济合理安全可靠);过载(超载):$I > I_N$,$P > P_N$(设备易损坏);欠载(轻载):$I < I_N$,$P < P_N$(不经济)。

实际应用时,电压、电流和功率的实际值不一定等于它们的额定值。究其原因,一方面是受到外界的影响,例如电源额定电压为 220 V,但电源电压经常波动,稍低于或稍高于 220 V,这样,额定值为 220 V/40 W 的电灯上所加的电压不是 220 V,实际功率也就不是 40 W 了;另一原因如上所述,在一定电压下电源输出的功率和电流决定于负载的大小,就是负载需要多少功率和电流,电源就给多少,所以电源通常不一定处于额定工作状态,但是一般不应该超过额定值。

**【例 1.2.1】**　一只 220 V/40 W 的照明灯,接在 220 V 的电源上,试求通过照明灯的电流和照明灯在 220 V 电压下工作时的电阻。如果每晚工作 4 h,问一个月消耗多少电能?

**【解】**　通过照明灯的电流为

$$I = \frac{P}{U} = \frac{40}{220} \text{ A} = 0.182 \text{ A}$$

在 220 V 电压下工作时的电阻为

$$R = \frac{U}{I} = \frac{220}{0.182} \text{ } \Omega = 1\ 210 \text{ } \Omega$$

一个月消耗的电能为

$$W = Pt = 40 \text{ W} \times (4 \times 30) \text{ h} = 0.04 \text{ kW} \times 120 \text{ h} = 4.8 \text{ kW} \cdot \text{h}$$

分析电路,还要判别哪个元件是电源(或起电源的作用),哪个元件是负载(或起负载作用)。一般可以用下述方法进行判别。

① 根据 $U$、$I$ 的实际方向判别。

电源:$U$、$I$ 实际方向相反,即电流从"+"端流出(发出功率)。

负载:$U$、$I$ 实际方向相同,即电流从"−"端流出(吸收功率)。

② 根据 $U$、$I$ 的参考方向判别。

$U$、$I$ 参考方向相同,$P = UI > 0$,为负载;$P = UI < 0$,为电源。

$U$、$I$ 参考方向不同,$P = UI > 0$,为电源;$P = UI < 0$,为负载。

【例 1.2.2】 在图 1.2.4 中,已知:$U = 220 \text{ V}$,$I = 5 \text{ A}$,内阻 $R_{01} = R_{02} = 0.6 \ \Omega$。求:① 电源的电动势 $E_1$ 和 $E_2$;② 说明功率的平衡关系。

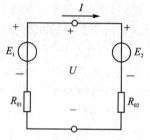

图 1.2.4 【例 1.2.2】电路

【解】 ① 对于电源

$$U = E_1 - IR_{01}$$

即　　$E_1 = U + IR_{01} = 220 \text{ V} + 5 \text{ A} \times 0.6 \ \Omega = 223 \text{ V}$

$$U = E_2 + IR_{02}$$

即　　$E_2 = U - IR_{02} = 220 \text{ V} - 5 \text{ A} \times 0.6 \ \Omega = 217 \text{ V}$

② $E_1$、$E_2$ 根据实际方向判断,$E_1$ 从实际"+"极性端发出电流为电源状态,$E_2$ 从实际"+"极性端流入电流为吸收电能的负载状态。

且由上面式子也可得 $E_1 = E_2 + IR_{01} + IR_{02}$,等号两边同时乘以 $I$,则得 $E_1 I = E_2 I + I^2 R_{01} + I^2 R_{02}$,代入数据有

$$223 \text{ V} \times 5 \text{ A} = 217 \text{ V} \times 5 \text{ A} + 5 \text{ A} \times 5 \text{ A} \times 0.6 \ \Omega + 5 \text{ A} \times 5 \text{ A} \times 0.6 \ \Omega$$

即　　　　　　　　　　$1\,115 \text{ W} = 1\,085 \text{ W} + 15 \text{ W} + 15 \text{ W}$

由此可见,在一个电路中,电源产生的功率和负载吸收的功率以及内阻所消耗的功率是平衡的。

## 1.2.2 开路状态

开路状态又称断路状态,如图 1.2.5 所示。将开关 K 断开,其电路特征为:$I = 0$,电流为零;$U = U_0 = E$,电源端电压等于开路电压;$P = 0$,负载零功率。

图 1.2.6 所示电路中某处断开时的特征如下:

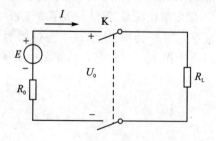

图 1.2.5 电路开路状态

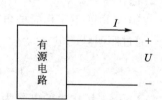

图 1.2.6 开路状态

① 开路处的电流 $I$ 等于零。

② 开路电压 $U$ 视有源电路情况而定。

## 1.2.3　短路状态

当两根供电线在某一点由于绝缘损坏而接通时,电源就处于短路状态,如图 1.2.7 所示。电源短路状态的特征:

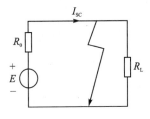

图 1.2.7　电源短路状态

$$I = I_{SC} = \frac{E}{R_0} \qquad 短路电流很大$$

$$U = 0 \qquad\qquad 电源端电压为零$$

$$P = 0 \qquad\qquad 负载功率为零$$

$$P_E = I^2 R_0 \qquad 电源产生的能量全被内阻消耗掉$$

由于电源内阻很小,所以电源短路时将产生很大的短路电流,而超过电源和导线的额定电流,如不及时切断,将引起发热而使电源、导线以及仪器、仪表等设备烧坏。为了防止短路所引起的事故,通常在电路中接入熔断器或断路器,一旦发生短路事故,它能迅速自动切断电路。

必须指出,有时也为了某种需要,将电路的某一部分人为地短接,但这与电源短路是两回事。

图 1.2.8 所示为电路中某处短路时的状态,特征如下:

① 短路处的电压等于零,$U = 0$。

② 短路处的电流 $I$ 视有源电路情况而定。

【例 1.2.3】　测量一节蓄电池的电路如图 1.2.9 所示。当开关 K 位于位置 1 时,电压表读数为 12.0 V;开关 K 位于位置 2 时,电流表读数为 11.6 A。已知电阻 $R = 1\ \Omega$,电流表内阻 $r = 0.03\ \Omega$,试求蓄电池的电动势 $E$ 与内阻 $R_0$。

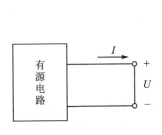

图 1.2.8　短路状态

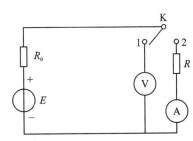

图 1.2.9　【例 1.2.3】电路图

【解】　当开关 K 位于位置 1 时,由于电压表内阻很大,电路近似处于开路状态,故开路电压为

$$U_{oc} = E = 12\ \text{V}$$

当开关 K 位于位置 2 时,电流表有内阻 $r$,故电路中的电流为

$$I = \frac{E}{R_0 + R + r}$$

由此可解得

$$R_0 = E/I - (R + r) = (12.0/11.6 - 1.03)\ \Omega \approx 0.004\ 5\ \Omega = 4.5\ \text{m}\Omega$$

# 1.3　电源及其等效变换

实际电源有电池、发电机和信号源等。电压源和电流源是从实际电源抽象得到的电路模型，它们是两端有源元件。

## 1.3.1　电压源

电压源是一个理想电路元件，它的端电压 $u(t)$ 为

$$u(t) = u_s(t) \qquad\qquad (1.3.1)$$

式(1.3.1)中 $u_s(t)$ 为给定的时间函数，电压 $u(t)$ 与通过元件的电流无关，总保持为给定的时间函数。电压源的电流由外电路决定。电压源的图形符号如图1.3.1(a)所示，直流电压源有时用图1.3.1(b)所示图形符号，电压值为 $U_s$。

电压源接外电路的情况如图1.3.2(a)所示，图1.3.2(b)是它的伏安特性，端口电压 $u(t)$ 等于 $u_s(t)$，不受外电路影响，是平行于电流轴的一条直线。当 $u_s(t)$ 随时间改变时，这条平行于电流轴的直线也随之改变其位置。

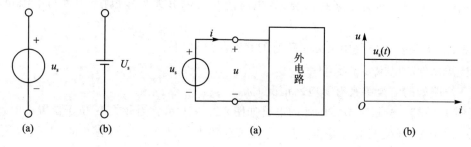

图1.3.1　电压源符号　　　　　　　图1.3.2　电压源的伏安特性

由图1.3.2(a)可见，电压源的电压和通过电压源的电流的参考方向通常取为非关联参考方向，此时，电压源发出的功率为

$$p(t) = u_s(t)i(t)$$

它也是外电路吸收的功率。

电压源不接外电路时，电流值总为0，即前面介绍的开路状态。若令电压源的电压为零，则此电压源的伏安特性为 $i$-$u$ 平面上的电流轴，它相当于前面介绍的短路，电压源"短路"无实际意义，因为短路时端电压 $u=0$，这与电压源的特性不相容。

用一个电动势 $E$ 和一个内阻 $R_0$ 相串联的等效电路来表示电源，这就是实际电压源模型，如电池、发电机等均可用实际电压源模型表示。

图1.3.3是一个实际电压源电路。图中符号表示为：

$E$——电源向负载所能提供的最大电压值；

$U$——实际电压源的端电压；

$R_0$——实际电压源的内阻。

图中 $U$、$I$ 方向为参考方向，虚线框内为实际电压源，$R_L$ 为负载电阻。

由欧姆定律得：$I = \dfrac{E}{R_0 + R_L}$，而 $U = I \cdot R_L$。

外特性:$U=E-I \cdot R_0=U_s-I \cdot R_0$,这是实际电压源的外特性公式,外特性曲线如图 1.3.4 所示。

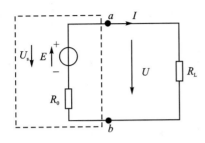 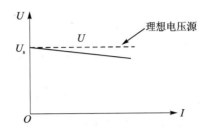

图 1.3.3　实际电压源的电路模型　　图 1.3.4　实际电压源的外特性(伏安特性)

理想电压源:当内阻 $R_0=0$ 时,$U=U_s$,即电压源端电压恒定,不随负载变化而变化。此时,电源称为理想电压源(恒压源)。

理想电压源(恒压源)特点如下:

① 内阻 $R_0=0$。

② 输出电压是一定值,恒等于电动势。对直流电压,有 $U \equiv E$。

③ 恒压源中的电流由外电路决定。

实际电源:输出电压基本恒定不变的电源常用电压源模型来表示,当其 $R_0 \approx 0$ 时,可看成理想电压源。

## 1.3.2　电流源

电流源是另一种理想电源,它发出的电流为

$$i(t)=i_s(t) \tag{1.3.2}$$

式(1.3.2)中,$i_s(t)$ 为给定的时间函数,电流 $i_s(t)$ 与元件的端电压无关,总保持为给定的时间函数。电流源的端电压由外电路决定。电流源的图形符号如图 1.3.5(a)所示,图 1.3.5(b)是电流源接外电路的情况,图 1.3.5(c)是它的伏安特性,为平行于电压轴的一条直线。当 $i_s(t)$ 随时间改变时,这条平行于电压轴的直线也随之改变其位置。

由图 1.3.5(b)可见,电流源的电流和电压的参考方向是非关联的,所以电流源发出的功率为

$$p(t)=i_s(t) u(t)$$

它也是外电路吸收的功率。

电流源两端短路时,其端电压值 $u=0$,而 $i=i_s$,电流源的电流即为短路电流。如果令电流源的电流 $i_s=0$,则此电流源的伏安特性为 $i-u$ 平面上的电压轴,它相当于前面介绍的开路状态,电流源"开路"无实际意义,因为开路时的电流 $i$ 必须为零,这与电流源的特性不相容。

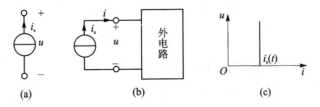

图 1.3.5　电流源及其伏安特性

用一个电流源 $I_s$ 和一内阻 $R_0$ 相并联的等效电路来表示电源,这就是实际电流源模型,像光电池一类的器件,均可用实际电流源模型表示。

图 1.3.6 所示为实际电流源电路,图中 $U$、$I$ 方向为参考方向,虚线框内为实际电流源模型,$R_L$ 为负载电阻。由 KCL 定律得

$$I = I_s - \frac{U}{R_0} \tag{1.3.3}$$

式中,$I_s = \dfrac{U_s}{R_0}$ 为电压源的短路电流;$I$ 是负载电流。

式(1.3.3)为实际电压源的外特性公式,外特性曲线如图 1.3.7 所示。

理想电流源:当 $R_0$ 很大或 $R_0 \gg R_L$ 时,负载电流 $I = I_s$,且不随负载电阻 $R_L$ 的变化而变化。此时,电源称为理想电流源(恒流源)。理想电流源(恒流源)特点如下:

① 内阻 $R_0 = \infty$。

② 输出电流是一定值,恒等于电流 $I_s$。

③ 恒流源两端的电压 $U$ 由外电路决定。

上述的电压源和电流源也常被称为独立电源。

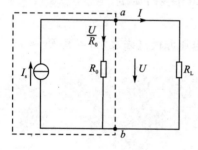

图 1.3.6　电流源模型

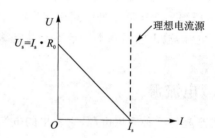

图 1.3.7　电流源外特性曲线

【例 1.3.1】　在图 1.3.8 所示电路中,一个理想电压源和一个理想电流源相连,试讨论它们的工作状态。

【解】　在图 1.3.8 所示电路中,理想电压源的电流(大小和方向)取决于理想电流源的电流,理想电流源两端的电压取决于理想电压源的电压。

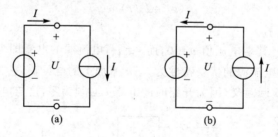

图 1.3.8　【例 1.3.1】电路

在图 1.3.8(a)中,电流从电压源的正端流出(和实际方向相反),而流进电流源(和实际方向相同),故电压源处于电源状态,发出功率,而电流源则处于负载状态,消耗功率。

在图 1.3.8(b)中,电流从电流源流出(和实际方向相反),而流进电压源的正端(和实际方向相同),故电流源发出功率,处于电源状态,而电压源消耗功率,处于负载状态。

【**例 1.3.2**】　电路如图 1.3.9 所示。已知 $E=1$ V,$R=1$ Ω,试求:

① 开关 $K_1$ 闭合,$K_2$、$K_3$ 打开时,求电流 $I$。

② 当开关 $K_1$、$K_2$ 闭合,$K_3$ 打开时,求电流 $I$。

③ 当开关 $K_1$、$K_2$、$K_3$ 同时闭合时,求电流 $I$。

【**解**】　分析:电压源的端电压不随外电路的变化而变化,但电压源向外提供的电流可以随负载的变化而发生变化。

① 仅有开关 $K_1$ 闭合时,有

$$I=1 \text{ A}$$

② 当开关 $K_1$、$K_2$ 同时闭合,$K_3$ 打开时,有

$$I=2 \text{ A}$$

③ 当开关 $K_1$、$K_2$、$K_3$ 同时闭合时,有

$$I=3 \text{ A}$$

【**例 1.3.3**】　电路如图 1.3.10 所示。已知 $I_s=1$ A,$R=1$ Ω,求下列三种情况下 $a$、$b$ 两端的电压:

① 开关 $K_1$ 闭合,$K_2$、$K_3$ 打开时。

② 当开关 $K_1$、$K_2$ 闭合,$K_3$ 打开时。

③ 当开关 $K_1$、$K_2$、$K_3$ 同时闭合时。

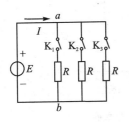

图 1.3.9　【例 1.3.2】电路

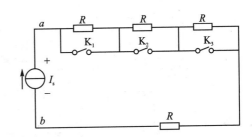

图 1.3.10　【例 1.3.3】电路

【**解**】　分析:电流源向外提供的工作电流不随外电路负载的变化而变化,但电流源的端电压能够随负载的变化而发生变化。根据欧姆定律有:

① 仅有开关 $K_1$ 闭合时,电路中电阻为 $3R=3$ Ω,而电流源输出的电流为 1 A,所以

$$U_{ab}=I_s \cdot 3R=3 \text{ V}$$

② 开关 $K_1$、$K_2$ 同时闭合时,电路中电阻为 $2R=2$ Ω,而电流源输出的电流仍然为 1 A,所以

$$U_{ab}=I_s \cdot 2R=2 \text{ V}$$

③ 开关 $K_1$、$K_2$、$K_3$ 同时闭合时,有

$$U_{ab}=I_s \cdot R=1 \text{ V}$$

### 1.3.3　电压源与电流源的等效变换

等效:如果一个电压源与一个电流源对同一个负载能提供等值的电压、电流和功率,则两个电源对此负载是等效的;或者说若两个电源的外特性(伏安特性)相同,则对任何外电路都是等效的,具备这个条件的电源互为等效电源。在电路中,用等效电源互相置换后不会影响外电路的工作状态。

互换:实际电压源模型是电压源和电阻的串联,实际电流源模型是电流源和电阻的并联。

实际电压源模型与实际电流源模型之间可以等效互换。

如图 1.3.11(a)所示,电压源外特性:$U=U_s-I \cdot R_0$,两边同除以 $R_0$,有

$$\frac{U}{R_0}=\frac{U_s}{R_0}-I$$

即

$$I=\frac{U_s}{R_0}-\frac{U}{R_0} \tag{1.3.1}$$

如图 1.3.11(b)所示,电流源外特性:$\dfrac{U}{R_0}=I_s-I$,即

$$I=I_s-\frac{U}{R_0} \tag{1.3.2}$$

如果令

$$\begin{cases} I_s=\dfrac{U_s}{R_0} \\ R_0 \ 不变 \end{cases} \quad 或者 \quad \begin{cases} U_s=I_s \cdot R_0 \\ R_0 \ 不变 \end{cases}$$

则式(1.3.1)与式(1.3.2)将完全相同,即图 1.3.11 端子 $a-b$ 处的 $U$ 和 $I$ 的关系将完全相同,也就是说此时图 1.3.11 中实际电压源模型与实际电流源模型对外是等效的。

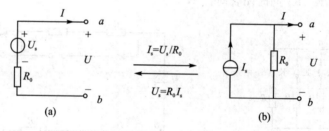

**图 1.3.11　电压源和电流源两种电路模型的互换**

结　论:

① 实际电压源与实际电流源可以等效互换。

② 一个实际电源既可以用电流源表示,也可以电压源表示,视需要而定。

注意事项:

① 电压源和电流源的等效关系只是对外电路而言,对电源内部则是不等效的。例:当 $R_L=\infty$ 时,电压源的内阻 $R_0$ 中不损耗功率,而电流源的内阻 $R_0$ 中则损耗功率。

② 在等效互换时,$I_s$ 和 $U_s$ 的参考方向要一一对应。

③ 理想电压源和理想电流源之间无等效关系。

④ 广义的 $R_0$:任何一个电动势 $E$ 和某个电阻 $R$ 串联的电路,都可化为一个电流为 $I_s$ 的电流源和这个电阻并联的电路。

正确运用电源等效互换可以简化电路的分析。

**【例 1.3.4】**　用电压源与电流源等效变换的方法计算图 1.3.12(a)中电流 $I$。

**【解】**　图 1.3.12(a)可以等效为图 1.3.12(b),电流源并联后其输出电流为各电流源之和,因此,图 1.3.12(b)再等效为 1.3.12(c)。所以

$$I=\left(3 \cdot \frac{0.5}{1+0.5}\right)A=1 \ A$$

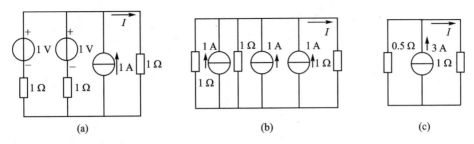

图 1.3.12　【例 1.3.4】电路

【例 1.3.5】　求图 1.3.13(a)、(b)所示电路的等效电源。

【解】　其等效电源电路如图 1.3.14(a)、(b)所示。

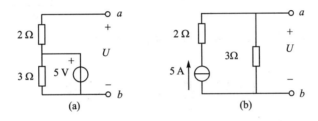

图 1.3.13　【例 1.3.5】电路

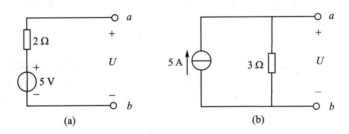

图 1.3.14　等效电源电路

【例 1.3.6】　用电压源与电流源等效变换的方法计算图 1.3.15 所示电路中通过 2 Ω 电阻的电流 $I$。

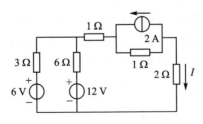

图 1.3.15　例 1.3.6 电路

【解】　图 1.3.15 电源电路等效电源电路如图 1.3.16 所示。

最后由图(d)可得：$I = \dfrac{8-2}{2+2+2}$ A＝1 A。

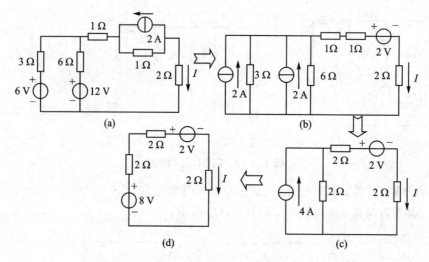

图 1.3.16　等效电源电路

# 1.4　基尔霍夫定律

基尔霍夫电流定律(KCL)和基尔霍夫电压定律(KVL)是分析电路和计算电路变量的基本定律,有了这两个定律和元件的伏安特性就可以分析计算任何复杂的电路。基尔霍夫电流定律适用于节点,基尔霍夫电压定律适用于回路。

在具体讲述基尔霍夫定律之前,先介绍电路模型图中的一些术语。

① 支路 (branch)——电路中通过同一电流的分支。通常用 $b$ 表示支路数,1 条支路可以由单个元件构成,也可以由多个元件串联构成。如图 1.4.1 所示电路中有 3 条支路。

② 节点(node)——3 条或 3 条以上支路的公共连接点称为节点。通常用 $n$ 表示节点数,如图 1.4.1 所示电路中有 $a$、$b$ 两个节点。

③ 路径(path)——两节点间的一条通路。路径由支路构成,如图 1.4.1 所示电路中 $a$、$b$ 两个节点间有 3 条路径。

④ 回路(loop)——由支路组成的闭合路径。通常用 l 表示回路,如图 1.4.1 所示电路中有 3 个回路,分别由支路 1 和支路 2 构成、支路 2 和支路 3 构成、支路 1 和支路 3 构成。

⑤ 网孔(mesh)——平面电路内部不含任何支路的回路称网孔。如图 1.4.1 所示电路中有两个网孔,分别由支路 1 和支路 3 构成、支路 2 和支路 3 构成。支路 1 和支路 2 构成的回路不是网孔。因此,网孔是回路,但回路不一定是网孔。

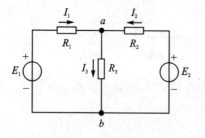

图 1.4.1　电路举例

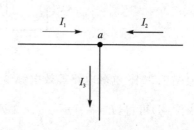

图 1.4.2　图 1.4.1 所示电路的节点

## 1.4.1　基尔霍夫电流定律(KCL)

基尔霍夫电流定律(KCL)是用来确定连接在同一节点上的各支路电流间关系的。由于电流的连续性,电路中任何一点(包括节点在内)均不能堆积电荷。因此,在任一瞬时,流向某一节点的电流之和应该等于由该节点流出的电流之和。

在图 1.4.1 所示的电路中,对节点 $a$(见图 1.4.2)可以写出:

$$I_1 + I_2 = I_3 \tag{1.4.1}$$

或将上式改写为

$$I_1 + I_2 - I_3 = 0$$

即

$$\sum I = 0 \tag{1.4.2}$$

就是在任一瞬时,一个节点上电流的代数和恒等于零。

如果规定参考方向指向节点的电流取正号,则流出节点的就取负号。根据计算结果,有些支路的电流可能是负值,这是由于电流实际方向与所选定的电流的参考方向相反所致。

【例 1.4.1】　在图 1.4.2 中,$I_1 = 5$ A,$I_2 = -3$ A,试求 $I_3$。

【解】　由基尔霍夫电流定律可列出

$$I_1 + I_2 - I_3 = 0$$

代入数值得

$$5 \text{ A} + (-3) \text{ A} - I_3 = 0$$

因此

$$I_3 = 2 \text{ A}$$

由本例可见,式中有两套正负号,$I$ 前的正负号是由基尔霍夫电流定律根据电流的参考方向确定的,括号内数字前的则是表示电流本身数值的正负。

基尔霍夫电流定律(KCL)表明了电流的连续性,它是电荷守恒的体现。

基尔霍夫电流定律不仅适用于电路中任一节点,而且还可以推广应用于电路中任何一个假定的闭合面。例如在图 1.4.3 所示的三极管中,对虚线所示的闭合面来说,三个电极电流的代数和应等于零,即

$$I_c + I_b - I_e = 0$$

由于闭合面具有与节点相同的性质,因此称为广义节点。

【例 1.4.2】　在图 1.4.4 所示的电路中,已知 $I_1 = 3$ A,$I_4 = -5$ A,$I_5 = 8$ A。试求 $I_2$,$I_3$ 和 $I_6$。

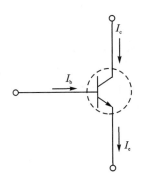

图 1.4.3　广义节点

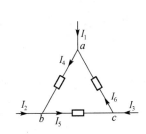

图 1.4.4　【例 1.4.2】电路

【解】　由图中所示电流的参考方向,应用基尔霍夫电流定律,分别由节点 $a$、$b$、$c$ 求得

$$I_6 = I_4 - I_1 = (-5-3) \text{ A} = -8 \text{ A}$$
$$I_2 = I_5 - I_4 = [8-(-5)] \text{ A} = 13 \text{ A}$$
$$I_3 = I_6 - I_5 = (-8-8) \text{ A} = -16 \text{ A}$$

或由广义节点得

$$I_3 = -I_1 - I_2 = (-3-13) \text{ A} = -16 \text{ A}$$

## 1.4.2　基尔霍夫电压定律(KVL)

基尔霍夫电压定律(KVL)是用来确定回路中各段电压间关系的。电路中选定一点为参考点,定义其电位为零,如果从回路中任意一点出发,以顺时针方向或逆时针方向沿回路绕行一周,则在这个方向上的电位降之和应该等于电位升之和,当回到原来的出发点时,该点的电位是不会发生变化的,此即电路中任意一点的瞬时电位具有单值性的结果。

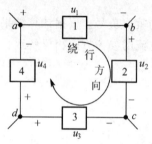

图 1.4.5　基尔霍夫电压定律

图 1.4.5 所示为某电路中的一个回路,图中用框图表示任意的电路元件(如电压源、电流源、电阻等),按顺时针方向为回路的绕行方向,由基尔霍夫电压定律得

$$u_1 + u_2 - u_3 + u_4 = 0$$

即

$$\sum u = 0 \qquad\qquad (1.4.3)$$

式(1.4.3)取和时,需要任意指定一个回路的绕行方向,在任一瞬时,沿任一回路绕行方向(顺时针方向或逆时针方向),回路中各段电压的代数和恒等于零。如果规定电位降取正号,则电位升就取负号。

基尔霍夫电压定律不仅适用于任一闭合回路,而且可以把它推广应用于假设的一端口电路。例如对图 1.4.6 的电路可列出

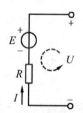

图 1.4.6　广义回路(有源欧姆定律)

$$E - RI - U = 0 \quad \text{或} \quad U = E - RI$$

这也就是一段有源(有电源)电路的欧姆定律的表达式。

集总元件假定:在任何时刻,流入两端元件的一个端子的电流一定等于从另一个端子流出的电流,两个端子之间的电压为单值量。由集总元件构成的电路称为集总电路。基尔霍夫两个定律是集总电路的两个基本定律,具有普遍性。它们仅与元件的相互连接有关,而与元件的性质无关。不论元件是线性的还是非线性的,时变的还是时不变的,KCL 和 KVL 总是成立的。

对一个电路应用 KCL 和 KVL 时,应对各节点和支路编号,并指定有关回路的绕行方向,同时指定各支路电流和支路电压的参考方向,一般两者取关联参考方向。

【例 1.4.3】　分析图 1.4.7 所示电路中电流源的端电压 $u$。

【解】　支路上的 KVL 方程(也可设想一回路)

$$5 \text{ V} = u - 3 \text{ Ω} \times 1 \text{ A} - 4 \text{ V}$$
$$u = 5 \text{ V} + 7 \text{ V} = 12 \text{ V}$$

【例 1.4.4】　在图 1.4.8 所示的电路中,已知 $u_1 = u_3 = 1 \text{ V}$,$u_2 = 4 \text{ V}$,$u_4 = u_5 = 2 \text{ V}$,求电压 $u_x$。

【解】　支路电流和支路电压的参考方向及回路的绕行方向如图 1.4.8 所示,对回路Ⅰ和

Ⅱ分别列出 KVL 方程：

$$-u_1+u_2+u_6-u_3=0$$
$$-u_6+u_4+u_5-u_x=0$$

　　$u_6$ 在方程中出现二次，一次取"＋"号（与回路Ⅰ绕行方向相同），一次取"－"号（与回路Ⅱ绕行方向相反）。将两个方程相加消去 $u_6$ 得

$$u_x=-u_1+u_2-u_3+u_4+u_5=6\text{ V}$$

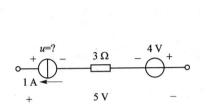

图 1.4.7　【例 1.4.3】电路

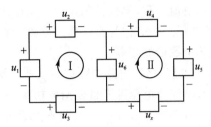

图 1.4.8　【例 1.4.4】电路

# 1.5　支路电流法

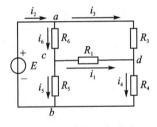

图 1.5.1　支路电流法

　　在进行电路分析时，求解简单的电路，可以通过欧姆定律、电阻的串并联简化等方法得到支路电流和电压，但对于复杂的电路，这种方法往往难以达到目的。如图 1.5.1 所示，所有电阻的连接关系既不是串联又不是并联，该如何来求取流过各电阻的电流 $i_1\sim i_6$ 和支路电压呢？

　　从所给电路可知，电压源和电阻的大小是已知的，图中存在 $b＝6$ 条支路，$n＝4$ 个节点，要求解 6 条支路电流 $i_1,i_2$，$i_3,i_4,i_5,i_6$，需要列写一个 6 元方程组，那么这 6 个方程如何得到呢？既然存在 4 个节点，根据基尔霍夫电流定律可以列写 4 个 KCL 方程式，但这 4 个方程中只有 3 个是独立的，其中任意一个方程可以由其他 3 个方程的线性组合而得到，也就是说，$n$ 个节点只可以列写 $n-1$ 个独立的 KCL 方程。同样道理，根据基尔霍夫电压定律也可以列写回路电压方程，而且每个回路可以列写一个 KVL 方程，由图 1.5.1 可知，回路的个数显然超过了 3 个，列写的 KVL 方程也可以超过了 3 个，但我们只需要 3 个独立的 KVL 方程。

　　列写节点电流方程为

节点 $a$ 　　　　　　　　　　　$i_2-i_6-i_3=0$

节点 $b$ 　　　　　　　　　　　$i_4+i_5-i_2=0$

节点 $c$ 　　　　　　　　　　　$i_6-i_5-i_1=0$

节点 $d$ 　　　　　　　　　　　$i_3+i_1-i_4=0$

　　显然，节点 $d$ 的方程可以由节点 $a$、节点 $b$、节点 $c$ 三个方程相加而得到，因而它不是独立的。

　　利用元件的 VCR，将支路电压以支路电流 $i_1,i_2,i_3,i_4,i_5,i_6$ 表示，选择三个网孔（内部不含有支路的回路称为网孔）为独立回路，以顺时针方向为回路的绕行方向，列写回路电压方程为

$$acba \qquad i_6 R_6 + i_5 R_5 - E = 0$$

$$acda \qquad i_6 R_6 + i_1 R_1 - i_3 R_3 = 0$$

$$cbdc \qquad i_5 R_5 - i_4 R_4 - i_1 R_1 = 0$$

以支路电流为未知变量列写方程求解未知电流,这样的分析方法称为支路电流法;同样,以支路电压为未知变量列写方程求解未知电压称为支路电压法。

在一个具有 $n$ 个节点、$b$ 条支路的电路中根据基尔霍夫电流定律(KCL)可以列写 $n-1$ 个独立的节点电流方程,根据基尔霍夫电压定律(KCL)可以列写 $b-(n-1)$ 个独立的回路电压方程,一般选择"网孔"作为回路列写方程。它们总共刚好构成了 $b$ 个独立的方程,与要求解的回路电流的个数恰好相等。

【例 1.5.1】 已知电路参数如图 1.5.2 所示,求图示电路的各支路电流及电压源各自发出的功率。

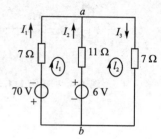

【解】 电路节点数 $n=2$,电路支路数 $b=3$,根据基尔霍夫电流定律可以列写 $n-1=1$ 个独立的 KCL 方程,根据基尔霍夫电压定律可以列写 $b-(n-1)=2$ 个独立的 KVL 方程。

由 KCL 定律列写 $n-1=1$ 个独立的 KCL 方程

节点 $a \qquad\qquad -I_1 - I_2 + I_3 = 0$

图 1.5.2 【例 1.5.1】图

根据 KVL 定律,选定两个网孔为独立回路,列写 $b-(n-1)=2$ 个独立的 KVL 方程:

$$l_1: \qquad\qquad 7I_1 - 11I_2 = (-70 - 6)\text{V}$$

$$l_2: \qquad\qquad 11I_2 + 7I_3 = 6\text{ V}$$

求解上述方程得

$$I_1 = -6.41\text{ A}, \quad I_2 = 2.83\text{ A}, \quad I_3 = -3.58\text{ A}$$

电压源发出的功率为

$$P_{70\text{ V}} = -6.41\text{ A} \times 70\text{ V} = -448.7\text{ W}, \quad P_{6\text{ V}} = 2.83\text{ A} \times 6\text{ V} = 16.98\text{ W}$$

【例 1.5.2】 已知电路参数如图 1.5.3 所示,列写图示电路的支路电流方程(电路中含有理想电流源)。

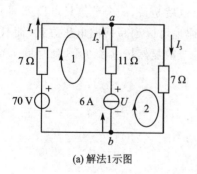 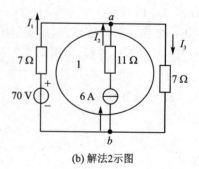

(a) 解法1示图　　　　　　　　　　(b) 解法2示图

图 1.5.3 【例 1.5.2】图

【解】 解法 1:① 对节点 $a$ 列 KCL 方程:

$$-I_1 - I_2 + I_3 = 0$$

② 选两个网孔为独立回路,设电流源两端电压为 $U$,列 KVL 方程:

$$l_1: \qquad\qquad 7I_1 - 11I_2 = 70 - U$$

$l_2$：
$$11I_2 + 7I_3 = U$$

③ 由于多出一个未知量 $U$，须增补一个方程：$I_2 = 6$ A。

求解以上方程可得各支路电流为
$$I_1 = 2 \text{ A}, \quad I_3 = 8 \text{ A}$$

**解法 2**：由于支路电流 $I_2$ 已知，故只须列写两个方程：

① 对节点 $a$ 列 KCL 方程：
$$-I_1 - 6 + I_3 = 0$$

② 避开电流源支路取回路，如图 1.5.3(b)所示，选大回路列 KVL 方程：
$$7I_1 - 7I_3 = 70$$

求解以上方程可得各支路电流为
$$I_1 = 2 \text{ A}, \quad I_3 = 8 \text{ A}$$

注：本例说明对含有理想电流源的电路列写支路电流方程有两种方法，一种方法是设电流源两端电压，把电流源看作电压源来列写方程，然后增补一个方程，即令电流源所在支路电流等于电流源的电流即可；另一种方法是避开电流源所在支路列方程，把电流源所在支路的电流作为已知。

支路电流法的分析步骤：

① 标定各支路电流（电压）的参考方向。

② 从电路的 $n$ 个节点中任意选择 $n-1$ 个节点列写独立的 KCL 方程。

③ 选择基本回路。选定回路的绕行方向（顺时针或者逆时针），结合元件的特性方程列写 $b-(n-1)$ 个独立的 KVL 方程。

④ 求解上述方程，得到 $b$ 个支路电流。

⑤ 进一步计算支路电压和进行其他分析。

支路法列写的是 KCL 和 KVL 方程，所以此法方程列写方便、直观，但方程数较多，适宜在支路数不多的情况下使用。

# 1.6　叠加定理

图 1.6.1(a)所示的线性电路，各支路的电流是由两个电源共同作用产生的。对于线性电路，任何一条支路中的电流或电压都可以看成是由电路中各个电源单独作用时，在该支路中所产生的电流或电压的代数和，这就是叠加定理。

下面以图 1.6.1(a)中支路电流 $I_1$ 为例，由基尔霍夫定律列出方程组：
$$I_1 + I_2 - I_3 = 0$$
$$E_1 = I_1 R_1 + I_3 R_3$$
$$E_2 = I_2 R_2 + I_3 R_3$$

求解上述方程组可得
$$I_1 = \left( \frac{R_2 + R_3}{R_1 R_2 + R_2 R_3 + R_3 R_1} \right) E_1 - \left( \frac{R_3}{R_1 R_2 + R_2 R_3 + R_3 R_1} \right) E_2$$

设
$$I_1' = \left( \frac{R_2 + R_3}{R_1 R_2 + R_2 R_3 + R_3 R_1} \right) E_1$$

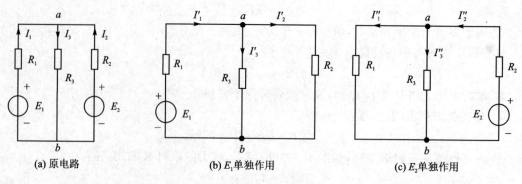

**图 1.6.1 叠加定理**

$$I''_1 = \left( \frac{R_3}{R_1 R_2 + R_2 R_3 + R_3 R_1} \right) E_2$$

于是

$$I_1 = I'_1 - I''_1$$

式中，$I'_1$ 是由电压源 $E_1$ 单独作用所产生的电流；$I''_1$ 是由电压源 $E_2$ 单独作用所产生的电流。由图 1.6.1(b)、(c)两电路也可以验证这一结论。

叠加定理只能用来分析和计算电路的电流和电压，不能用来计算功率，这是因为电流和电压与功率不是线性关系，而是平方关系。在图 1.6.1(a)中电阻 $R_3$ 的功率为

$$P_3 = I_3^2 R_3 = (I'_3 + I''_3)^2 R_3 \neq I'^2_3 R_3 + I''^2_3 R_3$$

【例 1.6.1】 在图 1.6.1(a)的电路中，已知 $E_1 = 10$ V，$E_2 = 6$ V，$R_1 = 20$ Ω，$R_2 = 60$ Ω，$R_3 = 40$ Ω，用叠加定理计算通过 $R_2$ 的电流。

【解】 根据线性电路的叠加定理，图 1.6.1(a)可分解成图 1.6.1(b)、(c)两个电路，图 1.6.1(b)中 $E_1$ 单独作用($E_2 = 0$)，电流分量 $I'_2$ 为

$$I'_2 = \frac{E_1}{R_1 + \dfrac{R_2 R_3}{R_2 + R_3}} \times \frac{R_3}{R_2 + R_3} = \frac{10 \text{ V}}{20 \text{ Ω} + \left( \dfrac{60 \times 40}{60 \times 40} \right) \text{Ω}} \times \frac{40 \text{ Ω}}{60 \text{ Ω} \times 40 \text{Ω}} = \frac{1}{11} \text{ A}$$

在图 1.6.1(c)中 $E_2$ 单独作用($E_1 = 0$)，电流分量 $I''_2$ 为

$$I''_2 = \frac{E_2}{R_2 + \dfrac{R_1 R_3}{R_1 + R_3}} = \frac{6 \text{ V}}{60 \text{ Ω} + \left( \dfrac{20 \times 40}{20 + 40} \right) \text{Ω}} = \frac{9}{110} \text{ A}$$

由此得

$$I_2 = -I'_2 + I''_2 = -\frac{1}{11} \text{ A} + \frac{9}{110} \text{ A} = -\frac{1}{110} \text{ A} \approx -9.09 \text{ mA}$$

结果中负号是由于 $E_1$ 单独作用在该支路产生的电流方向与参考方向相反所致。用叠加定理计算电路，就是把一个多电源的电路化为几个单电源电路来进行计算。不难设想，如果电路中所含电压源较多，其解答的工作量仍然是繁重的，但如果在电路中增加一个新的电源(或改变某一电源的参数)，利用叠加定理就很方便了。

【例 1.6.2】 在例 1.6.1 中，如果将 $E_2$ 改成 14 V，求 $I_2$。

【解】 将 $E_2$ 改成 14 V，相当于在例 1.6.1 中 $E_2$(6 V)处再串联 8 V 的电压源，因此可以分解成图 1.6.2(a)与图 1.6.2(b)两个电路。

利用例 1.6.1 的结果，对于图 1.6.2(a)，有

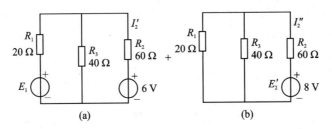

**图 1.6.2　【例 1.6.2】电路**

$$I_2' = -\frac{1}{110}\ \text{A}$$

对于图 1.6.2(b),有

$$I_2'' = \frac{E_2'}{R_2 + \dfrac{R_1 R_3}{R_1 + R_3}} = \frac{8\ \text{V}}{\left(60 + \dfrac{20 \times 40}{20 + 40}\right)\ \Omega} = \frac{6}{55}\ \text{A}$$

因此

$$I_2 = I_1' + I_2'' = \left(-\frac{1}{110} + \frac{6}{55}\right)\ \text{A} = \frac{1}{10}\ \text{A} = 0.1\ \text{A}$$

**【例 1.6.3】**　如图 1.6.3 所示电路,已知 $E = 10\ \text{V}$,$I_\text{s} = 1\ \text{A}$,$R_1 = 10\ \Omega$,$R_2 = R_3 = 5\ \Omega$,试用叠加原理求流过 $R_2$ 的电流 $I_2$ 和理想电流源 $I_\text{s}$ 两端的电压 $U_\text{s}$。

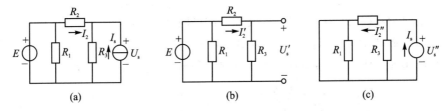

**图 1.6.3　【例 1.6.3】电路**

**【解】**　由图 1.6.3(b)可得

$$I_2' = \frac{E}{R_2 + R_3} = \frac{10\ \text{V}}{5\ \Omega + 5\ \Omega} = 1\ \text{A}$$

$$U_\text{s}' = \frac{5}{5\ \Omega + 5\ \Omega} \times 10\ \text{V} = 5\ \text{V}$$

由图 1.6.3(c)可得

$$I_2'' = \frac{R_3}{R_2 + R_3} I_\text{s} = \frac{5\ \Omega}{5\ \Omega + 5\ \Omega} \times 1\ \text{A} = 0.5\ \text{A}$$

$$U_\text{s}'' = I_2'' R_2 = 0.5\ \text{A} \times 5\ \text{V} = 2.5\ \text{V}$$

由叠加定理可得

$$I_2 = I_2' - I_2'' = 1\ \text{A} - 0.5\ \text{A} = 0.5\ \text{A}$$

$$U_\text{s} = U_\text{s}' + U_\text{s}'' = 5\ \text{V} + 2.5\ \text{V} = 7.5\ \text{V}$$

**【例 1.6.4】**　已知:$U_\text{s} = 1\ \text{V}$、$I_\text{s} = 1\ \text{A}$ 时,$U_0 = 0\ \text{V}$;$U_\text{s} = 10\ \text{V}$、$I_\text{s} = 0\ \text{A}$ 时,$U_0 = 1\ \text{V}$;求: $U_\text{s} = 0\ \text{V}$、$I_\text{s} = 10\ \text{A}$ 时,$U_0 = ?$

**【解】**　电路中有两个电源作用,根据叠加定理可设 $U_0 = K_1 U_\text{s} + K_2 I_\text{s}$

当 $U_\text{s} = 1\ \text{V}$、$I_\text{s} = 1\ \text{A}$ 时,得 $0 = K_1 \times 1 + K_2 \times 1$

当 $U_s = 10$ V、$I_s = 0$ A 时，得 $1 = K_1 \times 10 + K_2 \times 0$

联立两式解得 $K_1 = 0.1$，　$K_2 = -0.1$

所以　　　　$U_0 = K_1 U_s + K_2 I_s = (0.1 \times 0 + (-0.1) \times 10)$ V $= -1$ V

应用叠加定理要注意下面几个问题。

① 叠加原理只适用于线性电路。

② 线性电路的电流或电压均可用叠加原理计算，但功率 $P$ 不能用叠加原理计算。

③ 不作用电源的处理：$E = 0$，即将 $E$ 短路；$I_s = 0$，即将 $I_s$ 开路。

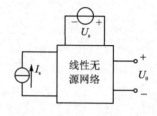

**图 1.6.4　【例 1.6.4】电路**

④ 解题时要标明各支路电流、电压的参考方向。若分电流、分电压与原电路中电流、电压的参考方向相反时，叠加时相应项前要带负号。

⑤ 应用叠加原理时可把电源分组求解，即每个分电路中的电源个数可以多于一个。

# 1.7　戴维南定理

戴维南定理是线性网络的一个重要定理。它提出了等效化简任意线性有源二端网络的一种基本方法，常用来简化计算电路中某一支路的电压和电流，可用于分析电路最大功率传输与匹配问题。

二端网络即为具有两个端子的网络，又称一端口网络，凡网络内含有独立电源的二端网络称为有源二端网络，如图 1.7.1(a) 所示；否则为无源二端网络，如图 1.7.1(b) 所示。若二端网络只含有线性元件与独立电源，则称为线性有源二端网络。

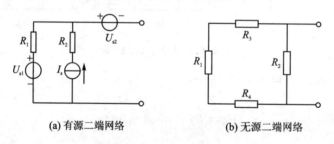

(a) 有源二端网络　　　　　　　　(b) 无源二端网络

**图 1.7.1　二端网络**

戴维南定理明确指出：任何一个线性有源二端网络，对任何外电路而言，都可以用一个电压源和电阻的串联组合等效置换。等效电压源的电压等于有源二端网络的开路电压 $U_{oc}$，等效电阻 $R_e$ 等于将有源二端网络中全部独立电源置零（理想电压源短路，理想电流源开路）后所得到的无源二端网络的等效电阻。

戴维南定理可以用图 1.7.2 所示的电路表示。线性有源二端网络 N 供给负载的电压和电流分别为 $U$ 和 $I$，则线性二端网络 N 可以用独立电源 $U_{oc}$ 和电阻 $R_e$ 串联代替，同样供给负载相同的电压 $U$ 和电流 $I$，从而使电路简化的支路特性为

$$U = U_{oc} - IR_e$$

值得注意的是：戴维南定理与二端网络外接何种负载无关。应用戴维南定理对线性二端网络进行等效时，$U_{oc}$ 与 $R_e$ 可以用下列方法求得。

① 线性有源二端网络的内部参数及结构已知时，可通过计算的方法求出开路电压 $U_{oc}$ 和

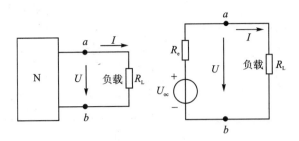

图 1.7.2　戴维南定理

等效电阻 $R_e$。

　　② 线性有源二端网络的内部参数及结构未知时,可用实验的方法测量出有源二端网络的开路电压和短路电流 $I_{sc}$,如图 1.7.3(a)所示电路,则等效电压源的电压即为 $U_{oc}$,等效内阻 $R_e$ 可以由下式计算得到,即

$$R_e = \frac{U_{oc}}{I_{sc}}$$

　　如果有源二端网络的内阻很小,不允许短路,则可采用输出端外接已知电阻的方法,如图 1.7.3(b)所示,先分别测出开关 K 闭合时的电流 $I$ 和端口两端的电压 $U$,然后依据下式计算内阻 $R_e$:

$$R_e = \frac{U_{oc} - U}{I}$$

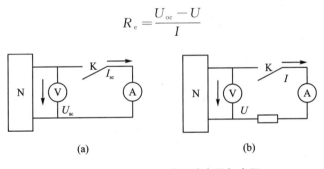

(a)　　　　　　　　　　　　　　(b)

图 1.7.3　实验方法求开路电压与内阻

　　最大功率传输定理:对图 1.7.2 所示戴维南等效电路,当负载电阻 $R_L = R_e$ 时,负载 $R_L$ 可以获得最大功率

$$P_{L,\max} = \frac{U_{oc}^2}{4R_e}$$

　　【例 1.7.1】　如图 1.7.4(a)所示电路。已知 $U_{s1} = 4$ V,$U_{s2} = 4$ V,$R_1 = 2\ \Omega$,$R_2 = 3\ \Omega$,$R_3 = 2\ \Omega$,用戴维南定理等效成电压源和电阻的串联,并计算 $ab$ 两端接多大的负载电阻 $R_L$ 时,可使功率最大?

　　【解】　① 求图 1.7.4(a)所示电路的开路电压。由

$$U_{oc} = -U_{s2} + IR_3$$
$$U_{s1} = IR_1 + IR_3$$

解得
$$U_{oc} = -U_{s2} + \frac{U_{s1}R_3}{R_1 + R_3} = -4\ \text{V} + \frac{4\ \text{V} \times 2\ \Omega}{2\ \Omega + 2\ \Omega} = -2\ \text{V}$$

　　② 求等效电阻 $R_e$,如图 1.7.4(b)所示电路。

$$R_e = R_2 + R_1 \ /\!/ \ R_3 = 3\ \Omega + 2\ \Omega \ /\!/ \ 2\ \Omega = 3\ \Omega + \left(\frac{2 \times 2}{2 + 2}\right)\Omega = 4\ \Omega$$

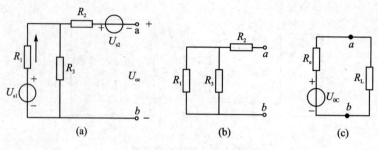

图 1.7.4　【例 1.7.1】电路

③ 化简后的电路如图 1.7.4(c)所示,当负载电阻与电源内阻相匹配时,负载电阻 $R_L$ 所消耗的功率 $P_L$ 最大。即当 $R_L=R_e=4\ \Omega$ 时,有

$$P_L=P_{L,max}=\frac{U_{oc}^2}{4R_e}=\frac{(-2)^2}{4\times4}\ \text{W}=0.25\ \text{W}$$

【例 1.7.2】　在图 1.7.5 所示的桥式电路中,设 $E=12$ V, $R_1=R_2=R_4=5\ \Omega$, $R_3=10\ \Omega$。中间支路检流计的电阻 $R_p=10\ \Omega$。试用戴维南定理,计算检流计的电流 $I_p$。

【解】　① 将图 1.7.5 中未知量所在支路移去,构成图 1.7.6(a)所示的有源一端口。

② 求戴维南等效电路的 $U_{oc}$,可由图 1.7.6(a)求得

$$I'=\frac{E}{R_1+R_2}=\frac{12\ \text{V}}{5\ \Omega+5\ \Omega}=1.2\ \text{A}$$

$$I''=\frac{E}{R_3+R_4}=\frac{12\ \text{V}}{10\ \Omega+5\ \Omega}=0.8\ \text{A}$$

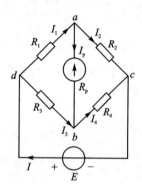

图 1.7.5　【例 1.7.2】电路

或　$U_{oc}=I'R_2-I''R_4=(1.2\times5-0.8\times5)\ \text{V}=2\ \text{V}$

$$U_{oc}=I''R_3-I'R_1=(0.8\times10-1.2\times5)\ \text{V}=2\ \text{V}$$

③ 等效电源的内阻 $R_e$,可由图 1.7.6(c)求得

$$R_e=\frac{R_1R_2}{R_1+R_2}+\frac{R_3R_4}{R_3+R_4}=\frac{5\times5}{5+5}\ \Omega+\frac{10\times5}{10+5}\ \Omega=2.5\ \Omega+3.3\ \Omega=5.8\ \Omega$$

④ 画出戴维南等效电路,如图 1.7.6(b)所示点画线框内。

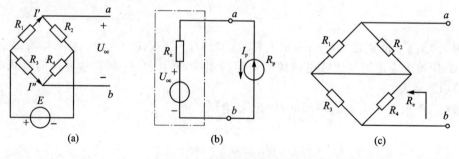

图 1.7.6　计算等效电源的步骤

⑤ 将待求支路移进,由图 1.7.6(b)求得

$$I_p=\frac{U_{oc}}{R_e+R_p}=\frac{2}{5.8+10}\ \text{A}=0.127\ \text{A}$$

用戴维南定理解题的步骤如下：

① 在原图中将待求支路移去，保留有源二端网络。

② 求有源二端网络开路电压 $U_{oc}$。

③ 求等效电阻 $R_e$。

④ 画出戴维南等效电路，即实际电压源的形式。

⑤ 将待求支路移进，求出未知量。

# *1.8　非线性电阻电路

在线性电路中，线性元件的特点是其参数不随电压或电流而改变，然而实际电路元件的参数总是或多或少地随着电压或电流而改变。所以严格来说，一切实际电路都是非线性电路。在工程计算中，通常将那些非线性程度比较微弱的电路元件作为线性元件来处理，而对那些非线性特征不能忽略的元件则必须考虑其非线性特征的影响。

线性电阻元件的阻值不随电压或电流而变动，其伏安特性可用欧姆定律来表示，即 $U = RI$，在 $U$-$I$ 平面上它是通过坐标原点的一条直线。然而，实际具有电阻性质的元件，很多是非线性的，它们的伏安特性不满足欧姆定律，而是遵循某种特定的非线性函数关系，其伏安特性往往是一条曲线。例如，图 1.8.1 和图 1.8.2 所示为照明灯和半导体二极管的伏安特性曲线，这类电阻称为非线性电阻。图 1.8.3 所示为非线性电阻的符号。

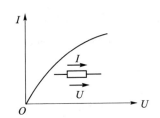

图 1.8.1　照明灯的伏安特性

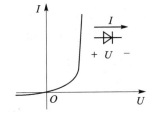

图 1.8.2　二极管的伏安特性

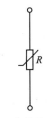

图 1.8.3　非线性电阻的符号

## 1.8.1　非线性电阻电路的图解分析法

非线性电阻的电阻值不是常数，在求解含有非线性电阻的电路时，常常采用图解分析法。例如，图 1.8.4(a) 所示的是个一非线性电路，线性电阻 $R_0$ 与非线性电阻元件 $R$ 相串联。非线性电阻的伏安特性满足 $I = g(U)$，伏安特性曲线如图 1.8.4(b) 所示。对图 1.8.4(a) 应用基尔霍夫电压定律可列出

$$U = U_S - R_0 I$$

或

$$I = (U_S - U)/R_0$$

此方程在 $U$-$I$ 平面上是一条直线，称为负载线。要作出负载线，只须求得线上的特殊点 $(0, U_S/R_0)$ 和 $(U_S, 0)$，连接这两点就得到了负载线。负载线和非线性电阻的伏安特性曲线的交点 $Q$ 所对应的坐标值 $U$、$I$，既满足图 1.8.4(b) 中非线性电阻的伏安特性 $I = g(U)$，又满足方程式 $I = (U_S - U)/R_0$，因此 $Q$ 称为非线性电阻电路的静态工作点，它就是图 1.8.4(a) 所示电路的解。上述图解方法称为"曲线相交法"。

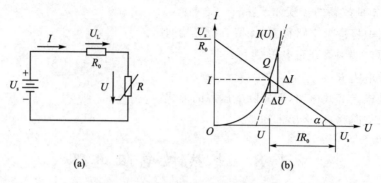

(a)                     (b)

**图 1.8.4 非线性电阻电路及其图解法**

## 1.8.2 非线性电阻元件的电阻

非线性电阻元件的电阻根据工作状态的不同分为静态电阻和动态电阻。非线性电阻元件在某一工作状态下的静态电阻(或称直流电阻)为工作点 $Q$ 的 $U$ 与 $I$ 之比,即

$$R_Q = U/I$$

而动态电阻(或称交流电阻)为工作点 $Q$ 附近的电压微变量 $\Delta U$ 与电流微变量 $\Delta I$ 之比的极限,即

$$r_Q = \lim_{\Delta I \to 0} \frac{\Delta U}{\Delta I} = \frac{\mathrm{d}U}{\mathrm{d}I}$$

【**例 1.8.1**】 图 1.8.5(a)电路中,已知 $U_s = 6$ V,$R_1 = R_2 = 2$ kΩ,$R_3$ 的伏安特性如图 1.8.5(b)所示。求非线性电阻 $R_3$ 上的电压和电流及在工作点处的静态电阻和动态电阻。

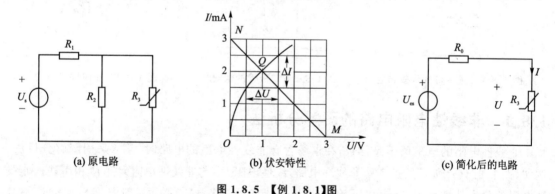

(a) 原电路           (b) 伏安特性          (c) 简化后的电路

**图 1.8.5 【例 1.8.1】图**

【**解**】 利用戴维南定理将电路图 1.8.5(a)化简为电路图 1.8.5(c),有

$$U_{es} = \frac{R_2}{R_1 + R_2} U_s = \left( \frac{2 \times 10^3}{(2+2) \times 10^3} \right) \Omega \times 6 \text{ V} = 3 \text{ V}$$

$$R_0 = \frac{R_1 R_2}{R_1 + R_2} = \frac{(2 \times 2) \times 10^6}{(2+2) \times 10^3} \Omega = 1 \text{ kΩ}$$

根据图 1.8.5(c)作出负载线,如图 1.8.5(b)所示。

$I = 0$ 时                           $U = U_{es} = 3$ V

$U = 0$ 时                 $I = \dfrac{U_{es}}{R_0} = \dfrac{3}{1 \times 10^3}$ A = 3 mA

由负载线和伏安特性的交点 $Q$ 得 $U = 1$ V,$I = 2$ mA,所以有

静态电阻

$$R = \frac{U}{I} = \frac{1}{2 \times 10^{-3}} \ \Omega = 0.5 \times 10^3 \ \Omega = 0.5 \ \text{k}\Omega$$

动态电阻

$$r = \frac{\text{d}U}{\text{d}I} = \frac{\Delta U}{\Delta I} = \frac{1}{1 \times 10^{-3}} \ \Omega = 1 \ \text{k}\Omega$$

# 1.9　电路中的电位

在分析电子电路时,通常要用到"电位"这个概念。例如对半导体二极管来说,当它的阳极电位高于阴极电位时,二极管才能导通,否则就截止。在讨论晶体管的工作状态时,也要分析各个电极的电位高低,现在来讨论"电位"的概念及其计算方法。

从本质上说,电位与电压是同一个概念,电路中某一点的电位就是该点到参考点的电压,记为 $V_x$。在电位这个概念中,一个十分重要的因素就是参考点,在电路图中,参考点用符号"⊥"表示,通常设参考点的电位为 0,故参考点又称为"零电位点"。在工程上常选大地作为参考点,即认为大地电位为 0。某点电位为正,说明该点电位比参考点高;某点电位为负,说明该点电位比参考点低。

电位的计算步骤如下:

① 任选电路中某一点为参考点,设其电位为零。

② 标出各电流参考方向并计算。

③ 计算各点至参考点间的电压(即为各点的电位)。

在电子电路中常选一条特定的公共线作为参考点,这条公共线是很多元件的汇集处且和机壳相连,这条线也称为"地线",但并不真与大地相连。计算电路中各点的电位时,参考点可以任意选取,如图 1.9.1 所示。

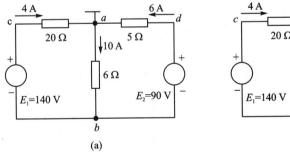
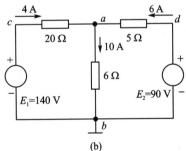

(a)　　　　　　　　　　　　　　　　　　(b)

**图 1.9.1　电路中的电位**

在图 1.9.1(a)中,选 $a$ 点为参考点,即 $V_a = 0$,这时可以算出电路中各点的电位值分别为

$$V_b = U_{ba} = -10 \ \text{A} \times 6 \ \Omega = -60 \ \text{V}$$

$$V_c = U_{ca} = 4 \ \text{A} \times 20 \ \Omega = +80 \ \text{V}$$

$$V_d = U_{da} = 6 \ \text{A} \times 5 \ \Omega = +30 \ \text{V}$$

在图 1.9.1(b)中,选 $b$ 点参考点,即 $V_b = 0$,这时算出的各点电位值分别为

$$V_a = U_{ab} = +10 \ \text{A} \times 6 \ \Omega = +60 \ \text{V}$$

$$V_c = U_{cb} = +140 \ \text{V}$$

$$V_d = U_{db} = +90 \text{ V}$$

由上面的结果可以看出：

① 电位值是相对的,参考点选的不同,电路中各点的电位值也不同。

② 电路中两点间的电压值是固定的,不会因参考点的不同而改变,即电路中两点间的电压值与零电位参考点的选取无关。

③ 电路中各点电位的高低是相对的,而两点间的电压值是绝对的。

# 本章小结

参考方向是电路分析的前提,只有在确定参考方向的条件下,才能确定电流、电压的实际方向,才能计算电路是吸收还是发出功率。

基尔霍夫定律是电路分析的基本定律,基尔霍夫电流定律描述的是支路间电流的约束关系,基尔霍夫电压定律描述的是回路中各段电压的约束关系。

以支路电流(电压)为未知量列写方程求解未知电流(电压)的分析方法称之为支路电流(电压)分析法,这是结合基尔霍夫定律以及基本元件的伏安特性得到的一种电路分析方法。以节点电压(电位)为未知变量列写方程的分析方法称之为节点电压法,在支路数量多而节点数量少的情况下,可以简化计算过程。

叠加定理是在一个包含多个电源的线性电路中,任一支路的电流或某元件两端的电压,等于各个理想电压源或理想电流源单独作用时所产生的电流或电压的代数和。任何一个有源二端网络(含有独立源和线性电阻)都可以用一个电压源和电阻的串联组合来替代,这就是戴维南定理。戴维南定理还可以推广到正弦稳态分析的情况,不同的是定理中的有源二端电阻网络将改用有源二端网络的相量模型来代替。

# 习　题

1.1　某生产车间有 50 把 100 W、220 V 的电烙铁,每天使用 5 h,问一个月(按 30 天计)用电多少度?

1.2　求习题 1.2 图所示各二端元件的功率,并说明元件是吸收功率还是发出功率。

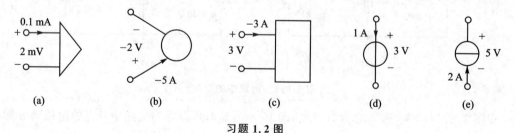

(a)　　　　　　(b)　　　　　　(c)　　　　　　(d)　　　　　　(e)

**习题 1.2 图**

1.3　将习题 1.3 图所示电路中的电压源网络变换为一个等效的电流源网络。

1.4　将习题 1.4 图所示电路中的电流源网络变换为一个等效的电压源网络。

1.5　试用电压源与电流源等效变换的方法计算习题图 1.5 中 2 Ω 电阻中的电流 $I$。

1.6　习题 1.6 图所示电路中,已知:$U_{s1}=230$ V,$U_{s2}=220$ V,$R_1=1$ Ω,$R_2=2$ Ω,$R_3=1$ Ω,试用支路电流求各支路电流。

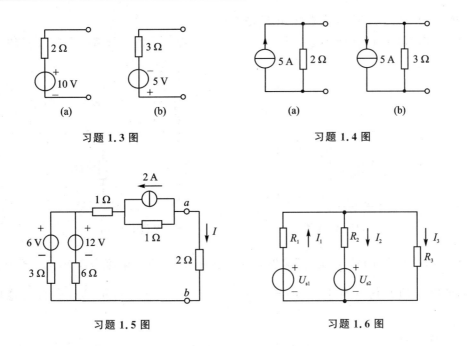

习题 1.3 图

习题 1.4 图

习题 1.5 图

习题 1.6 图

1.7 习题 1.7 图所示电路中,已知:$U_{s1}=230$ V,$U_{s2}=220$ V,$I_s=3$ A,$R_1=1$ Ω,$R_2=2$ Ω,试用支路电流法求各支路电流。

1.8 应用叠加定理计算习题 1.8 图中的电流 $I_3$。

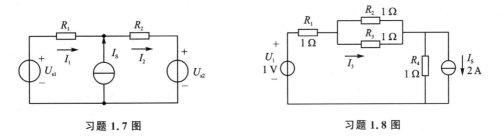

习题 1.7 图

习题 1.8 图

1.9 应用叠加定理计算习题 1.9 图所示电路中各支路的电流和各元件(电流源和电阻)两端的电压,并说明功率平衡关系。

1.10 求习题 1.10 图示电路中 $ab$ 处的戴维南等效电路。

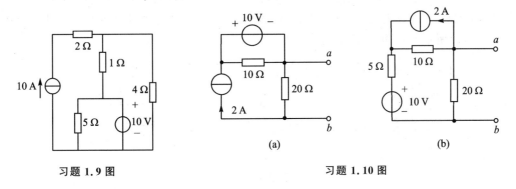

习题 1.9 图

习题 1.10 图

1.11 习题 1.11 图所示为线性有源二端网络,已知 $R=10$ Ω 时,$I=1$ A;$R=18$ Ω 时,

$I=0.6$ A;若 $I=0.1$ A 时,求外接电阻 $R$ 是多少?

1.12 在习题 1.12 图所示电路中,在开关 K 断开和闭合的两种情况下求 $A$ 点的电位。

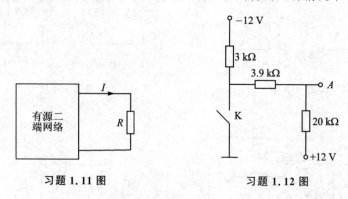

习题 1.11 图　　　　　　习题 1.12 图

1.13 有一台直流稳压电源,其输出额定电压为 12 V,额定电流为 2 A,从空载到额定负载,其输出电压的变化率为 $1\%\left(\Delta U=\dfrac{U_0-U_N}{U_N}\times100\%=1\%\right)$,试求该台直流稳压电源的内阻 $R_0$。

1.14 某实际电源的伏安特性如习题 1.14 图所示,试求它的电压源模型,并将其等效变换为电流源模型。

1.15 电路如习题 1.15 图所示,假定电压表的内阻为无限大,电流表的内阻为零。当开关 K 处于位置 1 时,电压表的读数为 10 V,当 K 处于位置 2 时,电流表的读数为 5 mA。试问当 K 处于位置 3 时,电压表和电流表的读数 $I$ 和 $U$ 各为多少?

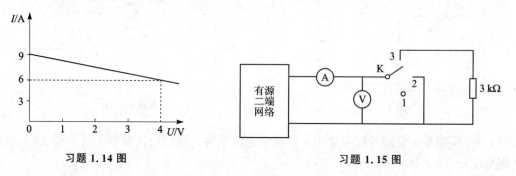

习题 1.14 图　　　　　　　　习题 1.15 图

1.16 习题 11.6 图所示电路中,N 为线性有源二端网络,测得 $A$,$B$ 之间电压为 9 V,如习题 1.16 图(a)所示;若连接如习题 1.16 图(b)所示,可测得电流 $I=1$ A。现连接成习题 1.16 图(c)所示形式,问电流 $I$ 为多少?

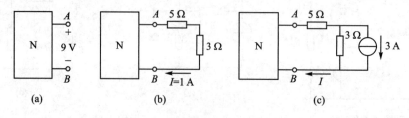

(a)　　　　　　(b)　　　　　　(c)

习题 1.16 图

1.17 习题 1.17 图所示电路中,$U_s=12$ V,$R=2$ Ω,电阻 $R_L$ 可调,试求 $R_L$ 为何值时能

获得最大功率,并求此最大功率。

1.18　某非线性电阻的伏安特性如习题 1.18 图所示。已知该电阻两端的电压为 3 V,求通过该电阻的电流及静态电阻和动态电阻。

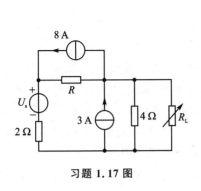

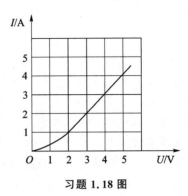

习题 1.17 图　　　　　　　　　　　习题 1.18 图

# 第 2 章　一阶动态电路的分析

**【学习导引】**

第 1 章内容学习了直流稳态电路的各种分析方法,主要讨论的是电路结构稳定下线性电路激励响应的问题。但当电路中含有储能元件电容和电感时,由于这两种元件的电压和电流的约束关系是通过微分形式或积分形式来表示的,当电路的工作状态发生变化时,电路中的电压或电流将从原来的稳态值或时间函数变为另一稳态值或时间函数的过程,该变换过程称为电路的过渡过程。分析电路从一个稳态到另一个稳态的过程称为动态分析。

本章首先介绍了线性电阻、电感、电容等基础线性元件特征,随后讨论了可以用一阶微分方程描述的动态电路,主要是 RC 电路和 RL 电路。重点介绍了一阶动态电路分析的三要素法以及影响动态过程变化快慢的电路时间常数,还介绍了零输入响应、零状态响应、全响应等重要概念。

**【学习目标和要求】**

① 理解电路的瞬态、换路定律和时间常数的基本概念。

② 掌握一阶电路瞬态分析的三要素法。

③ 了解零输入响应、零状态响应、全响应等概念。

## 2.1　电阻元件

### 2.1.1　定　义

电阻(Resistor):指导体对电流的阻碍作用。导体的电阻越大,表明其对电流的阻碍作用越强。导体的电阻大小一般与温度、材料、长度、横截面积等有关。电阻常用字母 $R$ 来表示,单位为欧姆($\Omega$)。本章主要讨论线性电阻,其原型包括电阻器、灯泡、电炉等。如果在任一时刻 $t$,电阻两端的电压 $u(t)$ 和流过电阻的电流 $i(t)$ 可用 $i$-$u$ 平面上一条经过原点的直线确定,则称这样的理想元件为线性电阻。线性电阻元件的图形符号如图 2.1.1 所示。

### 2.1.2　电阻元件中电压和电流的关系

在电压和电流取关联参考方向下,线性电阻两端的电压和电流关系服从欧姆定律,即 $u=Ri$。对于线性电阻而言,$R$ 是一个正实常数,其伏安特性曲线如图 2.1.2 所示。

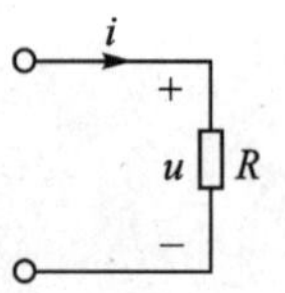

图 2.1.1　线性电阻元件的图形符号 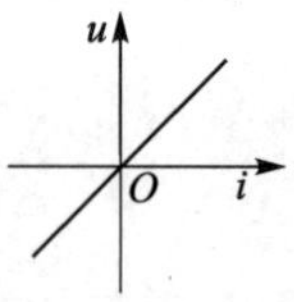　　　图 2.1.2　线性电阻元件的伏安特性曲线

## 2.1.3　电阻元件的耗能

常见的电阻元件是一种耗能元件,其将电能转换成热能。当电压 $u$ 和电流 $i$ 取关联参考方向时,电阻元件消耗的功率为

$$p = ui = Ri^2 = \frac{u^2}{R} \tag{2.1.1}$$

电阻元件吸收的电能为

$$W = \int_0^t Ri^2(s)\,\mathrm{d}s = \int_0^t \frac{u^2(s)}{R}\,\mathrm{d}s \tag{2.1.2}$$

# 2.2　电感元件

## 2.2.1　定　义

电感(Inductance):一般指用导线绕制的空心线圈或具有铁心的线圈(见图 2.2.1),它是能够把电能转化为磁能而存储起来的元件。当线圈中有电流通过时,线圈周围就会产生磁场。当线圈中的电流发生变化时,其周围的磁场也会产生相应的变化,而变化的磁场又使得线圈自身产生感应电动势来抵抗电流的变化。这种电流与线圈的相互作用关系称为电的感抗,也就是电感。电感元件的图形符号如图 2.2.2 所示。

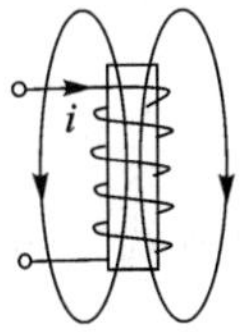

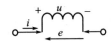

图 2.2.1　用导线绕制的电感　　　　图 2.2.2　电感元件符号

线圈周围磁场的大小与通过线圈的电流大小有关,即

$$\Psi = Li \tag{2.2.1}$$

式中:$\Psi$——通过线圈的电流在其周围产生的磁链,单位为韦伯(Wb);

　　　$L$——电感,单位为亨(H)。

## 2.2.2　电感元件中电压和电流的关系

在进行电路分析时,更需要研究的是电感元件端口的伏安特性。一般规定,电感元件的电流和电压的参考方向如图 2.2.2 所示,根据电磁感应定律,当通过线圈的磁通量 $\Psi$ 发生变化时,在线圈的端口就会产生感应电动势 $e$,感应电动势 $e$ 的大小与磁通量的变化率成正比,感应电动势 $e$ 的方向总是抑制磁通量变化,即

$$e = \frac{\mathrm{d}\Psi}{\mathrm{d}t} \tag{2.2.2}$$

由式(2.2.1)得

$$\mathrm{d}\Psi = L\,\mathrm{d}i \tag{2.2.3}$$

于是得电感的感应电动势方程为

$$e = -L\frac{\mathrm{d}i}{\mathrm{d}t} \tag{2.2.4}$$

从图 2.2.2 可知

$$u = -e$$

得电感的电压电流约束关系为

$$u = L\frac{\mathrm{d}i}{\mathrm{d}t} \qquad 或 \qquad i = \frac{1}{L}\int u\,\mathrm{d}t \tag{2.2.5}$$

从电感的伏安特性方程(2.2.5)可知:电感上的电压由电流的微分表达,因此电感上的电压可以"突变";而由于流过电感的电流由电压的积分表达,它与电感两端的"过去电压"有关,因而流过电感的电流不能"突变",只能连续增加。

### 2.2.3　电感元件的储能

电感元件储存的磁场能量表达式推导如下:

$$W = \int_0^t u(s)i(s)\mathrm{d}s = \int_0^t i(s)L\frac{\mathrm{d}i}{\mathrm{d}s}\mathrm{d}s = \int_0^{i(t)} Li(s)\mathrm{d}i(s) = \frac{1}{2}L \cdot i^2(t) \tag{2.2.6}$$

由式(2.2.6)可知:任一瞬间,电感元件中储存的磁能只与电感这一瞬间的电流的平方成正比,与电感的电感量成正比。

# 2.3　电容元件

## 2.3.1　定　义

电容(Capacitance):一般指电容器容纳电荷的能力。电容器就是"装电的容器",任何两个彼此绝缘且相隔很近的导体(包括导线)间都构成一个电容器。电容器通常由两块金属电极之间夹一层绝缘电介质构成。当在两金属电极间加上电压时,电极上就会存储电荷,所以电容器是一种储能元件。线性电容元件的图形符号如图 2.3.1 所示,图

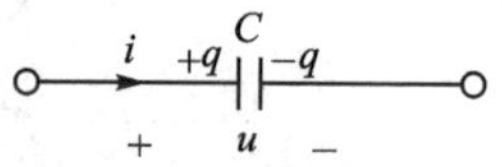

**图 2.3.1　线性电容元件符号**

中电压的正(负)极性所在极板上储存的电荷为$+q(-q)$,两者的极性一致。此时有

$$q = Cu \tag{2.3.1}$$

式中,$C$ 是电容元件的参数,称为电容。$C$ 是一个正常实数,电容的单位为 F(法拉,简称法)。

## 2.3.2　电容元件中电压和电流的关系

电容元件的电流 $i$ 和电压 $u$ 取关联参考方向,如图 2.3.1 所示,则有

$$i = \frac{\mathrm{d}q}{\mathrm{d}t} = \frac{\mathrm{d}(Cu)}{\mathrm{d}t} = C\frac{\mathrm{d}u}{\mathrm{d}t} \qquad 或 \qquad u = \frac{1}{C}\int i\,\mathrm{d}t \tag{2.3.2}$$

从电容的伏安特性方程(2.3.2)可知:流过电容的电流由电压的微分表达,因此流过电容的电流可以"突变";而电容的端电压由电流的积分表达,它与流过电容的"过去电流"有关,表明电容的端电压不能"突变"。

## 2.3.3　电容元件的储能

电容器储存的电能的数学表达式为

$$W = \int_0^t u(s)i(s)\mathrm{d}s = \int_0^t u(s)C\frac{\mathrm{d}u(s)}{\mathrm{d}s}\mathrm{d}s = \int_0^{u(s)} Cu(s)\mathrm{d}u(s) = \frac{1}{2}Cu^2(t) \qquad (2.3.3)$$

由电容储能表达式(2.3.3)可知:任一瞬间,电容上储存的电能只与电容这一瞬间的端电压平方成正比,与电容的容量成正比。

# 2.4　动态电路的方程及其初始条件

## 2.4.1　动态电路及过渡过程的产生

电阻是耗能元件,其上流通的电流随电压成比例变化,因此,电阻又称为线性时不变元件。描述电阻电路的电路方程为代数方程。电容和电感是储能元件(储存的分别为电场能量和磁场能量),这两种元件的电压电流约束关系是以微分形式或积分形式表达的。因此,储能元件又称为动态元件,动态电路则指含有动态元件的电路。描述动态电路的电路方程为微分方程,微分方程的阶数等于电路中动态元件的个数。一般而言,若电路中含有 $n$ 个独立的动态元件,那么描述该电路的微分方程是 $n$ 阶的,这样的电路称为 $n$ 阶动态电路。当电路中的电阻、电容、电感都是中性时不变元件时,电路方程将是线性系数微分方程。

动态电路的一个重要特征就是当电路的状态发生改变时需要经历一个变化过程才能达到新的稳定状态(电路中的电压和电流达到稳定值),这个变化过程称为电路的过渡过程,即电路从一种稳定状态变化到另一种稳定状态的过渡过程。出现过渡过程的原因有外因和内因:外因指电路结构或元件参数值发生变化;内因指电路中存在储能元件,而能量的储存和释放都需要一定的时间来完成。过渡过程产生的特定波形的电信号(如锯齿波、三角波、尖脉冲等)应用于电子电路能预防、控制过电压和过电流产生的危害。

图 2.4.1 所示为电阻电路的状态变化过程。开关闭合后,电阻电流 $i_R$ 立即从开关闭合前的零跃变到新的稳态电流 1 A,电阻电压 $u_R$ 立即从开关闭合前的零跃变到新的稳态电压 2 V。也就是说通过电阻的电流和电压都发生了跃变,其中 $i_R = \dfrac{3\text{ V}}{1\text{ }\Omega + 2\text{ }\Omega} = 1\text{ A}$,$u_R(t) = i_R(t) \times 2\text{ }\Omega = 1\text{ A} \times 2\text{ }\Omega = 2\text{ V}$。

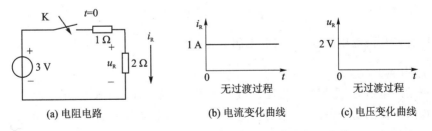

$$\text{(a) 电阻电路} \qquad \text{(b) 电流变化曲线} \qquad \text{(c) 电压变化曲线}$$

**图 2.4.1　开关闭合后 $i_R$ 和 $u_R$ 的变化过程**

图 2.4.2 所示为 RC 串联电路的状态变化情况。开关闭合后,电容电流 $i_C$ 立即从开关闭合前的零跃变到 3 A 并逐渐减小到零,电容电压 $u_C$ 从零逐渐变化到新的稳态电压 3 V。也就是说电容的电流 $i_C$ 发生了跃变,但电容的电压 $u_C$ 没有发生跃变。这是因为 $i_C(t) = C\dfrac{\mathrm{d}u_C(t)}{\mathrm{d}t} = \lim\limits_{\Delta t \to 0} C\dfrac{\Delta u_C(t)}{\Delta t}$,$u_C$ 发生跃变意味着 $i_C \to \infty$,这在实际电路中是不可能的。

图 2.4.3 所示为 RL 串联电路的状态变化情况。开关闭合后,电感电流 $i_L$ 从零逐渐变化

到新的稳态电流 3 A,电感电压 $u_L$ 立即从开关闭合前的零跃变到 3 V 并逐渐减小到零。也就是说,电感的电压 $u_L$ 发生了跃变,但电感的电流 $i_L$ 没有发生跃变。这是因为 $u_L(t) = L\dfrac{di_L(t)}{dt} = \lim\limits_{\Delta t \to 0} L\dfrac{\Delta i_L(t)}{\Delta t}$,$i_L$ 发生跃变意味着 $u_L \to \infty$,这在实际电路中是不可能的。

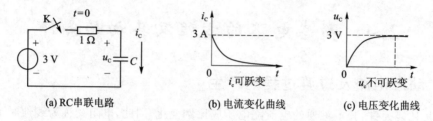

（a) RC串联电路　　　　（b) 电流变化曲线　　　　（c) 电压变化曲线

**图 2.4.2　开关闭合后 $i_C$ 和 $u_C$ 的变化过程**

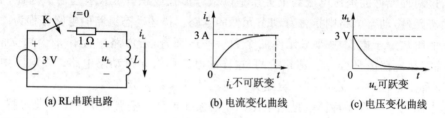

（a) RL串联电路　　　　（b) 电流变化曲线　　　　（c) 电压变化曲线

**图 2.4.3　开关闭合后 $i_L$ 和 $u_L$ 的变化过程**

## 2.4.2　换路定则及初始值的确定

将引起过渡过程的电路变化称为换路,如电路的接通、断开、元件参数值的改变、电路连接方式的改变以及电源的变化等。在分析动态电路时,通常假设电路换路发生在 $t = 0$ 时刻,$t = 0_-$ 表示换路前一瞬间,$t = 0_+$ 表示换路后一瞬间。需要说明的是,$0_-$ 和 $0_+$ 在数值上都等于 0,前者是从负值趋近于 0,后者是从正值趋近于 0。换路定则指在换路的瞬间(从 $t = 0_-$ 到 $t = 0_+$ 的瞬间),电容上的电压和电感中的电流不能跃变。换路定则的数学形式为

$$\left.\begin{array}{l} u_C(0_+) = u_C(0_-) \\ i_L(0_+) = i_L(0_-) \end{array}\right\} \tag{2.4.1}$$

其实质是电容储存的电场能 $\left(\dfrac{1}{2}Cu^2\right)$ 和电感储存的磁场能 $\left(\dfrac{1}{2}Li^2\right)$ 不能跃变,能量的积累或释放需要一定的时间。

在分析动态电路时,要列写出电路的微分方程,也需要知道待求电压、电流的初始值(即求解微分方程时所需的初始条件)。通常将电路中电压和电流在 $t = 0_+$ 时刻的值定义为初始值(初始条件、起始条件)。初始值可以分为两类:一类是电容电压和电感电流的初始值,这类初始值在换路瞬间不能跃变;另一类是电路中其他电压、电流的初始值(如电容电流、电感电压、电阻电流、电阻电压),这类初始值在换路瞬间可以跃变。

计算初始值的一般步骤如下:

① 根据 $t = 0_-$ 时刻的电路求出 $u_C(0_-)$ 和 $i_L(0_-)$;

② 根据换路定则求出 $u_C(0_+)$ 和 $i_L(0_+)$;

③ 画出 $t = 0_+$ 时刻的等效电路;

④ 根据等效电路求出其他电量的初始值。在画等效电路时,主要对电容和电感进行等效变换。

若 $u_C(0_+)$ 为 0,电容相当于短路,否则电容相当于电压为 $u_C(0_+)$ 的电压源;若 $i_L(0_+)$ 为 0,电感相当于开路,否则电感相当于电流为 $i_L(0_+)$ 的电流源。

需要指出的是,分析动态电路时所求的初始值是换路后 $t=0_+$ 时刻的数值,分析的是换路后的电路。在运用换路定则求初始值时,还需要知道换路前 $t=0_-$ 时刻的电容电压和电感电流,因此又需要分析换路前的电路。

【例 2.4.1】 确定图 2.4.4(a)所示电路中各电流和电压的初始值。已知 $U=12$ V,$R_1=10$ Ω,$R_2=R_3=20$ Ω,开关 K 闭合前电感元件和电容元件均未储能。

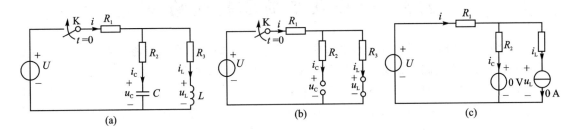

图 2.4.4 【例 2.4.1】电路

【解】 $t=0_-$ 时刻的电路如图 2.4.4(b)所示,其中电容电压为 0 V,电感电流为 0 A,即
$$u_C(0_-)=0, \qquad i_L(0_-)=0$$
由换路定则可知
$$u_C(0_+)=0 \quad 和 \quad i_L(0_+)=0$$

$t=0_+$ 时刻的等效电路如图 2.4.4(c)所示,其中替代电容的电压源为 0 V(短路),替代电感的电流源为 0 A(开路)。于是得出其他各个初始值为
$$i(0_+)=i_C(0_+)=\frac{U}{R_1+R_2}=\frac{12\text{ V}}{10\text{ Ω}+20\text{ Ω}}=0.4\text{ A}$$
$$u_L(0_+)=R_2 i_C(0_+)=20\text{ Ω}\times0.4\text{ A}=8\text{ V}$$

【例 2.4.2】 图 2.4.5(a)所示电路在开关断开之前处于稳定状态,其中 $U_s=8$ V,$R_1=3$ Ω,$R_2=2$ Ω,$R_3=5$ Ω,求开关断开瞬间各支路电流和电感电压的初始值 $i_1(0_+)$,$i_2(0_+)$,$i_3(0_+)$,$u_L(0_+)$。

【解】 开关断开前电路处于稳定状态,电路如图 2.4.5(b)所示,可求得
$$i_3(0_-)=\frac{U_s}{R_1+R_3}=\frac{8\text{ V}}{3\text{ Ω}+5\text{ Ω}}=1\text{ A}$$
$$u_C(0_-)=i_3(0_-)R_3=1\text{ A}\times5\text{ V}=5\text{ V}$$
由换路定则可知
$$i_3(0_+)=i_3(0_-)=1\text{ A}, \quad u_C(0_+)=u_C(0_-)=5\text{ V}$$

$t=0_+$ 时刻的等效电路如图 2.4.5(c)所示,其中替代电容的电压源 $u_C(0_+)=5$ V,替代电感的电流源 $i_3(0_+)=1$ A。由此电路可求得各初始值为
$$i_1(0_+)=0$$
$$i_2(0_+)=i_1(0_+)-i_3(0_+)=-1\text{ A}$$
$$u_L(0_+)=u_C(0_+)+i_2(0_+)R_2-i_3(0_+)R_3=-2\text{ V}$$

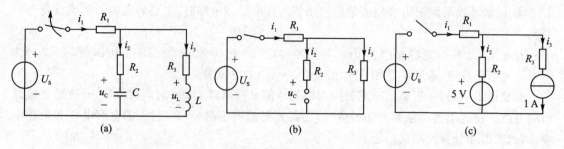

$$\text{图 2.4.5 【例 2.4.2】电路}$$

# 2.5　一阶电路的零输入响应

通常将电路中的电源称为激励,将激励在电路中产生的电压和电流称为响应。所谓零输入响应,就是指动态电路在没有外加激励时,由电路中储能元件的初始储能所引起的响应。当动态电路中只含有一个储能元件时,描述该电路的方程是一阶微分方程,这样的电路称为一阶动态电路。在一阶动态电路中,如果将储能元件以外的电阻电路用戴维南定理转换为电压源和电阻的串联组合,则该一阶电路就变换为 RC 电路或 RL 电路。本节主要讨论 RC 电路和 RL 电路的零输入响应。

## 2.5.1　RC 电路的零输入响应

对于图 2.5.1 所示的 RC 串联电路,开关 K 合在位置 2 时电路已达到稳定状态。此时,电容 $C$ 已充电,其电压 $u_C = U$。在 $t = 0$ 时刻,开关由位置 2 合到位置 1。此时,电源脱离电路,电容 $C$ 通过电阻 $R$ 放电。

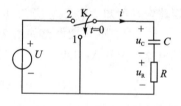

图 2.5.1　RC 电路的零输入响应

根据基尔霍夫电压定律,列出 $t \geqslant 0$ 时电路的方程

$$u_R + u_C = 0 \tag{2.5.1}$$

将 $u_R = Ri$,$i = C\dfrac{\mathrm{d}u_C}{\mathrm{d}t}$ 代入式(2.5.1),得

$$RC\frac{\mathrm{d}u_C}{\mathrm{d}t} + u_C = 0 \tag{2.5.2}$$

此方程为一阶常系数线性齐次微分方程,初始条件为 $u_C(0_+) = u_C(0_-) = U$。

令式(2.5.2)的通解为 $u_C = Ae^{pt}$($A$ 为待定积分常数),代入式(2.5.2)化简后,可得该微分方程的特征方程

$$RCp + 1 = 0$$

特征根为

$$p = -\frac{1}{RC} = -\frac{1}{\tau}$$

式中,$\tau = RC$,具有时间量纲,称为 RC 电路的时间常数。当 $C$ 的单位为法拉(F),$R$ 的单位为欧姆($\Omega$)时,$RC$ 的单位为秒(s),其大小反映了过渡过程的快慢程度。因此,式(2.5.2)的通解为

$$u_C = Ae^{-\frac{1}{RC}t}$$

根据 $u_C(0_+)=U_0$,可得 $A=U$,所求解为

$$u_C=Ue^{-\frac{1}{RC}t}=Ue^{-\frac{t}{\tau}} \qquad (2.5.3)$$

从而可求出 $t\geqslant0$ 时,电路中的电流为

$$i=C\frac{du_C}{dt}=-\frac{U}{R}e^{-\frac{t}{\tau}}$$

电阻上的电压为

$$u_R=iR=-Ue^{-\frac{t}{\tau}}$$

【例 2.5.1】　电路如图 2.5.2 所示,开关 K 闭合前电路已处于稳态。在 $t=0$ 时刻,将开关闭合,试求 $t\geqslant0$ 时电压 $u_C$ 和电流 $i_C$、$i_1$ 及 $i_2$。

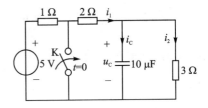

图 2.5.2　【例2.5.1】电路

【解】　在 $t=0_-$ 时

$$u_C(0_-)=\left(\frac{3}{1+2+3}\right)\ \Omega\times5\ \text{V}=2.5\ \text{V}$$

在 $t\geqslant0$ 时,5 V 电压源与 1 Ω 电阻串联的支路被开关短路,对右边的电路不起作用。此时,右边的电路为零输入响应,电容通过 2 Ω、3 Ω 两条支路放电,时间常数为

$$\tau=\left(\frac{2\times3}{2+3}\times10\times10^{-6}\right)\ \text{s}=12\times10^{-6}\ \text{s}$$

由式(2.5.3)可得

$$u_C=2.5e^{-\frac{10^6}{12}t}\ \text{V}=2.5e^{-8.3\times10^4t}\ \text{V}$$

并由此得

$$i_C=C\frac{du_C}{dt}=-2.08e^{-8.3\times10^4t}\ \text{A}$$

$$i_2=\frac{u_C}{3}=0.83e^{-8.3\times10^4t}\ \text{A}$$

$$i_1=i_C+i_2=-1.25e^{-8.3\times10^4t}\ \text{A}$$

## 2.5.2　RL 电路的零输入响应

对于图 2.5.3 所示的 RL 串联电路,开关 K 合在位置 2 时电路已达到稳定状态。此时,电感中的电流 $i_L=U/R$。在 $t=0$ 时刻,开关由位置 2 合到位置 1。此时,电源脱离电路,电感 $L$ 的磁场能转化为电能通过电阻 $R$ 放电。

根据基尔霍夫电压定律,列出 $t\geqslant0$ 时电路的方程

$$u_L+u_R=0 \qquad (2.5.4)$$

将 $u_R=Ri_L$,$u_L=L\dfrac{di_L}{dt}$代入式(2.5.4),得

$$L\frac{di_L}{dt}+Ri_L=0 \qquad (2.5.5)$$

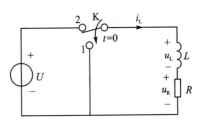

图 2.5.3　RL 电路的零输入响应

此方程为一阶常系数线性齐次微分方程,初始条件

为 $i_L(0_+) = i_L(0_-) = I_0 = \dfrac{U}{R}$。

令式(2.5.5)的通解为 $i_L = A\mathrm{e}^{pt}$($A$ 为待定积分常数),代入式(2.5.5)化简后,可得该微分方程的特征方程为

$$Lp + R = 0$$

特征根为

$$p = -\frac{R}{L} = -\frac{1}{\tau}$$

式中,$\tau = \dfrac{L}{R}$,具有时间量纲,称为 RL 电路的时间常数。当 $L$ 的单位为亨利(H),$R$ 的单位为欧姆($\Omega$)时,$\dfrac{L}{R}$ 的单位为秒(s),其大小反映了过渡过程的快慢程度。因此,式(2.5.5)的通解为

$$i_L = A\mathrm{e}^{-\frac{R}{L}t}$$

根据 $i_L(0_+) = i_L(0_-) = I_0$,可得 $A = I_0$,所求解为

$$i_L = I_0 \mathrm{e}^{-\frac{R}{L}t} = I_0 \mathrm{e}^{-\frac{t}{\tau}} \tag{2.5.6}$$

从而可求出当 $t \geqslant 0$ 时,电阻上的电压为

$$u_R = Ri_L = RI_0 \mathrm{e}^{-\frac{t}{\tau}}$$

电感上的电压为

$$u_L = L\frac{\mathrm{d}i_L}{\mathrm{d}t} = -RI_0 \mathrm{e}^{-\frac{t}{\tau}}$$

# 2.6　一阶电路的零状态响应

所谓零状态响应,就是动态电路在零初始状态下(储能元件的初始储能为 0),由外加激励所引起的响应。本节主要讨论 RC 电路和 RL 电路的零状态响应。

## 2.6.1　RC 电路的零状态响应

对于图 2.6.1 所示的 RC 串联电路,开关 K 闭合前电路处于零状态,即 $u_C(0_+) = 0$。在 $t = 0$ 时刻,开关 K 闭合,电路与直流电压源接通。此时,电压源通过电阻 $R$ 对电容 $C$ 充电。

根据基尔霍夫电压定律,列出 $t \geqslant 0$ 时电路的方程

$$u_R + u_C = U \tag{2.6.1}$$

将 $i = C\dfrac{\mathrm{d}u_C}{\mathrm{d}t}$,$u_R = Ri$ 代入式(2.6.1),得

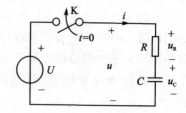

**图 2.6.1　RC 电路的零状态响应**

$$RC\frac{\mathrm{d}u_C}{\mathrm{d}t} + u_C = U \tag{2.6.2}$$

此方程为一阶常系数线性非齐次微分方程。方程的解由两部分组成:非齐次微分方程的特解 $u_C'$ 和相应齐次微分方程的通解 $u_C''$,即 $u_C = u_C' + u_C''$。

特解可取电路的稳态值(称为稳态分量)为

$$u'_C=U$$

齐次微分方程 $RC\dfrac{\mathrm{d}u_C}{\mathrm{d}t}+u_C=0$ 的通解(称为暂态分量)为

$$u''_C=A\mathrm{e}^{-\frac{t}{RC}}=A\mathrm{e}^{-\frac{t}{\tau}}$$

因此,式(2.6.2)的通解为

$$u_C=u'_C+u''_C=U+A\mathrm{e}^{-\frac{t}{\tau}}$$

式中,$A$ 为待定积分常数。

根据 $u_C(0_+)=u_C(0_-)=0$,可得 $A=-U$,所求解为

$$u_C=U-U\mathrm{e}^{-\frac{t}{\tau}}=U\left(1-\mathrm{e}^{-\frac{t}{\tau}}\right) \tag{2.6.3}$$

从而可求出 $t\geqslant0$ 时电路中的电流为

$$i=C\frac{\mathrm{d}u_C}{\mathrm{d}t}=\frac{U}{R}\mathrm{e}^{-\frac{t}{\tau}}$$

电阻上的电压为

$$u_R=Ri=U\mathrm{e}^{-\frac{t}{\tau}}$$

在分析较为复杂的电路的动态过程时,可以先应用戴维南定理将换路后的电路化简为一个简单电路,然后再利用上述经典法所得出的式子进行求解。

【例 2.6.1】　在图 2.6.2(a)所示的电路中,已知 $u=9$ V,$R_1=6$ kΩ,$R_2=3$ kΩ,$C=1\,000$ pF,$u_C(0_-)=0$ V。试求 $t\geqslant0$ 时的电压 $u_C$。

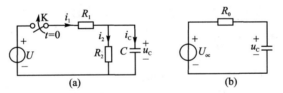

图 2.6.2　【例 2.6.1】电路

【解】　应用戴维南定理将换路后的电路等效为图 2.6.2(b)所示电路,其中:

$$U_{oc}=\frac{R_2U}{R_1+R_2}=\left(\frac{3\times10^3\times9}{(6+3)\times10^3}\right)\text{ V}=3\text{ V}$$

$$R_0=\frac{R_1R_2}{R_1+R_2}=\frac{(6\times3)\times10^6}{(6+3)\times10^3}\ \Omega=2\times10^3\ \Omega=2\text{ k}\Omega$$

电路的时间常数为

$$\tau=R_0C=2\times10^3\ \Omega\times1\,000\times10^{-12}\text{ F}=2\times10^{-6}\text{ s}$$

由式(2.6.3)得

$$u_C=U_{oc}(1-\mathrm{e}^{-\frac{t}{\tau}})=3(1-\mathrm{e}^{-\frac{t}{2\times10^{-6}}})\text{ V}=3(1-\mathrm{e}^{-5\times10^5t})\text{ V}$$

## 2.6.2　RL 电路的零状态响应

图 2.6.3 所示的 RL 串联电路,开关 K 闭合前电路处于零状态,即 $i_L(0_+)=0$。$t=0$ 时刻,将开关 K 闭合,电路与直流电压源接通。此时,电压源通过电阻 $R$ 对电感 $L$ 充电(电能被

电感以磁场能的形式保存起来）。

根据基尔霍夫电压定律，列出 $t \geqslant 0$ 时电路的方程

$$Ri_L + L\frac{\mathrm{d}i_L}{\mathrm{d}t} = U \qquad (2.6.4)$$

参照 RC 电路的零状态响应，可知其通解为

$$i_L = i'_L + i''_L = \frac{U}{R} + Ae^{\frac{R}{L}t}$$

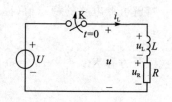

图 2.6.3　RL 电路的零状态响应

根据 $i_L(0_+) = i_L(0_-) = 0$，可得 $A = -\dfrac{U}{R}$，所求解为

$$i_L = \frac{U}{R} - \frac{U}{R}e^{\frac{R}{L}t} = \frac{U}{R}(1 - e^{-\frac{t}{\tau}}) \qquad (2.6.5)$$

从而可求出 $t \geqslant 0$ 时，电阻上的电压为

$$u_R = Ri_L = U(1 - e^{-\frac{t}{\tau}})$$

电感上的电压为

$$u_L = L\frac{\mathrm{d}i_L}{\mathrm{d}t} = Ue^{-\frac{t}{\tau}}$$

# 2.7　一阶电路的全响应

所谓全响应，就是非零初始状态的动态电路受到激励时所引起的电路的响应，是指电路换路前，动态元件储有能量；换路后，电路又在外加激励（电源）的作用下所产生的电路的响应，也就是零输入响应和零状态响应两者的叠加。本节主要讨论 RC 电路和 RL 电路的全响应。

## 2.7.1　RC 电路的全响应

图 2.7.1 所示的 RC 串联电路中，电源电压为 $U$，开关 K 闭合前电容电压为 $U_0$。若开关 K 在 $t = 0$ 时刻闭合，则电路中产生的响应为全响应。

$t \geqslant 0$ 时电路的微分方程和式（2.6.2）相同，其通解为

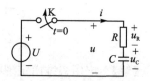

图 2.7.1　RC 电路的全响应

$$u_C = u'_C + u''_C = U + Ae^{-\frac{t}{\tau}}$$

但积分常数 $A$ 与零状态时不同。

在 $t = 0_+$ 时刻，$u_C(0_+) = u_C(0_-) = U_0 \neq 0$，可得 $A = U_0 - U$，所以

$$u_C = U + (U_0 - U)e^{-\frac{t}{\tau}} \qquad (2.7.1)$$

经改写后得

$$u_C = U_0 e^{-\frac{t}{\tau}} + U(1 - e^{-\frac{t}{\tau}}) \qquad (2.7.2)$$

显然，式（2.7.2）等号右边第一项即为式（2.5.3），是电路的零输入响应；等号右边第二项即为式（2.6.3），是电路的零状态响应。这说明一阶电路的全响应是零输入响应和零状态响应的叠加，这是线性电路叠加性质的体现。于是一阶电路的全响应可表示为

全响应＝零输入响应＋零状态响应

求全响应时，可把电容元件的初始状态 $u_C(0_+)$ 看作一种电压源。$u_C(0_+)$ 和电源分别单

独作用时所得出的零输入响应和零状态响应叠加,即为全响应。

式(2.7.1)的等号右边也有两项:$U$ 为稳态分量;$(U_0-U)e^{-\frac{t}{\tau}}$ 为暂态分量。于是全响应也可表示为

$$全响应=稳态分量+暂态分量$$

求出 $u_C$ 后,就可得出电路中的电流和电阻上的电压分别为

$$i=C\frac{du_C}{dt}$$

$$u_R=Ri$$

**【例 2.7.1】** 在图 2.7.2 中,开关 K 长期合在位置 1 上,如在 $t=0$ 时把它合到位置 2,试求 $t\geq0$ 时电容电压 $u_C$。已知 $R_1=1\ \text{k}\Omega$,$R_2=2\ \text{k}\Omega$,$C=5\ \mu\text{F}$,电压源 $U_1=3\ \text{V}$ 和 $U_2=6\ \text{V}$。

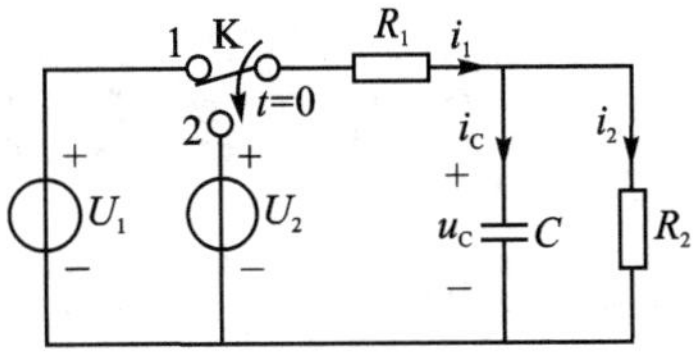

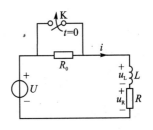

**图 2.7.2 【例 2.7.1】电路**

**【解】** 在 $t=0_-$ 时,有

$$u_C(0_-)=\frac{R_2}{R_1+R_2}U_1=\frac{2\times10^3\ \Omega}{(1+2)\times10^3\ \Omega}\times3\ \text{V}=2\ \text{V}$$

在 $t\geq0$ 时,根据基尔霍夫电流定律可得

$$i_1-i_2-i_C=0$$

$$\frac{U_2-u_C}{R_1}-\frac{u_C}{R_2}-C\frac{du_C}{dt}=0$$

经整理后得

$$R_1C\frac{du_C}{dt}+\left(1+\frac{R_1}{R_2}\right)u_C=U_2$$

代入参数得

$$5\times10^{-3}\frac{du_C}{dt}+\frac{3}{2}u_C=6$$

解之得

$$u_C=u_C'+u_C''=(4+Ae^{-300t})\ \text{V}$$

在 $t=0_+$ 时,$u_C(0_+)=u_C(0_-)=2\ \text{V}$,则 $A=-2$,所以

$$u_C=(4-2e^{-300t})\ \text{V}$$

## 2.7.2 RL 电路的全响应

于图 2.7.3 所示的 RL 串联电路中,电源电压为 $U$,开关 K 闭合前电感电流为 $I_0$。若开关 K 在 $t=0$ 时刻闭合,则电路中产生的响应为全响应。

$t\geq0$ 时电路的微分方程和式(2.6.4)相同,参照 2.6.2 节,可知其通解为

$$i_L=i_L'+i_L''=\frac{U}{R}+Ae^{-\frac{t}{\tau}}$$

**图 2.7.3 RL 电路的全响应**

$t=0_+$ 时刻,$i_L(0_+)=i_L(0_-)=I_0$,可得 $A=I_0-\frac{U}{R}$,所以

$$i_L = \frac{U}{R} + \left(I_0 - \frac{U}{R}\right) e^{-\frac{t}{\tau}} \qquad (2.7.3)$$

式(2.7.3)中等号右边第一项为稳态分量,等号右边第二项为暂态分量,两者之和即为电路的全响应。

式(2.7.3)经改写后得出

$$i_L = I_0 e^{-\frac{t}{\tau}} + \frac{U}{R}\left(1 - e^{-\frac{t}{\tau}}\right) \qquad (2.7.4)$$

式(2.7.4)中等号右边第一项即为式(2.5.6),是电路的零输入响应;等号右边第二项即为式(2.6.5),是电路的零状态响应,两者叠加即为电路的全响应。

## 2.8　三要素法分析一阶线性动态电路

无论把全响应分解为零状态和零输入响应之叠加,还是分解为稳态分量和瞬态分量之叠加,都不过是分法不同,真正的响应则是全响应,是由初始值、特解、时间常数三个要素决定的。

在直流电源激励下,若初始值为 $f(0_+)$,特解为稳态解 $f(\infty)$,时间常数为 $\tau$,则全响应 $f(t)$ 可写为

$$f(t) = f(\infty) + [f(0_+) - f(\infty)] e^{-\frac{t}{\tau}} \qquad (2.8.1)$$

在动态电路分析中,只要知道 $f(0_+)$、$f(\infty)$ 和 $\tau$ 这三个"要素",就能直接写出直流激励下一阶电路的响应(电压或电流),这一方法称为三要素法。式(2.8.1)就是分析一阶线性动态电路过程中任意电压、电流的一般公式。

三个"要素"的求解方法如下:

初始值 $f(0_+)$:其算法已在 2.4 节中讲过。

稳态值 $f(\infty)$:换路后,电路达到稳态时,将电路中电容 $C$ 看成开路,电感 $L$ 看成短路(用导线代替),由此可计算出各电流、电压稳态值。

时间常数 $\tau$:$\tau = R_0 C$(电路动态元件为电容)或 $\tau = \dfrac{L}{R_0}$(电路动态元件为电感),同一电路中只有一个时间常数。其中 $R_0$ 是电路换路后,从电路中储能元件两端看进去的入端等效电阻(输入电阻)。

三要素法简单、方便,因而得到了广泛应用,下面举例说明。

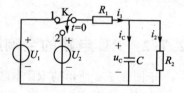

图 2.8.1　【例 2.8.1】电路

【**例 2.8.1**】　应用三要素求求图 2.8.1 所示电路中的 $u_C$。已知 $R_1 = 1\ \text{k}\Omega$,$R_2 = 2\ \text{k}\Omega$,$C = 5\ \mu\text{F}$,$U_1 = 3\ \text{V}$,$U_2 = 6\ \text{V}$。

【**解**】　① 求初始值。当 $t = 0_+$ 时,由换路定则,对电容电压(视 $C$ 为开路)有

$$u_C(0_+) = u_C(0_-) = \frac{R_2}{R_1 + R_2} U_1 = \frac{2\ \Omega}{(1+2)\Omega} \times 3\ \text{V} = 2\ \text{V}$$

② 求稳态值　当 $t \to \infty$ 时,电路达稳态,电容相当于开路

$$u_C(\infty) = \frac{R_2}{R_1 + R_2} U_2 = \frac{2\ \Omega}{(1+2)\ \Omega} \times 6\ \text{V} = 4\ \text{V}$$

③ 求时间常数　换路后,由电容两端看进去的入端等效电阻为

$$R_0 = R_1 \mathbin{/\!/} R_2 = \frac{1 \times 2 \times 10^6}{(1+2) \times 10^3} \Omega = \frac{2}{3} \text{ k}\Omega$$

$$\tau = R_0 C = \frac{2}{3} \times 10^3 \ \Omega \times 5 \times 10^{-6} \text{F} = \frac{1}{3} \times 10^{-2} \text{ s}$$

于是由式(2.8.1)可写出

$$u_C = [4 + (2-4) e^{-3 \times 10^2 t}] \text{ V} = (4 - 2 e^{-300t}) \text{ V}$$

**【例 2.8.2】**　在图 2.8.2 所示的电路中，$U = 6$ V，$R_1 = 20$ kΩ，$R_2 = 10$ kΩ，$C = 1\,000$ pF，$u_C(0_-) = 0$ V。试求 $t \geqslant 0$ 时的电压 $u_C$ 和 $u_0$。

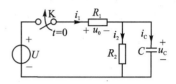

图 2.8.2　**【例 2.8.2】**电路

**【解】**　应用三要素法

①　求初始值　当 $t = 0_+$ 时，有

$$u_C(0_+) = u_C(0_-) = 0, \quad u_0(0_+) = U = 6 \text{ V}$$

②　求稳态值　当 $t \to \infty$ 时，电路达稳态，电容相当于开路，所以

$$u_C(\infty) = \frac{R_2}{R_1 + R_2} U = \frac{10 \text{ k}\Omega}{(20+10) \text{ k}\Omega} \times 6 \text{ V} = 2 \text{ V}$$

$$u_0(\infty) = \frac{R_1}{R_1 + R_2} U = \frac{20 \text{ k}\Omega}{(20+10) \text{ k}\Omega} \times 6 \text{V} = 4 \text{ V}$$

③　求时间常数　换路后，由电容两端看进去的入端等效电阻为

$$R_0 = R_1 \mathbin{/\!/} R_2 = \frac{10 \times 20 \times 10^6}{(10+20) \times 10^3} \ \Omega = \frac{20}{3} \text{ k}\Omega$$

$$\tau = R_0 C = \frac{20}{3} \times 10^3 \ \Omega \times 1\,000 \times 10^{-12} \text{ F} = \frac{2}{3} \times 10^{-5} \text{ s}$$

于是由式(2.8.1)可写出

$$u_C = [2 + (0-2) e^{-1.5 \times 10^5 t}] \text{ V} = (2 - 2 e^{-1.5 \times 10^5 t}) \text{ V}$$

$$u_0 = [4 + (6-4) e^{-1.5 \times 10^5 t}] \text{ V} = (4 + 2 e^{-1.5 \times 10^5 t}) \text{ V}$$

**【例 2.8.3】**　已知 $U_s = 60$ V，$R_1 = R_2 = R_3 = 10$ Ω，$L = 0.3$ H，求图 2.8.3 所示电路在开关闭合后的电流 $i_1$、$i_2$、$i_L$。

**【解】**　①　求初始值　由换路定则，对电感电流有

$$i_L(0_+) = i_L(0_-) = \frac{60}{20} \text{ A} = 3 \text{ A}$$

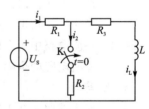

图 2.8.3　**【例 2.8.3】**电路

由 $t = 0_+$ 时的电路可求出

$$i_1(0_+) = 4.5 \text{ A}, \qquad i_2(0_+) = 1.5 \text{ A}$$

②　求稳态值（视 $L$ 为短路）

$$i_1(\infty) = 4 \text{ A}, \qquad i_2(\infty) = i_L(\infty) = 2 \text{ A}$$

③　求时间常数　换路后，由电感 $L$ 两端看进去的入端等效电阻 $R_0 = 15$ Ω，于是

$$\tau = \frac{L}{R_0} = \frac{0.3 \text{ H}}{15 \ \Omega} = 0.02 \text{ s}$$

写出待求电流表达式

$$i_L = i_L(\infty) + [i_L(0_+) - i_L(\infty)] e^{-\frac{t}{\tau}} = [2 + (3-2) e^{-\frac{1}{0.02} t}] \text{ A} = (2 + e^{-50t}) \text{ A}$$

$$i_1 = i_1(\infty) + [i_1(0_+) - i_1(\infty)] e^{-\frac{t}{\tau}} = (4 + 0.5 e^{-50t}) \text{ A}$$

$$i_2 = i_2(\infty) + [i_2(0_+) - i_2(\infty)]e^{-\frac{t}{\tau}} = (2 - 0.5e^{-50t})\ \text{A}$$

# 本章小结

本章讨论了一阶线性动态电路的变化规律及分析方法,着重介绍了换路定律及初始值的确定,针对 RC 电路和 RL 电路的零输入响应、零状态响应以及全响应进行了详细分析,并详细讲解了分析一阶动态电路的"三要素"法,避免了列解微分方程的麻烦。

# 习　题

### 2.1　填空题

2.1.1　过渡过程是指电路从一种____态过渡到另一种____态所经历的过程。

2.1.2　只含有一个____元件的电路可以用____方程进行描述,因而称做一阶电路。

2.1.3　在电路中,电源的突然接通或断开,电源瞬时值的突然跳变,某一元件的突然接入或被移去等,统称为____。

2.1.4　换路定律指出:在电路发生换路后的一瞬间,____元件上通过的电流和____元件上的端电压,都应保持换路前一瞬间的原有值不变。

2.1.5　换路前,动态元件中已经储有原始能量。换路时,若外激励等于零,仅在动态元件原始能量作用下所引起的电路响应,称为____响应。

2.1.6　一阶 RC 电路的时间常数____;一阶 RL 电路的时间常数____。

2.1.7　由时间常数公式可知,RC 一阶电路中,$C$ 一定时,$R$ 值越大过渡过程进行的时间就越____;RL 一阶电路中,$L$ 一定时,$R$ 值越大过渡过程进行的时间就越____。

2.1.8　一阶电路全响应的三要素是指待求响应的____、____和____。

### 2.2　判断题

2.2.1　换路定律指出:电感两端的电压是不能发生跃变的,只能连续变化。

2.2.2　换路定律指出:电容两端的电压是不能发生跃变的,只能连续变化。

2.2.3　一阶电路中所有的初始值,都要根据换路定律进行求解。

2.2.4　一阶电路的全响应,等于其稳态分量和瞬态分量之和。

### 2.3　解答题

2.3.1　确定习题 2.3.1 图中所标示电压和电流的初始值,换路前电路已处于稳态。

2.3.2　如习题 2.3.2 图所示,试确定在开关 K 断开后初始瞬间的电压 $u_C$ 和电流 $i_C, i_1,$ $i_2$ 的值。K 断开前电路已处于稳态。

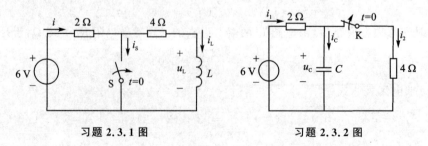

习题 2.3.1 图　　　　　　　　　　　习题 2.3.2 图

2.3.3　习题 2.3.3 图所示各电路在换路前都处于稳态,试求换路后电流 $i$ 的初始值 $i(0_+)$ 和稳态值 $i(\infty)$。

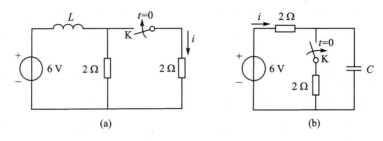

习题 2.3.3 图

2.3.4　习题 2.3.4 图所示电路中,$u_C(0_-) = 0$ V,试求:$t \geqslant 0$ 时的 $u_C$ 和 $i$。

2.3.5　电路如习题 2.3.5 图所示,试求换路后的 $u_C$,设 $u_C(0_-) = 0$。

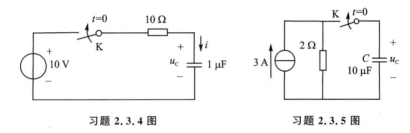

习题 2.3.4 图　　　　　　　　　习题 2.3.5 图

2.3.6　习题 2.3.6 图所示电路中,$I = 10$ mA,$R_1 = R_2 = 3$ kΩ,$R_3 = 6$ kΩ,$C = 2$ μF。在开关 K 闭合前电路已处于稳态。求 $t \geqslant 0$ 时的 $u_C$ 和 $i_1$。

2.3.7　电路如习题 2.3.7 图所示,试求 $t \geqslant 0$ 时的电流 $i_L$。

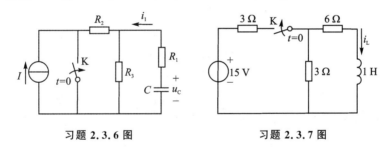

习题 2.3.6 图　　　　　　　　习题 2.3.7 图

2.3.8　电路如习题 2.3.8 图所示,在开关 K 闭合前电路已处于稳态,求开关闭合后的电压 $u_C$。

2.3.9　电路如习题 2.3.9 图所示,换路前已处于稳态,试求换路后 $t \geqslant 0$ 时的 $u_C$。

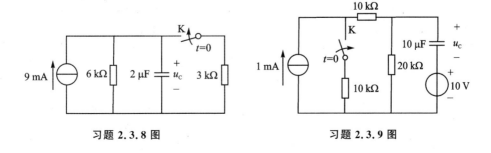

习题 2.3.8 图　　　　　　　　　　习题 2.3.9 图

2.3.10 在习题 2.3.10 图所示电路中，$U_1 = 24$ V，$U_2 = 20$ V，$R_1 = 60$ Ω，$R_2 = 120$ Ω，$R_3 = 40$ Ω，$L = 4$ H。换路前电路已处于稳态，试求换路后的电流 $i_L$。

2.3.11 习题 2.3.11 图所示电路中，$U = 15$ V，$R_1 = R_2 = R_3 = 30$ Ω，$L = 2$ H。换路前电路已处于稳态，试求当将开关 K 从位置 1 合到位置 2 后（$t \geqslant 0$）的电流 $i_L$，$i_2$，$i_3$。

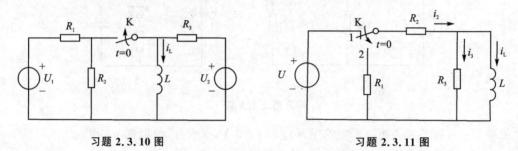

习题 2.3.10 图　　　　　　　　　习题 2.3.11 图

2.3.12 电路如习题 2.3.12 图所示，试用三要素法求 $t \geqslant 0$ 时的 $i_1$，$i_2$ 及 $i_L$。换路前电路处于稳态。

2.3.13 电路如习题 2.3.13 图所示，在换路前已处于稳态。将开关从位置 1 合到位置 2 后，试求 $i_L$ 和 $i$。

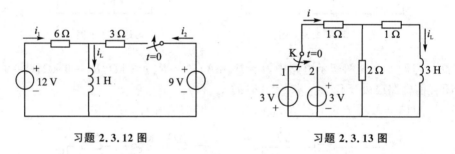

习题 2.3.12 图　　　　　　　　　习题 2.3.13 图

2.3.14 如习题 2.3.14 图所示电路，电路原已达稳态，$t = 0$ 时开关 K 闭合，用三要素法求 $t > 0$ 时的电感电流 $i_L(t)$。

2.3.15 电路如习题 2.3.15 图所示，开关闭合前电路已处于稳态，在 $t = 0$ 时开关 K 闭合。试用三要素法，求 $t \geqslant 0$ 时的 $u_C(t)$。

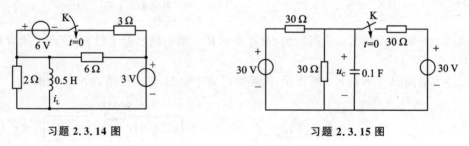

习题 2.3.14 图　　　　　　　　　习题 2.3.15 图

# 第3章　正弦交流电路

**【学习导引】**

前面学习了直流稳态电路分析和含有储能元件的电路当电路结构发生变化,导致电路从一种稳态到另一个稳态过渡时暂态电路的分析。本章开始学习当电路结构稳定但电源激励信号是变化的正弦交流信号的电路的分析。根据正弦激励信号的特点借助数学中复数基础知识引入相量分析法,是分析该类电路有效的分析方法。

本章首先介绍正弦交流电的基本概念,正弦量的相量表示法,电阻、电感和电容三种单一参数电路及其串联电路,阻抗的串并联以及功率和功率因数的提高等问题,最后还介绍了电路的谐振。本章所讨论的一些基本概念、基本理论和基本分析方法是以后学习交流电机及电子技术的重要基础。

**【学习目标和要求】**

① 理解正弦量的特征及其各种表示方法。

② 理解电路基本定律的相量形式及阻抗的概念。

③ 熟练掌握计算正弦交流电路的相量分析法,会画相量图。

④ 掌握有功功率和功率因数的计算,了解瞬时功率、无功功率和视在功率的概念;理解提高功率因数的意义和方法。

⑤ 理解正弦交流电路的频率特性,串、并联谐振的条件及特征。

# 3.1　正弦交流电的三要素

随时间按正弦规律变化的电压和电流称为正弦交流量,简称为正弦量。对正弦量的数学描述,可以采用正弦函数,也可以采用余弦函数。但是,用向量法分析时,要注意采用同一种形式,切记不可混用。本书采用正弦函数。下面仅以正弦电流为例来说明正弦量的各个要素和不同的表示方式。

图 3.1.1(a)表示一段正弦电流电路,选择交流电正半周方向为其参考方向。在指定电流参考方向和计算时间的坐标原点之后,可画出正弦电流的波形,称为正弦波,如图 3.1.1(b)所示。正弦波所对应的数学表达式为

$$i = I_{\mathrm{m}} \sin(\omega t + \varphi_i) \tag{3.1.1}$$

式中,$i$ 表示电流在瞬间 $t$ 时刻的值,称为电流的瞬时值;$I_{\mathrm{m}}$ 称为正弦电流的振幅,即最大值;$(\omega t + \varphi_i)$ 为正弦函数的辐角,它随时间而变化,反映了正弦量的变化进程,称为正弦量的相角或相位;$\varphi_i$ 为 $t = 0$ 时刻的相角,称为正弦电流的初相角(初相),它反映了正弦量的初始值,即 $t = 0$ 时刻的值。$\omega$ 是相角随时间变化的速度,即

$$\frac{\mathrm{d}}{\mathrm{d}t}(\omega t + \varphi_i) = \omega \tag{3.1.2}$$

称为正弦量的角频率,单位是弧度/秒(rad/s)。它是反映正弦量变化快慢的物理量。

任一正弦量,当其幅值、初相及角频率(或频率)确定以后,该正弦量就被完全地确定下来。

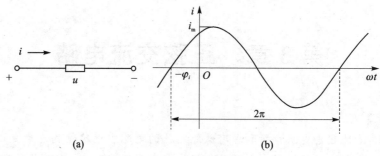

**图 3.1.1　正弦交流电路**

故幅值、初相及角频率这三个常数称为正弦量的三要素。正弦量的三要素也是正弦量之间进行比较和区分的依据。现分别详述如下。

**1. 周期、频率与角频率**

正弦交流电完成一次周期性变化所需要的时间称为周期,用 $T$ 表示,它是波形重复出现的最短时间,其单位用秒(s)表示。

单位时间内(每秒)正弦交流电完成周期性变化的次数称为频率,用 $f$ 表示,单位为赫兹,简称赫(Hz)。

正弦量变化的快慢还可用角频率 $\omega$ 表示,它是指正弦量在单位时间内变化的弧度数,单位为弧度/秒(rad/s),$\omega$ 与正弦量的周期 $T$ 和频率 $f$ 有如下关系

$$\omega = \frac{2\pi}{T} = 2\pi f \tag{3.1.3}$$

由式(3.1.3)可知,只要知道周期、频率与角频率中的一个,就可以求出其余两个。

在我国和大多数国家都采用 50 Hz 作为电力标准频率,有些国家(如美国、日本等)采用 60 Hz。这种频率在工业上应用广泛,习惯上也称为工频。通常的交流电动机和照明负载都采用这种频率。其他技术领域所应用的是各种不同频率的交流电,如航空工业用的交流电频率是 400 Hz,电子技术里应用的音频是 20 Hz～20 kHz,工业中高频炉用的频率可达 500 kHz,无线电工程里的频率更高,可达 500 kHz～$3 \times 10^5$ MHz。因此,工程实际中,频率还常用如下的辅助单位

1 kHz(千赫)$= 10^3$ Hz,　1 MHz(兆赫)$= 10^6$ Hz,　1 GHz(吉赫)$= 10^9$ Hz

**2. 瞬时值、最大值与有效值**

(1) 瞬时值

交流电在任一时刻的实际值称为瞬时值,瞬时值表明某一时刻正弦量的大小。规定交流电的瞬时值一律用英文小写字母表示,如 $i$ 和 $u$ 分别表示交流电流和交流电压的瞬时值。

(2) 最大值

交流电在变化过程中所出现的最大瞬时值称为最大值,或称幅值。对于一个正弦交流电量而言,最大值是一个常量,用英文大写字母加下标 m 表示,如 $I_m$ 和 $U_m$ 分别表示交流电流和交流电压的最大值。

(3) 有效值

瞬时值和最大值都是表征正弦交流电量某一瞬间的参数,不能衡量正弦交流电量在一个周期内的做功效果,因此,引入有效值概念。有效值的度量是根据电流热效应规定的,其物理含义是:如果交流电流通过电阻 $R$ 在一个周期 $T$ 时间内产生的热量,与某一数值的直流电流通过同一电阻 $R$ 在相同的时间 $T$ 内产生的热量相等,则这个直流电流的数值就是该交流电的

有效值。根据有效值定义有下列等式成立,即

$$I^2RT = \int_0^T i^2R\,\mathrm{d}t \tag{3.1.4}$$

由此可得

$$I = \sqrt{\frac{1}{T}\int_0^T i^2\,\mathrm{d}t} \tag{3.1.5}$$

式(3.1.5)中的电流 $I$ 等于电流 $i$ 的平方在一个周期内积分的平均值再取平方根,定义为电流 $i$ 的有效值,因此,有效值又称为方均根值。

式(3.1.5)不仅适用于正弦交流电计算有效值,也适用于非正弦周期量计算有效值,如矩形波、三角波等。有效值用英文大写字母不加下标表示,如 $I$ 和 $U$ 分别表示交流电流和电压的有效值。

当周期电流为正弦量时,将 $i = I_\mathrm{m}\sin(\omega t + \varphi_i)$ 代入式(3.1.5)得

$$I = \sqrt{\frac{1}{T}\int_0^T I_\mathrm{m}^2\sin^2(\omega t + \varphi_i)\,\mathrm{d}t} = \sqrt{\frac{1}{T}I_\mathrm{m}^2\int_0^T \sin^2(\omega t + \varphi_i)\,\mathrm{d}t}$$

因为

$$\int_0^T \sin^2(\omega t + \varphi_i)\,\mathrm{d}t = \int_0^T \frac{1 - \cos 2(\omega t + \varphi_i)}{2}\,\mathrm{d}t = \frac{T}{2}$$

所以

$$I = \sqrt{\frac{1}{T}I_\mathrm{m}^2\frac{T}{2}} = \frac{I_\mathrm{m}}{\sqrt{2}} = 0.707I_\mathrm{m} \tag{3.1.6}$$

正弦量的最大值与有效值之间有固定的 $\sqrt{2}$ 关系,因此有效值可以代替最大值作为正弦量的一个要素。注意,正弦量的有效值与角频率和初相无关。当然,这种 $\sqrt{2}$ 的关系只适用于正弦量,而一般不适用于其他的周期量。引入有效值的概念后,可以把正弦量的数学表达式写成如下形式,如电流

$$i = \sqrt{2}\,I\sin(\omega t + \varphi_i)$$

在工程上,一般所说的正弦电压、电流的大小都是指有效值,如交流测量仪表所指示的读数、电气设备铭牌上的额定值都是指有效值。所谓电网电压 220 V,就是指的有效值,其最大值为 220 V×$\sqrt{2}$＝311 V。因此,正弦电压的瞬时值表达式也可写成

$$u = \sqrt{2}\,U\sin(\omega t + \varphi_u)$$

还需注意,各种器件和电气设备的绝缘水平——耐压值,应按最大值来考虑。

**3. 相位、初相位与相位差**

(1) 相位和初相位

对正弦交流电量如 $i = I_\mathrm{m}\sin(\omega t + \varphi_i)$,不同时刻 $t$ 所对应不同的瞬时值,由于最大值保持不变,所以正弦交流电中的($\omega t + \varphi_i$)反映了正弦量在交变过程中瞬时值的变化进程。($\omega t + \varphi_i$)称为正弦交流电的相角或相位。当 $t = 0$ 时,正弦交流电流的相位 $\varphi_i$ 称为初相位。在波形图中,$\varphi_i$ 是坐标原点与零值点之间的电角度,其大小可正可负,为了便于分析计算,一般规定初相位通常在 $|\varphi_i| \leqslant \pi$(或 $180°$)的主值范围内。

(2) 相位差

两个同频率正弦量的相位角之差,称为相位差,用英文字母 $\varphi$ 表示。假设两个同频率的

正弦交流电分别为

$$
\left.
\begin{array}{l}
u = U_{\mathrm{m}}\sin(\omega t + \varphi_u) \\
i = I_{\mathrm{m}}\sin(\omega t + \varphi_i)
\end{array}
\right\}
\tag{3.1.7}
$$

则电压与电流之间的相位差为

$$
\varphi = (\omega t + \varphi_u) - (\omega t + \varphi_i) = \varphi_u - \varphi_i
\tag{3.1.8}
$$

　　可见,对两个同频率的正弦量来说,相位差在任何瞬时都是一个常数,即等于它们的初相之差,而与时间无关。相位差是区分两个同频率正弦量的重要标志之一。$\varphi$ 也采用主值范围的角度或弧度来表示。

　　如果 $\varphi = \varphi_u - \varphi_i > 0$(见图 3.1.2),可以说电压 $u$ 的相角越前(或超前)于电流 $i$ 的相角一个角度 $\varphi$,意思是说电压 $u$ 比电流 $i$ 先到达正的最大值。

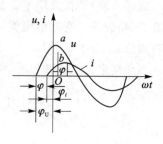

**图 3.1.2　两个同频率正弦量的波形图**

　　例如,在图 3.1.2 中,电压波 $u$ 到达正的最大值点 $a$ 的时间就比电流波 $i$ 到达正的最大值点 $b$ 的时间提前 $\varphi/\omega$ 秒,相应地,$u$ 的整个变化进程均较 $i$ 提前 $\varphi/\omega$ 秒,即提前 $\varphi$ 角。反过来也可以说电流 $i$ 落后(或滞后)于电压 $u$ 一个角度 $\varphi$。

　　如果 $\varphi = \varphi_u - \varphi_i < 0$,结论刚好与上述情况相反。

　　如果 $\varphi = \varphi_u - \varphi_i = 0$,则称 $u$ 与 $i$ 同相。

　　如果 $\varphi = \varphi_u - \varphi_i = \pi/2$,则称 $u$ 与 $i$ 相位正交。

　　如果 $\varphi = \varphi_u - \varphi_i = \pi$(即 $180°$),则称 $u$ 与 $i$ 反相。

　　不同频率的两个正弦量之间的相位差不再是一个常数,而是随着时间变动了。因此今后谈到相位差都是指同频率正弦量之间的相位差。

　　应当注意,当两个同频率正弦量的计时起点改变时,它们的初相也跟着改变(初相有正负之分,由正弦量零点至时间起点在横轴上的走向确定,其走向与横轴正向一致,初相是正的;反之,初相是负的),但两者的相位差仍保持不变。即相位差与计时起点的选择无关。

　　**【例 3.1.1】**　说明下列两个正弦量的相位关系式

$$
i_1 = 100\sin(\omega t - 45°)\ \text{A},\ i_2 = 50\cos(\omega t + 10°)\ \text{A}
$$

　　**【解】**　$i_2 = 50\cos(\omega t + 10°) = 50\sin(\omega t + 100°)$,$\varphi = \varphi_1 - \varphi_2 = -45° - 100° = -145°$
因此在相位上 $i_1$ 滞后 $i_2\ 145°$ 或 $i_2$ 超前 $i_1\ 145°$。

# 3.2　正弦量的相量表示法

　　正弦交流电有几种不同的表示形式,如前面叙述的三角函数表示法和波形图表示法。前者能方便地求得任一时刻的瞬时值,后者形象直观。但两者共同的不足是两个正弦量加减运算时,运算比较复杂。而相量表示法能解决上述问题。

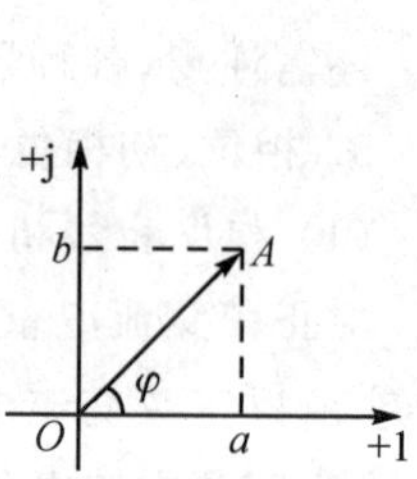

　　正弦量的相量表示就是用复数表示正弦量。设复平面内有一复数,其模为 $r$,辐角为 $\varphi$(见图 3.2.1),它可以用下列三种式子表示,即

**图 3.2.1　复　数**

$$
A = a + jb = r\cos\varphi + jr\sin\varphi = r(\cos\varphi + j\sin\varphi)
\tag{3.2.1}
$$

由欧拉公式可得

$$
e^{j\varphi} = \cos\varphi + j\sin\varphi
$$

所以

$$A = r\mathrm{e}^{\mathrm{j}\varphi} \tag{3.2.2}$$

或简写为

$$A = r\angle\varphi \tag{3.2.3}$$

因此,一个复数可用上述几种复数式来表示。式(3.2.1)称为复数的代数式;式(3.2.2)称为指数式;式(3.2.3)称为极坐标式。三者可以互相转换。复数的加减运算可以用复数的代数式,复数的乘除运算可用指数式或极坐标式。

由上可知,一个复数由模和辐角两个特征来确定。而正弦量由幅值、初相位和频率三个特征来确定。但在分析线性电路时,正弦激励和响应均为同频率的正弦量,频率是已知的,可不必考虑。因此,一个正弦量由幅值(或有效值)和初相位就可确定。

对比复数和正弦量,正弦量可用复数表示。复数的模即为正弦量的幅值或有效值,复数的辐角即为正弦量的初相位。

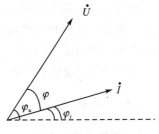

图 3.2.2　相量图

为了与一般的复数相区别,把表示正弦量的复数称为相量,并在大写字母上打"·"。于是表示正弦电压 $u = U_\mathrm{m}\sin(\omega t + \varphi_u)$ 的相量式为

$$\dot{U} = U(\cos\varphi_u + \mathrm{j}\sin\varphi_u) = U\mathrm{e}^{\mathrm{j}\varphi_u} = U\angle\varphi_u \tag{3.2.4}$$

注意:相量只是表示正弦量,而不是等于正弦量。

式(3.2.4)中的 j 是复数的虚数单位,即 $\mathrm{j} = \sqrt{-1}$,并由此得 $\mathrm{j}^2 = -1$,$\dfrac{1}{\mathrm{j}} = -\mathrm{j}$。

按照各个正弦量的大小和相位关系画出的若干个相量的图形,称为相量图。在相量图上能形象地看出各个正弦量的大小和相互间的相位关系。例如,在图 3.1.2 中用正弦波形表示的电压 $u$ 与电流 $i$ 两个正弦量,如用相量图表示则如图 3.2.2 所示。电压相量比电流相量超前角 $\varphi$,也就是正弦电压 $u$ 比正弦电流 $i$ 超前角 $\varphi$。

只有正弦周期量才能用相量表示,相量不能表示非正弦周期量。只有同频率的正弦量才能画在同一相量图上,不同频率的正弦量不能画在同一个相量图上,否则就无法比较和计算。

由上可知,表示正弦量的相量有两种形式:相量图和复数式(相量式)。

当 $\varphi = \pm 90°$ 时,则

$$\mathrm{e}^{\pm\mathrm{j}90°} = \cos 90° \pm \mathrm{j}\sin 90° = 0 \pm \mathrm{j} = \pm\mathrm{j}$$

因此任意一个相量乘上 +j 后,即向前(逆时针方向)旋转了 90°;乘上 −j 后,即向后(顺时针方向)旋转了 90°。

【例 3.2.1】　① 正弦电流和正弦电压分别为

$$i = 141.4\sin(314t + \pi/6)\ \mathrm{A},\quad u = 311.1\sin(314t - \pi/3)\ \mathrm{V}$$

求 $i$ 和 $u$ 的相量表示形式。

② 设已知两个频率 1 000 Hz 的正弦电流,表示它们的相量为

$$\dot{I}_1 = 100\angle -\pi/3\ \mathrm{A},\quad \dot{I}_2 = 10\angle 0°\ \mathrm{A}$$

求电流的瞬时表达式。

【解】　① $i$ 和 $u$ 的相量表示分别为

$$\dot{I} = \frac{141.4}{\sqrt{2}}\angle\frac{\pi}{6} = 100\angle\frac{\pi}{6}\ \mathrm{A},\qquad \dot{U} = \frac{311.1}{\sqrt{2}}\angle -\frac{\pi}{3} = 220\angle -\frac{\pi}{3}\ \mathrm{V}$$

② 从给定相量写出对应的正弦量，必须知道正弦量的频率或角频率。由已知条件可求得

$$\omega = 2\pi f = 2 \times 3.14 \times 1\,000 \text{ Hz} = 6\,280 \text{ rad/s}$$

因此

$$i_1 = 100\sqrt{2}\sin(6\,280t - \pi/3) \text{ A}, \quad i_2 = 10\sqrt{2}\sin(6\,280t) \text{ A}$$

# 3.3 单一元件的正弦交流电路

分析各种正弦交流电路，主要是确定电路中电压与电流之间的关系（大小和相位），并讨论电路中能量的转换和功率问题。所以必须首先掌握单一参数（电阻、电感、电容）元件电路中电压与电流之间的关系，为进一步分析多元件电路结构复杂的交流电路打好基础。

下面分别讨论正弦电流电路中的几种基本元件的电压相量与电流相量间的关系。

## 3.3.1 电阻电路

### 1. 伏安关系

图 3.3.1(a)所示是一个由线性电阻元件构成的电阻交流电路。按图中所指定的电流、电压的参考方向，有 $u_R = Ri_R$。

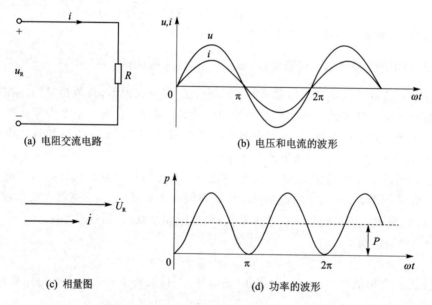

(a) 电阻交流电路　　　　　(b) 电压和电流的波形

(c) 相量图　　　　　(d) 功率的波形

**图 3.3.1　电阻元件的正弦交流电路及其特性**

若正弦电流为：$i_R = I_{Rm}\sin(\omega t + \varphi_i)$，则有

$$u_R = RI_{Rm}\sin(\omega t + \varphi_i) = U_{Rm}\sin(\omega t + \varphi_u) \tag{3.3.1}$$

这就是电阻元件电压-电流关系的时域形式。电阻交流电路具有以下特性：

① 电压和电流的频率相同；

② 电压和电流的相位相同，即

$$\varphi_u = \varphi_i \quad \text{或} \quad \varphi = 0$$

③ 电阻交流电路仍然遵循欧姆定律，即

$$U_{Rm} = RI_{Rm} \quad \text{或} \quad U_R = RI_R$$

将电压 $u_R$ 和电流 $i_R$ 用对应的相量表示,可以得到关系式(3.3.1)的相量形式,即

$$\dot{U}_R = R\dot{I}_R \qquad (3.3.2)$$

或 $U_R \angle \varphi_u = RI_R \angle \varphi_i$。

式(3.3.2)即为电阻元件电压-电流关系的相量形式。在电路图中可用电压相量与电流相量标出,以便直接反映式(3.3.2)的关系。

上述特性还可以用波形和相量图来表示,如图 3.3.1(b)、(c)所示。

**2. 功率关系**

(1) 瞬时功率 $p$

瞬时功率等于单一元件瞬时电压、电流的乘积,用小写字母 $p$ 表示为

$$p = u_R i = U_{Rm} I_{Rm} \sin^2(\omega t + \varphi_u) = U_R I_R [1 - \cos 2(\omega t + \varphi_i)] \qquad (3.3.3)$$

由式(3.3.3)可知,$p$ 由两部分组成:第一部分 $U_R I_R$;第二部分幅值为 $U_R I_R$,并以 $2\omega$ 为角频率随时间而变化,$p$ 随时间变化的波形如图 3.3.1(d)所示。

由式(3.3.3)可见,电阻元件上瞬时功率总是大于或等于零的,即 $p \geqslant 0$。其物理含义为电阻元件始终吸收功率,把电能转换为热能消耗掉。

(2) 平均功率(有功功率)$P$

由于瞬时功率 $p$ 是不断变化的,因此,在工程中引入了平均功率(也称为有功功率),它表征电路元件实际消耗的功率。平均功率是瞬时功率在一个周期内的平均值,用大写字母 $P$ 表示。计算方法如下:

$$P = \frac{1}{T}\int_0^T p\,dt = \frac{1}{T}\int_0^T U_R I_R (1 - 2\cos(\omega t + \varphi_i))\,dt = U_R I_R = I_R^2 R = \frac{U_R^2}{R} \qquad (3.3.4)$$

式(3.3.4)与直流电路中的功率计算公式完全相同,即平均功率等于电压有效值和电流有效值的乘积。

**【例 3.3.1】** 把一个 100 Ω 的电阻元件接到频率为 50 Hz,电压有效值为 10 V 的正弦电源上,问电流是多少? 如果保持电压值不变,而电源频率改变为 5 000 Hz,这时电流将为多少?

**【解】** 因为电阻与频率无关,所以电压有效值保持不变时,电流有效值相等,即

$$I = \frac{U}{R} = \frac{10\text{ V}}{100\text{ Ω}} = 0.1\text{ A} = 100\text{ mA}$$

## 3.3.2　电感电路

**1. 伏安关系**

当正弦电流通过电感 $L$ 时,电感两端将出现正弦电压,如图 3.3.2(a)所示,若正弦电流为

$$i_L = I_{Lm}\sin(\omega t + \varphi_i)$$

由于 $u_L = L\dfrac{di_L}{dt}$,所以

$$u_L = L\frac{d}{dt}[I_{Lm}\sin(\omega t + \varphi_i)] = \omega L I_{Lm}\cos(\omega t + \varphi_i) =$$

$$\omega L I_{Lm}\sin\left(\omega t + \varphi_i + \frac{\pi}{2}\right) \qquad (3.3.5)$$

这就是电感元件电压-电流关系的时域形式。由式(3.3.5)可以看出,电感交流电路具有

以下特性：

① 电压和电流的频率相同，它们的波形如图 3.3.2(b)所示。

② 电压在相位上超前电流 90°，或者说电流滞后于电压 90°，即

$$\varphi_u = \varphi_i + \pi/2$$

若用相量图表示时，如图 3.3.2(c)所示。

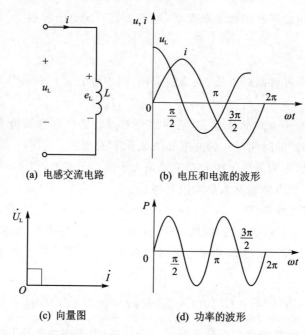

**(a) 电感交流电路**　　　　　**(b) 电压和电流的波形**

**(c) 向量图**　　　　　**(d) 功率的波形**

**图 3.3.2　电感元件的正弦交流电路及其特性**

③ 电压与电流的大小关系为

$$U_{Lm} = \omega L I_{Lm} \qquad \text{或} \qquad U_L = \omega L I_L$$

这表明电感电压的幅值（有效值）与电流的幅值（有效值）成正比，两者之比等于 $\omega L$，这里定义此导出参数为感抗，用符号 $X_L$ 表示，即

$$X_L \triangleq \frac{U_{L,m}}{I_{L,m}} = \frac{U_L}{I_L} = \omega L \tag{3.3.6}$$

在国际单位制中，感抗的单位也是欧姆。感抗的大小反映了电感对正弦电流抵抗能力的强弱，这在本质上是由于电感电压总是倾向于阻止电流的变化而形成的。在电感值一定的情况下，感抗 $X_L$ 与角频率 $\omega$ 成正比，角频率愈高，感抗愈大。当 $\omega \to \infty$ 时，$X_L \to \infty$，电感相当于开路。因此，高频电流不容易通过电感。反之，角频率愈低，感抗愈小。当 $\omega = 0$ 时，$X_L = 0$，电感相当于短路。所以低频电流容易通过电感。对直流（$\omega = 0$）来说，电感不产生限流和降压作用。

④ 电感交流电路的相量欧姆定律可表示为

$$\dot{U}_L = \mathrm{j}\omega L \dot{I}_L \tag{3.3.7}$$

即

$$U_L \angle \varphi_u = \omega L I_L \angle \varphi_i + \frac{\pi}{2}$$

这就是电感元件中电压-电流关系的相量形式。它也是一个在相量形式上与欧姆定律类似的线性代数方程。

**2. 功率关系**

① 瞬时功率 $p$　电感元件的瞬时功率可表示为

$$p = u_L i_L = U_{Lm} I_{Lm} \sin\left(\omega t + \varphi_i + \frac{\pi}{2}\right) \sin(\omega t + \varphi_i) = U_L I_L \sin 2(\omega t + \varphi_i) \quad (3.3.8)$$

由此画出的功率波形图如图 3.3.2(d)所示。它是一个频率为正弦电流(或电压)频率2倍的正弦量,在正弦电流的一个周期内正负交替变化 2 次,即吸收(储存)和释放能量各 2 次。

② 平均功率(有功功率)$P$

$$P = \frac{1}{T}\int_0^T p\,\mathrm{d}t = \frac{1}{T}\int_0^T U_L I_L \sin 2(\omega t + \varphi_i)\,\mathrm{d}t = 0 \quad (3.3.9)$$

式(3.3.9)表明对电感元件而言,有功功率为 0,说明电感元件是非耗能元件。

③ 无功功率 $Q$　对电感元件而言,虽然有功功率(平均功率)为 0,但瞬时功率有正有负。当功率为正时,电感元件吸收功率,把电源提供的电能以磁场能的形式储存起来;当功率为负时,电感元件释放能量,把前半周期储存的能量又归还给电源。为了表征电感元件与电源之间进行能量互换的规模,引入无功功率的概念。

无功功率取瞬时功率的幅值,从本质上看,无功功率是一个特别的瞬时功率,用大写字母 $Q_L$ 表示,为了区别于有功功率,定义无功功率的单位为乏(var)。由式(3.3.8)可得

$$Q_L = U_L I_L = X_L I_L^2 = \frac{U_L^2}{X_L} \quad (3.3.10)$$

**【例 3.3.2】**　把一个 0.1 H 的电感元件接到频率为 50 Hz,电压有效值为 10 V 的正弦电源上,问电流是多少? 如果保持电压值不变,而电源频率改变为 5 000 Hz,这时电流将为多少?

**【解】**　当 $f = 50$ Hz 时

$$X_L = 2\pi f L = 2 \times 3.14 \times 50 \text{ Hz} \times 0.1 \text{ H} = 31.4 \ \Omega$$

$$I = \frac{U}{X_L} = \frac{10}{31.4} \text{ A} = 0.318 \text{ A} = 318 \text{ mA}$$

当 $f = 5\,000$ Hz 时

$$X_L = 2\pi f L = 2 \times 3.14 \times 5\,000 \text{ Hz} \times 0.1 \text{ H} = 3\,140 \ \Omega$$

$$I = \frac{U}{X_L} = \frac{10}{3140} \text{ A} = 0.003\,18 \text{ A} = 3.18 \text{ mA}$$

可见,在电压有效值一定时,频率越高,则通过电感元件的电流有效值越小。

## 3.3.3　电容电路

**1. 伏安关系**

当正弦电压加于电容两端时,电容电路中将出现正弦电流,如图 3.3.3(a)所示。若正弦电压 $u_C$ 为

$$u_C = U_{Cm} \sin(\omega t + \varphi_u)$$

由于 $i_C = C\dfrac{\mathrm{d}u_C}{\mathrm{d}t}$, 所以

$$i_C = \omega C U_{Cm} \sin\left(\omega t + \varphi_u + \frac{\pi}{2}\right) \quad (3.3.11)$$

这是电容元件电压-电流关系的时域形式。由该式可以看出,电容交流电路具有以下特性:

① 电压和电流的频率相同,它们的波形如图 3.3.3(b)所示。

② 电流在相位上超前电压 $90°$，或者说电压滞后于电流 $90°$，即

$$\varphi_i = \varphi_u + \pi/2$$

若用相量图表示时，如图 3.3.3(c)所示。

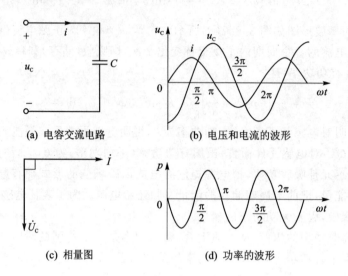

(a) 电容交流电路　　　　　　(b) 电压和电流的波形

(c) 相量图　　　　　　(d) 功率的波形

**图 3.3.3　电容元件的正弦交流电路及其特性**

③ 电压与电流的大小关系为

$$U_{\mathrm{Cm}} = \frac{1}{\omega C} I_{\mathrm{C,m}} \qquad 或 \qquad U_{\mathrm{C}} = \frac{1}{\omega C} I_{\mathrm{C}}$$

这表明电容电压的幅值(有效值)与电流的幅值(有效值)成正比，两者之比等于 $\dfrac{1}{\omega C}$，这里定义此导出参数为容抗，用符号 $X_{\mathrm{C}}$ 表示，即

$$X_{\mathrm{C}} \triangleq \frac{U_{\mathrm{Cm}}}{I_{\mathrm{C,m}}} = \frac{U_{\mathrm{C}}}{I_{\mathrm{C}}} = \frac{1}{\omega C} \tag{3.3.12}$$

在国际单位制中，容抗的单位也是欧姆。容抗的大小反映了电容对正弦电流抵抗能力的强弱，这在本质上是由于电容电荷 $q(t) = Cu_{\mathrm{C}}(t)$，而电容电流 $i_{\mathrm{C}}(t) = \dfrac{\mathrm{d}q}{\mathrm{d}t}$ 而形成的。在电容值一定的情况下，容抗 $X_{\mathrm{C}}$ 与角频率 $\omega$ 成反比，角频率愈高，容抗愈小。当角频率 $\omega \to \infty$ 时，$X_{\mathrm{C}} \to 0$ 电容相当于短路；当 $\omega = 0$(即直流)时，$X_{\mathrm{C}} \to \infty$，电容相当于开路，此即电容的隔直性能。

④ 电容交流电路的相量欧姆定律可表示为

$$\dot{I}_{\mathrm{C}} = \mathrm{j}\omega C \dot{U}_{\mathrm{C}} \tag{3.3.13a}$$

即

$$I_{\mathrm{C}} \angle \varphi_i = \omega C U_{\mathrm{C}} \angle \varphi_u + \pi/2$$

或

$$\dot{U}_{\mathrm{C}} = -\mathrm{j}\frac{1}{\omega C} \dot{I}_{\mathrm{C}} \tag{3.3.13b}$$

**2. 功率关系**

(1) 瞬时功率 $p$

电容元件的瞬时功率可表示为

$$p = u_{\mathrm{C}} i_{\mathrm{C}} = U_{\mathrm{Cm}} I_{\mathrm{Cm}} \sin\left(\omega t + \varphi_u + \frac{\pi}{2}\right) \sin(\omega t + \varphi_u) = U_{\mathrm{C}} I_{\mathrm{C}} \sin 2(\omega t + \varphi_u) \tag{3.3.14}$$

由此画出的功率波形图如图 3.3.3(d)所示。它是一个频率为正弦电流(或电压)频率 2 倍的正弦量,在正弦电流的一个周期内吸收(储存)和释放能量各 2 次。

(2)平均功率(有功功率)$P$

$$P = \frac{1}{T}\int_0^T p\,\mathrm{d}t = -\frac{1}{T}\int_0^T U_C I_C \sin 2(\omega t + \varphi_u)\,\mathrm{d}t = 0 \tag{3.3.15}$$

该式表明对电容元件而言,有功功率为 0,说明电容元件是非耗能元件。

(3)无功功率 $Q_C$

电容元件与电源之间进行能量互换的规模,也用无功功率 $Q_C$ 来衡量,它等于瞬时功率的最大值,即

$$Q_C = -U_C I_C = -X_C I_C^2 = -\frac{U_C^2}{X_C} \tag{3.3.16}$$

式中的"$-$",仅是与电感的无功功率相区别的特定符号,即 $Q_C$ 取负值,而 $Q_L$ 取正值。

【例 3.3.3】 把一个 25 $\mu$F 的电容元件接到频率为 50 Hz、电压有效值为 10 V 的正弦电源上,问电流是多少? 如果保持电压值不变,而电源频率改变为 5 000 Hz,这时电流将为多少?

【解】 当 $f = 50$ Hz 时

$$X_C = \frac{1}{2\pi f C} = \frac{1}{2 \times 3.14 \times 50 \times 25 \times 10^{-6}}\ \Omega = 127.4\ \Omega$$

$$I = \frac{U}{X_C} = \frac{10\ \text{V}}{127.4\ \Omega} = 0.078\ \text{A} = 78\ \text{mA}$$

当 $f = 5\ 000$ Hz 时

$$X_C = \frac{1}{2\pi f C} = \frac{1}{2 \times 3.14 \times 5\ 000 \times 25 \times 10^{-6}}\ \Omega = 1.274\ \Omega$$

$$I = \frac{U}{X_C} = \frac{10\ \text{V}}{1.274\ \Omega} = 7.8\ \text{A}$$

可见,在电压有效值一定时,频率越高,则通过电容元件的电流有效值越大。

表 3.3.1 为单一元件的正弦交流电路电压电流关系。

表 3.3.1 单一元件的正弦交流电路电压-电流关系

| 元 件 | $R$ | $L$ | $C$ |
|---|---|---|---|
| 基本关系 | $u_R = Ri$ | $u_L = L\dfrac{\mathrm{d}i}{\mathrm{d}t}$ | $u_C = \dfrac{1}{C}\displaystyle\int_0^t i\,\mathrm{d}t$ |
| 有效值关系 | $U_R = RI$ | $U_L = X_L I$ | $U_C = X_C I$ |
| 相量式 | $\dot{U}_R = R\dot{I}$ | $\dot{U}_L = \mathrm{j}X_L\dot{I}$ | $\dot{U}_C = -\mathrm{j}X_C\dot{I}$ |
| 电阻或电抗 | $R$ | $X_L = \omega L$ | $X_C = \dfrac{1}{\omega C}$ |
| 相位关系 | $u_R$ 与 $i$ 同相 | $u_L$ 超前 $i$ 90° | $u_C$ 滞后 $i$ 90° |
| 相量图 | $\dot{I}\quad \dot{U}_R$ | $\dot{U}_L$ $O$ $\dot{I}$ | $\dot{I}$ $O$ $\dot{U}_C$ |
| 有功功率 | $P_R = U_R I = I^2 R$ | $P_L = 0$ | $P_C = 0$ |
| 无功功率 | $Q_R = 0$ | $Q_L = U_L I = I^2 X_L$ | $Q_C = -U_C I = -I^2 X_C$ |

# 3.4　RLC 串联交流电路

## 3.4.1　RLC 串联交流电路中电流和电压的关系

如图 3.4.1(a)所示,将电阻 $R$、电感 $L$ 和电容 $C$ 串联后接至正弦交流电源。为分析方便,常采用相量形式来表示,如图 3.4.1(b)所示,根据图示电路的参考方向可得

$$\dot{U}_R = R\dot{I}, \qquad \dot{U}_L = jX_L\dot{I}, \qquad \dot{U}_C = -jX_C\dot{I}$$

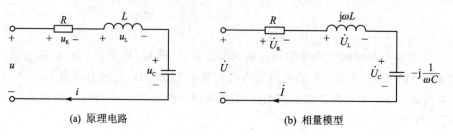

(a) 原理电路　　　　　　　　　　　(b) 相量模型

**图 3.4.1　电阻、电感与电容串联的交流电路**

根据基尔霍夫电压定律

$$
\begin{aligned}
\dot{U} &= \dot{U}_R + \dot{U}_L + \dot{U}_C = R\dot{I} + jX_L\dot{I} - jX_C\dot{I} = \\
&\quad [R + j(X_L - X_C)]\dot{I} = (R + jX)\dot{I} = Z\dot{I}
\end{aligned}
\tag{3.4.1}
$$

式中

$$X = X_L - X_C \qquad \text{(称为电抗($\Omega$))}$$

$$Z = R + jX = |Z| \angle\varphi \qquad \text{(称为复数阻抗($\Omega$))}$$

式中,$|Z|$、$R$、$X$ 组成了一个直角三角形,称为阻抗三角形,如图 3.4.2(a)所示。

复阻抗不同于正弦量的复数表示形式,它不是一个相量,只是一个复数计算量。以电流 $\dot{I}$ 为参考相量,可做出相量图如图 3.4.2(b)所示。图中电阻电压 $\dot{U}_R$,电抗电压 $\dot{U}_X = \dot{U}_L + \dot{U}_C$ 及总电压也构成了一个直角三角形,称为电压三角形。显然它与阻抗三角形为相似三角形。阻抗角 $\varphi$ 反映了端电压与端电流之间的相位差,当电路参数改变时,$\varphi$ 也随之改变。因此,端电压与端电流之间的相位差是由电路的参数决定的。

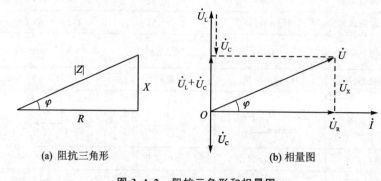

(a) 阻抗三角形　　　　　　　　　　(b) 相量图

**图 3.4.2　阻抗三角形和相量图**

在相位上,电流 $\dot{I}$ 可能滞后于电压 $\dot{U}$ 也可能超前于电压 $\dot{U}$,这取决于电抗 $X$ 的正负,即感抗 $X_L$ 和容抗 $X_C$ 的相对大小。当 $X_L > X_C$ 时,$X > 0$,$\varphi > 0$,电流 $\dot{I}$ 落后于电压 $\dot{U}$,这时电路呈电感性质;当 $X_L < X_C$ 时,$X < 0$,$\varphi < 0$,电流 $\dot{I}$ 超前于电压 $\dot{U}$,这时电路呈电容性质;$X_L = X_C$ 时,$X = 0$,$\varphi = 0$,电流 $\dot{I}$ 与电压 $\dot{U}$ 同相位,则电路呈电阻性质。

必须指出,在分析和计算交流电路时应十分注意交流的概念,每个交流量除了大小,还应有相位。几个交流量的和不能简单地用其大小的和来得到。如 RLC 串联交流电路中,由于电感电压 $\dot{U}_L$ 和电容电压 $\dot{U}_C$ 在相位上反相,两者部分相抵消,在大小上电感电压 $U_L$ 和电容电压 $U_C$ 都可能大于电源电压 $U$,这是交流电路与直流电路的很大区别。

**【例 3.4.1】**　电压 $u = 100\sqrt{2}\sin 1\,000t$ V 加到 RLC 串联电路(见图 3.4.1),已知 $R = 40\ \Omega$,$L = 80$ mH,$C = 20\ \mu F$。

① 计算电流有效值 $I$;

② 写出电流 $i$,电感电压 $u_L$ 及电容电压 $u_C$ 的瞬时表达式。

**【解】**　① $X_L = \omega L = 1\,000 \times 80 \times 10^{-3}\ \Omega = 80\ \Omega$

$$X_C = \frac{1}{\omega C} = \frac{1}{1\,000 \times 20 \times 10^{-6}}\Omega = 50\ \Omega$$

$$Z = R + \mathrm{j}(X_L - X_C) = 40\ \Omega + \mathrm{j}(80 - 50)\ \Omega$$

$$= 40\ \Omega + \mathrm{j}30\ \Omega = 50\angle 36.9°\ \Omega$$

$$I = \frac{U}{|Z|} = \frac{100\ \mathrm{V}}{50\ \Omega} = 2\ \mathrm{A}$$

② 令　　　　　　　　　　　　　$\dot{U} = 100\angle 0°$ V

$$\dot{I} = \frac{\dot{U}}{Z} = \frac{100\angle 0°}{50\angle 36.9°}\ \mathrm{A} = 2\angle -36.9°\mathrm{A}$$

$$i = 2\sqrt{2}\sin(1\,000t - 36.9°)\ \mathrm{A}$$

$$\dot{U}_L = \mathrm{j}X_L\dot{I} = \mathrm{j}80 \times 2\angle -36.9°\ \mathrm{V} = 160\angle 53.1°\ \mathrm{V}$$

$$u_L = 160\sqrt{2}\sin(1\,000t + 53.1)\ \mathrm{V}$$

$$\dot{U}_C = -\mathrm{j}X_C\dot{I} = -\mathrm{j}50 \times 2\angle -36.9°\ \mathrm{V} = 100\angle -126.9°\ \mathrm{V}$$

$$U_C = 100\sqrt{2}\sin(1\,000t - 126.9°)\ \mathrm{V}$$

## 3.4.2　RLC 串联交流电路中的功率

若已知电压 $u$ 和电流 $i$ 的变化规律为

$$u = U_m\sin \omega t = \sqrt{2}U\sin \omega t$$

$$i = I_m\sin(\omega t - \varphi) = \sqrt{2}I\sin(\omega t - \varphi)$$

则瞬时功率

$$p = ui = UI[\cos \varphi - \cos(2\omega t - \varphi)] \tag{3.4.2}$$

电路的平均功率(有功功率)$P$ 为

$$P = \frac{1}{T}\int_0^T p\,\mathrm{d}t = \frac{1}{T}\int_0^T UI[\cos \varphi - \cos(2\omega t - \varphi)]\mathrm{d}t = UI\cos \varphi \tag{3.4.3}$$

由电压三角形可知

$$U\cos\varphi = U_R = IR$$

因此

$$P = UI\cos\varphi = I^2R \tag{3.4.4}$$

可见,平均功率实际就是由电路中电阻消耗的功率。由于电路与电源之间存在着能量交换,其能量交换的规模用无功功率 $Q$ 来反映,即

$$Q = U_L I - U_C I = (U_L - U_C)I = I^2(X_L - X_C) = UI\sin\varphi \tag{3.4.5}$$

把端电压 $U$ 与端电流 $I$ 的乘积定义为视在功率,用符号 $S$ 来表示,则

$$S = UI \tag{3.4.6}$$

如变压器、交流发电机等的容量一般都用视在功率来表示,视在功率的单位用伏安(V·A)或千伏安(kV·A)表示。

$P$、$Q$、$S$ 三者之间存在一定的关系,由式(3.4.4)~式(3.4.6)可得

$$P = I^2R = UI\cos\varphi = S\cos\varphi \tag{3.4.7}$$

$$Q = I^2X = UI\sin\varphi = S\sin\varphi \tag{3.4.8}$$

$$S = I^2\,|\,Z\,| = UI = \sqrt{P^2 + Q^2} \tag{3.4.9}$$

$$\cos\varphi = \frac{P}{S} = \frac{R}{|Z|} = \frac{R}{\sqrt{R^2 + X^2}} \tag{3.4.10}$$

显然,$P$、$Q$、$S$ 也构成一个直角三角形,称为功率三角形,如图3.4.3所示。由式(3.4.10)知,$\varphi$ 为阻抗角,可见阻抗三角形、电压三角形和功率三角形为相似三角形。由于 $P$、$Q$、$S$ 都不是正弦量,因此不能用相量来描述。功率三角形只是反映三者之间的关系,便于理解和记忆。

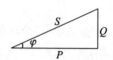

图 3.4.3　功率三角形

式(3.4.10)中的 $\cos\varphi$ 称为功率因数。在交流电路中,功率因数具有重要意义,将在以后做进一步讨论。

【例3.4.2】　有一 RLC 串联电路,接至 $u = 220\sqrt{2}\sin314t$ (V) 的电源上,已知 $R = 10\ \Omega$,$L = 200\ \text{mH}$,$C = 40\ \mu\text{F}$,求电流 $i$ 及各功率 $P$、$Q$、$S$。

【解】

$$X_L = \omega L = (314 \times 200 \times 10^{-3})\ \Omega = 62.8\ \Omega$$

$$X_C = \frac{1}{\omega C} = \frac{1}{314 \times 40 \times 10^{-6}}\ \Omega = 79.6\ \Omega$$

$$Z = R + j(X_L - X_C) = 10\ \Omega + j(62.8 - 79.6)\ \Omega = 10\ \Omega - j16.8\ \Omega = 19.6\angle -59.2°\ \Omega$$

令 $\dot{U} = 220\angle 0°$ V,则

$$\dot{I} = \frac{\dot{U}}{Z} = \frac{220\angle 0°\text{(V)}}{19.6\angle -59.2°}\ \text{A} = 11.2\angle 59.2°\ \text{A}$$

$$i = 11.2\sqrt{2}\sin(314t + 59.2°)\ \text{A}$$

$$P = UI\cos\varphi = 220 \times 11.2\cos(-59.2°)\ \text{W} = 1\,262\ \text{W}$$

$$Q = UI\sin\varphi = 220 \times 11.2\sin(-59.2°)\ \text{var} = -2\,116\ \text{var}$$

$$S = UI = 220 \times 11.2\ \text{V·A} = 2\,464\ \text{V·A}$$

# 3.5　阻抗的串联与并联

## 3.5.1　阻抗的串联

如图 3.5.1(a)有两个阻抗串联,根据基尔霍夫电压定律

$$\dot{U} = \dot{U}_1 + \dot{U}_2 = \dot{I}Z_1 + \dot{I}Z_2 = \dot{I}(Z_1 + Z_2)$$

两个串联的复阻抗可以用一个等效的复阻抗 $Z$ 来替代,其等效电路如图 3.5.1(b)所示。

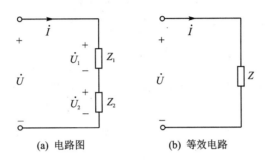

(a) 电路图　　　　　　　　(b) 等效电路

**图 3.5.1　阻抗的串联**

其中的端电压 $\dot{U}$ 与电流 $\dot{I}$ 应保持不变,则

$$\dot{U} = \dot{I}Z$$

可得

$$Z = Z_1 + Z_2$$

若有 $n$ 个复阻抗相串联,则有

$$Z = Z_1 + Z_2 + \cdots + Z_n \tag{3.5.1}$$

直流电路中各串联电阻的分压原理也可以应用到正弦交流电路中,即图 3.5.1(a)中,则

$$\left.\begin{array}{l} \dot{U}_1 = \dfrac{Z_1}{Z_1 + Z_2}\dot{U} \\[3mm] \dot{U}_2 = \dfrac{Z_2}{Z_1 + Z_2}\dot{U} \end{array}\right\} \tag{3.5.2}$$

## 3.5.2　阻抗的并联

如图 3.5.2(a)有两个阻抗 $Z_1$、$Z_2$ 相并联,根据基尔霍夫电流定律

$$\dot{I} = \dot{I}_1 + \dot{I}_2 = \frac{\dot{U}}{Z_1} + \frac{\dot{U}}{Z_2} = \dot{U}\left(\frac{1}{Z_1} + \frac{1}{Z_2}\right)$$

两个并联的复阻抗可以用一个等效的复阻抗 $Z$ 来代替,在等效电路图 3.5.2(b)中,则

$$\dot{I} = \frac{\dot{U}}{Z}$$

则得

$$\frac{1}{Z} = \frac{1}{Z_1} + \frac{1}{Z_2}$$

或

$$Z = \frac{Z_1 Z_2}{Z_1 + Z_2} \tag{3.5.3}$$

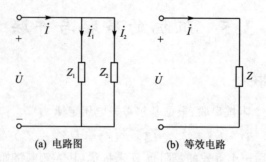

(a) 电路图　　　　　(b) 等效电路

图 3.5.2　阻抗的并联

若有 $n$ 个复阻抗相并联,则有

$$\frac{1}{Z} = \frac{1}{Z_1} + \frac{1}{Z_2} + \cdots + \frac{1}{Z_n} \tag{3.5.4}$$

同样,直流电路中各并联电阻的分流原理也可以应用到正弦交流电路中,即图 3.5.2(a),则

$$\left.\begin{aligned}\dot{I}_1 &= \frac{Z_2}{Z_1 + Z_2}\dot{I}\\[2mm]\dot{I}_2 &= \frac{Z_1}{Z_1 + Z_2}\dot{I}\end{aligned}\right\} \tag{3.5.5}$$

【例 3.5.1】　如图 3.5.3 所示,求 $a$、$b$ 端的等效阻抗。

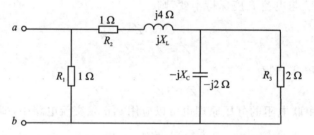

图 3.5.3　例题阻抗串并联图

【解】　根据电路中各阻抗之间的串、并联关系可得

$$Z_{ab} = R_1 // [R_2 + jX_L + R_3 // (-jX_C)] = 1\ \Omega // \left[1\ \Omega + j4\ \Omega + \frac{2 \times (-j2)}{2 - j2}\ \Omega\right]$$

$$= 1\ \Omega // [(2 + j3)\Omega] = \frac{1 \times (2 + j3)}{1 + 2 + j3}\ \Omega = \frac{5}{6}\ \Omega + j\frac{1}{6}\ \Omega$$

# 3.6　功率因数的提高

## 3.6.1　提高功率因数的意义

前面介绍了正弦交流电路中负载的平均功率损耗 $P(=UI\cos\varphi)$ 不仅与电压、电流有关,还与电路功率因数 $\cos\varphi$ 有关,由式(3.4.4)知

$$\cos\varphi = \frac{P}{S} = \frac{R}{|Z|} = \frac{R}{\sqrt{R^2 + X^2}}$$

可见,功率因数取决于负载本身的参数及性质。对于电阻性负载,如照明灯、电炉等,电压电流同相位,$\varphi = 0$,$\cos\varphi = 1$;对于电感性负载,如荧光灯、变压器、异步电动机等,电流在相位上滞后电压,$\cos\varphi < 1$;对于电容性负载,如电容器、同步调相机等,电流在相位上超前电压,$\cos\varphi < 1$。

当负载功率因数 $\cos\varphi < 1$ 时,就会产生无功功率 $Q = UI\sin\varphi$,电源与负载之间便发生能量互换。

对于电力系统中的供电部分,提供电能的发电机是按要求的额定电压和额定电流设计的,发电机长期运行中,电压和电流都不能超过额定值,否则会缩短其使用寿命,甚至损坏发电机。由于发电机是通过额定电流与额定电压之积定额的,这意味着当其接入负载为电阻时,理论上发电机得到完全的利用,但是当负载为感性或容性时,$\cos\varphi < 1$,发电机就得不到充分利用。为了最大程度利用发电机的容量,就必须提高负载的功率因数。

对于电力系统中的输电部分,输电线上的损耗:$P_1 = R_1 I^2$,负载吸收的平均功率:$P = UI\cos\varphi$,所以 $P_1 = R_1 \left( \dfrac{P}{U\cos\varphi} \right)^2$。因此,在 $U$ 和 $P$ 都不变的情况下,提高功率因数会降低输电线上的功率损耗。

在实际中,提高功率因数意味着:

① 提高用电质量,改善设备运行条件,可保证设备在正常条件下工作,这就有利于安全生产。

② 可节约电能,降低生产成本,减少企业的电费开支。例如,当 $\cos\varphi = 0.5$ 时的损耗是 $\cos\varphi = 1$ 时的 4 倍。

③ 能提高企业用电设备的利用率,充分发挥企业的设备潜力。

④ 可减少线路的功率损失,提高电网输电效率。

⑤ 因发电机的发电容量的限定,故提高功率因数也就使发电机能多发出有功功率。

在实际用电过程中,提高功率因数是最有效地提高电力资源利用率的方式。在现今可用资源匮乏的情况下,除了尽快开发新能源外,更好利用现有资源是唯一办法。而对于目前人类所大量使用和无比依赖的电能,功率因数将是重中之重。

我国电力部门一般规定,高压供电的工业企业的平均功率因数不应低于 0.95,其他用户的功率因数应不低于 0.9。

## 3.6.2　提高功率因数的方法

绝大部分工业负载的功率因数都是滞后的,即为感性负载,如生产中最常用的异步电动机在额定运行时功率因数为 0.7～0.9,而空载运行时只有 0.2～0.3。其他如荧光灯一般为 0.45～0.6。感性负载是引起功率因数较低的根本原因。

那么如何来提高功率因数呢?感性负载利用线圈建立磁场是它们正常工作的必要条件之一,因此用电设备本身的功率因数并不能改变,要提高功率因数,应在保证负载正常工作和不增加功率损耗的前提下来实现。

提高功率因数常用的方法是给感性负载并联电容器,利用电容的超前电流来补偿负载的滞后电流。由于电容器是一种储能元件,本身并不消耗电能,因此并联电容器后负载有功功率仍保持不变。补偿电容器一般安装在用电设备的输入端,如荧光灯两端并联一个电容器,也可以安装在变电所内。

如图 3.6.1($a$)虚线框内所示为一感性电路,给其两端并联一补偿电容。设原电路功率因数为 $\cos\varphi_1$,电流为 $\dot{I}_1$,电容补偿后电路功率因数为 $\cos\varphi$,电流为 $\dot{I}$,可作出相量图如图 3.6.1(b)所示。电容中的超前电流恰好抵消了感性负载电流 $\dot{I}_1$ 无功分量的一部分,但 $\dot{I}_1$ 的有功分量不受影响,总电流 $\dot{I}$ 的值减小,同时与电压 $\dot{U}$ 的相位差由原来的 $\varphi_1$ 减小为 $\varphi$,使 $\cos\varphi >$ $\cos\varphi_1$,达到了提高供电线路功率因数的目的。

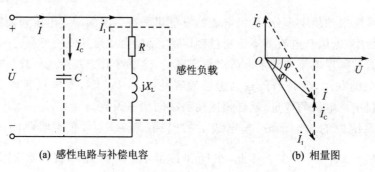

(a) 感性电路与补偿电容　　　　　　　　(b) 相量图

**图 3.6.1　功率因数算提高的方法**

这里讲的提高功率因数指的是提高并联电路总的功率因数,也就是使供电线路中总电流与电压的相位减小。原感性负载的电流 $I_1 = \dfrac{U}{\sqrt{R^2 + X_L^2}}$ 及其功率因数 $\cos\varphi_1 = \dfrac{R}{\sqrt{R^2 + X_L^2}}$ 均保持不变。另外,由于电容本身不消耗有功功率,电流的有功功率也保持不变,即

$$P = UI_1\cos\varphi_1 = UI\cos\varphi$$

则有

$$I_1 = \frac{P}{U\cos\varphi_1}, \qquad I = \frac{P}{U\cos\varphi}$$

由图 3.6.1(b)所示的相量图可得,补偿电容中的超前电流为

$$I_C = I_1\sin\varphi_1 - I\sin\varphi = \frac{P}{U}(\tan\varphi_1 - \tan\varphi)$$

而

$$I_C = \frac{U}{X_C} = \omega CU$$

因此

$$\omega CU = \frac{P}{U}(\tan\varphi_1 - \tan\varphi)$$

补偿电容值为

$$C = \frac{P}{\omega U^2}(\tan\varphi_1 - \tan\varphi) \tag{3.6.1}$$

感性电路的功率因数越低,即滞后角越大,需要补偿的电容值也越大。选择适当的电容值,可使电路的功率因数达到所要求的值。

【例 3.6.1】 某单相 50 Hz 的交流电源,其额定容量 $S_N = 40$ kV·A,额定电压 $U_N = 220$ V,供给照明电路,各负载都是 40 W 的荧光灯(可认为是 RL 串联电路),其功率因数为 0.5,试求:

① 荧光灯最多可点多少盏?

② 用补偿电容将功率因数提高到 1,这时电路的总电流是多少? 需用多大的补偿电容?

③ 功率因数提高到 1 以后,除供给以上荧光灯外,均保持电源在额定情况下工作,还可多点 40 W 照明灯多少盏?

【解】 ① $I = \dfrac{S_N}{U_N} = \dfrac{40 \times 10^3 \text{ V·A}}{220 \text{ V}} = 181.8$ A

设：照明灯的盏数为 $n$，即得 $nP = S_N \cos \varphi_1$，由 $\cos \varphi_1 = 0.5$ 得 $\varphi_1 = 60°$，故

$$n = \frac{S_N \cos \varphi_1}{P} = \frac{40 \times 10^3 \text{ V} \cdot \text{A} \times 0.5}{40 \text{ W}} = 500 \text{ 盏}$$

② 功率因数提高到 1，$\varphi_2 = 0°$，这时电路中的电流为 $I' = \dfrac{nP}{U} = \dfrac{40 \text{ W} \times 500}{220 \text{ V}} = 90.9 \text{ A}$

$$C = \frac{nP}{2\pi f U^2}(\tan \varphi_1 - \tan \varphi_2) = \left( \frac{40 \text{ W} \times 500}{2 \times 3.14 \times 50 \text{ Hz} \times 220^2 \text{ V}} \times 1.732 \right) \mu F =$$

$$2.276 \times 10^3 \ \mu F = 2\ 279 \ \mu F$$

③ 因为 $I - I' = 90.9 \text{ A} = \dfrac{n'P'}{U}$，所以

$$n' = \frac{90.9 U}{P'} = \frac{90.9 \text{ A} \times 220 \text{ V}}{40 \text{ W}} = 500 \text{ 盏}$$

# 3.7　电路谐振

在交流电路中，感抗 $X_L$ 和容抗 $X_C$ 都与频率有关，当调节电路参数或电源频率，使电路中感抗和容抗的作用完全抵消时，电路便呈电阻性质，端电压与端电流同相位，这种现象称为电路的谐振。

谐振时，由于 $\varphi = 0$，因而 $\sin \varphi = 0$，总无功功率 $Q = Q_L + Q_C = |Q_L| - |Q_C| = 0$。可见，谐振的实质就是电容中的电场能与电感中的电磁能相互转换，完全补偿。

如果电路中的 $|Q_L| = |Q_C|$，且数值较大，$P$ 数值较小，即电路中消耗的能量不多，却有比较多的能量在 L 和 C 中相互转换，这说明电路谐振的程度比较强。因此，通常用电路中电感或电容的无功功率的绝对值与电路中有功功率的比值来表示电路谐振的程度，即用 $Q$ 表示，称为电路的品质因数或简称 $Q$ 值，即

$$Q = \frac{|Q_L|}{P} \quad 或 \quad Q = \frac{|Q_C|}{P}$$

$Q$ 是个无量纲的物理量，一般从几十到几百。

谐振又分为串联谐振和并联谐振，下面首先来讨论串联谐振。

## 3.7.1　串联谐振

在图示 3.7.1(a)所示 RLC 串联电路中，电流

$$\dot{I} = \frac{\dot{U}}{Z} = \frac{\dot{U}}{R + j(X_L - X_C)} = \frac{\dot{U}}{R + j\left(\omega L - \dfrac{1}{\omega C}\right)} \tag{3.7.1}$$

当 $X_L = X_C$ 即 $\omega L = \dfrac{1}{\omega C}$ 时，$\varphi = 0$，电压 $u$ 和电流 $i$ 同相位，这时电路发生串联谐振。此时

$$\omega = \omega_0 = \frac{1}{\sqrt{LC}} \tag{3.7.2}$$

或

$$f = f_0 = \frac{1}{2\pi\sqrt{LC}} \tag{3.7.3}$$

式中，$\omega_0$ 称为谐振角频率；$f_0$ 称为谐振频率。由于 $\omega_0$ 和 $f_0$ 两者只相差常数 $2\pi$，通常都把它们称为谐振频率，谐振频率完全取决于电路元件的参数，故又称为电路的固有振荡频率。

谐振时的相量图如图 3.7.1(b) 所示，串联谐振电路的品质因数为

$$Q = \frac{Q_L}{P} = \frac{I^2 X_L}{I^2 R} = \frac{\omega_0 L}{R} = \frac{1}{R}\sqrt{\frac{L}{C}} \tag{3.7.4}$$

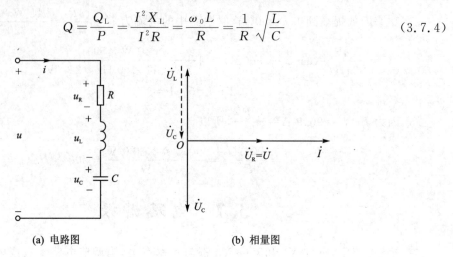

| (a) 电路图 | (b) 相量图 |

**图 3.7.1　串联电路**

归纳起来，串联谐振有如下特点：

① 阻抗 $Z = R + \mathrm{j}(X_L - X_C)$ 模值最小，在电压一定时，$I = \dfrac{U}{R}$ 最大。

② $U_L$ 与 $U_C$ 相互抵消，$U_X = 0$，$U = U_R$，当 $Q$ 很大时，$U_L$ 与 $U_C$ 将远大于 $U$ 和 $U_R$，它们的比值为

$$\frac{U_L}{U} = \frac{IX_L}{IR} = Q$$

由于串联谐振有可能出现高电压，故又称电压谐振，在电力工程中，这种高电压可能击穿电容器或电感器的绝缘，因此，要避免电压谐振或接近电压谐振的发生，在通信工程中恰好相反，由于其工作信号比较微弱，往往利用电压谐振来获得比较高的电压。

在无线电接收装置中，天线回路便是一个利用 RLC 串联谐振的电路，如图 3.7.2(a) 所示，它的作用是从天线所接收到的众多不同频率的天线电信号中选出所需要的信号，抑制其他不需要的信号。

无线电接收机输入电路的主要部分是天线线圈 $L_1$ 及由电感线圈 R、L 和可变电容器 C 组

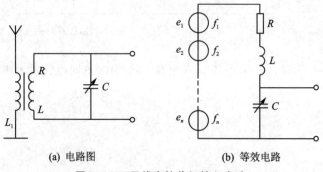

| (a) 电路图 | (b) 等效电路 |

**图 3.7.2　无线电接收机输入电路**

成的串联谐振电路。天线所收到的各种不同频率的信号都会在谐振电路中感应出相应的电势 $e_1,e_2,\cdots,e_n$，如图 3.7.2(b)所示。调节电容器 C，使电路在某个电台发射的信号频率时发生谐振，则该信号便在电路中产生较强的谐振电流，从而在电容两端获得最大的电压输出。而其他电台发射的信号，由于其偏离谐振频率，它们在电路中产生的电流很弱，因此，这些信号在电容两端的输出电压都很小。这种调节电路元件参数，使电路达到谐振的操作过程，称为调谐。通过调谐，便可以在众多频率的信号中选出所需要的频率信号，而抑制住其他干扰信号。

## 3.7.2　并联谐振

图 3.7.3 所示为一线圈和电容器并联的电路，端部等效阻抗

$$Z=\frac{(R+j\omega L)\dfrac{1}{j\omega C}}{(R+j\omega L)+\dfrac{1}{j\omega C}}=\frac{R+j\omega L}{1-\omega^2 LC+j R\omega C}$$

由于线圈电阻较小，在谐振频率附近，一般 $\omega L\geqslant R$，因此

$$Z\approx\frac{j\omega L}{1-\omega^2 LC+j R\omega C}=\frac{1}{\dfrac{RC}{L}+j\left(\omega C-\dfrac{1}{\omega L}\right)}$$

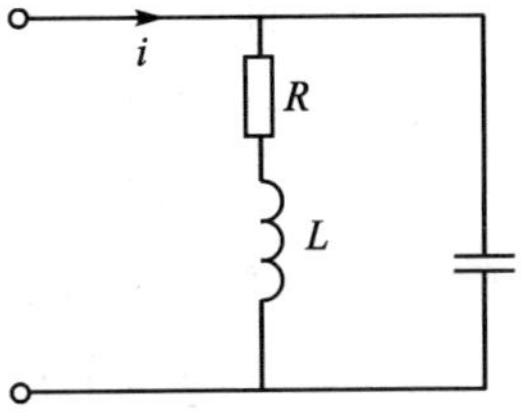

谐振时，阻抗角 $\varphi=0$，端电压与端电流同相位，即

$$\omega_0 C-\frac{1}{\omega_0 L}=0$$

图 3.7.3　并联电路

得　　　　　　$$\omega_0=\frac{1}{\sqrt{LC}}\qquad 或\qquad f_0=\frac{1}{2\pi\sqrt{LC}}$$

与串联谐振一样，也可通过调整电路参数或电源频率使电路发生谐振。并联谐振时有如下特点：

① 并联谐振时的等效阻抗达最大值且具有纯电阻性质，其等效阻抗为

$$|Z|=|Z_0|=\frac{L}{RC}$$

② 在电压一定时，电路中的电流 $I$ 在谐振时达最小值，即

$$I=\frac{U}{|Z|}=\frac{URC}{L}$$

由于谐振时电感支路的电流和电容支路的电流有可能远大于总电流，因而并联谐振又称电流谐振。并联谐振在通信工程中也有广泛应用。

# 本章小结

(1) 学习正弦交流电路首先弄清正弦量的三要素：周期、幅值和初相的物理意义；弄清有效值、相位、相位差等概念；知道周期、频率、角频率之间的关系和最大值与有效值之间的关系。

(2) 掌握正弦量的相量表示法，正确理解相量的特点和意义；学会用相量法分析计算交流电路是本章的基本要求。

(3) 电感和电容的一般伏安关系就是微分关系。在含有 L、C 的交流电路中，根据 KVL、KCL 和伏安关系列出来的方程是微分方程。用相量表示正弦量可将元件的伏安关系用代数式去表示，将上述微分方程转换为代数方程，从而简化了对正弦交流电路的分析和计算，这对

于工程计算具有重要意义。当用相量表示正弦量,用复阻抗表示元件及其组合的参数时,直流电路学过的分析方法、定理、定律都可以用来分析正弦交流电路。

(4) 相量图能直观地表示一个电路中正弦量之间的相位和大小关系,要学会用相量图法分析简单交流电路。

(5) 要理解和掌握下列概念:

① 感抗 $X_L = \omega L$,容抗 $X_C = \dfrac{1}{\omega C}$,复阻抗 $Z = R + jX$,电阻、电感、电容的复阻抗分别是:$R$、$jX_L$、$-jX_C$。

② 欧姆定律、基尔霍夫定律的相量形式:

$$Z = \frac{\dot{U}}{\dot{I}}, \quad \sum \dot{I} = 0, \quad \sum \dot{U} = 0$$

③ 不同性质的元件,端点上电压电流的相位关系是:纯电阻元件电压与电流同相;纯电感元件电压超前电流 $90°$;纯电容元件电压滞后电流 $90°$。

④ RLC 理想元件的有功功率和无功功率分别是:

$$P_R = UI\cos\varphi, \quad P_L = 0, \quad Q_L = X_L I^2, \quad P_C = 0, \quad Q_C = -X_C I^2$$

⑤ 交流电路的有功功率、无功功率和视在功率的表达式和相互关系是:

$$P = UI\cos\varphi, \quad Q = UI\sin\varphi, \quad S = UI, \quad S = \sqrt{P^2 + Q^2}$$

⑥ 理解并掌握功率因数提高的意义和方法。

⑦ 掌握阻抗三角形、电压三角形、功率三角形所表示的有关物理量之间的关系。

⑧ 了解正弦交流电路的频率特性,串、并联谐振的条件及特征。

# 习 题

3.1 有一正弦交流电压 $u = 220\sin(314t + 30°)$ (V),① 求角频率 $\omega$、频率 $f$、周期 $T$、有效值 $U$、最大值 $U_m$ 及初相角 $\varphi_u$;② 求当 $t = 0$ 和 $t = 0.01$ s 时的 $u$ 值;③ 画出电压波形图。

3.2 把下列正弦量的时间函数用相量表示:

① $u = 10\sqrt{2}\sin 314t$ V

② $i = -5\sin(314t - 60°)$ A

3.3 用下列各式表示 RC 串联电路中的电压、电流,哪些是对的,哪些是错的?

① $i = \dfrac{u}{|Z|}$　　② $I = \dfrac{U}{R + X_C}$　　③ $\dot{I} = \dfrac{\dot{U}}{R - j\omega C}$　　④ $I = \dfrac{U}{|Z|}$

⑤ $U = U_R + U_C$　　⑥ $\dot{U} = \dot{U}_R + \dot{U}_C$　　⑦ $\dot{I} = -j\dfrac{\dot{U}}{\omega C}$　　⑧ $\dot{I} = j\dfrac{\dot{U}}{\omega C}$

3.4 在习题 3.4 图中,$U_1 = 40$ A,$U_2 = 30$ A,$i = 10\sin 314t$ A,则 $U$ 为多少?并写出其瞬时值表达式。

3.5 在习题 3.5 所示电路中,已知 $u = 100\sin(314t + 30°)$ V,$i = 22.36\sin(314t + 19.7°)$ A,$i_2 = 10\sin(314t + 83.13°)$ A,试求 $i_1$、$Z_1$、$Z_2$,并说明 $Z_1$、$Z_2$ 的性质,绘出相量图。

3.6 在习题 3.6 图所示电路中,$X_C = X_L = R$,并已知电流表 $A_1$ 的读数为 3 A,试问 $A_2$ 和 $A_3$ 的读数为多少?

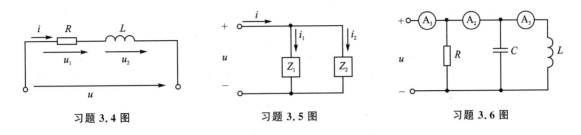

习题 3.4 图　　　　　　　习题 3.5 图　　　　　　　习题 3.6 图

3.7　有一 RLC 串联的交流电路中,已知 $R = X_L = X_C = 10\ \Omega$, $I = 1$ A,试求电压 $U$、$U_R$、$U_L$、$U_C$ 和电路总阻抗 $|Z|$。

3.8　在习题 3.8 图的电路中,已知 $\omega = 2$ rad/s,求电路的总阻抗 $Z_{ab}$。

3.9　在习题 3.9 图所示电路中,已知 $R = 20\ \Omega$, $\dot{I}_R = 10\angle 0°$ A, $X_L = 10\ \Omega$, $\dot{U}_1$ 的有效值为 200 V,求 $X_C$。

3.10　在习题 3.10 图所示电路中, $u_s = 10\sin 314t$ (V), $R_1 = 2\ \Omega$, $R_2 = 1\ \Omega$, $L = 637$ mH, $C = 637\ \mu$F,求电流 $i_1$, $i_2$ 和电压 $u_C$。

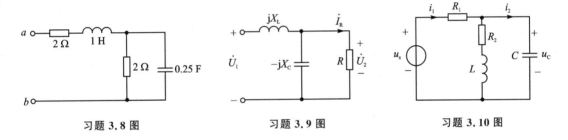

习题 3.8 图　　　　　　　习题 3.9 图　　　　　　　习题 3.10 图

3.11　在习题 3.11 图所示电路中,已知电源电压 $U = 12$ V, $\omega = 2\ 000$ rad/s,求电流 $I$、$I_1$。

3.12　在习题 3.12 图所示电路中,已知 $R_1 = 40\ \Omega$, $X_L = 30\ \Omega$, $R_2 = 60\ \Omega$, $X_C = 60\ \Omega$,接至 220 V 的电源上,试求各支路电流及总的有功功率、无功功率和功率因数。

3.13　在习题 3.13 图所示电路中,求:① $AB$ 间的等效阻抗 $Z_{AB}$;② 电压相量 $\dot{U}_{AF}$ 和 $\dot{U}_{DF}$;③ 整个电路的有功功率和无功功率。

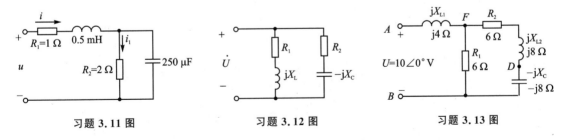

习题 3.11 图　　　　　　　习题 3.12 图　　　　　　　习题 3.13 图

3.14　今有一个 40 W 的荧光灯,使用时灯管与镇流器(可近似把镇流器看作纯电感)串联在电压为 220 V、频率为 50 Hz 的电源上。已知灯管工作时属于纯电阻负载,灯管两端的电压等于 110 V,试求镇流器上的感抗和电感。这时电路的功率因数等于多少?若将功率因数提高到 0.8,问应并联多大的电容?

3.15　一个负载的工频电压为 220 V,功率为 10 kW,功率因数为 0.6,欲将功率因数提高到 0.9,试求所需并联的电容。

3.16　某收音机调谐回路,可变电容器的调节范围为 30～365 pF。为了使电路调谐到最低频率 540 kHz,需要配置多大的电感 $L$? 该电路能调谐的最高频率是多少?

3.17　有一 RLC 串联电路,$R=50\ \Omega$,$L=4$ mH,接至 $U=25$ V 的正弦交流电源上,调频至 $f=200$ kHz 时电流达到最大值,求:① 电容 $C$ 在谐振时电路中的电流、电容两端电压及品质因数;② 当频率偏离 $+10\%$ 时的电流及电容两端电压。

# 第4章 三相交流电路

**【学习导引】**

第 3 章所讲的正弦交流电,主要分析的是单相正弦交流电路。三相交流电路就是由三个幅值相等、频率相同、相位互差 120°的单相正弦交流电源构成的三相电源带上三相负载构成的电路,本章重点介绍该类三相电路的分析方法。三相制供电比单相制供电优越,例如,三相交流发电机比同样尺寸的单相交流发电机输出功率大;在同样条件下输送同样大的功率,三相输电比单相输电省材料。因此电力系统广泛采用三相制供电。

**【学习目标和要求】**

① 掌握三相电源及负载的接法,对称三相交流电路电压、电流和功率的计算方法。

② 掌握三相四线制电路中电源及三相负载的正确连接;了解中线的作用。

## 4.1 三相电源

通常,三相电源一般来自发电机(自供电情况)如图 4.1.1 所示或变压器二次侧的三个绕组,如图 4.1.2 所示。图 4.1.2 中所标 A、B、C 为三个绕组的始端,x、y、z 为绕组的末端。若将三个绕组的末端连接在一起,便形成星形连接。三个绕组的连接点称为中性点或零点。从中性点引出的导线,称为中性线或零线,中性线用字母 N 表示。三相绕组的三个始端引出的线称为相线或端线,又称火线,分别用字母 L₁、L₂、L₃ 表示。引出中性线的电源称为三相四线制电源,其供电方式称为三相四线制。不引出中性线的供电方式,称为三相三线制。

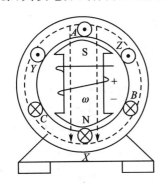

**图 4.1.1 三相交流发电机的结构**

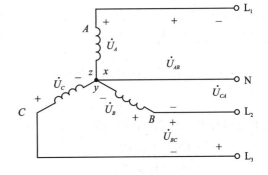

**图 4.1.2 三相四线制电源**

三相电源相电压的瞬时值表达式为

$$\left. \begin{array}{l} u_A = \sqrt{2}\,U_p \sin \omega t \\ u_B = \sqrt{2}\,U_p \sin(\omega t - 120°) \\ u_C = \sqrt{2}\,U_p \sin(\omega t + 120°) \end{array} \right\} \tag{4.1.1}$$

若以 A 相电压 $u_A$ 作为参考正弦量。它们对应的相量表达式为

$$\left.\begin{aligned}\dot{U}_A &= U_p\angle 0° \\ \dot{U}_B &= U_p\angle -120° \\ \dot{U}_C &= U_p\angle 120°\end{aligned}\right\} \tag{4.1.2}$$

式(4.1.1)和式(4.1.2)中的 $U_p$ 为相电压有效值,其波形图和相量图如图 4.1.3 所示。三相电路中每一相依次用 $A$、$B$ 和 $C$ 表示,分别称为 $A$ 相、$B$ 相和 $C$ 相。三相电源每相电压出现最大值(或最小值)的先后次序称为相序。例如上述三相电源波形出现最大值的次序是 $A$ 相、$B$ 相和 $C$ 相,因此电压的相序为 $A\rightarrow B\rightarrow C$。

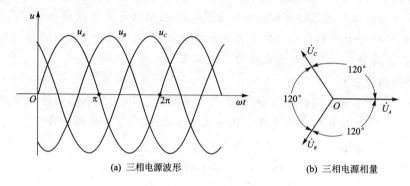

(a) 三相电源波形　　　　　　(b) 三相电源相量

**图 4.1.3　三相电源相电压的波形图和相量图**

相线之间的电压 $\dot{U}_{AB}$、$\dot{U}_{BC}$、$\dot{U}_{CA}$ 称为线电压,它们的有效值用 $U_L$ 表示。根据 KVL,线电压和相电压之间的关系为

$$\left.\begin{aligned}\dot{U}_{AB} &= \dot{U}_A - \dot{U}_B \\ \dot{U}_{BC} &= \dot{U}_B - \dot{U}_C \\ \dot{U}_{CA} &= \dot{U}_C - \dot{U}_A\end{aligned}\right\} \tag{4.1.3}$$

由式(4.1.3)可画出它们的相量图,如图 4.1.4 所示。由图 4.1.4 可见,三相电源的线电压也是对称的。线电压与相电压的大小关系,可由图中底角为 30° 的等腰三角形求出,即

$$\frac{1}{2}U_{AB} = U_A\cos 30° = \frac{\sqrt{3}}{2}U_A$$

$$U_{AB} = \sqrt{3}U_A$$

因为相电压和线电压都是对称的,即

$$U_A = U_B = U_C = U_p$$

$$U_L = \sqrt{3}U_p \tag{4.1.4}$$

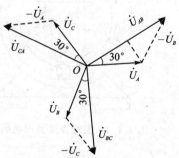

一般在低压配电系统中,三相电源采用星形连接,引出中性线,这种接法称为三相四线制。三相四线制电源的线电压为 380 V,相电压为 220 V,频率为 50 Hz(常称工频)。

**图 4.1.4　相电压与电压的相量图**

# 4.2　三相负载

三相电路中,电源是对称的,而各相的负载阻抗可以相同,也可以不同。前者称为对称三相负载,后者称为不对称三相负载。三相负载有两种连接方式:当各相负载的额定电压等于电

源的相电压时,作星形连接(也称 Y 形接法);而各相负载的额定电压与电源的线电压相同时,作三角形连接(也称△接法)。下面分别讨论星形连接和三角形连接的三相电路的计算。

## 4.2.1 三相负载的星形连接

图 4.2.1 表示三相负载的星形连接,点 $N'$ 称为负载的中点,因有中性线 $NN'$,所以是三相四线制电路。图中通过火线的电流称为线电流,通过每相负载的电流称为相电流。显然,在星形连接时,某相负载的相电流就是对应的火线电流,即相电流等于线电流。

因为有中性线,对称的电源电压 $u_A$、$u_B$、$u_C$ 直接加在三相负载 $Z_A$、$Z_B$、$Z_C$ 上,所以三相负载的相电压也是对称的。各相负载的电流为

$$I_A = \frac{U_A}{|Z_A|}, \quad I_B = \frac{U_B}{|Z_B|}, \quad I_C = \frac{U_C}{|Z_C|} \qquad (4.2.1)$$

各相负载的相电压与相电流的相位差为

$$\varphi_A = \arctan \frac{X_A}{R_A}, \quad \varphi_B = \arctan \frac{X_B}{R_B}, \quad \varphi_C = \arctan \frac{X_C}{R_C} \qquad (4.2.2)$$

式中,$R_A$,$R_B$,$R_C$ 为各相负载的等效电阻;$X_A$,$X_B$,$X_C$ 为各相负载的等效电抗(等效感抗与等效容抗之差)。

中性线的电流,按图 4.2.1 所选定的参考方向,如果用相量表示,则

$$\dot{I}_N = \dot{I}_A + \dot{I}_B + \dot{I}_C$$

【例 4.2.1】 在图 4.2.2 中,电源电压对称,每相电压 $U_p = 220$ V;负载为照明灯组,在额定电压下其电阻分别为 $R_A = 7$ Ω,$R_B = 8$ Ω,$R_C = 30$ Ω。试求负载相电压、负载电流及中性线电流。电灯的额定电压为 220 V。

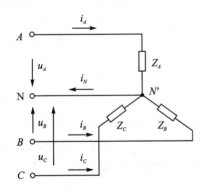

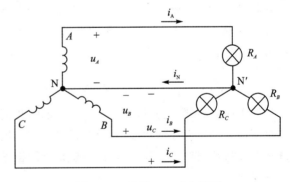

**图 4.2.1 负载星形连接的三相四线制电路**　　**图 4.2.2 【例 4.2.1】电路图**

【解】 在负载不对称而有中性线(其上电压降可忽略不计)的情况下,负载相电压和电源相电压相等,也是对称的,其有效值为 220 V,各相的电流为

$$\dot{I}_A = \frac{\dot{U}_A}{R_A} = \frac{220\angle 0° \text{ V}}{7 \text{ Ω}} = 31.4\angle 0° \text{ A}$$

$$\dot{I}_B = \frac{\dot{U}_B}{R_B} = \frac{220\angle -120° \text{ V}}{8 \text{ Ω}} = 27.5\angle -120° \text{ A}$$

$$\dot{I}_C = \frac{\dot{U}_C}{R_C} = \frac{220\angle 120° \text{ V}}{30 \text{ Ω}} = 7.3\angle 120° \text{ A}$$

根据图中电流的参考方向,中性线电流为

$$\dot{I}_N = \dot{I}_A + \dot{I}_B + \dot{I}_C = (31.4\angle 0° + 27.5\angle -120° + 7.3\angle 120°)\ A$$
$$= (31.4 + (-13.75 - j23.82) + (-3.65 + j6.32))\ A$$
$$= (14.0 - j17.5)A = (22.4\angle -51.34°)\ A$$

照明灯是单相负载,通常应比较均匀地分配在各相中。尽管如此,由于使用的分散性,三相照明负载仍难于对称。为了使三相照明负载各相互相独立,三相照明线路应采用三相四线制。为了保证负载的相电压对称,中性线必须牢固,而且严禁在三相四线制电路的中性线上单独串接熔断器或装开关。

工业生产使用的三相负载大都是对称负载。所谓对称负载,是指复阻抗相等,或者

$$R_A = R_B = R_C = R, \quad X_A = X_B = X_C = X$$

因为对称负载相电压是对称的,所以对称负载的相电流也是对称的,即

$$I_A = I_B = I_C = I_p = \frac{U_p}{|Z|} \tag{4.2.3}$$

式(4.2.3)是负载星形连接时的相电压与相电流的关系,式中

$$|Z| = \sqrt{R^2 + X^2}$$

$$\varphi_A = \varphi_B = \varphi_C = \varphi = \arctan\frac{X}{R} \tag{4.2.4}$$

由相量图4.2.3可知,这时中性线电流等于零,即

$$\dot{I}_N = \dot{I}_A + \dot{I}_B + \dot{I}_C = 0$$

中性线既然没有电流通过,就不需设置中性线了,因而生产上广泛使用的是三相三线制。计算负载对称的三相电路,只需计算一相即可,因为对称负载的电压和电流都是对称的,它们的大小相等,相位依次相差120°。

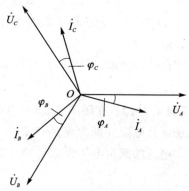

图4.2.3 负载星形连接时的相电压
与相电流的关系

【例4.2.2】 某三层楼采用三相四线制供电,如图4.2.4所示,供电电压为220 V。由于某种原因中线断开,试分析:① 三层楼在负载相同的情况下能否正常供电;② 中线断开且一楼全部断开,二、三楼仍然接通两相(设二层与三层的负载相同)情况下能否正常供电;③ 若中线和一楼断开,与二、三楼接通,但两层楼灯的数量不等(设二楼灯的数量为三层的1/4),能否正常供电?

【解】 ① 三相负载对称的情况下,中线电流等于0,此时断开不影响三层楼正常供电。

② 如图4.2.5所示,中线和一楼全部断开后,线电压为380 V。A相断开后,B、C两相串联,电压$U_{BC}=380$ V加在B、C负载上。这时两相负载对称,则每相负载上的电压为190 V。结果二、三楼电灯全部变暗,不能正常工作。

③ 如图4.2.6所示,可以计算出

$$U_C = \frac{1}{5} \times 380\ V = 76\ V, \quad U_B = \frac{4}{5} \times 380\ V = 304\ V$$

结果:二楼照明灯上的电压超过额定电压,照明灯被烧毁;三楼的灯不亮。

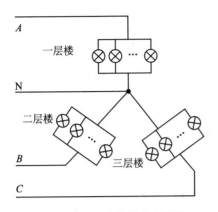

图 4.2.4　三层楼供电电路图

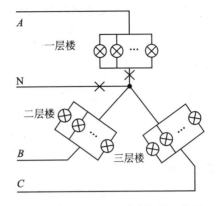

图 4.2.5　中线和一楼全部断开情况

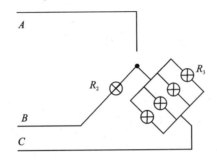

图 4.2.6　中线和一楼断开,二、三楼接通且负载不相等的情况

## 4.2.2　三相负载的三角形连接

图 4.2.7 表示三相负载的三角形连接,每一相负载都直接接在相应的两根火线之间,这时负载的相电压就等于电源的线电压。不论负载是否对称,它们的相电压总是对称的,即

$$U_{AB} = U_{BC} = U_{CA} = U_{L} = U_{P} \tag{4.2.5}$$

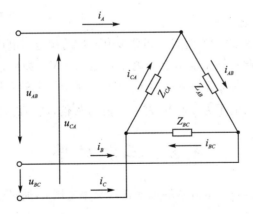

图 4.2.7　负载三角形连接的三相电路

负载三角形连接时,相电流和线电流是不一样的。各相负载的相电流为

$$I_{AB} = \frac{U_{AB}}{|Z_{AB}|}, \quad I_{BC} = \frac{U_{BC}}{|Z_{BC}|}, \quad I_{CA} = \frac{U_{CA}}{|Z_{CA}|} \tag{4.2.6}$$

各相负载的相电压与相电流之间的相位差为

$$\varphi_{AB} = \arctan\frac{X_{AB}}{R_{AB}}, \quad \varphi_{BC} = \arctan\frac{X_{BC}}{R_{BC}}, \quad \varphi_{CA} = \arctan\frac{X_{CA}}{R_{CA}} \quad (4.2.7)$$

负载的线电流,可以写为

$$\left.\begin{aligned}
\dot{I}_A &= \dot{I}_{AB} - \dot{I}_{CA} \\
\dot{I}_B &= \dot{I}_{BC} - \dot{I}_{AB} \\
\dot{I}_C &= \dot{I}_{CA} - \dot{I}_{BC}
\end{aligned}\right\} \quad (4.2.8)$$

如果负载对称,即

$$R_{AB} = R_{BC} = R_{CA} = R \quad, \quad X_{AB} = X_{BC} = X_{CA} = X$$

各相负载的相电流就是对称的,即

$$I_{AB} = I_{BC} = I_{CA} = I_{p} = \frac{U_{p}}{|Z|}$$

式中

$$|Z| = \sqrt{R^2 + X^2}$$

$$\varphi_{AB} = \varphi_{BC} = \varphi_{CA} = \varphi = \arctan\frac{X}{R}$$

此时的线电流可作出相量图(见图 4.2.8)由图可以看出,三个线电流也是对称的。它们与相电流的相互关系是

$$\frac{1}{2}I_A = I_{AB}\cos 30° = \frac{\sqrt{3}}{2}I_{AB}$$

即

$$I_A = \sqrt{3}\,I_{AB}$$

$$I_L = \sqrt{3}\,I_p \qquad (4.2.9)$$

三相负载接成星形,还是接成三角形,决定于以下两个方面:

① 电源电压。

② 负载的额定相电压。

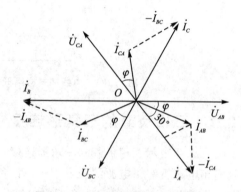

图 4.2.8　对称负载三角形连接时
电压与电流的相量图

例如,电源的线电压为 380 V,而某三相异步电动机的额定相电压也为 380 V,电动机的三相绕组就应接成三角形,此时每相绕组上的电压就是 380 V。如果这台电动机的额定相电压为 220 V,电动机的三相绕组就应接成星形了,此时每相绕组上的电压就是 220 V;否则,若误接成三角形,每相绕组上的电压为 380 V,是额定值的 $\sqrt{3}$ 倍,电动机将被烧毁。

# 4.3　三相功率

在第 3 章中已讨论过,一个负载两端加上正弦交流电压 $u$,通过电流 $i$,则该负载的有功功率和无功功率分别为

$$P = UI\cos\varphi, \qquad Q = UI\sin\varphi$$

式中,$U$ 和 $I$ 分别为电压和电流的有效值;$\varphi$ 为电压和电流之间的相位差。

在三相电路中,负载的有功功率和无功功率分别为

$$P = U_A I_A \cos\varphi_A + U_B I_B \cos\varphi_B + U_C I_C \cos\varphi_C$$

$$Q = U_A I_A \sin \varphi_A + U_B I_B \sin\varphi_B + U_C I_C \sin\varphi_C$$

式中，$U_A$，$U_B$，$U_C$ 和 $I_A$，$I_B$，$I_C$ 分别为三相负载的相电压和相电流；$\varphi_A$，$\varphi_B$，$\varphi_C$ 分别为各相负载的相电压和相电流之间的相位差。

如果三相负载对称，即

$$U_A = U_B = U_C = U_p, \qquad I_A = I_B = I_C = I_p, \qquad \varphi_A = \varphi_B = \varphi_C = \varphi$$

则三相负载的有功功率和无功功率分别为

$$P = 3U_p I_p \cos \varphi, \qquad Q = 3U_p I_p \sin \varphi$$

在实际工程中，测量三相负载的线电压 $U_L$ 和线电流 $I_L$ 比较容易。因而，通常采用下面的公式。

当对称负载是星形接法时

$$U_p = U_L / \sqrt{3}, \qquad I_p = I_L$$

当对称负载是三角形接法时

$$U_p = U_L, \qquad I_p = I_L / \sqrt{3}$$

代入 $P$ 与 $Q$ 关系式，便可得到

$$\left.\begin{aligned} P &= \sqrt{3} U_L I_L \cos \varphi \\ Q &= \sqrt{3} U_L I_L \sin \varphi \end{aligned}\right\} \tag{4.3.1}$$

此式适用于星形或三角形连接的三个对称负载。但应注意，这里的 $\varphi$ 仍然是相电压和相电流之间的相位差。

三相对称负载的视在功率为

$$S = \sqrt{P^2 + Q^2} = \sqrt{3} U_L I_L = 3U_p I_p \tag{4.3.2}$$

**【例 4.3.1】**　一对称三相负载，每相等效阻抗为 $Z = (6 + \mathrm{j}8)\,\Omega$，接入电压为 380 V（线电压）的三相电源。试问：

① 当负载星形连接时，消耗的功率是多少？

② 若误将负载连接成三角形时，消耗的功率又是多少？

**【解】**　① 负载星形连接时

$$P = \sqrt{3} U_L I_L \cos \varphi$$

式中　　　　　　　　　　　　　　$U_L = 380\ \text{V}$

$$I_L = I_p = \frac{U_p}{|Z|} = \frac{U_L / \sqrt{3}}{|Z|} = \frac{380\ \text{V} / \sqrt{3}}{\sqrt{6^2 + 8^2}\ \Omega} = 22\ \text{A}$$

$$\cos \varphi = \frac{R}{|Z|} = \frac{6\ \Omega}{\sqrt{6^2 + 8^2}\ \Omega} = 0.6$$

所以　　　　　　$P = \sqrt{3} \times 380\ \text{V} \times 22\ \text{A} \times 0.6 = 8\,688\ \text{W} \approx 8.7\ \text{kW}$

② 负载误接成三角形时

$$P = \sqrt{3} U_L I_L \cos \varphi$$

式中　　　　　　　　　　　　　　$U_L = 380\ \text{V}$

$$I_L = \sqrt{3}\, I_p = \sqrt{3}\,\frac{U_p}{|Z|} = \sqrt{3}\,\frac{U_L}{|Z|} = \sqrt{3}\,\frac{380\ \text{V}}{\sqrt{6^2 + 8^2}\ \Omega} = 65.8\ \text{A}$$

$$\cos\varphi = \frac{R}{|Z|} = \frac{6\ \Omega}{\sqrt{6^2 + 8^2}\ \Omega} = 0.6$$

所以　　　　　　　　$P = \sqrt{3} \times 380\ \text{V} \times 65.8\ \text{A} \times 0.6 = 25\ 985\ \text{W} \approx 26\ \text{kW}$

以上计算结果表明,若误将负载连接成三角形,负载消耗的功率是星形连接时的 3 倍,负载将被烧毁。此时,每相负载上的电压是星形连接时的 $\sqrt{3}$ 倍,因而每相负载的电流也是星形连接时的 $\sqrt{3}$ 倍。

**【例 4.3.2】**　有一三相电动机,每相的等效电阻 $R = 29\ \Omega$,等效感抗 $X_L = 21.8\ \Omega$,试求下列两种情况下电动机的相电流、线电流以及从电源输入的功率,并比较所得的结果。

① 绕组联成星形接于 $U_L = 380\ \text{V}$ 的三相电源上;

② 绕组联成三角形接于 $U_L = 220\ \text{V}$ 的三相电源上。

**【解】**

① 由 $U_L = 380\ \text{V}$ 可得　　　　　$U_p = \frac{380}{\sqrt{3}}\ \text{V} = 220\ \text{V}$

$$I_L = I_p = \frac{U_p}{|Z|} = \frac{220\ \text{V}}{\sqrt{29^2 + 21.8^2}\ \Omega} \approx 6.1\ \text{A}$$

$$P = \sqrt{3}U_L I_L \cos\varphi = \sqrt{3} \times 380\ \text{V} \times 6.1\ \text{A} \times \frac{29}{\sqrt{29^2 + 21.8^2}} =$$

$$\sqrt{3} \times 380\ \text{V} \times 6.1\ \text{A} \times 0.8 = 3.2\ \text{kW}$$

② $U_p = U_L = 220\ \text{V}$

$$I_p = \frac{U_p}{|Z|} = \frac{220\ \text{V}}{\sqrt{29^2 + 21.8^2}\ \Omega} \approx 6.1\ \text{A}$$

$$I_L = \sqrt{3} I_p = 10.5\ \text{A}$$

$$P = \sqrt{3}U_L I_L \cos\varphi = \sqrt{3} \times 220\ \text{V} \times 10.5\ \text{A} \times 0.8 = 3.2\ \text{kW}$$

比较①和②的结果:有的电动机有两种额定电压,如 220/380 V。当电源电压为 380 V 时,电动机的绕组应连接成星形;当电源电压为 220 V 时,电动机的绕组应连接成三角形。

在三角形和星形两种连接法中,相电压、相电流以及功率都未改变,仅三角形连接情况下的线电流比星形连接情况下的线电流增大 $\sqrt{3}$ 倍。

# 本章小结

(1) 对称三相电源

$$u_A = \sqrt{2}U_p \sin\omega t$$

$$u_B = \sqrt{2}U_p \sin(\omega t - 120°)$$

$$u_C = \sqrt{2}U_p \sin(\omega t + 120°)$$

(2) 对称三相电路线值与相值的关系

① 星形连接(电源或负载)

线电压比对应的相电压超前 30°,相电压 $U_p$ 与线电压 $U_L$ 的大小关系为

$$U_{L} = \sqrt{3} U_{p} \quad \text{或} \quad U_{p} = \frac{1}{\sqrt{3}} U_{L}$$

线电压与相电压的关系用相量式表示为

$$\dot{U}_{AB} = \sqrt{3} \dot{U}_{A} \angle 30^{\circ}, \quad \dot{U}_{BC} = \sqrt{3} \dot{U}_{B} \angle 30^{\circ}, \quad \dot{U}_{CA} = \sqrt{3} \dot{U}_{C} \angle 30^{\circ}$$

线电流就是相电流。

② 三角形连接(电源或负载)

线电流的有效值等于相电流的 $\sqrt{3}$ 倍,即

$$I_{L} = \sqrt{3} I_{p}$$

在相位上,线电流滞后于相应的相电流30°。线电压就是相电压。

(3) 对称三相电路的计算

在对称三相电路中,线电压、相电压、线电流、相电流都是对称的,统称为对称三相正弦量。它们的瞬时值之和、相量之和都等于零。

根据对称性,只要计算出一相的电压、电流就可以推算出其他两相的电压和电流。

(4) 中性线的作用

在对称三相四线制中,中性线电流为零,可省去中性线,中性线没有作用。

在不对称三相四线制中,中性线的作用就是保证不对称负载上的相电压对称,使负载正常工作。

# 习 题

4.1 当发电机的三相绕组连接成星形时,设线电压 $u_{AB} = 380\sqrt{2}\sin(\omega t - 30^{\circ})$ (V),试写出相电压 $u_{A}$ 的三角函数式。

4.2 有 220 V、100 W 的照明灯 66 个,应如何接入线电压为 380 V 的三相四线制电路?求负载在对称情况下的线电流。

4.3 有一三相对称负载,其每相的电阻 $R = 8\ \Omega$,感抗 $X_{L} = 6\ \Omega$。如果将负载联成星形接于线电压 $U_{1} = 380$ V 的三相电源上,试求相电压、相电流及线电流。

4.4 有一台三相发电机,其绕组联成星形,每相额定电压为 220 V。在第一次试验时,用电压表量得相电压 $U_{A} = U_{B} = U_{C} = 220$ V,而线电压则为 $U_{AB} = U_{CA} = 220$ V,$U_{BC} = 380$ V,试问这种现象是如何造成的?

4.5 有一三相异步电动机,其绕组联成三角形,接在线电压 $U_{1} = 380$ V 的电源上,从电源所取用的功率 $P_{1} = 11.43$ kW,功率因数 $\cos\varphi = 0.87$,试求电动机的相电流和线电流。

4.6 如果电压相等,输送功率相等,距离相等,线路功率损耗相等,则三相输电线(设负载对称)的用铜量为单相输电线的用铜量的 3/4,试证明之。

4.7 如习题 4.7 图所示电路中,已知:$|Z_{a}| = |Z_{b}| = |Z_{c}| = 22\ \Omega$,$\varphi_{a} = 0$,$\varphi_{b} = 60^{\circ}$,$\varphi_{c} = -60^{\circ}$,电源线电压 $U_{1} = 380$ V,试求:① 说明该三相负载是否对称;② 计算各相电流及中性线电流;③ 计算三相功率 $P$,$Q$,$S$。

4.8 如习题 4.8 图所示电路中,$Z_{1} = (10\sqrt{3} + j10)\ \Omega$,$Z_{2} = (10\sqrt{3} - j30)\ \Omega$,线电压 $U_{1} = 380$ V,试求:① 线路总电流 $\dot{I}_{A}$,$\dot{I}_{B}$,$\dot{I}_{C}$;② 三相总功率 $P$,$Q$,$S$。

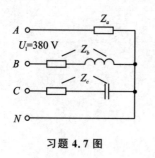

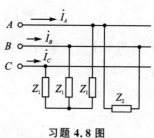

习题 **4.7 图**　　　　　　　　　　习题 **4.8 图**

4.9　如习题 4.9 图所示电路中,已知:$U_l = 380$ V,$R_A = 38$ Ω,$R_C = 19$ Ω,$X_L = 19\sqrt{3}$ Ω,$X_C = 38$ Ω。试求:① 线电流 $\dot{I}_A, \dot{I}_B, \dot{I}_C$;② 三相负载总功率 $P, Q, S$;③ 两只瓦特表 $W_1$ 和 $W_2$ 的读数。

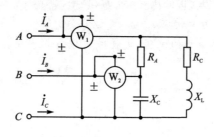

习题 **4.9 图**

4.10　如习题 4.10 图所示电路中,电流表 $A_1$ 和 $A_2$ 的读数分别为 $I_1 = 7$ A,$I_2 = 9$ A。试求:

① 设 $Z_1 = R$,$Z_2 = -jX_C$,电流表 $A_0$ 的读数是多少;

② 设 $Z_1 = R$,$Z_2$ 为何种参数才能使电流表 $A_0$ 的读数最大,应是多少;

③ 设 $Z_1 = jX_L$,$Z_2$ 为何种参数才能使电流表 $A_0$ 读数最小,应是多少。

4.11　如习题 4.11 图所示电路中,$I_1 = 10$ A,$I_2 = 10\sqrt{2}$ A,$U = 200$ V,$R = 5$ Ω,$R_2 = X_L$。试求 $I, X_L, X_C$ 及 $R_2$。

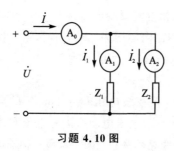

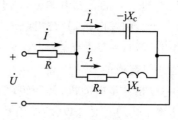

习题 **4.10 图**　　　　　　　　　　习题 **4.11 图**

# 第5章　变压器与交流电动机

【学习导引】

电路中常常用到变压器和电动机这类电器设备，它们都是利用电磁感应原理进行工作的。变压器主要是用于传输电能或信号的器件，具有变压、变流、变阻抗和隔离的作用，它在电力系统和电子线路中广泛应用。电动机的作用是将电能转换为机械能，它在机械、电子电气和自动化领域广泛应用。

变压器种类很多，应用广泛，但基本结构和工作原理相同，同时变压器的工作原理是电动机工作原理的基础；电动机可按大类分为交流电动机和直流电动机，在生产上主要用的是交流电动机，特别是三相异步电动机，因此本章主要讨论变压器和三相异步电动机，对单相异步电动机仅作简单介绍。

本章主要介绍变压器的基本结构、工作原理、运行特性和绕组的极性，交流电动机的基本构造、工作原理、转速与转矩之间的机械特性及起动、反转、调速及制动的基本原理和使用方法等。

【学习目标和要求】

① 理解变压器变压、变流和变阻抗作用。

② 了解三相异步电动机的转动原理和电路分析方法。

③ 掌握三相异步电动机的转矩和机械特性及起动、调速和制动方法。

# 5.1　变压器

变压器是根据电磁感应原理制成的能量变换装置，具有变换电压、变换电流和变换阻抗的作用，在各个领域有着广泛的应用。在电力系统输电方面，当输送功率 $P = UI\cos\varphi$ 及负载功率因数 $\cos\varphi$ 一定时，输电线电压 $U$ 愈高，则线路电流 $I$ 愈小，这在输电线截面积一定的情况下减小了线路的功率损耗，因此在输电时必须利用变压器将电压升高。在用户端，为了保证用电安全和降低用电设备的电压要求，还要利用变压器将电压降低；在实验室，经常用自耦变压器改变电源电压满足实验要求；在 LC 振荡电路中，利用变压器改变相位，使电路具有正反馈，从而产生振荡；在测量电路中，利用变压器原理做的电压电流互感器扩大电压电流的测量范围；在功率放大电路中，为使负载上获得最大功率，也广泛采用变压器来实现阻抗匹配。

变压器的种类很多，按用途不同，变压器可分为电力变压器、整流变压器、电焊变压器、船用变压器、量测变压器以及电子技术中应用的电源变压器等；按相数不同，变压器又可分为单相变压器和三相变压器等；按每相绕组数不同，变压器又可分为自耦变压器（仅有一个绕组）、双绕组变压器和三绕组变压器等；按外形分，变压器又可分为 R 型变压器、EI 型变压器和环形变压器等；按冷却方式不同，变压器还可分为干式自冷式、油浸自冷式、油浸风冷式变压器等。不同的变压器，设计和制造工艺也有差异，但其工作原理是相同的。

本节主要以单相双绕组变压器为例来介绍变压器的基本结构和工作原理。学习本节的目的不仅限于讨论变压器本身，而且也是为学习各类电机原理打下必要的基础。

## 5.1.1　变压器的基本结构

变压器由铁芯和绕在铁芯上的一个或多个线圈(又称绕组)组成。

铁芯的作用是构成变压器的磁路。为了减小涡流损耗和磁滞损耗,铁芯采用厚 0.35 mm 或 0.5 mm 的高导磁硅钢片交错叠装或卷绕而成,硅钢片的表层涂有绝缘漆,形成绝缘层,以限制涡流;绕组构成变压器的电路。接电源的绕组一般称为一次绕组(初级)或原边,接负载的绕组为二次绕组(次级)或副边,或工作电压高的绕组为高压绕组,工作电压低的绕组为低压绕组。

根据变压器外形的不同,变压器分为 EI 形、C 形、环形和 R 形等,如图 5.1.1 所示。

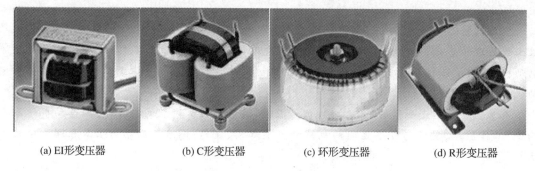

(a) EI形变压器　　　　(b) C形变压器　　　　(c) 环形变压器　　　　(d) R形变压器

**图 5.1.1　变压器的外形**

EI 形变压器是使用最为普遍的型号,安装方便、成本相对较低,且在运输过程中损坏率非常低,便于运输。

C 形变压器具有损耗低、效率高、节能等特点,主要用于高档音响设备和焊接设备、电抗、高压设备等高档电气设备。

环形变压器电效率高,铁芯无气隙,叠装系数可高达 95% 以上,铁芯磁导率可取 1.5~1.8 T (叠片式铁芯只能取 1.2~1.4 T),电效率高达 95% 以上,空载电流只有叠片式的 10%;其外形尺寸小,质量轻,比叠片式变压器重量可以减轻一半,只要保持铁芯截面积相等,环形变压器容易改变铁芯的长、宽、高的比例,设计出符合要求的外形尺寸;环形变压器铁芯没有气隙,绕组均匀地绕在环形的铁芯上,这种结构导致了振动噪声较小、漏磁小、电磁辐射也小,无须另加屏蔽就可以用到高灵敏度的电子设备上,例如应用在低电平放大器和医疗设备上。

R 形变压器比 EI 变压器小 30%,薄 40%,轻 40%;R 形变压器漏磁最小,比 EI 形变压器小 10 倍;R 形铁芯变压器产生的热量最少,比 EI 形变压器小 50%;R 形变压器不会产生噪声,这一特点远胜 EI 形变压器或铁芯有间隙的 C 形变压器;R 形变压器与环形变压器相比,工作性能更强,可靠性更高,绝缘性能强,安装简便;R 形变压器的构造比 EI 和 C 形变压器简单,但可靠性和品质都比它们高。

## 5.1.2　变压器的工作原理

### 1. 变压器的电压变换作用

变压器的一次绕组接上交流电压 $u_1$,二次侧开路,这种运行状态称为空载运行。图 5.1.2(a) 所示为变压器空载运行的示意图。设一次绕组、二次绕组的匝数分别为 $N_1$、$N_2$,当一次绕组加上正弦交流电压 $u_1$ 时,一次绕组就有电流 $i_0$ 通过,并由此而产生磁通势 $N_1 i_0$。该磁通势在铁芯中产生主磁通 $\Phi$ 通过闭合铁芯,既穿过一次绕组,也穿过二次绕组,于是在一、二次绕组中分别感应出电动势 $e_1$ 和 $e_2$。$e_1$、$e_2$ 和 $\Phi$ 中的参考方向之间符合右手螺旋定则,由法拉第电磁感应定律可知

$$e_1 = -N_1 \frac{\mathrm{d}\Phi}{\mathrm{d}t} = -N_1 \frac{\mathrm{d}(\Phi_\mathrm{m} \sin \omega t)}{\mathrm{d}t} = 2\pi f N_1 \Phi_m \sin(\omega t - 90°) \qquad (5.1.1)$$

则 $e_1$ 的有效值为

$$E_1 = \frac{2\pi f N_1 \Phi_m}{\sqrt{2}} = 4.44 f N_1 \Phi_\mathrm{m} \qquad (5.1.2)$$

式中,$\omega$ 为交流电源的角频率;$f$ 为交流电源的频率,$\omega = 2\pi f$;$\Phi_\mathrm{m}$ 为主磁通的最大值。

为分析方便,不考虑由于磁饱和性与磁滞性而产生的电流、电动势波形畸变的影响,略去漏磁通的影响,不考虑绕组上电阻的压降(理想变压器),则可认为绕组上电动势的有效值近似等于绕组上电压的有效值,即 $U_1 \approx E_1$。

同理,对二次绕组电路的感应电动势 $e_2$ 的有效值为

$$U_{20} \approx E_2 = 4.44 f N_2 \Phi_\mathrm{m} \qquad (5.1.3)$$

从式(5.1.2)和式(5.1.3)可见,由于一、二次绕组的匝数 $N_1$ 和 $N_2$ 不相等,故 $E_1$ 和 $E_2$ 的大小是不等的,因而输入电压 $U_1$(电源电压)输出电压 $U_2$(负载电压)的大小也是不等的。

一、二次绕组的电压之比为

$$\frac{U_1}{U_2} \approx \frac{E_1}{E_2} = \frac{N_1}{N_2} = K \qquad (5.1.4)$$

式中,$K$ 称为变压器的变比,亦即一、二绕组的匝数比。可见,当电源电压 $U_1$ 一定时,只要改变匝数比,就可得出不同的输出电压 $U_2$。

当一、二次绕组匝数不同时,变压器就可以把某一数值的交流电压变换为同频率的另一数值的电压,这就是变压器的电压变换作用。当一次绕组匝数比二次绕组匝数多时,即 $N_1 > N_2$,$K > 1$,这种变压器称为降压变压器,反之,若二次绕组匝数比一次绕组匝数多时,即 $N_1 < N_2$,$K < 1$,这种变压器称为升压变压器。

在变压器的两个绕组之间,电路上没有连接。一次绕组外加交流电压后,依靠两个绕组之间的磁耦合和电磁感应作用,使二次绕组产生交流电压。也就是说,一次、二次绕组在电路上是相互隔离的,这就是变压器的隔离作用。

按照图 5.1.2(a)中绕组在铁芯上的绕向和 $e_1$、$e_2$ 的参考方向,若在某一瞬时一次绕组中的感应电动势 $e_1$ 为正值,则二次绕组中的感应电动势和 $e_2$ 也为正值。在此瞬时绕组端点 $X$ 与 $x$ 的电位分别高于 $A$ 与 $a$,或者说端点 $X$ 与 $x$、$A$ 与 $a$ 的电位瞬时极性相同。工程上常把具有相同瞬时极性的端点称为同极性端,也称为同名端,通常用"$\cdot$"作标记,如图 5.1.2(a)所示。

**2. 变压器的电流变换作用**

如果变压器的二次绕组接上负载,则在二次绕组感应电动势 $e_2$ 的作用下将产生二次绕组电流 $I_2$,这时一次绕组的电流由 $I_0$ 增大为 $I_1$,如图 5.1.2(b)所示。二次侧的电流 $I_2$ 越大,一次侧的电流 $I_1$ 也越大。因为二次绕组有了电流 $I_2$ 时,二次侧的磁通势 $N_2 i_2$ 也要在铁芯中产生磁通,即这时变压器铁芯中的主磁通是由一、二次绕组的磁通势共同产生的。

显然,$I_2$ 的出现将有改变铁芯中原有主磁通的趋势。但是,由 $U_1 \approx E_1 = 4.44 f N_1 \Phi_\mathrm{m}$ 可知,当电源电压 $U_1$ 和频率 $f$ 不变时,$E_1$ 和 $\Phi_\mathrm{m}$ 也都近于常数。这就是说,铁芯中主磁通的最

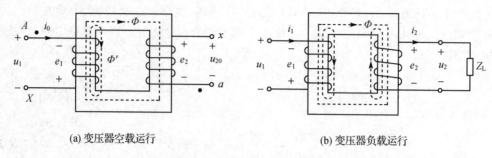

(a) 变压器空载运行　　　　　　　　　　(b) 变压器负载运行

**图 5.1.2　变压器的工作原理**

大值在变压器空载或有负载时是差不多恒定的。这个结论对于分析交流电机、电器及变压器的工作原理是十分重要的。因此,有负载时产生主磁通的一、二次绕组的合成磁通势($N_1 i_1 + N_2 i_2$)应该和空载时产生主磁通的原绕组的磁通势 $N_1 i_0$ 差不多相等,即

$$N_1 i_1 + N_2 i_2 \approx N_1 i_0 \tag{5.1.5}$$

式(5.1.5)称为变压器的磁通势平衡方程式。

变压器的空载电流 $i_0$ 是励磁用的,由于铁芯的磁导率高,空载电流很小,它的有效值 $I_0$ 在原绕组额定电流 $I_{1N}$ 的 10% 以内。因此 $N_1 i_0$ 与 $N_1 i_1$ 相比,常可忽略。于是式(5.1.5)可写成

$$N_1 \dot{I}_1 \approx -N_2 \dot{I}_2 \tag{5.1.6}$$

由式(5.1.6)可知,一、二次绕组的电流关系为

$$\frac{I_1}{I_2} \approx \frac{N_2}{N_1} = \frac{1}{K} \tag{5.1.7}$$

式(5.1.7)表明,变压器一、二次绕组的电流之比近似等于它们的匝数比的倒数,即一次、二次侧电流与匝数成反比。可见,变压器中的电流虽然由负载的大小确定,但是一、二次绕组中电流的比值是差不多不变的;因为当负载增加时,$I_2$ 和 $N_2 I_2$ 随着增大,而 $I_1$ 和 $N_1 I_1$ 也必须相应增大,以抵消二次绕组的电流和磁通势对主磁通的影响,从而维持主磁通的最大值近似不变。改变一、二次绕组的匝数比可以改变一、二次绕组电流的比值,这就是变压器的电流变换作用。

**3. 变压器的阻抗变换作用**

变压器除了能起隔离、变换电压和变换电流的作用外,它还有变换负载阻抗的作用,以实现"匹配"。

在图 5.1.3(a)中,变压器原边接电源 $U_1$,负载阻抗模 $|Z|$ 接在变压器二次侧,图中的点划线框部分可以用一个阻抗模 $|Z'|$ 来等效代替。所谓等效,就是输入电路的电压、电流和功率不变。就是说,直接接在电源上的阻抗模 $|Z'|$,和接在变压器二次侧的负载阻抗模 $|Z|$ 是等效的。两者的关系可通过下面计算得出。

根据式(5.1.4)式(5.1.7)可得出

$$\frac{U_1}{I_1} = \frac{\dfrac{N_1}{N_2} U_2}{\dfrac{N_2}{N_1} I_2} = \left(\frac{N_1}{N_2}\right)^2 \frac{U_2}{I_2} = K^2 \frac{U_2}{I_2}$$

由图 5.1.3 可知

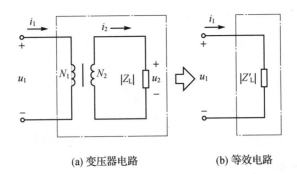

(a) 变压器电路　　　　　　　(b) 等效电路

**图 5.1.3　变压器的阻抗变换**

$$\frac{U_1}{I_1} = |Z'|, \quad \frac{U_2}{I_2} = |Z|$$

代入则得

$$|Z'| = \left(\frac{N_1}{N_2}\right)^2 |Z| = K^2 |Z| \tag{5.1.8}$$

匝数比不同,负载阻抗模 $|Z|$ 折算到原边的等效阻抗模 $|Z'|$ 也不同,即变压器一次侧的等效阻抗模为二次侧所带负载的阻抗模的 $K^2$ 倍。可以采用不同的匝数比把负载阻抗模变换为所需要的、比较合适的数值,这就是变压器的阻抗变换作用,这种做法通常称为阻抗匹配。在电子电路中,为了提高信号的传输功率,常用变压器将负载阻抗变换为适当的数值,来达到阻抗匹配的目的。

【例 5.1.1】　如图 5.1.4 所示,交流信号源的电动势 $E=120$ V,内阻 $R_0=800$ Ω,负载为扬声器,其等效电阻为 $R_L=8$ Ω。试求:

① 将负载直接与信号源连接时,信号源输出的功率是多少?

② 若要负载上获得最大功率,用变压器进行阻抗变换,则变压器的匝数比和信号源输出的功率是多少?

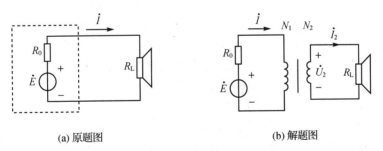

(a) 原题图　　　　　　　　　　(b) 解题图

**图 5.1.4　【例 5.1.1】图**

【解】　① 将负载直接接到信号源上时,由图 5.1.4(a)可得信号源的输出功率为

$$P = \left(\frac{E}{R_0 + R_L}\right)^2 R_L = \left[\frac{120 \text{ V}}{(800+8) \text{ Ω}}\right]^2 \times 8 \text{ Ω} = 0.176 \text{ W}$$

② 如图 5.1.4(b)所示,加入变压器后,实际负载折算到变压器一次绕组的等效负载为 $R'_L$,根据最大功率传输定理的条件,即 $R_0 = R'_L$(负载电阻等于内阻),则

$$R'_L = R_0 = \left(\frac{N_1}{N_2}\right)^2 R_L$$

故变压器的匝数比应为

$$K = \frac{N_1}{N_2} = \sqrt{\frac{R'_L}{R_L}} = \sqrt{\frac{800\ \Omega}{8\ \Omega}} = 10$$

信号源的输出功率

$$P = \left(\frac{E}{R_0 + R'_L}\right)^2 \times R'_L = \left[\frac{120\ \text{V}}{(800 + 800)\ \Omega}\right]^2 \times 800\ \Omega = 4.5\ \text{W}$$

由此可见,经过变压器的阻抗匹配以后,信号源的输出功率大大提高。

### 5.1.3　变压器的特性

**1. 变压器的外特性**

变压器运行时,当电源电压 $U_1$ 和负载功率因数 $\cos \varphi_2$ 为常数时,$U_2$ 和 $I_2$ 的变化关系可用曲线 $U_2 = f(I_2)$ 来表示,该曲线称为变压器的外特性曲线,如图 5.1.5 所示。图中表明,当负载为电阻性和电感性时,$U_2$ 随 $I_2$ 的增加而下降,且感性负载比阻性负载下降更明显;而对于容性负载,$U_2$ 随 $I_2$ 的增加而上升。

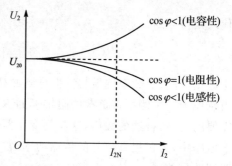

二次绕组的电压 $U_2$ 变化程度说明了变压器的性能,一般供电系统需要变压器的硬特性,即通常希望电压 $U_2$ 的变动愈小愈好。从空载到额定负载,二次绕组电压的变化程度用电压变化率 $\Delta U$ 表示,即

**图 5.1.5　变压器的外特性曲线**

$$\Delta U = \frac{U_{20} - U_2}{U_{20}} \times 100\% \qquad (5.1.9)$$

在一般变压器中,由于其电阻和漏磁感抗均甚小,电压变化率不大,约为 5% 左右。

**2. 变压器损耗和效率**

变压器的功率损耗包括铁芯中的铁损 $\Delta P_{\text{Fe}}$ 和绕组上的铜损 $\Delta P_{\text{Cu}}$ 两部分。铁损包括由磁滞现象引起铁芯发热造成的磁滞损耗和由交变磁通在铁芯中产生的感应电流(涡流)造成的涡流损耗。为减少涡流损耗,铁芯一般由高磁导率硅钢片叠成。铁损的大小与铁芯内磁感应强度的最大值有关,与负载大小无关;而铜损是由绕组导线电阻的损耗引起的,其大小与负载大小(正比于电流平方)有关。变压器的效率常用以下确定

$$\eta = \frac{P_2}{P_1} = \frac{P_2}{P_2 + \Delta P_{\text{Fe}} + \Delta P_{\text{Cu}}} \qquad (5.1.10)$$

式中,$P_2$ 为变压器的输出功率,$P_1$ 为输入功率。

变压器的功率损耗很小,所以效率很高,通常在 95% 以上。在一般电力变压器中,当负载为额定负载的 50%～75% 时,效率达到最大值。

### 5.1.4　几种常用变压器

**1. 三相电力变压器**

在电力系统中,用于变换三相交流电压且输送电能的变压器,称为三相电力变压器。如图 5.1.6 所示,它有三个芯柱,各套有一相的一、二次绕组。由于三相一次绕组所加的电压是对称的,因此三相磁通也是对称的,二次侧的电压也是对称的。为散去运行时由于本身的损耗

所发出的热量,通常铁芯和绕组都浸在装有绝缘油的油箱中,通过油管将热量散发到大气中。考虑到油会热胀冷缩,故在变压器油箱上置一个储油柜和油位表,此外还装有一根防爆管,一旦发生故障(例如短路事故)产生大量气体时,高压气体将冲破防爆管前端的塑料薄片而释放,从而避免变压器发生爆炸。

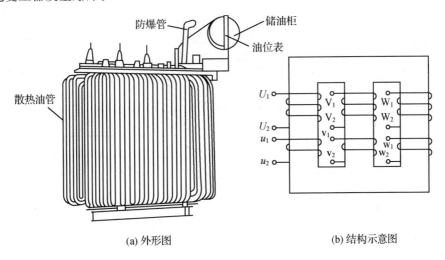

(a) 外形图　　　　　　　　　　　　　　(b) 结构示意图

**图 5.1.6　三相电力变压器**

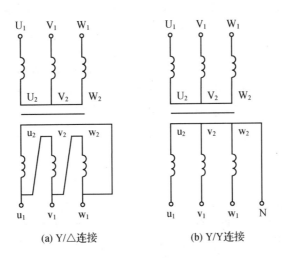

(a) Y/△连接　　　　　　　　(b) Y/Y连接

**图 5.1.7　三相变压器的接法**

　　三相变压器的一、二次绕组可以根据需要分别接成星形(Y)或三角形(△)。三相电力变压器的常见连接方式是 Y‐Y 和 Y‐△,如图 5.1.7 所示。其中 Y‐Yn 连接常用于车间配电变压器,Yn 表示有中性线引出的星形连接,这种接法不仅给用户提供了三相电源,同时还提供了单相电源。通常使用的动力和照明混合供电的三相四线制系统,就是用这种连接方式的变压器供电的,Y‐△连接的变压器主要用在变电站做降压或升压用。

**2. 自耦变压器**

　　图 5.1.8 所示的是一种自耦变压器,其结构特点是二次绕组是一次绕组的一部分。二次绕组电压之比和电流之比分别为

$$\frac{U_1}{U_2}=\frac{N_1}{N_2}=K, \qquad \frac{I_1}{I_2}=\frac{N_2}{N_1}=\frac{1}{K}$$

　　实验室中常用的调压器就是一种可改变副绕组匝数的自耦变压器,它可以均匀地改变输出电压,图 5.1.9 所示就是单相自耦变压器的外形和原理电路图。除了单相自耦变压器之外,还有三相自耦变压器。但使用自耦变压器时应注意:输入端应接交流电源,输出端接负载,不能接错,否则有可能将变压器烧坏;使用完毕后,手柄应退回零位。

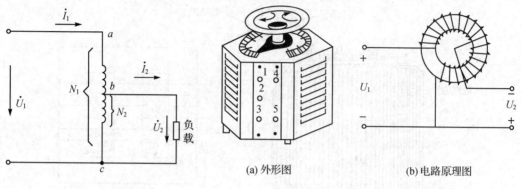

图 5.1.8　自耦变压器　　　　　　　　　(a) 外形图　　　　　　　(b) 电路原理图

图 5.1.9　调压器的外形和电路

### 3. 互感器

　　互感器是配合测量仪表专用的小型变压器,使用互感器可以扩大仪表的测量范围,因为要测量交流电路的大电流或高电压时,电流表或电压表的量程是不够的。此外,为保证人身与设备的安全,通常使测量仪表与高压电路隔开。根据用途不同,互感器分为电压互感器和电流互感器两种。

　　电流互感器的外形及接线图如图 5.1.10 所示。一次绕组的匝数很少,一般只有一匝或几匝,用粗导线绕成,它串联在被测电路中。二次绕组的匝数较多,用细导线绕成,它与电流表或其他仪表及继电器的电流线圈相连接,其工作原理与双绕组变压器相同。

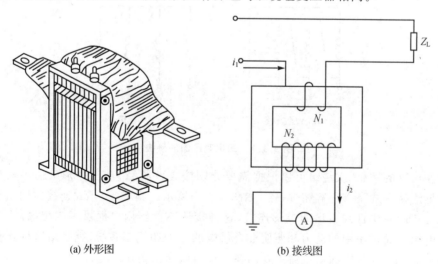

(a) 外形图　　　　　　　　　　(b) 接线图

图 5.1.10　电流互感器的外形及接线图

根据变压器原理,可认为

$$\frac{I_1}{I_2} = \frac{N_2}{N_1} = K_i$$

或

$$I_1 = \frac{N_2}{N_1}I_2 = K_i I_2 \tag{5.1.11}$$

式中，$K_i$ 为电流互感器的变换系数。

由式(5.1.11)可知，利用电流互感器可将大电流变换为小电流。电流表的读数 $I_2$ 乘以变换系数 $K_i$ 即为被测的大电流 $I_1$。通常在使用时，为和仪表配套，电流互感器不管原边电流多大，通常副边电流的额定值为 1 A 或 5 A。

电流互感器正常工作时，不允许二次绕组开路，否则会烧毁设备，危及操作人员安全。这是因为它的一次绕组是与负载串联的，其中电流的大小 $I_1$ 是决定于负载的大小，不是决定于二次绕组电流 $I_2$。所以，当二次绕组电路断开时，二次绕组的电流和磁通势立即消失，但是一次绕组的电流 $I_1$ 未变。这时铁芯内的磁通全由一次绕组的磁通势 $N_1 I_1$ 产生，结果造成铁芯内有很大的磁通(因为这时二次绕组的磁通势为零，不能对原绕组的磁通势起去磁作用了)。这一方面使铁损大大增加，从而使铁芯发热到不能允许的程度；另一方面又使二次绕组的感应电动势增高到危险的程度。此外，为安全起见，必须同时把铁壳和二次绕组的一端接地。

测流钳(钳形表)是电流互感器的一种变形，它是将电流互感器和电流表组装成一体的便携式仪表。它的铁芯是可以开合的，如同一钳，用弹簧压紧。测量时将钳压开而套进被测电流的导线，这时该导线就是一次绕组，二次绕组绕在铁芯上并与电流表接通，闭合铁芯后即可测出电流，使用非常方便，其量程一般为 5～100 A。利用测流钳可以随时随地测量线路中的电流，不必像普通电流互感器那样必须固定在一处或者在测量时要断开电路而将原绕组串接进去。测流钳的原理图如图 5.1.11 所示。

电压互感器是一种一次绕组匝数较多而二次绕组匝数较少的小型降压变压器，它的构造与普通双绕组变压器相同。其外形和接线如图 5.1.12 所示，一次侧与被测电压的负载并联，而二次侧与电压表相接。电压互感器一次与二次电压关系为

$$U_1 = \frac{N_1}{N_2}U_2 = K_i U_2 \tag{5.1.12}$$

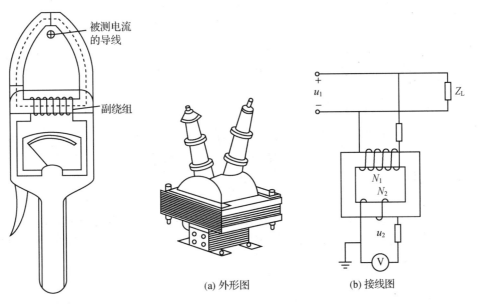

(a) 外形图　　　　　　(b) 接线图

图 5.1.11　测流钳图　　　　　　图 5.1.12　电压互感器的外形及接线图

由式(5.1.12)可知,它先将被测电网或电气设备的高压降为低压,然后用仪表测出二次绕组的低压 $U_2$,把其乘以变换系数 $K_i$,就可以间接测出一次侧高压值 $U_1$。实际使用时,为使与电压互感器配套使用的仪表标准化,不管一次侧高压多大,通常二次侧低压额定值均为 100 V,以便统一使用 100 V 标准的电压表。

为确保安全,使用电压互感器,正常运行时二次绕组不应短路,否则将会烧坏互感器。同时为了保证人员安全,高压电路与仪表之间应有良好的绝缘材料隔开,而且,必须把铁壳和二次侧的一端安全接地,以免绕组间绝缘击穿而引起触电。

### 4. 电焊变压器

电焊变压器的工作原理与普通变压器相同,但它们的性能却有很大差别。电焊变压器的一、二次绕组分别装在两个铁芯柱上,两个绕组漏抗都很大。电焊变压器与可变电抗器组成交流电焊机,如图 5.1.13(a)所示。电焊机具有如图 5.1.13(b)所示的陡降外特性,空载时,$I_2=0$,$I_1$ 很小,漏磁通很小,电抗无压降,有足够的电弧点火电压,其值约为 60~75 V;焊接开始时,交流电焊机的输出端被短路,但由于漏抗和交流电抗器的感抗作用,短路电流虽然较大但并不会剧烈增大。

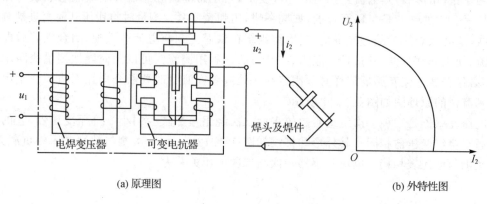

　　　　　　(a) 原理图　　　　　　　　　　　　　　(b) 外特性图

**图 5.1.13　电焊变压器的工作原理**

焊接时,焊条与焊件之间的电弧相当于一个电阻,电阻上的压降约为 30 V 左右。当焊件与焊条之间的距离发生变化时,相当于电阻的阻值发生了变化,但由于电路的电抗比电弧的阻值大很多,所以焊接时电流变化不明显,保证了电弧的稳定燃烧。

## 5.1.5　变压器主要技术参数

为了正确使用变压器,应了解和掌握变压器的一些技术参数。制造厂通常将常用技术参数标在变压器的铭牌上。下面介绍变压器一些主要技术参数的意义。

### 1. 额定电压

额定电压是根据变压器的绝缘强度和允许温升而规定的电压值,以 V 或 kV 为单位。额定电压 $U_{1N}$ 是指变压器一次侧(输入端)应加的电压,$U_{2N}$ 是指输入端加上额定电压时二次侧的空载电压。在三相变压器中额定电压都是指线电压。在供电系统中,变压器二次侧的空载电压要略高于负载的额定电压。

### 2. 额定电流

变压器额定电流是指在额定电压和额定环境温度下,使一、二次绕组长期允许通过的线电流,单位为 A 或 kA。变压器的额定电流有一次侧额定电流 $I_{1N}$ 和二次侧额定电流 $I_{2N}$。在三

相变压器中 $I_{1N}$ 和 $I_{2N}$ 都是指其线电流。

**3. 额定容量**

额定容量 $S_N$ 为额定视在功率,表示变压器输出电功率的能力,单位为 $V \cdot A$ 或 $kV \cdot A$。

# 5.2 三相异步电动机的构造

三相异步电动机由定子(固定部分)和转子(旋转部分)两个基本部分组成,定子与转子之间有一个很窄的气隙。图 5.2.1 所示为三相异步电动机的外形和构造图。其中图(a)为外形图,图(b)为结构图。

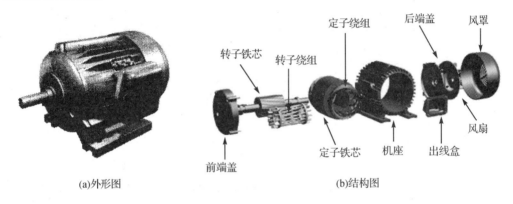

(a)外形图　　　　　　　　　　　　(b)结构图

**图 5.2.1　三相异步电动机的外形及结构图**

**1. 定　子**

三相异步电动机的定子主要由机座、定子铁芯和定子绕组等构成。机座用铸钢或铸铁制成,只作为支撑电动机各部件之用,并不是磁路和电路的一部分;定子铁芯作为电动机磁通的通路,一般用厚 $0.35 \sim 0.5$ mm 且涂有绝缘漆的硅钢片叠成,并固定在机座中,以减少磁滞涡流、铁芯损耗。在定子铁芯的内圆周上有均匀分布的槽用来放置三相定子绕组,一般大、中型电动机定子铁芯沿轴线长度上每隔一定距离有一条通风沟,以利于散热,定子铁芯的外形及结构图如图 5.2.2 所示;定子绕组作为电动机的电路部分,由嵌置在定子铁芯槽中彼此独立的绝缘导线绕制而成。三相异步电动机具有三相对称的定子绕组,称为三相绕组,在定子绕组上通以三相交流电就能产生合成旋转磁场。

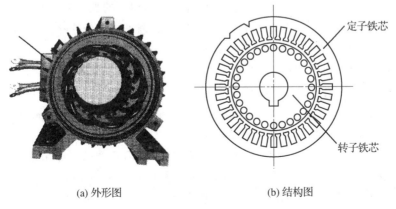

(a) 外形图　　　　　　　　　　(b) 结构图

**图 5.2.2　定子铁芯的外形及结构图**

三相定子绕组引出 $U_1U_2$，$V_1V_2$，$W_1W_2$（或 AX，BY，CZ）六个出线端，其中 $U_1$（A）、$V_1$（B）、$W_1$（C）为开始端，$U_2$（X）、$V_2$（Y）、$W_2$（Z）为末端，如图 5.2.3（a）所示。使用时可以连接成星形或三角形两种方式。高压大、中型异步电动机定子绕组常用 Y 形连接，只有三条引线。而低压中、小容量电动机通常把定子三相绕组六个出线端都有引出来，根据供电电压情况接成 Y 形或△形，具体采用何种接法，可从机壳铭牌上清楚地了解到。如果电源的线电压等于电动机每相绕组的额定电压，那么三相定子线组应采用三角形连接方式，如图 5.2.3（b）所示。如果电源线电压等于电动机每相绕组额定电压的 $\sqrt{3}$ 倍，那么三相定子绕组应采用星形连接，如图 5.2.3（c）所示。

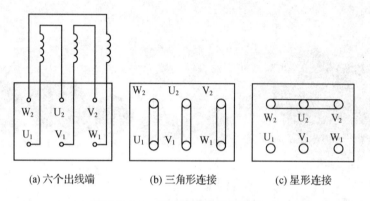

（a）六个出线端        （b）三角形连接        （c）星形连接

**图 5.2.3　定子绕组的接线方式**

## 2. 转　子

三相异步电动机转子包括转子铁芯、转子绕组、转轴等。转子铁芯装在转轴上，是电动机磁路的一部分，一般厚也用 0.35～0.5 mm 的优质绝缘的硅钢片叠压而成的圆柱体，圆柱体外圆均匀地冲槽，用来放置转子绕组；转子的转轴固定在铁芯中央，支撑在端盖与轴承座上，用于加机械负载；转子绕组根据构造的不同可分为两种，一种是鼠笼式绕组，另一种为绕线式绕组。它们只是在转子结构不同，但工作原理基本一样。

此外，定子与转子之间有间隙，这个间隙称为三相异步电动机的气隙。气隙的大小直接影响异步电动机的性能，气隙大则磁阻大，电动机的功率因数会降低；气隙小，可降低电动机的空载电流，提高功率因数。当然，气隙的大小还影响装配问题和运行的可靠性等问题。异步电动机气隙的数值一般很小，仅 0.2～0.5 mm。

鼠笼式三相电动机的转子绕组是由嵌放在转子铁芯槽内的裸铜或裸铝条组成的。在转子铁芯的两端槽的出口处各有一个导电铜环，并把所有的铜条或铝条连接起来，形成一个短路回路。因此，如果去掉转子铁芯，剩下的转子绕组很像一个鼠笼子（见图 5.2.4），所以称为鼠笼式转子。笼式异步电动机的"鼠笼"是它的构造特点，易于识别。目前，很多中小型（100 kW以下）鼠笼式电动机的鼠笼式转子绕组普遍采用铸铝制成，并在端环上铸出多片风叶作为冷却用的风扇（见图 5.2.5），这样的转子由于是一次浇铸成形的，不仅制造简单而且坚固耐用。图 5.2.1(b)是一台鼠笼式电动机拆散后的形状。

绕线式三相异步电动机的转子结构比笼式要复杂得多，但绕线转子异步电动机能获得较好的启动与调速性能，在需要大启动转矩时，如起重机械往往采用绕线转子异步电动机。绕线式三相异步电动机的转子外形如图 5.2.6(a)所示，绕线式异步电动机的转子绕组同定子绕组一样也是三相的，它连接成星形。每相绕组的的始端连接在三个铜制的滑环上，滑环固定在转轴上和转子一起旋转。环与环,环与转轴之间都是互相绝缘的,在环上用弹簧压着碳质电刷。通过电刷将转子绕组与外部电路相连,在启动和调速时可在转子电路中串入附加电阻,以改善启动性能或调节电动机的转速,如图 5.2.6(b)所示。人们通常是根据绕线式异步电动机具有三个滑环的构造特点来辨认它的。

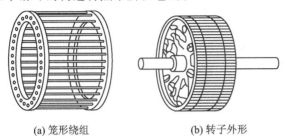

(a) 笼形绕组　　　　(b) 转子外形

图 5.2.4　笼式转子

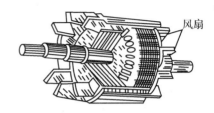

图 5.2.5　铸铝的笼式转子

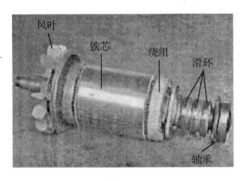

(a) 转子外形图

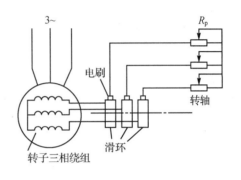

(b) 转子调速示意图

图 5.2.6　绕线式三相异步电动机转子示意图

　　鼠笼式三相异步电动机由于构造简单、价格低廉、工作可靠、使用方便而成为应用最广的一种电动机,但是,其不能人为改变电动机的机械特性。绕线式三相异步电动机结构复杂、价格较贵、维护工作量大,但是,其转子外加电阻可人为改变电动机的机械特性。

# 5.3　三相异步电动机的转动原理

　　三相异步电动机接上电源就会转动,这是什么原理呢? 为了说明这个转动原理,我们先来回忆高中时做过的演示实验。

　　如图 5.3.1 所示,装有手柄的蹄形磁铁极间放有一个可以自由转动的鼠笼转子。磁极和转子之间没有机械联系。当用力摇动磁极时,发现转子跟着磁极一起转动,手摇得快,转子也转得快。摇得慢,转子转动的也慢,如果用手反向摇动磁极,转子马上就反转。

　　从这个演示实验中可以得出两点启示:

　　① 转子若要转动起来,需有一个旋转磁场;

　　② 转子转动的方向和磁场旋转的方向相同。三相异步电动机转子转动的原理是与上述演示相似的,因此,在三相异步电动机中,只要有一个旋转磁场和一个可以自由转动的转子就可以了。那么,在三相异步电动机中,磁场从何而来,又怎么还会旋转呢? 下面就先来讨论这个问题。

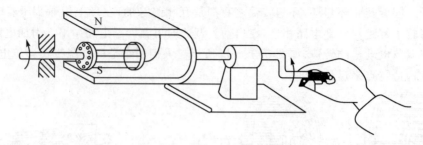

**图 5.3.1　异步电动机模型**

## 5.3.1　旋转磁场

**1. 旋转磁场的产生**

三相异步电动机的定子绕组嵌放在定子铁芯槽内,按一定规律连接成三相对称结构。三相绕组 $U_1U_2$,$V_1V_2$,$W_1W_2$ 在空间上互成 120°,它可连接成星形,也可连接成三角形。当三相绕组连接成星形,接在三相电源上(见图 5.3.2(a)),绕组中便通入三相对称电流

$$i_A = I_m \sin \omega t, \quad i_B = I_m \sin(\omega t - 120°), \quad i_C = I_m \sin(\omega t + 120°)$$

其波形如图 5.3.2(b)所示。取绕组始端到末端的方向作为电流的参考方向,在电流的正半周时,其值为正,其实际方向与参考方向一致;在负半周时,其值为负,其实际方向与参考方向相反,如图 5.3.2(c)所示,图中⊙表示导线中电流从里面流出来,其值为负;⊗表示电流向里流进去,其值为正。

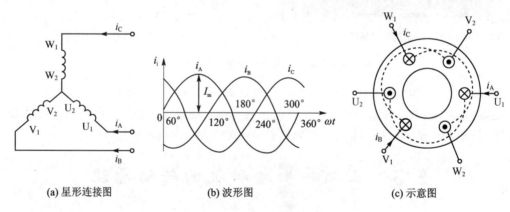

| (a) 星形连接图 | (b) 波形图 | (c) 示意图 |

**图 5.3.2　三相对称电流**

当 $\omega t = 0°$ 时,定子绕组中的电流方向如图 5.3.3(a)所示。这时 $i_A$ 为零,$i_B$ 是负的,$i_C$ 是正的。此时 U 相绕组电流为零;V 相绕组电流为负值,$i_B$ 的实际方向与参考方向相反,即电流自 $V_2$ 流向 $V_1$;W 相绕组电流为正值,$i_C$ 的实际方向与参考方向相同,即电流自 $W_1$ 流向 $W_2$。按右手螺旋定则可得到各个导体中电流所产生的磁场,将每相电流所产生的磁场相加,便得出三相电流的合成磁场。在 5.3.3(a)中,合成磁场是一个两极磁场,且磁场轴线的方向是自右向左。

当 $\omega t = 60°$ 时,定子绕组中的电流方向如图 5.3.3(b)所示。这时 $i_A$ 是正的,$i_B$ 是负的,$i_C$ 为零。此时的合成磁场如图 5.3.3(b)所示,合成磁场也是一个两极磁场,且磁场轴线方向是自右下方向左上方的,从图中可以看出,这个两极磁场的空间位置和 $\omega t = 0°$ 时相比,已按顺时

针方向转了 60°。

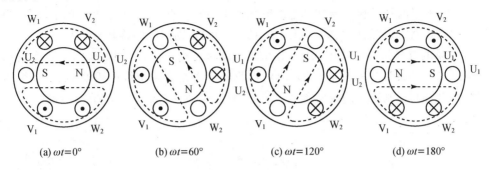

(a) $\omega t = 0°$　　　(b) $\omega t = 60°$　　　(c) $\omega t = 120°$　　　(d) $\omega t = 180°$

**图 5.3.3　三相对称电流产生的旋转磁场**

同理可得在 $\omega t = 120°$ 和 $\omega t = 180°$ 时三相电流的合成磁场,如图 5.3.3 (c)和 5.3.3 (d)所示,由图可以明显看出,它们与 $\omega t = 0°$ 时的合成磁场相比,又分别在空间上转过了 120° 和 180°。按上面的分析,可以证明:当三相电流不断地随时间变化时,所建立的合成磁场也不断地在空间旋转。

由此可以得出结论:三相正弦交流电流通过电机的三相对称绕组,在电机中所建立的合成磁场是随电流的交变而在空间不断地旋转的,即该磁场是旋转磁场。这个旋转磁场和磁极在空间旋转所产生的作用是一样的,如图 5.3.1 所示。

**2. 旋转磁场的转向**

旋转磁场的旋转方向与绕组中电流 $i_A, i_B, i_C$ 的顺序有关,也称相序,相序 U、V、W 顺时针排列,绕组中电流到达正最大值的顺序也为 U→V→W,合成旋转磁场的轴线也与这一顺序一致,即磁场顺时针方向旋转。由此可得出:旋转磁场的转向与各相绕组通入电流的相序相关,它总是从电流领先的一相绕组向电流滞后的一相绕组的方向转动。

若在电源三相端子相序不变的情况下,将与电源连接的三根导线中任意两根的首端对调位置,这样定子绕组通入电流的相序就得到改变。例如将 B 相电流通入 W 相绕组中,C 相电流通入 V 相绕组中,则电流按 U→W→V 顺序出现最大值,相序变为:U→W→V。采用与前面相同的分析方法,可推出磁场必然逆时针方向旋转,如图 5.3.4 所示。利用这一特性可很方便地改变三相异步电动机的旋转方向。

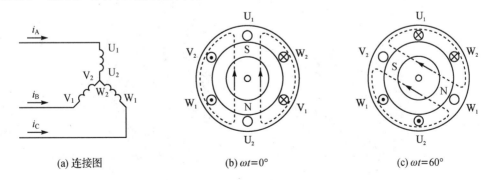

(a) 连接图　　　　　(b) $\omega t = 0°$　　　　　(c) $\omega t = 60°$

**图 5.3.4　旋转磁场的反转**

**3. 旋转磁场的极数**

旋转磁场的磁极对数与定子绕组的结构安排有关,磁极对数用 $p$ 来表示。通过适当的安排,可产生多磁极对数的旋转磁场。旋转磁场的磁极对数决定了旋转磁场的极数,三相异步电动机的极数就是旋转磁场的极数,它同样也是由三相绕组的结构安排所决定的。

由于旋转磁场的转子转速与交流电的变化速度(频率)有关,在图5.3.2的情况下,当每相绕组只有一个线圈时,绕组的始端之间相差120°空间角,则产生的旋转磁场具有一对磁极,即$p=1$。当交流电流变化一周(即电流变化360°),旋转磁场也转过一圈,如图5.3.2所示。如将定子绕组安排得如图5.3.5(a)、(b)那样,即每相绕组是由两个线圈串联而成,绕组的始端之间相差60°空间角,则产生的旋转磁场具有两对极,即$p=2$,如图5.3.5(c)所示。

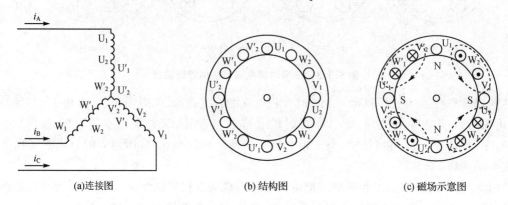

(a)连接图　　　　　　　　(b)结构图　　　　　　　　(c)磁场示意图

**图5.3.5　产生四极旋转磁场的定子绕组($p=2$)**

同理,如果需要产生三对磁极(6极),即$p=3$的旋转磁场,则每相绕组应有均匀安排在空间的串联的三个线圈,绕组的始端之间相差120°/3=40°的空间角。

**4. 旋转磁场的转速(同步转速$n_0$)**

三相异步电动机的转速与旋转磁场的转速有关,旋转磁场的转速由磁场的极数所决定。在$p=1$的情况下(见图5.3.3),当电流从$\omega t=0$到$\omega t=60°$经历了60°时,磁场在空间也旋转了60°,当电流交变了一次(变化360°)时,旋转磁场恰好在空间旋转一周。设电流的频率为$f$,即电流每秒钟变化$f$次,每分钟变化$60f$次,于是旋转磁场的转速为$n_0=60f$,其单位为转每分(r/min)。

在旋转磁场具有两对磁极的情况下,即$p=2$的情况下(由图5.3.6可知),当电流也从$\omega t=0$到$\omega t=60°$经历了60°时,而磁场在空间仅旋转了30°。也就是说,当电流变化一周时,磁场仅旋转了半周,比$p=1$时的转速慢了一半,即$n_0=60f/2$。

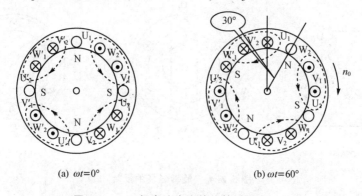

(a) $\omega t=0°$　　　　　　　　(b) $\omega t=60°$

**图5.3.6　三相电流产生的旋转磁场($p=2$)**

同理,在三对磁极的情况下,电流交变一次,磁场在空间仅旋转了1/3周,只有$p=1$时转速的1/3,即$n_0=60f/3$,由此可推广到$p$对磁极时,旋转磁场的转速为

$$n_0 = \frac{60f}{p} \qquad\qquad (5.3.1)$$

因此,旋转磁场的转速 $n_0$(又称同步转速),它是由电源的频率 $f$ 和磁极对数 $p$ 所决定的,而磁极对数 $p$ 又由三相绕组的安排情况所确定,由于受所用线圈、铁芯的尺寸大小、电动机体积等条件的限制,$p$ 值不能无限大。对某一异步电动机讲,$f$ 和 $p$ 通常是一定的,所以磁场转速 $n_0$ 是个常数。

我国工业交流电频率是 50 Hz,于是由式(5.3.1)可得出对应于不同极对数 $p$ 的旋转磁场转速 $n_0$(r/min)。表 5.3.1 中列出了异步电动机不同磁极对数所对应的同步转速。

表 5.3.1　不同磁极对数时所对应的同步转速

单位 r/min

| $p$ | 1 | 2 | 3 | 4 | 5 | 6 |
|---|---|---|---|---|---|---|
| $n_0$ | 3 000 | 1 500 | 1 000 | 750 | 600 | 500 |
| 磁场转角/周期 | 360° | 180° | 120° | 90° | 72° | 60° |

## 5.3.2　电动机的转动原理和转差率

### 1. 转动原理

三相异步电动机工作原理如图 5.3.7 所示。当三相定子绕组接至三相电源后,三相绕组内将流过三相电流并在电机内建立旋转磁场,当 $p=1$ 时,图中用一对旋转的磁铁来模拟该两极旋转磁场,它以恒定同步转速 $n_0$(旋转磁场的转速)逆时针方向旋转。在该旋转磁场的作用下,转子导体(铜或铝)顺时针方向切割磁通而产生感应电动势。感应电动势的方向可由右手定则确定,根据右手定则可知,在 N 极下的转子导体的感应电动势的方向是垂直于纸面向里的,而在 S 极下的转子导体的感应电动势方向是垂直于纸面向外的,如图 5.3.7 所示。在这里应用右手定则时,是假设磁极不动,而转子导体向顺时针方向旋转切割磁力线,这与实际上磁极逆时针方向旋转时磁力线切割转子导体是相当的。

由于转子绕组是短接的,所以在感应电动势的作用下,将在转子绕组中产生感应电流,即转子电流。由于异步电动机的转子电流是由电磁感应而产生的,因此这种电动机又称为感应电动机。这个电流又与旋转磁场相互作用,而使转子导条受到电磁力 $F$,电磁力的方向可应用左手定则来确定。根据左手定则可知,在 N 极下的转子导体的受力方向是向左的,而在 S 极下的转子导体的受力方向是向右的,如图 5.3.7 所示。各个载流导体在旋转磁场作用下受到的电磁力对于转子转轴所形成的转矩称为电磁转矩 $T$,在 $T$ 的作用下,电动机的转子

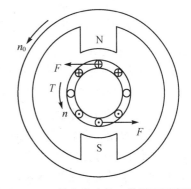

图 5.3.7　异步电动机工作原理示意图

就转动起来。由图 5.3.7 可知,转子导体所受电磁力形成的电磁转矩与旋转磁场的转向一致,故转子旋转的方向与旋转磁场方向相同,这就是图 5.3.1 的演示中转子跟着磁场转动的原因。任意调换电源的两根进线,使旋转磁场反转时,电动机也跟着反转。

### 2. 转差率

一般情况下,电动机转速 $n$ 接近而略小于旋转磁场的同步转速 $n_0$。由前面分析可知,电动机转子转动方向与磁场旋转的方向一致,如果转子转速达到 $n_0$,那么转子与旋转磁场之间

就没有相对运动,转子导体将不切割磁通,于是转子导体中不会产生感应电动势和转子电流,也不可能产生电磁转矩,所以电动机转子不可能维持在转速 $n_0$ 状态下运行,即转子的转速 $n$ 与旋转磁场的同步转速 $n_0$ 之间必须要有差别,因此这种电动机称为异步电动机。

异步电动机的转子转速 $n$ 与旋转磁场的同步转速 $n_0$ 之差是保证异步电动机工作的必要因素,这两个转速之差称为转差。通常把转差与同步转速之比再乘以 $100\%$ 称为转差率,用 $s$ 表示。即

$$s = \frac{n_0 - n}{n_0} \times 100\% \tag{5.3.2}$$

式(5.3.2)也可写为

$$n = (1 - s)n_0 \tag{5.3.3}$$

转差率是异步电动机的一个重要的物理量。转子转速越接近磁场转速,则转差率越小。由于异步电动机的转速 $n < n_0$,且 $n_0 > 0$,故转差率在 $0 \sim 1$ 的范围内,即 $0 \leqslant s \leqslant 1$。对于常用的三相异步电动机,在额定负载时的额定转速 $n$ 很接近同步转速 $n_0$,所以它的额定转差率 $s$ 很小,约为 $1\% \sim 7\%$。当 $n = 0$ 时(启动初始瞬间),$s = 1$,这时转差率最大。

**【例 5.3.1】**　一台异步电动机的额定转速 $n = 1\,440$ r/min,电源频率为 $f = 50$ Hz,求其磁极对数 $p$ 和额定转差率 $s$。

**【解】**　因为异步电动机的额定转速 $n$ 很接近同步转速 $n_0$,而 $f = 50$ Hz 时,$n_0 = 60 \times 50/p$,略高于 $n = 1\,440$ r/min 的只能是 $1\,500$ r/min,故磁极对数 $p = 2$。

该电动机的额定转差率为

$$s = \frac{n_0 - n}{n_0} \times 100\% = \frac{1\,500\ \text{r/min} - 1\,440\ \text{r/min}}{1\,500\ \text{r/min}} \times 100\% = 4\%$$

# 5.4　三相异步电动机的电路分析

三相交流异步电动机每一相的等效电路类似于单相变压器,图 5.4.1 是三相异步电动机的每一相电路图。和单相变压器相比,三相异步电动机定子绕组相当于变压器的一次绕组,短接的转子绕组相当于的二次绕组(变压器的二次绕组一般不允许短接),其电磁关系也同变压器类似,两者电路的电压方程也是相当的,当定子绕组接三相电源电压 $u_1$ 时,则有三相电流 $i_1$ 通过。定子三相电流产生旋转磁场,其磁通通过定子和转子铁芯而闭合。旋转磁场在定子绕组和转子绕组分别感应产生电动势 $e_1$ 和 $e_2$。此外,漏磁通产生的漏磁电动势分别为 $e_{\sigma1}$ 和 $e_{\sigma2}$。为分析方便,设定子和转子每相绕组的匝数分别为 $N_1$ 和 $N_2$。

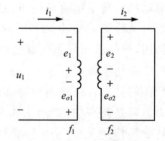

**图 5.4.1　三相异步电动机每相电路图**

## 5.4.1　定子电路

### 1. 旋转磁场的磁通 $\Phi$

定子每相电路的电压方程和变压器原绕组电路一样,若忽略定子每相绕组的电阻和漏磁感抗,和变压器一样,也可得出

$$U_1 \approx E_1$$

和

$$E_1 = 4.44 f_1 N_1 \Phi \approx U_1 \tag{5.4.1}$$

式中，$\Phi$ 是通过每相绕组的磁通最大值，在数值上它等于旋转磁场的每级磁通；$f_1$ 是 $e_1$ 的频率。由式（5.4.1）可推出

$$\Phi \approx \frac{U_1}{4.44 f_1 N_1} \tag{5.4.2}$$

由式（5.4.2）可以看出旋转磁场的磁通 $\Phi$ 与电源电压 $U_1$ 成正比。

**2. 定子感应电动势的频率 $f_1$**

定子感应电动势的频率 $f_1$ 与磁场和导体间的相对速度有关，因为旋转磁场与定子导体间的相对速度为 $n_0$，所以

$$f_1 = \frac{p n_0}{60} \tag{5.4.3}$$

即等于电源或定子电流的频率。

## 5.4.2　转子电路

**1. 转子频率 $f_2$**

因定子导体与旋转磁场间的相对速度固定，而转子导体与旋转磁场间的相对速度随转子的转速不同而变化，所以旋转磁场切割定子导体和转子导体的速度不同，故定子感应电势频率 $f_1$ 就和转子感应电势频率 $f_2$ 不同，这一点和变压器有显著的不同。转子频率取决于转子和旋转磁场的相对速度，因为旋转磁场和转子间的相对转速为 $(n_0 - n)$，所以转子频率

$$f_2 = \frac{p(n_0 - n)}{60} = \frac{n_0 - n}{n_0} \times \frac{p n_0}{60} = s f_1 \tag{5.4.4}$$

由式（5.4.4）可见，转子频率 $f_2$ 与转差率 $s$ 成正比，转差率 $s$ 大，转子频率 $f_2$ 随之增加，也就是转子频率 $f_2$ 与转子转速 $n$ 有关。

当三相异步电动机初始启动时（$n=0, s=1$），转差率 $s$ 最大，转子与旋转磁场间的相对转速最大，转子导体被旋转磁通切割得也最快，所以 $f_2$ 最高，即 $f_2 = f_1$。三相异步电动机在额定负载时，$s = 1\% \sim 7\%$，则 $f_2 = 0.5 \sim 3.5 \text{ Hz}$（$f_1 = 50 \text{ Hz}$）。

**2. 转子电动势 $E_2$**

和定子绕组电动势 $e_1$ 的有效值的计算公式相类似，转子在转动时的电动势 $e_2$ 的有效值为

$$E_2 = 4.44 f_2 N_2 \Phi = 4.44 s f_1 N_2 \Phi \tag{5.4.5}$$

在 $n=0, s=1$ 时，$f_2$ 最高，且转子电动势 $E_2$ 最大，转子在静止时电动势为

$$E_{20} = 4.44 f_1 N_2 \Phi \tag{5.4.6}$$

由式（5.4.5）和式（5.4.6）可得

$$E_2 = s E_{20} \tag{5.4.7}$$

由式（5.4.7）可见转子电动势 $E_2$ 与转差率 $s$ 成正比，转差率 $s$ 越大，转子电动势 $E_2$ 越大。

**3. 转子感抗 $X_2$**

由感抗的定义可知，转子感抗 $X_2$ 与转子频率 $f_2$ 有关，即

$$X_2 = 2\pi f_2 L_{\sigma 2} = 2\pi s f_1 L_{\sigma 2} \tag{5.4.8}$$

在 $n=0, s=1$ 时，转子感抗为

$$X_{20} = 2\pi f_1 L_{\sigma 2} \tag{5.4.9}$$

由式(5.4.8)和(5.4.9)可得出

$$X_2 = s X_{20} \tag{5.4.10}$$

可见转子感抗 $X_2$ 与转差率 $s$ 有关。转差率 $s$ 越大,转子转子感抗 $X_2$ 越大,且 $n=0$,$s=1$ 时,转子感抗取最大值。

**4. 转子电流 $I_2$**

如果考虑到每相转子绕组的电阻 $R_2$,则转子每相电路的电流

$$I_2 = \frac{E_2}{\sqrt{R_2{}^2 + X_2{}^2}} = \frac{s E_{20}}{\sqrt{R_2{}^2 + (s X_{20})^2}} \tag{5.4.11}$$

由式(5.4.11)可知,转子电流 $I_2$ 也与转差率 $s$ 有关。当 $s$ 增大,即转子转速 $n$ 降低时,转子与旋转磁场间的转差 $(n_0 - n)$ 增加,转子导体切割磁通的速度提高,于是 $E_2$ 增加,$I_2$ 也增加。$I_2$ 随 $s$ 变化的关系可用图 5.4.2 的曲线表示。

**5. 转子电路的功率因数 $\cos \varphi_2$**

如果考虑到每相转子的漏磁通,则转子电路的功率因数为

$$\cos \varphi_2 = \frac{R_2}{\sqrt{R_2{}^2 + X_2{}^2}} = \frac{R_2}{\sqrt{R_2{}^2 + (s X_{20})^2}} \tag{5.4.12}$$

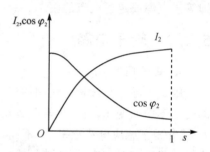

图 5.4.2　$I_2$ 和 $\cos \varphi_2$ 与 $s$ 的关系曲线

由式(5.4.12)可知,转子电路的功率因数 $\cos \varphi_2$ 也与转差率 $s$ 有关。如果 $s$ 增大,$X_2$ 也增大,即式(5.4.12)的分母增大,所以 $\cos \varphi_2$ 减小。$\cos \varphi_2$ 随 $s$ 的变化关系也在图 5.4.2 中。

由上述分析可知:三相交流异步电动机和变压器有不同之处是,后者是带负载的、静止的,电动势的频率与原绕组相同;前者是短接的、转动的,转子电动势的频率 $f_2$ 与定子绕组电动势的频率 $f_1$(即为电源频率)不相等。转子转动时,转子电路的各个物理量,如电动势、电流、频率、感抗及功率因数等都与转差率 $s$ 有关,亦即与转速 $n$ 有关。这是学习电动机时应注意的一个特点。

# 5.5　三相异步电动机的机械特性

三相异步电动机主要用于驱动各类机械设备,因此三相异步电动机在正常运行时,主要分析考虑其电磁转矩 $T$ 和它的机械运行特性。

## 5.5.1　异步电动机的电磁转矩

三相异步电动机的电磁转矩 $T$ 是由旋转磁场的每极磁通 $\Phi$ 与转子电流 $I_2$ 相互作用而产生的,它是转子中各载流导体在旋转磁场的作用下,受到的电磁力对转轴所形成的转距之总和,是反映电动机做功能量的一个量。可以证明三相异步电动机的电磁转矩为

$$T = K_T \Phi I_2 \cos \varphi_2 \tag{5.5.1}$$

式中:$K_T$ 是与电动机结构有关的常数,$\Phi$ 是旋转磁场的每极磁通,$I_2$ 是转子电流,$\cos \varphi_2$ 是转子电路的功率因数,电磁转矩 $T$ 的单位为牛[顿]米(N·m)。

将式(5.4.2)、式(5.4.6)、式(5.4.11)、式(5.4.12)代入式(5.5.1)可得

$$T = K_T \times \frac{U_1}{4.44 f_1 N_1} \times \frac{s(4.44 f_1 N_2 \Phi)}{\sqrt{R_2^2 + (sX_{20})^2}} \times \frac{R_2}{\sqrt{R_2^2 + (sX_{20})^2}}$$

经过化简可得电磁转矩的另一公式

$$T = K \frac{sR_2}{R_2^2 + (sX_{20})^2} \times U_1^2 \tag{5.5.2}$$

式(5.5.2)中，$K = K_T N_2 / 4.44 f_1 N_1^2$，是把电动机所有常数确定后的比例常数，这就是三相异步电动机的转矩公式。

由式(5.5.2)可知：转矩 $T$ 与定子每相绕组电压 $U_1$ 的平方成正比，所以当电源电压有所变动时，对电磁转矩的影响很大，即当电源电压 $U_1$ 下降很少时，电磁转矩会下降很多（见图 5.5.1(a)），这也是当电源电压低于额定电压时，电动机不能长期正常工作的原因；当电源电压 $U_1$ 一定时，$T$ 是转差率 $s$ 的函数；此外，$R_2$ 的大小对 $T$ 也有影响（见图 5.5.1(b)），这就是绕线型异步电动机可外接电阻来改变转子电阻 $R_2$，从而改变电动机电磁转距的原因。

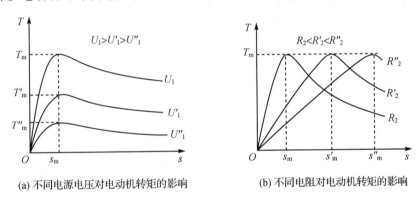

(a) 不同电源电压对电动机转矩的影响　　　(b) 不同电阻对电动机转矩的影响

**图 5.5.1　不同电源电压和电阻对电动机转矩的影响**

## 5.5.2　机械特性曲线

在一定的电源电压 $U_1$ 和转子电阻 $R_2$ 之下，电动机产生的电磁转矩 $T$ 与转差率 $s$ 之间的关系曲线 $T = f(s)$ 或转子转速 $n$ 与电磁转矩 $T$ 之间的关系曲线 $n = f(T)$，称为电动机的机械特性曲线。由式(5.5.2)可以绘出如图 5.5.2(a)所示的 $T = f(s)$ 曲线，将 $T = f(s)$ 曲线的 $s$ 轴变成 $n$ 轴，再把 $T$ 轴平行移到 $n = 0$，即 $s = 1$ 处，并将其换轴后的坐标轴顺时针方向旋转 $90°$，就得到如图 5.5.2(b)所示 $n = f(T)$ 曲线。

研究机械特性的目的是为了分析电动机的运行性能。在机械特性曲线上，应关注机械特性曲线上的三个特殊转矩及运行特性，如图 5.5.2 所示。

**1. 额定转矩 $T_N$**

三相异步电动机在额定电压 $U_1$ 和额定负载下，以额定转速 $n_N$ 运行，输出额定功率 $P_N$ 时，电动机转轴上输出的电磁转矩称为额定转矩 $T_N$。如图 5.5.2(b)所示曲线中的 $c$ 点是额定转矩 $T_N$ 和额定转速 $n_N$ 所对应的点，称为额定工作点。异步电动机若运行在该点或附近，其效率及功率因数均较高。下面推导 $T_N$ 的计算公式。

在电动机匀速转动时，其转矩 $T$ 与阻转矩 $T_C$ 相等，而阻转矩 $T_C$ 主要是由机械负载转矩 $T_2$ 和空载损耗转矩（主要是机械损耗转矩）$T_0$ 构成，由于 $T_0$ 很小，常可忽略，所以

$$T \approx T_2 = \frac{P_2}{\omega} = \frac{P_2}{2\pi n / 60} \tag{5.5.3}$$

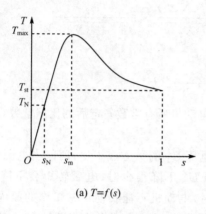

(a) $T=f(s)$

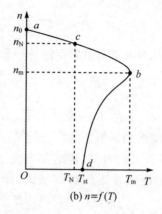

(b) $n=f(T)$

**图 5.5.2　三相异步电动机的机械特性曲线**

式(5.5.3)中,$P_2$ 是电动机轴上输出的机械功率,单位是瓦(W);角速度 $\omega$ 的单位是 rad/s;转矩的单位是牛·米(N·m);转速的单位是转每分(r/min)。如果功率用千瓦为单位,则得

$$T = 9\,550\,\frac{P_2}{n} \tag{5.5.4}$$

若电机处于额定状态,则可从电机的铭牌上查到额定功率和额定转速的大小,由式(5.5.4)可得额定转矩的计算公式

$$T_N = 9\,550\,\frac{P_N}{n_N} \tag{5.5.5}$$

式(5.5.5)中,$P_N$ 是电动机额定输出功率(kW);$n_N$ 是电动机额定转速(r/min);$T_N$ 是电动机额定转矩(N·m)。

**2. 最大转矩 $T_{max}$**

从三相异步电动机机械特性曲线上看,其转矩有一个最大值,称为最大转矩 $T_{max}$ 或临界转矩。该值的大小可以通过式(5.5.5)求出。设对应于最大转矩的转差率为临界转差率 $s_m$,根据方程极值的定义,对式(5.5.5)的 $s$ 进行求导并令其等于零可得

$$\frac{\mathrm{d}T}{\mathrm{d}s} = \frac{\mathrm{d}}{\mathrm{d}s}\left(K\,\frac{sR_2}{R_2^2+(sX_{20})^2}\times U_1^2\right) = K\,\frac{[R_2^2+(sX_{20})^2]-s(2sX_{20}^2)}{[R_2^2+(sX_{20})^2]^2}R_2U_1^2 = 0 \tag{5.5.6}$$

解式(5.5.6)可得

$$s = s_m = \pm\frac{R_2}{X_{20}}$$

因 $s_m$ 为负值无意义,故取

$$s_m = \frac{R_2}{X_{20}} \tag{5.5.7}$$

再将式(5.5.7)代入式(5.5.2),可得

$$T_{max} = K\,\frac{U_1^2}{2X_{20}} \tag{5.5.8}$$

由式(5.5.7)、(5.5.8)可以看出,$T_{max}$ 与 $U_1^2$ 成正比,所以最大转矩 $T_{max}$ 对电压的波动很敏感,使用时要注意电压的变化;$T_{max}$ 与转子电阻 $R_2$ 无关,即当 $U_1$ 一定时,$T_{max}$ 为定值;$s_m$ 与 $R_2$ 有关,$R_2$ 愈大,$s_m$ 也愈大,转子转速 $n$ 愈小,这是绕线式电机改变转子附加电阻 $R_2'$ 可实现

调速的原理。

当负载转矩超过最大转矩时,电动机就带不动负载了,发生所谓堵转(闷车)现象。堵转后,转子转速 $n=0$,$s=1$,由式(5.4.11)可知,$I_2$ 迅速上升,从而导致 $I_1$ 也迅速上升,此时,电动机的电流马上比额定负载升高了 6~7 倍,电动机严重过热,以致烧坏。

一般情况下,允许电动机的负载转矩在较短的时间内超过其额定转矩,但不能超过最大转矩,因此最大转矩也表示电动机短时允许的过载能力。电动机的额定转矩 $T_N$ 比 $T_{max}$ 要小,两者之比称为过载系数 $\lambda$,即

$$\lambda = \frac{T_{max}}{T_N} \tag{5.5.9}$$

一般三相异步电动机的过载系数为 1.8~2.3,特殊用途电动机的 $\lambda$ 可达 3 或更大。在选用电动机时,必须考虑可能出现的最大负载转矩,而后根据所选电动机的过载系数算出电动机的最大转矩。

### 3. 启动转矩 $T_{st}$

电动机刚启动时的转矩称为启动转矩,此时 $n=0$,$s=1$。将 $s=1$ 代入式(5.5.2)得

$$T_{st} = K \frac{R_2 U_1^2}{R_2^2 + X_{20}^2} \tag{5.5.10}$$

由式 5.5.10 可知,$T_{st}$ 与 $U_1$ 的平方及 $R_2$ 有关。当电源电压降低时,启动转矩会明显减小。当转子电阻适当增大时,启动转矩会增大,对于绕线式电动机,适当改变转子附加电阻 $R_2'$ 的大小,使附加电阻与转子电阻的和与 $X_{20}$ 相等时,可使 $T_{st} = T_{max}$,$s_m = 1$。但继续增大 $R_2'$ 时,$T_{st}$ 就要随着减小,这时 $s_m > 1$。$T_{st}$ 体现了电动机带载启动的能力。若 $T_{st} > T_N$ 电机能启动,否则不能启动。

### 4. 电动机的运行分析

通常三相异步电动机都工作在图 5.5.2(b)所示特性曲线的额定转矩 $c$ 点附近,即特性曲线的 $ab$ 段。当负载转矩增大(譬如车床切削时的吃刀量加大,起重机的起重量加大)时,在最初瞬间电动机的转矩 $T < T_c$,从而导致它的转速 $n$ 开始下降,随着转速的下降。由图 5.5.2(b)可知,电动机的转矩 $T$ 增加了,因为这时 $I_2$ 增加的影响超过 $\cos\varphi_2$ 减小的影响(见图 5.4.2 和式(5.5.1)),当转矩增加到 $T$ 和 $T_c$ 相等时,电动机又在新的稳定状态下运行,这时转速较前为低,此时,由于转速 $n$ 下降,导致转差率 $s$ 上升,$E_2$ 增加,$I_2$ 增加,$I_1$ 增加,电源提供的功率增加。由此可见,电动机的电磁转矩可以随负载的变化而自动调整,这种能力称为自适应负载能力。自适应负载能力是电动机区别于其他动力机械的重要特点(如:柴油机当负载增加时,必须由操作者加大油门,才能带动新的负载)。

### 5. $U_1$ 和 $R_2$ 变化对机械特性的影响

(1) $U_1$ 变化对机械特性的影响

由式(5.5.8)和式(5.5.10)可以看出,$T_{st}$ 和 $T_{max}$ 均与 $U_1$ 的平方成正比,表明 $T_{st}$ 和 $T_{max}$ 对 $U_1$ 的变化非常敏感,如图 5.5.3(a)所示。当电动机负载力矩一定时,如果电源电压降低,电磁转矩将迅速下降,使电动机有可能带不动原有的负载,于是转速下降,电流增大。如果电压下降过多,以致最大转矩也低于负载转矩时,则电动机会被迫停转,时间稍长,电动机会因过热损坏。

(2) $R_2$ 变化对机械特性的影响

由式(5.5.8)和式(5.5.10)可以看出,$T_{max}$ 与 $R_2$ 无关,只有 $T_{st}$ 和 $R_2$ 有关,如图 5.5.3(b)

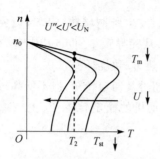

(a) $U_1$对电动机机械特性的影响

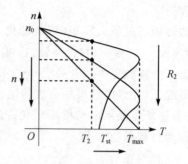

(b) $R_2$对电动机机械特性的影响

**图 5.5.3　$U_1$ 和 $R_2$ 变化对机械特性的影响**

所示。从图 5.5.3(b)可以看出,当 $R_2$ 较小时,负载在空载与额定值之间变化时,电动机的转速变化不大,电动机的运行特性好,这种特性称为异步电动机的硬机械特性;当 $R_2$ 较大时,负载增加电动机转速下降较快,但其启动转矩大,启动特性好。因此,不同场合应选用不同的电动机。如金属切削,选硬机械特性电动机;重载启动,则选软机械特性电动机。

【例 5.5.1】　某三相异步电动机的额定数据如下:$P_N = 2.8 \text{ kW}$,$n_N = 1470 \text{ r/min}$,$\triangle$-Y连接,220/380 V,10.9/6.3 A,$\cos \varphi_N = 0.84$,$f = 50 \text{ Hz}$,求:① 额定负载时的效率;② 额定转矩;③ 额定转差率。

【解】　①额定负载下的输入功率为

$$P_1 = \sqrt{3} U_1 I_1 \cos \varphi_N = \sqrt{3} \times 380 \text{ V} \times 6.3 \text{ A} \times 0.84 \approx 3483 \text{ W}$$

$$\eta_N = \frac{P_N}{P_1} \times 100\% = \frac{2800 \text{ W}}{3483 \text{ W}} \times 100\% \approx 80.4\%$$

② $T_N = 9550 \dfrac{P_N}{n_N} = 9550 \times \dfrac{2.8 \text{ W}}{1470 \text{ r/min}} \approx 18.2 \text{ N} \cdot \text{m}$

③ 由额定转速知:$n_0 = 1500 \text{ r/min}$,则

$$s_N = \frac{n_0 - n_N}{n_0} = \frac{1500 \text{ r/min} - 1470 \text{ r/min}}{1500 \text{ r/min}} = 0.02$$

【例 5.5.2】　某四极三相异步电动机的额定功率 30 kW,额定电压为 380 V,三角形接法,频率为 50 Hz。在额定负载下运行时,其转差率 $s$ 为 0.02,效率为 90%,线电流为 57.5 A,试求:① 额定转速 $n_N$;② 额定转矩 $T_N$;③ 电动机的功率因数。

【解】　① 由题知:$n_0 = 1500 \text{ r/min}$,则

$$n_N = (1 - s_N)n_0 = (1 - 0.02) \times 1500 \text{ r/min} = 1470 \text{ r/min}$$

② $T_N = 9550 \dfrac{P_N}{n_N} = 9550 \times \dfrac{30 \text{ kW}}{1470 \text{ r/min}} \approx 194.9 \text{ N} \cdot \text{m}$

③ $\cos \varphi_N = \dfrac{P_N}{\sqrt{3} U_1 I_1 \eta} = \dfrac{30 \times 10^3 \text{ W}}{\sqrt{3} \times 380 \text{ V} \times 57.5 \text{ A} \times 0.9} = 0.88$

# 5.6　三相异步电动机的使用

要正确使用电动机,除了要了解电动机的运行特性外,还必须了解电动机的启动、制动和

调速过程,和看懂电动机的铭牌数据,从而根据负载特性来正确选择合适的电动机。

## 5.6.1　异步电动机的启动

将一台三相异步电动机接上三相交流电,使之从静止状态开始旋转直至稳定运行,这个过程称之为启动。研究电动机启动就是研究接通电源后,怎样使电动机转速从零加速到稳定转速(额定转速)的稳定工作状态。在启动初始瞬间,$n=0,s=1$。我们从启动时的电流和转矩来分析电动机的启动性能。

**1. 启动电流 $I_{st}$**

在电动机启动瞬间,由于旋转磁场与转子之间相对速度很大,磁通切割转子导体的速度很快,转子电路中的感应电动势及电流都很大。和变压器的原理一样,转子电流的增大,将会引起定子电流的增大,因此在启动时,一般中小型笼式电动机的定子启动电流(指线电流)与额定电流之比值大约为 5～7 倍。这样大的启动电流会使供电线路在短时间内产生过大的电压降,这不仅可能使电动机本身启动时转矩减小,还会影响接在同一电网上其他负载的正常工作。比如在炎热的夏季,当大功率空调启动(大功率电动机)时,我们会看到照明灯突然变暗或荧光灯熄灭等。因此,一般要求电动机启动电流在电网上的电压降落不得超过 10%,偶尔启动时不得超过 15%。

电动机启动电流虽大,但启动时间一般很短,小型电动机只有 1～3 s,并且电动机一经启动后,转速很快升高,电流便很快减小了,因此只要不是频繁启动。从发热角度来考虑,启动电流对电动机本身影响不大。但当启动频繁时,由于热量的积累,可以使电动机过热。因此,在实际操作时应尽可能不让电动机频繁启动。例如,在切削加工时,一般只是用离合器将主轴与电机轴脱开,而不是将电动机停下来。

**2. 启动转矩 $T_{st}$**

在刚启动时,虽然转子启动电流很大,但转子电流频率最高($f_1=f_2$),所以转子感抗也很大,转子的功率因数 $\cos \varphi_2$ 很低。因此由式(5.5.1)和式(5.5.10)可知,启动转矩实际上是不大的,它与额定转矩之比值约为 1.0～2.3。如果启动转矩过小,电动机就不能在满载下启动,应设法提高;但启动转矩如果过大,会使电动机的传动机构受到过大的冲击而损坏,所以又应设法减小。一般机床的主电动机都是空载启动的,对启动转矩没有什么要求,但对起重用的电动机应采用启动转矩较大一点的。

由以上分析可知,启动电流大是异步电动机的主要缺点。因此必须采用适当的启动方法,以减少启动电流(有时也为了提高或减小启动转矩);同时考虑到启动设备要简单、价格低廉、便于操作及维护。因此,三相异步鼠笼式电动机常用的启动方法有:直接启动、降压启动等。而一般绕线式电动机采用转子串电阻的方法启动。

**3. 直接启动(全压启动)**

利用断路器或接触器将电动机直接接到具有额定电压的电源上,这种启动方法称为直接启动或全压启动。直接启动的优点是启动设备和操作简单、方便、经济和启动过程快,缺点是启动电流大。为了利用直接启动的优点,现代设计的笼式异步电动机是按直接启动时的电磁力和发热来考虑它的机械强度和热稳定性的,因此,从电动机本身来说,笼式异步电动机都允许直接启动的,而且,当电源容量相对于电动机的功率足够大时,应尽量采用这种方法。直接启动方法的应用主要受电网容量的限制,一般情况下,如果用电单位有独立的变压器,则在电动机启动频繁时,电动机容量小于变压器容量的 20% 时允许直接启动;如果电动机不经常启动,它的容量小于变压器容量的 30％时允许直接启动。如果没有独立的变压器(与照明共用),电动机直接启动时所产生的电压降不应超过 5％。一般规定异步电动机的功率小于 7.5 kW 时且电动机容量小于本地电网容量 20％可以直接启动,如果功率大于 7.5 kW,而电网容量较大,能符合下式的电动机也可直接启动,即

$$\frac{I_{st}}{I_N} \leqslant \frac{3}{4} + \frac{S_N}{4P_N} \tag{5.6.1}$$

式中:$I_{st}$ 表示启动电流;$I_N$ 表示电动机额定电流;$S_N$ 表示电源变压器容量(kV·A);$P_N$ 表示电动机功率(kW)。

**4. 降压启动**

如果电动机直接启动时所引起的线路电压降较大,则不允许直接启动,因此,对容量较大的鼠笼式电动机,常采用降压启动的方法,即启动时先降低加在定子绕组上的电压,以减小启动电流,当电动机转速接近额定转速时,再加上额定电压运行。但由于减少了启动电压,由式(5.5.10)可知,电动机的启动转矩会同时减少。所以降压启动只适合于轻载、空载启动或对启动转矩要求不高的场合。鼠笼式三相异步电动机降压启动方法主要有星形-三角形启动、自耦变压器降压启动等多种。

(1) 星形-三角形(Y-△)降压启动

对于正常运行时定子绕组为三角形连接的鼠笼式异步电动机,为了减小启动电流,启动时将定子绕组星形连接,以降低启动电压,启动后再连成三角形。这种启动方法称为 Y-△降压启动,这样,在启动时就把定子每相绕组上的电压降到正常工作电压的 $1/\sqrt{3}$。图 5.6.1(a)所示为鼠笼式三相异步电动机 Y-△降压启动的原理电路,启动时 $QA_1$、$QA_3$ 闭合,使电动机的定子绕组为星形连接,电动机降压启动,当电动机转速接近稳定转速时,迅速把 $QA_3$ 断开,$QA_2$ 闭合,定子绕组转换成三角形连接,使电动机在额定电压下运行,启动过程结束,这时每相绕组上的启动电流只有它的额定电流的 $1/3$。下面具体推导启动电流 $I_{st}$ 减少的原因。

如图 5.6.1(b)所示,设电机每相绕组的等效阻抗为 $Z$,则当定子绕组降压启动时

$$I_{LY} = I_{pY} = \frac{U_L/\sqrt{3}}{|Z|}$$

如图 5.6.1(c)所示,当定子绕组直接启动时

$$I_{LY} = \sqrt{3} I_{pY} \sqrt{3} \frac{U_l}{|Z|}$$

因此有

$$\frac{I_{LY}}{I_{L\triangle}} = \frac{1}{3}$$

即降压启动时的电流为直接启动时的 $1/3$。

由于星形接法定子每相绕组上的电压是三角形接法定子每相绕组上电压的 $1/\sqrt{3}$,又由于电动机的电磁转矩和电源电压的平方成正比,所以启动转矩也减小到直接启动时的 $(1/\sqrt{3})^2 = 1/3$。因此,这种方法只适合于电动机空载或轻载时启动。我们在使用该法启动电动机时必须注意启动转矩能否满足要求,同时,还要注意该法仅适用于正常工作为三角形接法的电动机。

由于这种换接启动的方法得到了广泛的应用,因此有不少厂家专门生产了体积小,成本低,寿命长,动作可靠的星形-三角形启动器。

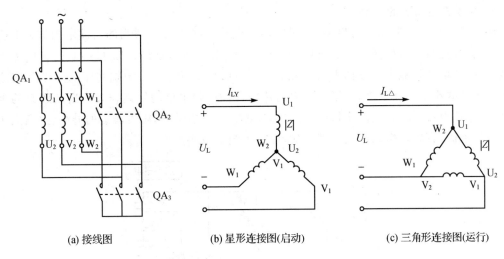

(a) 接线图　　　　　　　　(b) 星形连接图(启动)　　　　　(c) 三角形连接图(运行)

**图 5.6.1　星形-三角形(Y-△)降压启动图**

（2）自耦降压启动

　　星形-三角形降压启动仅用于正常工作为三角形接法的电动机,那么正常工作为星形接法的电动机应该如何降压启动呢?

　　正常运行时定子绕组为星形连接的鼠笼式三相异步电动机一般采用自耦降压启动。图 5.6.2 为三相自耦变压器降压启动线路图,图中 $QA_1$ 为闸刀开关或空气开关,FA 为熔断器(保险),$QA_2$ 为降压启动的转换开关。这种方法的原理是利用三相自耦变压器将电动机在启动过程中的端电压降低,从而减少启动电流,当然由式(5.5.10)可知,启动转矩也会相应减少。

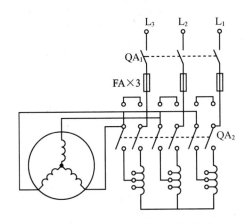

**图 5.6.2　三相自耦变压器降压启动线路图**

　　启动时,先把开关 $QA_2$ 扳到下侧,若三相电动机达到一定转速时,将开关扳向上侧,使电动机获得额定电压而运转,同时将自耦变压器与电源断开。自耦变压器具有变压比为 0.8 和 0.6 等几组分接头,从而使电动机在启动时得到不同的电压,以便根据对启动转矩的要求而选用。采用自耦降压法启动时,若加到电动机上的电压与额定电压之比为 $k$,由前面的知识可推导出线路启动电流 $I'_{st} = k^2 I_{st}$,电动机的启动转距 $T'_{st} = k^2 T_{st}$。

　　由以上分析可知,自耦降压启动不仅适用于正常运行时定子绕组为星形连接的鼠笼型三相异步电动机,而且容量较大的鼠笼式三相异步电动机也常采用自耦变压器降压启动方式。

### 5. 绕线式电动机的启动

绕线式三相异步电动机的启动,可以在转子电路中接入大小适当的启动电阻 $R_{st}$ 来达到减小启动电流的目的,如图 5.6.3 所示。当在转子电路中串入启动电阻 $R_{st}$ 后,转子电流将减少,定子电流也随之减小;同时,由图 5.5.3(b)可见,启动转矩 $T_{st}$ 也提高了。所以采用这种启动方法既减小了启动电流,又增大了启动转矩,因而,要求启动转矩较大或启动频繁的生产机械(如起重设备、卷扬机、锻压机等)常采用这种方法。启动后,随着转速的升高,逐渐减小启动电阻的阻值,直到将启动电阻全部切除,使转子绕组短接。

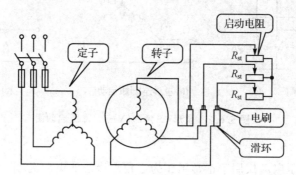

图 5.6.3　绕线型电动机启动接线图

【**例 5.6.1**】 已知 Y132S - 4 型三相异步电动机的额定技术数据如下表示。已知电源频率为 50 Hz。试求:① 额定转差率 $s_N$;② 额定电流 $I_N$;③ 额定转矩 $T_N$;④ 启动电流 $I_{st}$、启动转矩 $T_{st}$ 和最大转矩 $T_{max}$。

| 功率/kW | 转速/r·min$^{-1}$ | 电压/V | 效率/% | 功率因数 | $I_{st}/I_N$ | $T_{st}/T_N$ | $T_{max}/T_N$ |
|---|---|---|---|---|---|---|---|
| 5.5 | 1 440 | 380 | 85.5 | 0.84 | 7 | 2.0 | 2.2 |

【**解**】 ① 由已知 $n = 1\ 440$ r/min 可知,电动机是四极的,即 $p = 2$,则同步转速

$$n_0 = \frac{60f_1}{p} = \frac{60 \times 50 \text{ Hz}}{2} = 1\ 500 \text{ r/min}$$

$$s_N = \frac{n_0 - n}{n_0} = \frac{(1\ 500 - 1\ 440)\text{r/min}}{1\ 500 \text{ r/min}} = 0.04$$

② 因为: $P_2 = \sqrt{3} U_N I_N \cos\theta\eta_N$,所以

$$I_N = \frac{P_2}{\sqrt{3} U_N \cos\theta\eta_N} = \frac{5.5 \times 10^3 \text{ W}}{\sqrt{3} \times 380 \text{ V} \times 0.84 \times 85.5\%} \approx 11.6 \text{ A}$$

③ $T_N = 9\ 550 \dfrac{P_2}{n_N} = 9\ 550 \times \dfrac{5.5 \text{ kW}}{1\ 440 \text{ r/min}} \approx 36.5 \text{ N·m}$

④ $I_{st} = 7I_N = 81.2 \text{ A}$, $\quad T_{st} = 2.0 T_N = 73 \text{ N·m}$, $\quad T_{max} = 2.2 T_N = 80.3 \text{ N·m}$

【**例 5.6.2**】 某三相异步电动机,额定功率 $P_N = 45$ kW,额定转速 $n_N = 2\ 970$ r/min, $T_{max}/T_N = 2.2$, $T_{st}/T_N = 2.0$。若负载转矩 $T_L = 200$ N·m,试问该电动机能否带此负载: ① 长期运行;② 短时运行;③ 直接启动。

【**解**】 ① 电动机的额定转矩

$$T_N = 9\ 550 \times \frac{P_N}{n_N} = 9\ 550 \times \frac{45}{2\ 970}\text{N·m} \approx 145 \text{ N·m}$$

由于 $T_N < T_L$，故不能带此负载长期运行。

② 电动机的最大转矩

$$T_{max} = 2.2T_N = 2.2 \times 145 \ \text{N} \cdot \text{m} = 319 \ \text{N} \cdot \text{m}$$

由于 $T_{max} > T_L$，故可以带此负载短时运行。

③ 电动机的启动转矩

$$T_{st} = 2.0T_N = 2.0 \times 145 \ \text{N} \cdot \text{m} = 290 \ \text{N} \cdot \text{m}$$

由于 $T_{st} > T_L$，故可以带此负载直接启动。

## 5.6.2　异步电动机的制动

因为电动机的转动部分惯性较大，所以当电动机的电源被切断后，电动机转子的转速不可能立即下降，即电动机还会继续转动一定时间后停止。为了保证工作安全和提高生产效率，往往要求电动机能够迅速停车和反转，这就需要对电动机制动。因此，电动机的制动问题实际上是研究怎样使稳定运行的异步电动机在断电后，在最短的时间内克服电动机的转动部分及其拖动的生产机械的惯性而迅速停车，以达到静止状态或反转状态。对电动机制动，也就是要求它的转矩与转子的原转动方向相反。这时的转矩称为制动转矩。

三相异步电动机的制动方式有机械制动和电气制动两大类。其中机械制动通常采用电磁铁制成的电磁抱闸来实现制动；电气制动是利用在电动机转子导体内产生的反向电磁转矩来制动。常用的电气制动方法主要有：电磁抱闸制动能耗制动、反接制动和发电反馈制动等。本节将就这四种制动方法做详细阐述。

**1. 电磁抱闸制动**

电磁抱闸的工作原理是：当电动机启动时，电磁抱闸的线圈同时通电，电磁铁吸合，闸瓦离开电动机的制动轮（制动轮与电动机同轴连接），电动机正常运行；当电动机停电时，电磁抱闸线圈失电，电磁铁释放，在弹簧作用下，闸瓦把电动机的制动轮紧紧抱住，从而实现电动机的制动。由于电磁抱闸的制动转矩很大，它足以使电动机迅速停下，所以起重设备常采用这种制动方法，它不但提高了生产效率，还可以防止在工作中因突然停电使重物下滑而造成的事故。

**2. 能耗制动**

能耗制动的电路及原理如图 5.6.4 所示。在断开电动机三相电源的同时把开关 QA 投至"制动"，给电动机任意两相定子绕组通入直流电流，定子绕组中流过的直流电流在电动机内部产生一个不旋转的恒定直流磁场；同时，断电后，电动机转子由于惯性作用继续按原方向转动，从而切割直流磁场产生感应电动势和感应电流，其方向用右手定则确定，转子电流与直流磁场相互作用，使转子导体受力 $F$，$F$ 的方向用左手定则确定。

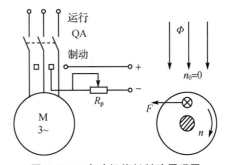

**图 5.6.4　电动机能耗制动原理图**

由图 5.6.4 可以看出，$F$ 所产生的转矩方向与电动机原旋转方向相反，因而起制动作用，使转子迅速停止转动。制动转矩的大小与通入的直流电源的电流大小有关，该电流一般可通过调节电位器 $R_p$ 来控制，使其为电动机额定电流的 0.5~1 倍。

因为这种方法是用消耗转子的动能（转换为电能并最终变成热能消耗在转子回路的电阻上）来进行制动的，所以称为能耗制动。其特点是制动平稳、准确、能耗低，但需配备电流电源。

目前一些金属切削机床中常采用这种制动方法。在一些重型机床中还将能耗制动与电磁抱闸配合使用,先进行能耗制动,待转速降至某一值时,令电磁抱闸动作,可以有效地实现准确快速停车。

**3. 反接制动**

电动机反接制动电路及原理如图 5.6.5 所示。当电动机需要停车时,通过 $QA_2$ 将接到电源的三根导线中的任意两根对调,改变电动机的三相电源相序,从而导致电动机的定子旋转磁场反向,而转子由于惯性仍按原方向转动,这时的转矩方向与电动机的转动方向相反,使转子产生一个与原转向相反的制动力矩,迫使转子迅速停转。当转速接近零时,必须立即断开 $QA_1$,否则电动机将在反向磁场的作用下反转。

由于在反接制动时,旋转磁场的同步转速 $n_0$ 与转子的转速 $n$ 之间的转速差 $(n_0-n)$ 很大(转差率 $s>1$),即转子切割磁力线的速度很大因而造成转子电流增大,因此定子绕组电流也很大。为了限制电流及调整制动转矩的大小,确保运行安全,不致于因电流大导致电动机过热损坏,常在定子电路(鼠笼式)或转子电路(绕线式)中串入适当的限流电阻。

反接制动不需要另备直流电源,具有制动方法简单、制动力矩较大,停车迅速,制动效果好等特点。但能耗大、机械冲击大。在启停不频繁、功率较小的电力拖动中常用这种制动方式。

**4. 发电反馈制动**

电动机发电反馈制动的原理如图 5.6.6 所示。当电动机转子的转速 $n$ 大于旋转磁场的转速 $n_0$ 时,转子绕组切割磁场的方向和原来相反,转子绕组中感应电动势和感应电流的方向,以及所产生的电磁转矩的方向都和原来相反,旋转磁场产生的电磁转距由驱动转距变为制动转距,电动机进入制动状态,同时将外力作用于转子的能量转换成电能回送给电网,即电动机处于发电机状态,所以称为发电反馈制动。由于旋转磁场所产生的转矩和转子旋转的方向相反,能够促使电动机的转速迅速地降下来,故也称为再生制动状态。

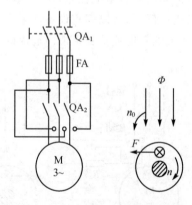

图 5.6.5　电动机反接制动原理图

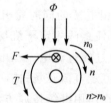

图 5.6.6　电动机发电反馈制动原理图

当多速电动机从高速调到低速的过程中,由于惯性,电动机转子的转速会超过旋转磁场的同步转速,这时也自然会发生发电反馈制动。当起重机快速下放重物时,电动机已转入发电机运行,将重物的位能转换为电能而反馈到电网里去,自然也发生了发电反馈制动。

## 5.6.3　异步电动机的调速

电动机的调速是在同一负载下得到不同的转速,以满足生产过程的要求,如各种切削机床的主轴运动随着工件与刀具的材料、工件直径、加工工艺的要求及吃刀量的大小不同,要求电动机有不同的转速,以获得最高的生产效率和保证加工质量。因此,如何提高三相异步电动机的调速性能一直是人们追求的目标。三相异步电动机的调速常用的有机械调速和电气调速两种,机械调速是通过齿轮齿数的变比来实现的,这属于机械领域的问题,这里只讨论电气调速。

若电动机采用电气调速,则可以大大简化机械变速机构。由于三相异步电动机没有换向器,克服了直流电动机结构上的一些缺点,但同时调速性能也变差了。不过随着电力电子技术、微电子技术、计算机技术以及电机理论和自动控制理论的发展,影响三相异步电动机调速发展的问题逐渐得到了解决,目前三相异步电动机的调速性能已达到了直流调速的水平。

由电动机的转速公式

$$n = (1-s)n_0 = (1-s)\frac{60f_1}{p} \tag{5.6.2}$$

可知,改变电动机转速的方法有三种,即改变极对数 $p$,改变转差率 $s$ 和改变电源频率 $f_1$。变极调速是一种使用多速电动机的有级调速方法,变频调速和变转差率调速是一种无级调速;变转差率调速是绕线型电动机的调速方法,其他两种是笼型电动机的调速方法。具体分析如下。

**1. 变极调速**

变极调速就是通过改变旋转磁场的磁极对数来实现对三相异步电动机的调速。由式(5.6.2)可知,三相异步电动机的同步转速与电动机的磁极对数成反比,改变笼式三相异步电动机定子绕组的磁极对数,就可以改变电动机同步转速。根据异步电动机的结构和工作原理,它的磁极对数 $p$ 由定子绕组的布置和连接方法决定,因此可以通过改变每相定子绕组的连接方法来改变磁极对数。由于旋转磁场的磁极对数 $p$ 只能成倍改变,因此这种调速方法是有级调速。

变极调速电动机定子每相绕组由两个绕组组成,如果改变两个绕组的接法就可得到不同的磁极对数,如图 5.6.7 所示为三相异步电动机定子绕组两种不同的连接方法而得到不同磁极对数的原理示意图。为表达清楚,只画出了三相绕组中的某一相。图 5.6.7 (a)中该相绕组的两个等效线圈正向串联,即两个线圈的首端和尾端接在一起,通电后根据电流方向可以判断出它们产生二对磁极的旋转磁场,即 $p=2$,三相合成后旋转磁场仍然是二对磁极。当这二组线圈并联连接时(见图 5.6.7 (b)),则产生的定子旋转磁场为一对磁极,即 $p=1$。定子其他两相组也如此连接,则三相绕组的合成磁动势也是二极,电动机的同步转速升高一倍。

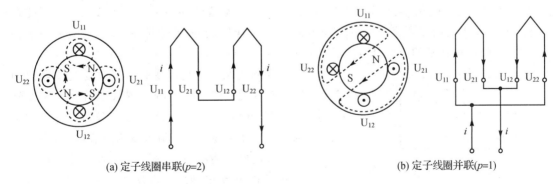

(a) 定子线圈串联($p$=2)　　　　　　　　　　(b) 定子线圈并联($p$=1)

**图 5.6.7　变极调速原理图**

一般异步电动机制造出来后,其磁极对数是不能随意改变的。可以改变磁极对数的鼠笼式三相异步电动机是专门制造的,有双速或多速电动机的单独产品系列。由于这种调速方法简单,调速时其转速呈跳跃性变化,因而只用在对调速性能要求不高的场合,如铣床、镗床、磨床等机床上。

## 2. 变转差率调速

改变转差率调速是在不改变同步转速 $n_0$ 条件下的调速,这种调速常用于绕线式电动机,通过在转子电路中串入调速电阻(和串入电阻启动电阻相同)来实现调速的(见图 5.6.3),改变电阻的大小,就可得到平滑调速。比如增大调速电阻时,转差率 $s$ 上升,而转速 $n$ 下降,虽然最大转矩 $T_{max}$ 不变,但是启动转矩 $T_{st}$ 减小了,这种调速方法的优点是设备简单、投资少。但能量损耗较大,这种调速方法常用于起重设备中。

另外,还用一种通过改变电源电压的方法来改变转差率,进而改变电动机转速的调速方法。由于电动机安全运行必须工作于额定电压以下,三相异步电动机变压调速只能是降压调速,其调速原理如图 5.6.8 所示。当定子电压从额定值向下调节时,同步转速 $n_0$ 不变,最大转矩时的转差率 $s_m$ 不变,在同一转速下电磁转矩 $T$ 与 $U$ 的平方成正比。

设图中 $A$ 点为固有机械特性上的运行点,$B$、$C$ 点为降压后的运行点,由图 5.6.8 可以看出,在额定负载不变的情况下,降压后,电动机的转速下降到 $B$、$C$ 点,而由于同步转速 $n_0$ 不变,所

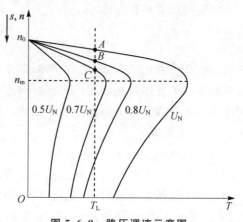

图 5.6.8　降压调速示意图

以电动机的转差率上升了,这将引起定子、转子绕组的铜耗增大,长时间运行将使绕组严重发热,而且普通三相异步电动机降压调速范围小,没有实用价值,因此,这种方法适用于高转差率三相异步电动机,主要用于对调速精度和调速范围要求不高的生产机械,如低速电梯、简单的起重机械设备、风机、泵类等生产机械。

## 3. 变频调速

由式(5.6.2)可知,改变 $p$ 的调速是有限的,即选用多极电动机,电动机绕组较复杂;改变 $s$ 的调速是不经济的(如转子串电阻调速和降压),且适用范围窄;当极对数一定时,由于三相异步电动机的同步转速 $n$ 与定子电源的频率 $f_1$ 成正比,通过调节电源频率,使同步转速 $n$ 与 $f_1$ 电源频率成正比变化,从而实现对电动机进行平滑、宽范围和高精度的无级调速。因此在三相异步电动机的诸多调速方法中,变频调速具有调速性能好、调速范围广、运行效率高等特点,使得变频调速技术的应用日益广泛。

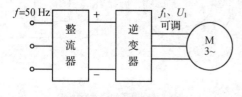

图 5.6.9　变频调速装置

变频调速就是利用变频装置改变交流电源的频率来实现调速,变频装置主要由整流器和逆变器两大部分组成,如图 5.6.9 所示。整流器先将频率为 $f=50$ Hz 的三相交流电变为直流电,再由逆变器将直流电变为频率 $f_1$ 可调、电压 $U_1$ 都可调的三相交流电,供给电动机。当改变频率 $f_1$ 时,即可改变电动机的转速。由此,可以使电动机实现无级变速,并具有硬的机械特性。

通常把异步电动机定子的额定频率称为基频,变频调速时,可以从基频向下调节,也可以由基频向上调节。异步电动机的变频调速,应按一定的规律同时改变其定子电压和频率,基于

这种原理构成的变频器即所谓的调压调频(Variable Voltage Variable Frequency,VVVF)控制,根据 $U_1$ 与 $f_1$ 的比例关系,将有不同的变频调速方式。

(1) 恒转矩调速

在基频以下变频调速时,$f_1 < f_{1N}$,即低于额定转速调速时,应保持 $U_1/f_1$ 为常数,也就是两者要成比例地同时调节,由 $U_1 \approx 4.44 f_1 N_1 \Phi$ 和 $T = K_T \Phi I_2 \cos \varphi_2$ 两式可知,这时磁通 $\Phi$ 和转矩 $T$ 也都接近不变,所以称为恒转矩调速。如果把转速调低时 $U_1 = U_{1N}$ 保持不变,在减小 $f_1$ 时磁通 $\Phi$ 则将增加。这就会使磁路饱和(电动机磁通一般设计在接近铁芯磁饱和点),从而增加励磁电流和铁损,导致电机过热,这是不允许的。

(2) 恒功率调速

在基频以上变频调速时,$f_1 > f_{1N}$,即高于额定转速调速时,应保持 $U_1$ 额定值不变。这时磁通 $\Phi$ 和转矩 $T$ 都减小。转速增大,转矩减小,将使功率不变,所以称为恒功率调速。如果把转速调高时 $U_1/f_1$ 的比值不变,在增加 $f_1$ 的同时 $U_1$ 也要增加。$U_1$ 超过额定电压也是不允许的。

变频器在驱动三相异步电动机变频调速时,常将这两种调速方式结合起来使用。工作频率范围一般在几赫兹到几百赫兹之间,在基频以下工作时,特别是工作在几赫兹频率下,电动机转速很小,本身自带冷却风扇基本不起冷却作用,电动机将过热,专用变频电动机配备有一个独立电源冷却风机,这是普通三相异步电动机与变频电动机的结构区别。

三相异步电动机变频调速具有很好的调速性能,高性能的三相异步电动机变频调速系统的调速性能可与直流调速系统相媲美,但变频调速需要一套性能优良的变频装置,目前,普遍采用由功率半导体器件晶闸管(可控硅)及其触发电路构成的静止变频器,由于国内逆变器中的开关元件(可关断晶闸管、大功率晶体管和功率场效应管等)的制造水平不断提高,笼型电动机的变频调速技术的应用也就日益广泛,现在变频调速已在冶金、化工、机械制造等产业得到广泛应用。至于变频调速的原理电路,可以参考相关教材。

## 5.6.4　异步电动机的铭牌数据

要想正确安全使用电动机,首先必须全面系统地了解电动机的额定值,看懂铭牌上所有信息及使用说明书上的操作规程。不当的使用不仅浪费资源,甚至有可能损坏电动机。图 5.6.10 所示是 Y112M-4 型异步电动机的铭牌数据,下面将以它为例来说明各铭牌数据及各字母的含义。

| ×× 三相异步电动机 | | |
|---|---|---|
| 型号 Y112M-4 | 功　率　4 kW | 频　率　50 Hz |
| 电压 380 V | 电　流　8.8 A | 接　法　Y |
| 转速 1 440 r/min | 效　率　85% | 功率因数　0.82 |
| 工作方式　连续 | 绝缘等级　E | 防护等级　IP24 |
| ×× 电机有限公司 | 年　月 | 编号 |

**图 5.6.10　异步电动机的铭牌**

### 1. 型　号

电动机产品的型号是电动机的类型和规格代号。为了适应不同用途和不同工作环境的需要,电动机制成不同的系列,每种系列用各种型号表示,它由汉语拼音大写字母及国际通用符号和阿拉伯数字组成。例如：

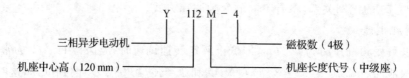

产品代号中，除 Y 表示三相异步电动机外，还有 T 表示同步电动机，YR 表示绕线式异步电动机，YB 表示防爆型异步电动机，YQ 表示高启动转矩异步电动机；机座类别用 L 表示长机座，M 表示中机座，S 表示短机座。常用的异步电动机型号、结构、用途可从电工手册中查询。

**2. 额定值**

额定值是制造厂对电动机在额定工作条件下所规定的一个量值。其中，额定电压 $U_N$ 是指在额定运行状态下运行时，规定加在电动机定子绕组上的线电压值，单位为 V 或 KV，一般规定电动机的电压不应高于或低于额定值的 5%，若铭牌上有两个电压值，表示定子绕组在两种不同接法时的线电压。例如，380 V/220 V、Y-△是指：线电压 380 V 时采用 Y 接法，线电压 220 V 时采用△接法。

当电压高于额定值时，由式（5.4.2）可知，磁通将增大，若所加电压较额定电压高出较多，这将使定子电流大大增加，定子电流大于额定电流，使绕组过热，同时，由于磁通的增大，铁损和铜损也就增大，使定子铁芯过热；当电压低于额定值时，这时会引起转速下降，电流也增加，如果在满载或接近满载的情况下，电流的增加将超过额定值，使绕组过热，另外，在低于额定电压下运行时，由于最大转矩 $T_{max}$ 与电压的平方成正比，导致该值也会显著地降低，这对电动机的运行也是不利的。三相异步电动机的额定电压有 380 V，3 000 V 及 6 000 V 等多种。

额定电流 $I_N$ 指在额定运行状态下运行时，流入电动机定子绕组中的电流值，单位为 A 或 kA，当铭牌上有两个电流值，表示定子绕组在两种不同接法时的线电流值。

额定功率 $P_N$ 是指电动机在额定状态下运行时，转子轴上输出的机械功率，单位为 W 或 kW。电动机的输出功率与电源输入功率不等，其差值等于电动机本身的损耗功率，包括铜损、铁损及机械损耗等。对于三相异步电动机，其额定功率为电源输入功率与电动机效率 $\eta$ 的乘积，即效率 $\eta$ 就是输出功率与输入功率的比值。

如以 Y112M-4 型电动机为例，因电动机为 Y 接法，则

输入功率　　　　$P_1 = \sqrt{3} U_L I_L \cos\varphi = \sqrt{3} \times 380 \text{ V} \times 8.8 \text{ A} \times 0.82 = 4.7 \text{ kW}$

输出功率　　　　$P_2 = 4 \text{ kW}$

效率　　　　　　$\eta = \dfrac{P_2}{P_1} = \dfrac{4 \text{ kW}}{4.7 \text{ kW}} \times 100\% = 85\%$

一般三相鼠笼式异步电动机在额定运行时的效率约为 72%～93%，当电动机在额定功率的 75% 左右运行时效率最高。

电动机在额定状态下运行时，电动机定子侧的电压频率称为额定频率 $f_N$，单位为 Hz。由于我国电网的频率为 50 Hz，所以在我国使用的三相异步电动机的额定频率均为 50 Hz。

额定转速 $n_N$ 表示电动机定子加额定线电压，转轴上输出额定功率时每分钟的转数，单位为 r/min。由于生产机械对转速的要求不同，需要生产不同磁极对数的异步电动机，因此有不同的转速等级，生产中最常用的是四个极的（$n_0 = 1\ 500$ r/min）Y 系列电动机。

功率因数是电动机在额定电压条件下，电动机输入的有效功率与视在功率之比。因为电

动机是电感性负载,定子相电流比相电压滞后一个 $\varphi$ 角,$\cos \varphi$ 就是电动机的功率因数。它反映电动机运行时从电网吸收无功功率的大小。一般相同转速的电动机,容量越大,功率因数越高;相同容量的电动机,转速越高,功率因数越高。

三相异步电动机的功率因数较低,在额定负载时约为 0.7～0.9,而在轻载和空载时更低,空载时只有 0.2～0.3。因此,必须正确选择电动机的容量,防止"大马拉小车",并力求缩短空载的时间。

**3. 接　法**

这是指定子三相绕组的接法。电动机在额定电压下运行时,定子三相绕组有星形连接和三角形连接两种。具体采用哪种接线取决于相绕组能承受的电压设计值。例如一台相绕组能承受 220 V 电压的三相异步电动机,铭牌上额定电压标有 380 V/220 V、Y -△ 连接,这时需采用什么接线视电源电压而定。若电源电压为 220 V 时用三角形连接,380 V 时用星形连接。这两种情况下,每相绕组实际上都只承受 220 V 电压。

一般笼型电动机的接线盒中有六根引出线,标有 $U_1$,$V_1$,$W_1$,$U_2$,$V_2$,$W_2$,其中:$U_1$,$U_2$ 是第一相绕组的两端 $V_1$,$V_2$ 是第二相绕组的两端,$W_1$,$W_2$ 是第三相绕组的两端,一般 $U_1$,$V_1$,$W_1$ 分别为三相绕组的首端,$U_2$,$V_2$,$W_2$ 是相应的末端。

这六个引出线端在接电源之前,相互间必须正确连接。连接方法有星形(Y)连接和三角形(△)连接两种(见图 5.6.11)。通常三相异步电动机 3 kW 以下者,连接成星形;4 kW 以上者,连接成三角形。

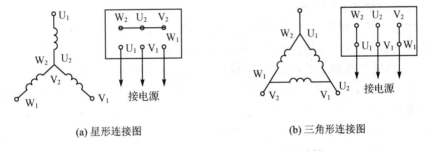

(a) 星形连接图　　　　　　　　　　　(b) 三角形连接图

**图 5.6.11　定子绕组的星形和三角形连接**

**4. 工作方式**

工作方式是指电动机在额定状态下工作时,为保证其温升不超过最高允许值,可持续运行的时限。电动机的工作方式有三大类:

连续工作制(代号"$S_1$")表示电动机可在额定状态下长时间连续运转,温度不会超出允许值;

短时工作制(代号"$S_2$")表示只允许在规定时间内按额定值运行,否则会造成电动机过热,带来安全隐患,分 10 min、30 min、60 min、90 min 四种。

断续周期性工作制(代号"$S_3$")表示电动机按周期间歇运行,但可多次重复。其周期由一个额定负载时间和一个停止时间组成,额定负载时间与整个周期之比称为负载持续率,一般每个周期为 10 min,负载持续率有 15%,25%,40%,60% 四种。如标明 40%,表示电动机工作 4 min,休息 6 min。

**5. 绝缘等级**

绝缘等级是接电动机绕组所用的绝缘材料在使用时容许的极限温度来分级的。所谓极限温度,是指电动机绝缘结构中最热点的最高容许温度。技术数据见表 5.6.1。

**表 5.6.1　三相异步电动机的绝缘等级**

| 绝缘等级 | A | E | B | F | H |
|---|---|---|---|---|---|
| 极限温度/℃ | 105 | 120 | 130 | 155 | 180 |

**6. 防护等级**

电动机外壳防护等级的标定方法,是以字母"IP"和其后面的两位数字表示的。"IP"为国际防护的缩写。后面第一位数字代表第一种防尘的等级,共分 0～6 七个等级。第二个数字代表第二种防水的等级,共分 0～8 九个等级,数字越大,表示防护的能力越强。例如标志 IP24 电动机能防护大于 12 mm 固体物入内,同时能防溅水入内。

## 5.6.5　异步电动机的选择

三相交流异步电动机的选用,主要从选用的电动机的种类、转速、额定功率、工作电压、型式以及正确地选择它的保护电器和控制电器考虑。在选择时应根据实用、经济、安全等原则,优先选用高效率和高功率因数的电动机。

**1. 种类的选择**

选择电动机的种类是从交流或直流、机械特性、调速与启动性能、维护及价格等方面来考虑的,具体选择哪一种电动机,主要应根据生产机械对电动机的机械特性(硬特性还是软特性)、调速性能和启动性能等方面的要求来选择。

因为通常生产场所用的都是三相交流电源,如果没有特殊要求,一般都应采用交流电动机。在交流电动机中,由于三相鼠笼式异步电动机结构简单,坚固耐用,工作可靠,价格低廉,维护方便,其主要缺点是调速困难,功率因数较低,启动性能较差。因此,在要求机械特性较硬而无特殊调速要求的一般生产机械的拖动应优先选用鼠笼式三相异步电动机,无法满足要求时才考虑选用其他电动机。例如在功率不大的水泵和通风机、运输机、传送带上以及机床的辅助运动机构大多采用鼠笼式异步电动机。另外,在一些小型机床上也采用它作为主轴电动机。

绕线型电动机的基本性能与笼式相同。其特点是启动性能较好,并可在不大的范围内平滑调速,但是它的价格较鼠笼式电动机贵,维护也较不方便。因此,只有在某些必须采用绕线式电动机而不能采用鼠笼式异步电动机的场合,如起重机、卷扬机、锻压机及重型机床的横梁移动等场合,才采用绕线式电动机。

**2. 功率的选择**

选用电动机的功率大小是根据生产机械的需要所确定的,因此,应根据生产机械所需要的功率和电动机的工作方式来选择电动机的额定功率,使其温度不超过而又接近或等于额定值。

如果电动机的功率选大了,虽然能保证正常运行,但是不经济。因为这不仅使设备投资增加和电动机未被充分利用,而且由于电动机经常不是在满载下运行,它的效率和功率因数也都不高。如果电动机的功率选小了,就不能保证电动机和生产机械的正常运行,不能充分发挥生产机械的效能,并使电动机由于过载而过早地损坏,所以电动机的功率选择是由生产机械所需的功率确定的。

对连续运行的电动机,应先算出生产机械的功率,所选电动机的额定功率等于或稍大于生产机械的功率即可;对短时运行电动机,如闸门电动机、机床中的夹紧电动机、尾座和横梁移动电动机以及刀架快速移动电动机等,如果没有合适的专为短时运行设计的电动机供选择,可选用连续运行的电动机。由于发热惯性,短时运行电动机的功率可以允许适当过载,工作时间愈短,则过载可以愈大,但电动机的过载是受到限制的。

**3. 电压的选择**

电动机电压等级的选择,要根据电动机类型、功率以及使用地点的电源电压来决定。Y 系列笼型电动机的额定电压只有 380 V 一个等级。只有大功率异步电动机才采用 3 000 V 和 6 000 V。

**4. 转速的选择**

根据生产机械的转速和传动方式来选择电动机的额定转速。通常转速不低于 500 r/min 因为当功率一定时,电动机的转速越低,则其尺寸越大,价格越贵,而且效率也较低,因此一般尽量采用高转速的电动机。异步电动机通常采用 4 个极的,即同步转速 $n_0 = 1\ 500\ \text{r/min}$。

**5. 结构形式的选择**

在不同的工作环境,应采用不同结构形式的电动机,以保证安全可靠地运行。如果电动机在潮湿或含有酸性气体的环境中工作,则绕组的绝缘很快受到侵蚀。如果在灰尘很多的环境中工作,则电动机很容易脏污,致使散热条件恶化。因此,有必要生产各种结构形式的电动机,以保证在不同的工作环境中能安全可靠地运行。按照这些要求,电动机常制成开启式、防护式、封闭式、密封式和防爆式等几种结构形式。

① 开启式　在构造上无特殊防护装置,用于干燥无灰尘的场所,通风非常良好。

② 防护式　代号为 IP23,电动机的机座或端盖下面有通风罩,以防止铁屑等杂物掉入,也有将外壳做成挡板状,以防止在一定角度内有水滴溅入其中,但潮气和灰尘仍可进入。

③ 封闭式　代号为 IP44,电动机的机座和端盖上均无通风孔,完全是封闭的,电动机靠自身风扇或外部风扇冷却,并在外壳带有散热片。外部的潮气和灰尘不易进入电动机,多用于灰尘多、潮湿、有腐蚀性气体、易引起火灾等恶劣环境中。

④ 密封式　代号为 IP68,电动机的密封程度高,外部的气体和液体都不能进入电动机内部,可以浸在液体中使用,如潜水泵电动机。

⑤ 防爆式　电动机不但有严密的封闭结构,外壳又有足够的机械强度。一旦少量爆炸性气体侵入电动机内部发生爆炸时,电动机的外壳能承受爆炸时的压力,火花不会窜到外面以致引起外界气体再爆炸。适用于有易燃、易爆气体的场所,如矿井、油库和煤气站等。

**6. 安装形式的选择**

按电动机的安装方式选择电动机的安装形式。各种生产机械因整体设计和传动方式的不同,而在安装结构上对电动机也会有不同的要求。国产电动机的几种主要安装结构形式如图 5.6.12 所示。图 5.6.12(a)为机座带底脚,端盖无凸缘($B_3$);图 5.6.12(b)为机座不带底脚,端盖有凸缘($B_5$);图 5.6.12(c)为机座带底脚,端盖有凸缘($B_{35}$)。

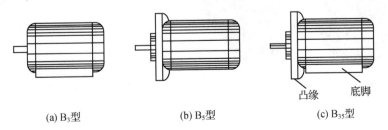

(a) $B_3$型　　　　　　　(b) $B_5$型　　　　　　　(c) $B_{35}$型

**图 5.6.12　电动机的三种主要安装结构形式**

# 5.7　单相异步电动机

　　采用单相交流电源的异步电动机称为单相异步电动机。单相异步电动机的效率、功率因数和过载能力都较低,因此容量一般在 1 kW 以下。这种电动机广泛应用于功率不大电动工具(如电钻、搅拌器等)、家用电器(如洗衣机、电风扇、电冰箱、抽排油烟机等)、医用机械和自动化控制系统中。

　　单相异步电动机定子为单相绕组,由单相电源供电,其构造也是由定子和转子两部分组成。转子大多是鼠笼式,但定子有所不同。由于单相异步电动机定子铁芯上只有单相绕组,绕组中通的单相交流电所产生的磁通是交变脉动磁通,它的轴线在空间上是固定不变的,这样的磁通不可能使转子启动旋转,如图 5.7.1 所示。当定子绕组产生的合成磁场增加时,根据右手螺旋定则和左手定则,可知转子导体左、右受力大小相等方向相反,所以没有启动转矩。当我们用外力使电动机向某一方向旋转时(如

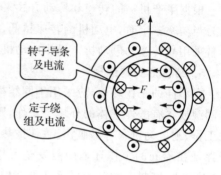

**图 5.7.1　单相异步电动机的启动转矩**

顺时针方向旋转),这时转子与顺时针旋转方向的旋转磁场间的切割磁力线运动变小,转子与逆时针旋转方向的旋转磁场间的切割磁力线运动变大,这样平衡就打破了,转子所产生的总的电磁转矩将不再是零,转子将顺着推动方向旋转起来。因此,为使单相异步电动机产生启动转矩,必须采取另外的启动措施来产生两相电流,进而产生两相旋转磁场,使电动机的转子转动起来,当转速接近额定转速时,启动绕组自动切除。

　　产生两相电流常用的方法有电容分相式和罩极式两种,下面分别介绍这两种方法的原理。

## 5.7.1　电容分相式异步电动机

　　图 5.7.2 所示的是电容分相式异步电动机外形与原理示意图。从图 5.7.2 (b)可以看出,电容分相式单相异步电动机的定子绕组有两个绕组,一个是工作绕组,一个是启动绕组。工作绕组 A 和启动绕组 B 在空间上相差 90°。启动绕组串联一个电容后再与工作绕组并连接入电

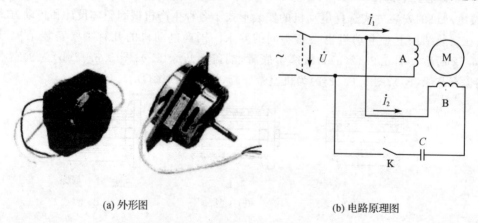

　　　　(a) 外形图　　　　　　　　　　　　　　(b) 电路原理图

**图 5.7.2　电容分相式异步电动机外形与原理示意图**

源,由于工作绕组为感性电路,而启动绕组因串联电容器 C 后成为容性电路。这样接在同一电流上的两个绕组上的电流在相量图上却不同,若适当选择电容 C 的容量,可以使两个绕组中的电流在时间和空间上相位差均近于 90°,这就是分相。这样,在空间相差 90° 的两个绕组中,分别通有在相位上相差 90°(或接近 90°)的两相电流,也能产生旋转磁场。转子导体在这个旋转磁场的作用下产生感应电流,电动机就有了启动转矩,使电动机转起来。

设两相电流为

$$i_A = I_{Am}\sin\omega t, \qquad i_B = I_{Bm}\sin(\omega t + 90°)$$

它们的正弦曲线如图 5.7.3 所示。参照三相异步电动机旋转磁场形成的分析方法,可得出 $\omega t$ 分别为 0°、45°、90° 几种特殊情况下单相异步电动机的合成磁场。由图 5.7.4 可见,这个磁场在空间上是旋转的,绕组中通入电流的电角度变化 90°,旋转磁场在空间上也转过 90°,在这旋转磁场的作用下,电动机的转子就转动起来。

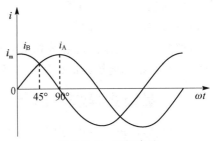

**图 5.7.3  两相电流**

在电动机转速接近同步转速的 75%～80% 时,有的借助离心力的作用把开关 K 断开,以切断启动绕组。有的采用启动继电器把它的吸引线圈串接在工作绕组的电路中。在启动时由于电流较大,继电器动作,其常开触点闭合,将启动绕组与电源接通。随着转速的升高,工作绕组中电流减小,当减小到一定值时,继电器复位,切断启动绕组。若想提高电动机的功率因数和增大转矩,可选择不断开启动绕组。

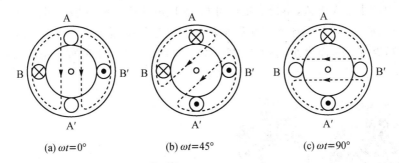

(a) $\omega t = 0°$         (b) $\omega t = 45°$         (c) $\omega t = 90°$

**图 5.7.4  旋转磁场的产生**

电动机的转动方向由旋转磁场的旋转方向决定,要改变单相电容电动机的转向,只要将启动绕组或工作绕组接到电源的两个端子对调即可,即通过改变电容器 C 的串联位置,使单相异步电动机反转。在图 5.7.5 中,将开关 K 合在位置 1,电容器 C 与 B 绕组串联,电流 $i_B$ 较 $i_A$ 超前近 90°;将 K 切换到位置 2,电容器 C 与 A 相绕组串联,$i_A$ 较 $i_B$ 超前近 90°。这样就改变了旋转磁场的转向,从而实现电动机的反转。由此可见,单相异步电动机的启动绕组和工作绕组是可以互换的,它们两个完全相同,只是为了分析的方便才把它们分为启动绕组和工作绕组的。家庭常用的洗衣机中的电动机就是由定时器的转换开关来实现这种自动切换的。

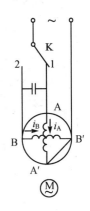

**图 5.7.5  电动机的正反转电路**

有的单相异步电动机不采用电容分相，而是采用在启动绕组中串入电感和电阻的方法，使得两相绕组中的电流在相位上存在一定的角度，这样也可以产生旋转磁场，这种电动机的工作绕组电阻小，匝数多（电感大），启动绕组的电阻大，匝数少，以达到分相的目的。

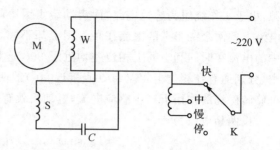

图 5.7.6　电风扇调速电路图

【例 5.7.1】　试分析图 5.7.6 所示电风扇调速电路的工作原理。

【解】　该电扇采用电容分相电动机拖动，电路中串入具有抽头的电抗器，当转换开关 K 处于不同位置时，电抗器的电压降也不同，使电动机的端电压改变，从而实现有级调速。

## 5.7.2　罩极式异步电动机

在单相异步电动机中，产生旋转磁场的另一种方法称为罩极法，又称单相罩极式异步电动机，其实物图如图 5.7.7(a)所示。此种电动机的转子为笼式，定子铁芯做成凸极式磁极，有两极和四极两种，定子绕组套装在这个磁极上，并在每个磁极表面约 1/3 处开有一个凹槽，将磁极分成大小两部分，在较小的磁极上套一个短路铜环，称为罩极，所以叫罩极式电动机，如图 5.7.7(b)所示。单相绕组套装在整个磁极上，每个极的线圈是串联的，连接时必须使其产生的极性依次按 N、S、N、S 排列，当定子绕组通入交流电流而产生交变磁通时，在交变磁通的作用下，铜环中产生感应电流，由楞次定律可知，感应电流产生的磁场将阻碍原来磁场的变化，使罩极下穿过的磁通 $\Phi_2$ 滞后于未罩短路铜环部分穿过的磁通 $\Phi_1$。如图 5.7.7(c)所示，当 $\Phi_1$ 达到最大值时，$\Phi_2$ 尚小；而当 $\Phi_1$ 减小时，$\Phi_2$ 才增大到最大值，即磁通总是从未罩部分向罩极移动，总体上看，好像磁场在旋转，从而获得启动转矩。

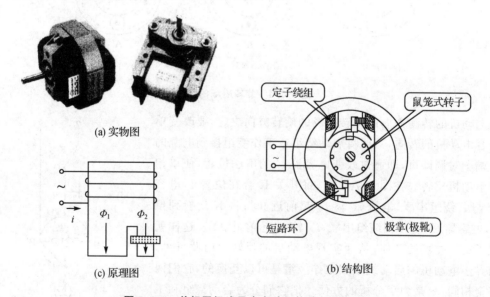

(a) 实物图

(c) 原理图

(b) 结构图

图 5.7.7　单相罩极式异步电动机构造与原理图

由于罩极上的铜环是固定的，而磁场总是从未罩部分向罩极移动，故磁场的转动方向是不变的，可见罩极式单相异步电动机不能改变转向。罩极式单相异步电动机结构简单，工作可靠,但启动转矩较电容分相式单相异步电动机的启动转矩小,一般用在空载或轻载启动的电风扇、台扇、吹风机、排风机等设备中。

## 5.7.3　三相异步电动机的单向运行

三相异步电动机若在运行过程中,三根导线中由于某种原因有一相和电源断开,则变成单相电动机运行,和单相异步电动机一样,电动机仍会按原来方向运转,但若负载不变,电流势必超过额定电流,导致电机过热,时间一长,会使电动机烧坏,由于这种情况往往不易察觉(特别在无过载保护的情况下),使用中要特别注意这种现象;三相异步电动机若在启动前有一相断电,和单相电机一样将不能启动,此时只能听到嗡嗡声,这时电流很大,长时间启动不了,也会过热,必须赶快排除故障,否则电机也会被烧坏。因此,在使用三相异步电动机时,一般都会在电动机的绕组上串热继电器,起到保护电动机的作用。

# 本章小结

变压器是利用电磁感应原理制成的一种静止的电气设备,其主要由铁芯和绕组组成,它可以把某一电压值的交流电转换成同一频率的另一电压值的交流电。变压器的变换功能除了改变电压之外,还包括变换电流、变换阻抗、改变相位。根据变压器原理做的电流互感器的二次侧不可以开路,电压互感器的二次侧不可以短路。

三相异步电动机又称感应电动机,它由定子和转子两部分组成,定子和转子间有气隙。转子按结构形式的不同可分为鼠笼式异步电动机和绕线式异步电动机两种,前者结构简单、价格便宜、维修方便、应用最为广泛;后者启动和调速性能较好,但结构复杂,价格高。

三相异步电动机的转动原理是:通入三相定子绕组的三相交变电流产生旋转磁场,旋转磁场与转子导体相互切割,在转子绕组中产生感应电动势和感应电流,使转子受到电磁力作用而产生电磁转矩,驱动电动机转子跟着旋转磁场转动。

旋转磁场的转速 $n_0$ 又称同步转速,它由磁极对数 $p$ 和电源频率 $f_1$ 决定,即 $n_0 = 60f_1/p$,转子转速 $n < n_0$,这是产生电磁转矩的必要条件,在此基础上导出一个衡量电动机性能好坏的重要参数——转差率 $s = (n_0 - n)/n_0$,转子的各项参数(如转子电动势、转子电流等)都与 $s$ 有着密切关系。转子的转向由旋转磁场的转向决定,旋转磁场的转向由三相定子电流的相序决定。因此,只要把定子绕组接在电源的三根导线中的任意两根对调位置,就可以使电动机反转。

异步电动机定子绕组与变压器的一次绕组相似,当外加电压 $U_1$ 不变时,定子绕组的感应电动势 $E_1$ 基本不变,旋转磁场的磁通 $\Phi$ 也基本不变,定子电流 $I_1$ 由转子电流 $I_2$ 决定;异步电动机的转子绕组在静止时相当于变压器的二次绕组,转动以后,随着转差率的减小,转子电动势的频率 $f_2$ 和有效值 $E_2$ 成比例减小,转子电流 $I_2$ 和定子电流 $I_1$ 也随之减小。

异步电动机的转矩公式为 $T = K_T \Phi I_2 \cos \varphi_2$ 或 $T = K \dfrac{sR_2}{R_2^2 + (sX_{20})^2} \times U_1^2$ 由此可得出异步电动机的转矩特性 $T = f(s)$ 和机械特性 $n = f(T)$。异步电动机的机械特性曲线分为稳定区和不稳定区两段,电动机正常运行时在稳定区工作,能适应负载的变化自动调整转速和转矩,维持稳定运行。笼型异步电动机负载变化时,转矩变化较大,转速变化不大,属硬特性。机械特性曲线上有额定转矩 $T_N$、最大转矩 $T_m$ 和启动转矩 $T_{st}$,其中 $T_N = 9\,550P_N/n_N$($P_N$ 单位取千瓦),最大转矩的大小决定了异步电动机的过载能力,启动转矩的大小反映了异步电动机的启动性能,这三个转矩是使用和选择异步电动机的依据,异步电动机的电磁转矩 $T$ 与外加电压 $U_1$ 的平方成正比,外加电压减小时,机械特性曲线向左移,转子电阻 $R_2$ 增大时,机械特性变软。

　　启动、制动、调速是电机在实际运用中必须遇到的三个问题,异步电动机启动电流大而启动转矩小,对稍大容量异步电动机为限制启动电流,常用降压启动,问题是降压限制启动电流同时也限制了本来就不大的启动转矩,故它只适用于空载或轻载启动;三相异步电动机的制动方式有机械制动和电气制动两大类。其中机械制动通常采用电磁铁制成的电磁抱闸来实现制动,电气制动是利用在电动机转子导体内产生的反向电磁转矩来制动,常用的电气制动方法主要有:电磁抱闸制动、能耗制动、反接制动和发电反馈制动等;笼式异步电动机的调速有:变极调速,属有级调速,变频调速,属无级调速,转差率调速,即在转子回路串可变电阻。

　　单相异步电动机的单相绕组通入单相正弦交流电流产生脉动磁场,脉动磁场本身没有启动转矩,因此单相异步电动机的关键是解决启动转矩,常用的启动方法有电容分相启动和罩极启动。

# 习　题

　　5.1　变压器能否用来变换直流电压? 如果将变压器接到与额定电压相同的直流电源上,会有输出吗? 会产生什么后果?

　　5.2　已知某单相变压器的一次绕组电压为 3 000 V,二次绕组电压为 220 V,负载是一台 220 V、25 kW 的电阻炉,试求一、二次绕组的电流各为多少?

　　5.3　某台单相变压器,一次侧的额定电压为 220 V,额定电流为 4.55 A,二次侧的额定电压为 36 V,试求二次侧可接 36 V、60 W 的照明灯多少盏?

　　5.4　一自耦变压器,一次绕组的匝数 $N_1=1\ 000$,接到 220 V 交流电源上,二次绕组的匝数 $N_2=500$,接到 $R=4\ \Omega$、$X_L=3\ \Omega$ 的感性负载上。忽略漏阻抗的电压降。试求:① 二次电压 $U_2$;② 输出电流 $I_2$;③ 输出的有功功率 $P_2$。

　　5.5　某电流互感器的额定电流为 100 A/5 A,现由电流表测得二次电流为 4 A,问一次侧被测电流是多少?

　　5.6　已知信号源的交流电动势 $E=2.4$ V,内阻 $R_0=600\ \Omega$,通过变压器使信号源与负载完全匹配,若这时负载电阻的电流 $I_2=4$ mA,则负载电阻应为多大?

　　5.7　三相异步电动机的外形结构有几种? 试写出每种的应用环境。

　　5.8　简述一台小功率三相笼形异步电动机的结构。

　　5.9　有一台三相异步电动机,怎样根据其结构判断出它是鼠笼形还是绕线型?

　　5.10　电源电压为低于额定电压或超过额定电压时,对异步电动机的运行会产生什么不良影响?

　　5.11　一台电动机在外加电压不变的条件下,转速高时消耗的功率大还是转速低时消耗的功率大? 为什么?

　　5.12　一台三相异步电动机的额定功率为 10 kW,△-Y 连接,额定电压为 220/380 V,功率因数为 0.85,效率为 85%,试求这两种接法下的线电流。

　　5.13　在电源电压不变的情况下,如果将电动机的△接法误接成 Y 形接法,或将 Y 接法误接成△接法,其后果如何?

5.14 电动机的电磁转矩是驱动转矩,但从机械特性来看,电磁转矩增加时,转速反而下降,这是什么原因?

5.15 三相异步电动机电磁转矩与哪些因素有关?三相异步电动机带动额定负载工作时,若电源电压下降过多,往往会使电动机发热,甚至烧毁,试说明原因。

5.16 一鼠笼式三相异步电动机,当定子绕组作三角形连接并接于 380 V 电源上时,最大转矩 $T_m = 60$ N・m,临界转差率 $s_m = 0.18$,启动转矩 $T_{st} = 36$ N・m。如果把定子绕组改接成星形,再接到同一电源上,则最大转矩和启动转矩各变为多少?试大致画出这两种情况下的机械特性。

5.17 已知某三相异步电动机在额定状态下运行,其转速为 1 430 r/min,电源频率为 50 Hz,求:① 电动机的磁极对数 $p$;② 额定转差率 $s_N$;③ 额定运行时的转子电流频率 $f_2$;④ 额定运行时定子旋转磁场对转子的转速差。

5.18 三相异步电动机采用 Y-△换接启动时,每相定子绕组的电压、启动电流及启动转矩分别降为直接启动时的多少?

5.19 一台 50 Hz 的异步电动机运行于 60 Hz 的电源上,设负载转矩不变,试分析同步转速、额定电流时的电机转速、最大转矩、产生最大转矩时的转差率、启动转矩等如何变化?

5.20 设自耦变压器的变比 $k(k>1)$,则异步电动机采用自耦降压启动时,定子电流、定子电压、变压器原边电流和启动转矩各为直接启动时的几倍?

5.21 Y112M-4 型三相异步电动机的技术数据如下:4 kW,380 V,△接法,1 440 r/min,$\cos \varphi = 0.82$,$\eta = 84.5\%$,50 Hz,$T_{st}/T_N = 2.2$,$I_{st}/I_N = 7.0$,$T_{max}/T_N = 2.2$。试求:① 额定转差率 $S_N$;② 额定电流 $I_N$;③ 启动电流 $I_{st}$;④ 额定转矩 $T_N$;⑤ 启动转矩 $T_{st}$;⑥ 最大转矩 $T_{max}$;⑦ 额定输入功率 $P_1$。

5.22 三相异步电动机额定数据为 $P_N = 40$ kW,$U_N = 380$ V,$\eta = 0.84$,$n_N = 950$ r/min,$\cos \varphi = 0.97$,求输入功率 $P_1$、线电流 $I$ 及额定转矩 $T_N$。

5.23 已知某电动机铭牌数据为 3 kW,三角形/星形连接,220/380 V,11.25/6.5 A,50 Hz,$\cos \varphi = 0.86$,1430 r/min,试求:① 额定效率;② 额定转矩;③ 额定转差率;④ 磁极对数。

5.24 三相异步电动机的技术数据如下:220 V/380 V、△-Y、3 kW、2 960 r/min、50 Hz、功率因数 0.88、效率 0.86、$I_{st}/I_N = 7$、$T_{st}/T_N = 1.5$、$T_{max}/T_N = 1.5$。回答下列问题:① 若电源的线电压为 220 V 时,应如何连接?$I_N$、$I_{st}$、$T_N$、$T_{st}$、$T_{max}$ 各为多少?

② 若电源的线电压为 380 V 时,应如何连接?$I_N$、$I_{st}$、$T_N$、$T_{st}$、$T_{max}$ 各为多少?

5.25 两对磁极的三相异步电动机的额定功率为 30 kW,额定电压为 380 V,△接法,频率为 50 Hz。在额定负载下运行,其转差率为 0.02,效率为 90%,线电流为 57.5 A,试求:① 转子旋转磁场对转子的转速;② 额定转矩;③ 电动机的功率因数;④ 若电动机的 $T_{st}/T_N = 1.2$,$I_{st}/I_N = 7$;试求启动转矩和启动电流为多少?⑤ 求用星角变换时的启动转矩和启动电流,当负载转矩为额定转矩的 60% 和 25% 时,电动机能否启动?

5.26 已知三相异步电动机的额定功率 $P_N = 7.5$ kW,额定转速 $n_N = 1 450$ r/min,启动能力 $T_{st}/T_N = 1.4$,过载能力 $T_{max}/T_N = 2.0$,试求该电动机的额定转矩 $T_N$,启动转矩 $T_{st}$ 和最大转矩 $T_{max}$。

5.27 某三相异步电动机的额定转速 $n_0 = 1 440$ r/min,频率 $f_1 = 50$ Hz,求电动机的磁

极对数 $p$ 和额定转差率 $s_N$；当转差率由 $0.8\%$ 变到 $0.6\%$ 时，求电动机转速 $n$ 的变化范围。

5.28　三相异步电动机的调速方法有哪几种？各适用于哪种类型的电动机？

5.29　已知某三相异步电动机的技术数据如下：

| $P_N/\mathrm{kW}$ | $U_N/\mathrm{V}$ | $I_N/\mathrm{A}$ | $f_1/\mathrm{Hz}$ | $n_N/\mathrm{r \cdot min^{-1}}$ | $\eta_N/\%$ | $I_{st}/I_N$ | $T_{st}/T_N$ |
|---|---|---|---|---|---|---|---|
| 3 | 220/380 | 11/6.34 | 50 | 2880 | 82.5 | 6.5 | 2.4 |

试求：①磁极对数 $p$；②额定转差率 $s_N$；③额定功率因数 $\cos\varphi_N$；④额定转矩 $T_N$，启动电流 $I_{st}$；⑤在线电压为 220 V 时，用 Y—△启动法启动的电流 $I_{st}$ 和启动转矩 $T_{st}$；⑥当负载转矩为额定转矩的 $30\%$ 时，电动机能否启动？

5.30　Y132S-4 型三相异步电动机的额定技术数据如下：

| 功率/kW | 转速/(r·min⁻¹) | 电压/V | 效率/% | 功率因数 | $I_{st}/I_N$ | $T_{max}/T_N$ | $T_{st}/T_N$ |
|---|---|---|---|---|---|---|---|
| 5.5 | 1 470 | 380 | 85.5 | 0.84 | 7 | 3 | 3 |

已知电源频率为 50 Hz，试求额定状态下的转差率 $s_N$、电流 $I_N$ 和转矩 $T_N$，以及启动电流 $I_{st}$、启动转矩 $T_{st}$，最大转矩 $T_{max}$。

5.31　一台三角形连接的三相异步电动机的额定数据如下：

| 功率/kW | 转速/(r·min⁻¹) | 电压/V | 效率/% | 功率因数 | $I_{st}/I_N$ | $T_{max}/T_N$ | $T_{st}/T_N$ |
|---|---|---|---|---|---|---|---|
| 7.5 | 1 470 | 380 | 86.2 | 0.81 | 7.0 | 2.2 | 2.0 |

试求：① 额定电流和启动电流；② 额定转差率；③ 额定转矩、最大转矩和启动转矩；④ 在额定负载情况下，电动机能否采用 Y-△启动？

5.32　简述单相罩极式电动机的结构特点。

5.33　罩极式电动机的转子转向能否改变？能否用于洗衣机带动波轮来回转动？电容分相式呢？

5.34　三相异步电动机断了一根电源线后，为什么不能启动？而在运行时断了一根线，为什么仍能转动？这两种情况对电动机有何影响？

# 第6章 输电技术发展

**【学习导引】**

电力系统的输电方式多种多样,经济性、可靠性和输电能力是选择输电方式需要考虑的三个主要因素。本章主要介绍特高压(直流/交流)输电技术和柔性(直流/交流)输电技术,以及超导输电技术、多相输电技术、分频输电技术和半波输电技术等。

**【学习目标和要求】**

① 了解不同输电方式的特点、适用范围及发展历程。

② 扩展视野、了解先进输变电技术及工程。

## 6.1 输电方式的变迁

输电是电力系统整体功能的重要组成部分,主要指电能的传输。通过输电,将发电厂发出的电能输送到负荷中心,或者进行相邻电网之间的电力互送,以保持发电和用电或两个电网之间的供需平衡。输电技术的发展大致经历了三个阶段:直流输电阶段、交流输电阶段和交直流输电并存阶段。

人类对电的认识源于直流电,输电技术的发展也是从直流电开始的。受当时工业水平的影响,电力主要用于照明。随着科学技术的发展,电力技术逐渐在通信、动力等方面得到广泛的应用,社会对于电力的需求也急剧增加。由于当时直流电机串接运行复杂,可靠性低,而发展高电压大容量直流发电机又存在换向困难等技术问题,要输送一定的功率,就必须增加输电的电流,而电流越大,输电线路的发热就越厉害,损耗的功率也就越多,因此限制了直流输电的使用。

与直流电相比,交流电可通过变压器升压和降压,给输电带来极大的便利。另外,交流电源和交流变电站与同功率的直流电源和直流换流站相比,造价低很多。此时,直流输电逐渐让位于交流输电。但是,随着电力系统的迅速扩大,输电功率和输电距离的进一步增加,交流输电也遇到了一系列困难。比如,交流远距离输电时,电流的相位在交流输电系统的两端会产生显著的相位差,使得交流系统不能同步运行,这种情况会在设备中形成强大的循环电流而损坏设备,或造成不同步运行的停电事故。

大功率换流器(整流和逆变)的研究成功,为高压直流输电解决了技术困难。此时,直流输电具有交流输电所不能取代的特点。例如,不存在交流输电中的稳定性问题,不会产生电解质损失,无须装设补偿用的并联电抗器等。如今,直流输电和交流输电各有优势,在不同的场合发挥着重要作用。经济性、可靠性和输电能力是选择输电方式需要考虑的三个主要因素,直流输电与交流输电线路成本的比较如图 6.1.1 所示。

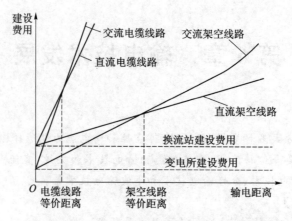

图 6.1.1　直流输电与交流输电线路成本的比较

# 6.2　特高压输电技术

## 6.2.1　特高压直流输电技术

特高压直流输电(Ultra High Voltage Direct Current，UHVDC)是指±800 kV 及以上电压等级的直流输电及相关技术。直流电必须经过换流(整流和逆变)实现直流电变交流电，然后与交流系统连接。特高压直流输电的基本原理是：送端的交流电整流为直流电，然后经特高压直流线路，将电力输送到受端，受端的直流电再逆变为交流电，从而实现电力的传输。图 6.2.1 所示是±800 kV 特高压直流工程的基本原理图，包含整流换流站、逆变换流站、直流传输线以及两端的交流系统。

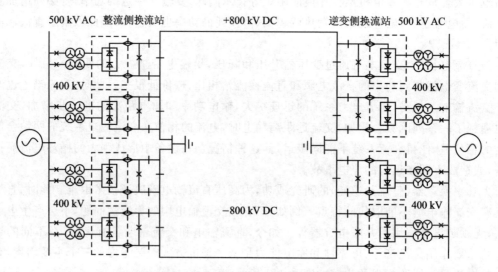

图 6.2.1　±800 kV 特高压直流工程原理图

特高压直流输电适用于远距离大容量输电、跨海送电、配合新能源输电、不同频率电网联网、相同频率电网非同步联网、交流系统互联、地下电缆向大城市供电、配电网增容等领域。目前，我国已投运的特高压直流输电工程有云南—广东±800 kV 工程(1 428 km，5 000 MW)、向家坝—上海±800 kV 工程(1 907 km,6 400 MW)、锦屏—苏南±800 kV 工程(2 059 km, 7 200 MW)、溪洛渡—浙西±800 kV 工程(1 679 km,8 000 MW)、哈密—郑州±800 kV 工程 (2 210 km,8 000 MW)等。

特高压直流输电具有直流输电的诸多优点,例如不存在运行稳定问题,线路造价低,输电损耗小,也不存在无功问题等。除此之外,特高压直流输电还具有以下突出特点:① 输电线路中间无落点,具有大功率、远距离电力输送的功能,能够完成点对点的电力输送任务;② 特高压直流输电的控制方式灵活、多样、快速,能够根据实际情况来改变送、受端的运行方式,改变系统潮流,有效地减少甚至避免过网潮流的发生;③ 特高压直流输电的系统运行电压等级较高,输送容量大,且能够有效地减少线路走廊的宽度,节约土地资源。

## 6.2.2　特高压交流输电技术

特高压交流输电(Ultra High Voltage Alternative Current,UHVAC)指的是 1 000 kV 及以上的交流输电,在这一过程中会用到多种类型的特种技术,如输电线路防雷保护、可靠性、稳定性、外绝缘配合、过电压限制、电磁环网运行、潜供电流控制等。特高压交流输电属于传统的通过提高电压等级来提高线路输送能力,增加系统输送距离的输电方法,其输电原理与普通的交流输电系统基本相同,如图 6.2.2 所示。

**图 6.2.2　交流输电原理图**

特高压交流输电适用于近距离大容量输电,主要解决输电走廊布置困难、短路容量受限等关键技术问题,具有不可替代性。研究表明,1 000 kV 特高压交流输电线路输送功率约为 500 kV 线路的 4～5 倍。同时,特高压交流线路在输送相同功率的情况下,可将最远送电距离延长 3 倍,而损耗只有 500 kV 线路的 25%～40%。目前国内已经建成并投运了多项 1 000 kV 特高压交流工程,包括晋东南—南阳—荆门 1 000 kV 特高压交流试验示范工程、浙北—福州 1 000 kV 特高压交流输变电工程、淮南—南京—上海 1 000 kV 特高压交流工程和锡盟—山东 1 000 kV 特高压交流工程等。

交流输电的优势体现在设备造价相对较低,交流电可以方便地通过变压器升压和降压,使得配送电能变得非常的方便、合理、灵活,能够适应不同的用电需求。与传统交流输电相比,特高压交流输电还具有以下突出特点:① 提高了传输容量和传输距离;② 电能输送的经济性得到了大幅提高;③ 节省了输电线路走廊和变电站的占地面积;④ 减少了线路的功率损耗;⑤ 简化了现有网络结构,有利于大电网的互连,降低了系统整体的故障率。

# 6.3　柔性输电技术

## 6.3.1　柔性直流输电技术

柔性直流输电技术(Flexible High Voltage Direct Current,FHVDC)在国际上也称为基于电压源换流器的高压直流输电技术(Voltage Source Converter based High Voltage Direct

Current，VSC-HVDC），其突破点是采用了基于全控型电力电子器件 IGBT 构成的可关断电压源换流器，而不是基于半控型晶闸管器件的电流源换流器，并且应用了脉宽调制（Pulse Width Modulation，PWM）技术。柔性直流输电技术通过控制 IGBT 的通断，获得一系列等幅而不等宽的脉冲序列，并且通过改变脉宽来达到变压的效果。采用 PWM 调制技术可以快速而又独立地控制有功功率和无功功率，实现换流器的 4 象限运行。

柔性直流输电系统的主要器件包括电压源换流器、换流变压器、换相电抗器、直流电容器和交流滤波器等。典型的双端柔性直流输电系统的结构如图 6.3.1 所示。柔性直流输电技术可广泛应用于孤岛供电、电网互联、可再生能源并网、城市配电网的增容改造等领域。目前，国内已投运的柔性直流输电工程有上海南汇±30 kV 柔性直流输电示范工程（10 km，20 MW）、南澳±160 kV 多端柔性直流工程（40 km，200 MW）、舟山±200 kV 多端柔性直流工程（141 km，400 MW）、厦门±320 kV 柔性直流输电科技示范工程（10 km，1 000 MW）、张北可再生能源±500 kV 柔性直流示范工程（650 km，3 000 MW）等。

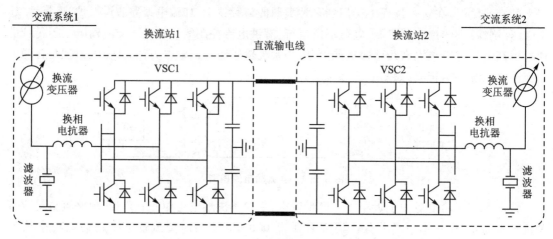

**图 6.3.1　双端柔性直流输电系统结构示意图**

柔性直流输电技术相对于传统基于晶闸管器件的直流输电技术有以下几个方面优势：① 不需要交流侧提供无功功率，不存在无功补偿问题；② 采用的是可关断器件，不存在换相失败问题，能够自由换相；③ 可以工作在无源逆变方式，对受端系统的容量没有要求，使向远距离无源网络供电成为可能；④ 具有两个控制自由度，可同时独立调节有功功率和无功功率；⑤ 谐波含量小，需要的滤波装置少；⑥ 电流可以双向流动，适合构成多端直流系统；⑦ 没有大量的无功补偿和滤波装置，占地面积小。

## 6.3.2　柔性交流输电技术

柔性交流输电技术（Flexible Alternative Current Transmission technology，FACTS）是综合电力电子技术、微处理和微电子技术、通信技术和控制技术而形成的用于灵活快速控制交流输电的新技术。具体地，柔性交流输电技术是应用大功率、高性能的电力电子元件制成可控的有功或无功电源以及电网的一次设备等，以实现对输电系统的电压、阻抗、相位角、功率、潮流等的灵活控制。柔性交流输电技术的结构基础是电力电子器件与其他无源元件的组合，目的是提高输电系统的可靠性、保证电能质量、增强系统的传输能力。

柔性交流输电技术按其接入系统的方式可分为并联型、串联型和综合型。FACTS 中关键设备主要有可控串联补偿器（CSC）、短路电流限制器（SCCL）、静止无功补偿器（SVC）、静止同步补偿器（STATCOM）、静止同步串联补偿器（SSSC）、统一潮流控制器（UPFC）等，如图 6.3.2 所示。经过近 30 年的发展，我国已完成的柔性交流输电示范工程有冯屯 500 kV TCSC 工程、成碧 220 kV TCSC 工程、鞍山 100 Mvar SVC 工程、河南电网 20 Mvar STATCOM 工程、上海电网 50 Mvar STATCOM 工程、广东电网 200 Mvar STATCOM 工程等。

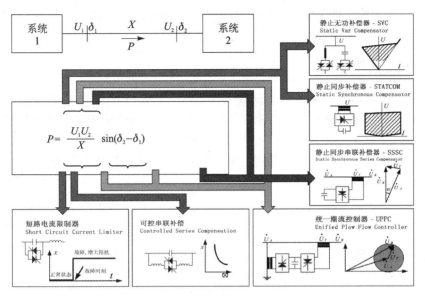

**图 6.3.2　FACTS 原理及分类**

柔性交流输电技术包含以下几个特点：① 能在较大范围内有效地控制潮流，使之按事先计划的路径流动；② 能将输电线的负荷提高至热稳定极限，但不会出现过负荷；③ 在控制的区域内可以传输更多的功率，进而减少发电机的热备用；④ 在系统短路和设备故障情况下，能够防止线路的连锁跳闸；⑤ 电子开关能快速连续地对一次设备进行控制，提高系统阻尼，消除电力系统振荡，进而提高系统的稳定性。

# 6.4　其他输电技术

## 6.4.1　超导输电技术

超导输电（Superconducting Transmission，ST）是利用高密度载流能力的超导材料发展起来的新型输电技术。超导输电电缆主要由超导材料、绝缘材料和维持超导状态的低温容器构成。超导材料的载流能力可达到 $100\sim 1\,000\ \text{A/mm}^2$（约是普通铜或铝的载流能力的 $50\sim 500$ 倍），且其传输损耗几乎为零（直流下的损耗为零，工频下会有一定的交流损耗，约为 $0.1\sim 0.3\ \text{W/k A} \cdot \text{m}$）。超导输电技术具有以下显著优点：① 容量大；② 损耗低；③ 体积小；④ 重量轻；⑤ 可增加系统灵活性。由于上述优越性，超导输电技术可为未来电网提供一种全新的低损耗、大容量、远距离电力传输方式。

## 6.4.2　多相输电技术

多相输电（Multi - Phase Power Transmission System，MPPTS）是指相数多于三相的输

电技术。在三相输电系统中引入三相/多相相互转换的变压器和多相架空输电线路，如四相、六相、十二相等，每相相差 90°、60° 或 30°，即构成了三相多相输电。其典型构成为三相/多相升压变压器、多相输电线路和多相/三相降压变压器。如果多条输电线路采用多相形式，便构成了多相输电网络。多相输电技术理论上存在以下优点：① 空间电磁场分布更加均匀；② 对高压断路器触头断流容量的要求较低；③ 同等导线截面的条件下，线路输送功率大幅提高；④ 相同电压下多相输电的正序电抗较小，能进一步提高稳定极限功率；⑤ 导线表面电场强度较小，架空线路走廊窄。

### 6.4.3　分频输电技术

分频输电（Fractional Frequency Transmission System，FFTS）的实质就是通过降低输电频率，从而降低线路阻抗，最终大幅度提高线路输送容量。分频输电的基本思想是利用发电、输电和用电使用不同的频率来实现高效利用电能的目的，在进行远距离输电时采用较低的频率，从而提高线路输送能力，同时在使用电能时采用较高的频率，提高电能利用效率的同时减少电气设备的体积和重量。分频输电的主要优点：① 可大幅提高系统的输送极限；② 水轮机组可直接输出分频电力，经升压后就可进行分频输电；③ 可以完全采用同等电压等级的工频输电线路，网络结构较简单。

### 6.4.4　半波输电技术

半波输电（Half Wavelength AC Transmission，HWACT）是指输电的电气距离接近一个工频半波，即 3 000 km（50 周）或 2 600 km（60 周）的超远距离的三相交流输电。半波输电与中等长度（数百千米）的交流输电相比，有一些截然不同的特性和显著的优点：① 无须安装无功补偿设备；② 全线无须设中间开关站；③ 输送能力更强；④ 经济性极佳。

## 本章小结

本章介绍了输电方式的发展现状，以及特高压输电技术和柔性输电技术等常用的几种输电方式。

## 习　题

6.1　输电技术的发展大致经历了哪几个阶段？

6.2　选择输电方式时需要考虑哪些因素？

6.3　叙述特高压直流输电的优点。

6.4　叙述交流输电的原理。

6.5　柔性直流输电系统的主要器件有哪些？

6.6　柔性交流输电技术按其接入系统的方式如何分类？

# 下篇　电子技术

# 第7章　半导体器件

**【学习导引】**

从本章开始学习半导体器件及其构成电路的分析。半导体器件是近代电子学的重要组成部分,由于半导体器件具有体积小、质量轻、使用寿命长、输入功率小和功率转换效率高等优点而得到广泛的应用。二极管和晶体管是最常用的半导体器件,了解它们的基本结构、工作原理、特性曲线和参数是分析电子电路的基础。本章内容为后续各章的讨论提供必要的基础知识。"管为路用"学习器件的目的是分析电路,学习重点要抓住各类器件在电路中的应用特点。重点关注二极管的单向导电性、伏安特性以及主要参数,稳压二极管的伏安特性、稳压原理及主要参数,晶体三极管的放大作用、工作特性曲线、主要参数、温度对参数的影响。

**【学习目标和要求】**

① 了解半导体基础知识,了解 PN 结内部载流子的运动规律。

② 重点理解二极管的单向导电性,会分析含有二极管的电路,掌握二极管应用技术。

③ 了解双极性三极管的基本结构、工作原理,掌握三极管的电流放大作用。

④ 掌握二极管、稳压管和三极管的工作特性曲线,理解主要参数的意义。

## 7.1　半导体的导电特性

半导体器件是近代电子学的重要组成部分,是构成电子电路的基本元件,半导体器件是由经过特殊加工且性能可控的半导体材料制成的。

### 7.1.1　导体、半导体和绝缘体

自然界中存在着各种各样的物质,早期,按物质导电能力的强弱人们将它们分成导体和绝缘体两大类。随着科学技术的进步,人们发现自然界中还有一类物质,如硅、锗、硒、硼及其一部分化合物等,它们的导电能力介于导体和绝缘体之间,故称之为半导体。导体就是能够导电的物体,如金、银、铜、铝、铁等金属材料。绝缘体就是不能导电的物体,如陶瓷、云母、塑料、橡胶等物质。导体和绝缘体都是很好的电工材料。我们用导体制成电线,用绝缘体来防止电的浪费和保障安全。

半导体的导电能力在不同的条件下有显著的差异。特性如下:

① 掺入杂质后导电能力激增。在纯净的半导体中掺入微量的某种杂质元素后(百万分之

一的杂质），半导体的导电能力将猛增到几千、几万乃至上百万倍。

　　② 光照影响导电能力。某些半导体材料受到光照射时，其导电能力将显著增强。例如硫化镉（CdS）材料在有光照和无光照的条件下，其电阻率有几十到几百倍的差别，利用半导体的这种光敏特性，可以制成各种光敏器件，如光敏电阻、光电管等。

　　③ 对温度的变化反应灵敏。当温度升高时，其电阻率减小，导电能力显著增强，例如纯锗，当温度从 20 ℃升高到 30 ℃时，其电阻率约降低一半。利用半导体的这种热敏特性，可以制成各种热敏器件，用于温度变化的检测。但是，半导体器件对温度变化的敏感，也常常会严重影响其正常工作。

　　半导体材料的内部结构和导电机理决定了其导电能力。由化学知识可知，物质的导电能力主要是由原子结构来决定。导体一般为低价的元素，这些元素的最外层电子很容易挣脱原子核的束缚而成为游离的自由电子，这些自由电子在外电场的作用下，将作定向移动形成电流。绝缘体是高价元素或由高分子材料组成，这些物质共同特点是：最外层八个电子，受原子核的束缚力很强，处于稳定结构，很难成为自由电子，所以自由电子的数目非常少，导电能力极差，成为绝缘体。

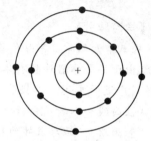

　　常用的半导体材料硅（Si）和锗（Ge）均是四价元素，处于半稳结构，硅原子结构简化图如图 7.1.1 所示，它们的最外层电子既不像导体那样容易挣脱原子核的束缚成为自由电子，也不像绝缘体那样被原子核束缚得那么紧，动荡不得，内部没有自由电子，所以半导体的导电能力会介于导体和绝缘体之间。

**图 7.1.1　硅原子结构简化图**

## 7.1.2　本征半导体

　　本征半导体是指非常纯净且原子排列整齐的半导体，称为本征半导体。在本征半导体中的四价元素是靠共价键结合成分子的，图 7.1.2 为本征半导体硅的原子结构示意图，原子的每一个价电子与另一相邻原子价电子组成一个电子对，为两者共有，形成共价键结构，价电子在受自身原子核的束缚的同时，还受相邻四个原子的影响，形成共价键结构。

　　在热力学零度 0 K＝－273 ℃时，本征半导体中没有可移动带电粒子，相当于绝缘体。室温下，300 K＝27 ℃时，束缚电子受热激发获得能量，少数价电子挣脱束缚，成为自由电子。在原共价键中将留下一个带正电的空位子，我们将这个空位称为"空穴"。由于晶体的共价键具有很强的结合力，常温下本征半导体内部仅有极少数的价电子可以在热运动的激发下，挣脱原子核的束缚而成为晶格中的自由电子，同时，形成少量空穴，如图 7.1.3 所示。热运动激发

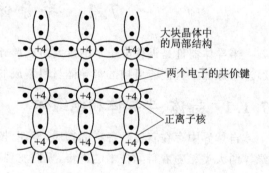

**图 7.1.2　硅晶体共价键结构**

所产生的电子和空穴总是成对出现的，称为电子-空穴对。本征半导体因热运动而产生电子-空穴对的现象称为本征激发。

　　本征激发所产生的电子-空穴对在外电场的作用下都会作定向移动而形成电流。自由电子的移动与导体中自由电子移动的方式相同，它将形成一个与自由电子移动方向相反的电流。

空穴的移动可以看成是价电子定向依次填充空穴而形成的,这种填充作用相当于教室的第一排有一个空位,后排的同学依次往前挪来填充空位,以人为参照系,人填充空位的作用等效于人不动,空位往后走。因空穴带正电,空穴的这种定向移动会形成与空穴运动方向相同的空穴电流如图 7.1.4 所示。半导体内部同时存在着自由电子和空穴移动所形成的电流是半导体导电方式的最大特点,也是半导体与金属导体在导电机理上本质的差别。把参与导电的物质称为载流子,本征半导体内部参与导电的物质有自由电子和空穴,所以本征半导体中有两种载流子,一种是带负电的自由电子,另一种是带正电的空穴。

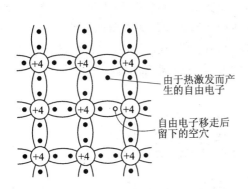

图 7.1.3　电子空穴对的形成

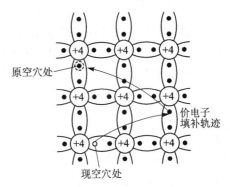

图 7.1.4　价电子递补空穴移动形成空穴电流

本征半导体导电能力的大小与本征激发的激烈程度有关,温度越高,由本征激发所产生的电子空穴对越多,本征半导体内部载流子的数目也越多,导电能力就越强,这就是半导体导电能力受温度影响的直接原因。

本征半导体本征激发的现象还与原子的结构有关,相对于锗,硅的最外层电子离原子核较近,受原子核的束缚力较强,所以,本征激发现象较弱,热稳定性较好。

### 7.1.3　杂质半导体

本征半导体虽然有自由电子和空穴两种载流子,但其数量少,所以导电能力仍然很低,如果在本征半导体中掺入微量的杂质,可以使杂质半导体的导电能力得到改善,导电性能大大提高,并受掺杂物质的类型和浓度的控制,这种特点使半导体获得重要的用途。根据掺入半导体中的杂质不同,杂质半导体可分为 N 型半导体和 P 型半导体两大类。

**1. N 型半导体**

在本征半导体硅(或锗)中,掺入微量的五价元素,如磷(P)。掺入的杂质并不改变本征半导体硅(或锗)的晶体结构,只是半导体晶格点阵中的某些硅(或锗)原子被磷原子所取代。五价元素的四个价电子与硅(或锗)原子组成共价键后将多余一个价电子,如图 7.1.5 所示。这一多余的电子不受共价键的束缚,只需获得较小的能量,就能挣脱原子核的束缚而成为自由电子。于是,半导体中自由电子的数量剧增。五价元素的原子团因失去一个外层电子而成为正离子(注意此时它不产生空穴,不能像空穴那样能被电子填充而移动参与导电,所以它不是载流子)。由于每个五价元素的原子给出一个电子,所以称为施主原子。

杂质半导体中,除了杂质元素释放出的自由电子外,半导体本身还存在本征激发所产生的电子-空穴对,由于掺杂浓度远大于本征半导体中载流子浓度,所以,自由电子浓度远大于空穴浓度,自由电子导电成为此类杂质半导体的主要导电方式,故称它为电子型半导体,简称 N 型半导体。在 N 型半导体中,电子为多数载流子(简称多子),空穴为少数载流子(简称少子)。

### 2. P 型半导体

在本征半导体中掺入微量的三价杂质元素,如硼(B)。掺入的杂质原子取代晶体中某些晶格上的硅(或锗)原子,三价元素的三个价电子与周围四个原子组成共价键时,缺少一个电子而产生了空位,如图 7.1.6 所示。此空位不是空穴,所以不是载流子,但是邻近的硅(或锗)原子的价电子很容易来填补这个空位,于是在该价电子的原位上就产生了一个空穴,而三价元素却因多得了一个电子而成了负离子,由于三价元素的原子接受电子,所以称为受主原子。在室温下,价电子几乎能填满杂质元素上的全部空位,而使其成为负离子,与此同时,半导体中产生了与杂质元素原子数相同的空穴,除此之外,半导体中还有因本征激发所产生的电子-空穴对。由于掺杂浓度远大于本征半导体中载流子浓度,所以,在这类半导体中,空穴的数目远大于自由电子的数目,导电是以空穴载流子为主,故称空穴型半导体,简称 P 型半导体。在 P 型半导体中,多子是空穴,少子为自由电子。

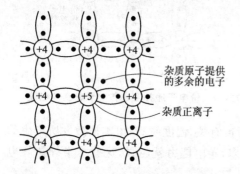

图 7.1.5　硅晶体中掺磷产生自由电子

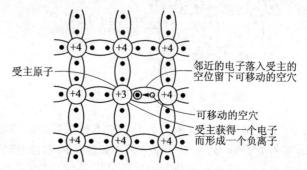

图 7.1.6　硅晶体中掺硼产生空穴

## 7.1.4　PN 结的形成及特性

杂质半导体增强了半导体的导电能力,利用特殊的掺杂工艺,可以在一块晶片的两边分别生成 N 型和 P 型半导体,在两者的交界处将形成 PN 结。PN 结具有单一型的半导体所没有的特性,利用该特性可以制造出各种半导体器件,下面来介绍 PN 结的特性。

### 1. PN 结的形成

P 型半导体或 N 型半导体内部虽然有空穴或自由电子,但整体是电中性的,不带电。现利用特殊的掺杂工艺,在一块晶片的两边分别生成 N 型和 P 型半导体。因为 P 区的多子是空穴,N 区的多子是电子,在两块半导体交界处同类载流子的浓度差别极大,这种差别将产生 P 区浓度高的空穴向 N 区扩散,与此同时,N 区浓度高的电子也会向 P 区扩散。扩散运动的结果使 P 型半导体的原子在交界处得到电子成为带负电的离子,N 型半导体的原子在交界处失去电子成为带正电的离子,形成空间电荷区。空间电荷区随着电荷的积累将建立起一个内电场 $E$,该电场对半导体内多数载流子的扩散运动起阻碍的作用,但对少数载流子的运动却起到促进的作用,少数载流子在内电场作用下的运动称为漂移运动。在无外电场和其他因素的激励下,当参与扩散的多数载流子和参与漂移的少数载流子在数目上相等时,空间电荷区电荷的积累效应将停止,空间电荷区内电荷的数目将达到一个动态的平衡,并形成如图 7.1.7 所示的 PN 结。与此同时,空间电荷区具有一定的宽度,内电场也具有一定的强度,PN 结内部的电流为零。

由于空间电荷区在形成的过程中,移走的是载流子,留下的是不能移动的正、负离子,这种作用与电容器存储电荷的作用相等效,因此,PN 结也具有电容的效应,该电容称为 PN 结的结电容,PN 结的结电容有势垒电容和扩散电容两种。

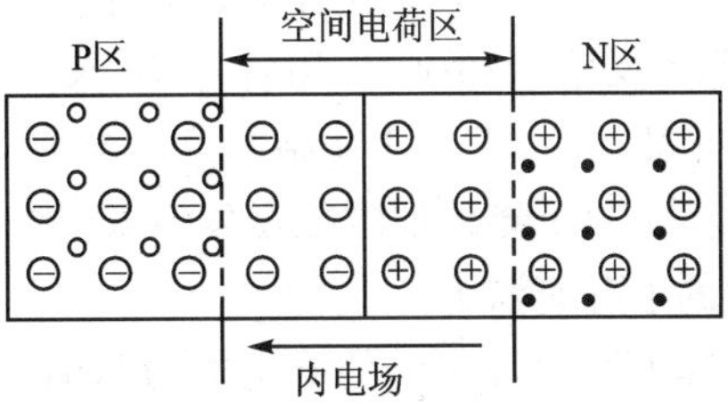

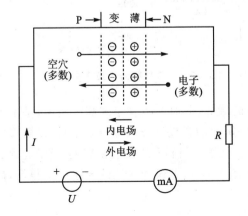

图 7.1.7　PN 结形成

### 2. PN 结的单向导电性

处于平衡状态下的 PN 结没有实用的价值,PN 结的实用价值只有在 PN 结上外施电压时才能显示出来。

(1) 外加正向偏置电压

电路如图 7.1.8 所示,P 型半导体接高电位,N 型半导体接低电位,这种连接方式下的 PN 结称为正向偏置(简称正偏)。当 PN 结处在正向偏置时,外电场和内电场的方向相反,在外电场的作用下,P 区的空穴和 N 区的电子都要向空间电荷区移动,进入空间电荷区的电子和空穴分别和原有的一部分正、负离子中和,破坏了空间电荷区的平衡状态,使空间电荷区的电荷量减少,空间电荷区变窄,内电场相应的被削弱,这种情况有利于 P 区多子空穴和 N 区的多子电子向相邻的区域扩散,并形成扩散电流,即 PN 结的正向电流。

在一定范围内,正向电流随着外电场的增强而增大,此时的 PN 结呈现出低电阻值,PN 结处于导通状态。PN 结正向导通时的压降很小,理想情况下,可认为 PN 结正向导通时的电阻为 0,所以导通时的压降也为 0。

PN 结的正向电流包含空穴电流和电子电流两部分,外电源不断向半导体提供电荷,使电路中电流得以维持。图 7.1.8 所示正向电流的大小主要由外加电压 $U$ 和电阻 $R$ 的大小来决定。

(2) 外加反向偏置电压

在 PN 结上外加反向电压时的电路如图 7.1.9 所示,处在这种连接方式下的 PN 结称为反向偏置(简称反偏)。当 PN 结处在反向偏置时,P 型半导体接低电位,N 型半导体接高电位。处在反向偏置的 PN 结,外电场和内电场的方向相同。当 PN 结处在反向偏置时,PN 结内部扩散和漂移运动的平衡被破坏了。P 区的空穴和 N 区的电子由于外电场的作用都将背离空间电荷区,结果使空间电荷量增加,空间电荷区加宽,内电场加强,内电场的加强进一步阻碍了多数载流子扩散运动的进行,对少数载流子的漂移运动却有利,少数载流子的漂移运动所

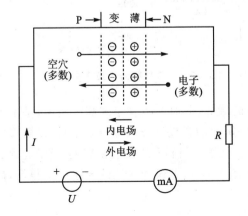

图 7.1.8　PN 结正向偏置

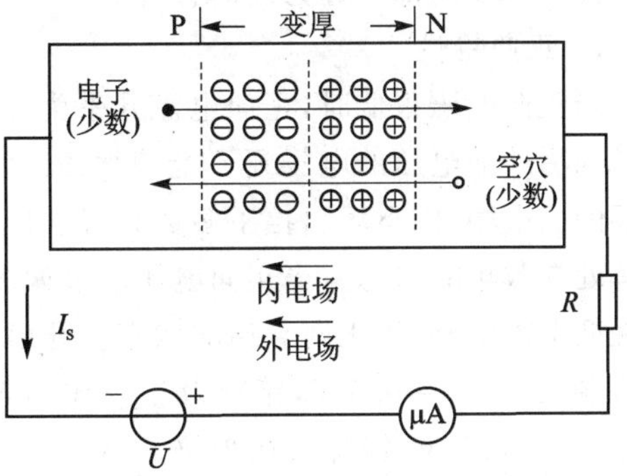

图 7.1.9　加反向电压

形成的电流称为 PN 结的反向电流。少数载流子的数目有限,在一定范围内,反向电流极微小,称为反向饱和电流,用符号 $I_S$ 来表示。反向偏置时的 PN 结呈高电阻态,理想的情况下,反向电阻为∞,此时 PN 结的反向电流为 0,PN 结不导电,即 PN 结处在截止的状态。由于少数载流子与半导体的本征激发有关,本征激发与温度有关,所以 PN 结的反向饱和电流会随着温度的上升而增大。

综上所述,PN 结的导电能力与加在 PN 结上电压的极性有关。当外加电压使 PN 结处在正向偏置时,PN 结会导电;当外加电压使 PN 结处在反向偏置时,PN 结不导电。PN 结的这种导电特性称为 PN 结的单向导电性。

# 7.2　半导体二极管

## 7.2.1　半导体二极管的基本结构与伏安特性

将 PN 结封装起来,并加上电极引线后就构成半导体二极管,简称二极管。由 P 区引出的电极称为二极管的阳极(或正极),由 N 区引出的电极称为二极管的阴极(或负极),二极管用 D 来表示。按照半导体二极管的内部结构,可分为点接触型和面接触型。

点接触型由于结面积小,因而结电容也小,电流为毫安级,适用于高频,常用在检波、电子电路中,允许通过的电流很小。

面接触型由于结面积大,结电容也大,可以流过较大的电流(几百 mA～几 kA),适用于整流电路和低频电路。

半导体二极管的核心是 PN 结,它的特性就是 PN 结的特性——单向导电性。用实验的方法,在二极管的阳极和阴极两端加上不同极性和不同数值的电压,同时测量流过二极管的电流值,就可得到二极管的伏安特性曲线。不同二极管的伏安特性是有差异的,但是曲线的基本形状是相似的。图 7.2.1 所示为二极管的伏安特性曲线,它们都是非线性的,其中 $U>0$ 的部分称为正向特性,$U<0$ 的部分称为反向特性。

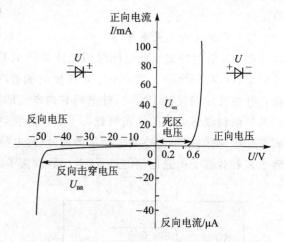

图 7.2.1　二极管的伏安特性曲线

### 1. 正向特性

当正向电压很低时,正向电流几乎为零,这是因为外加电压的电场还不能克服 PN 结内部的内电场,内电场阻挡了多数载流子扩散运动的缘故,此时二极管呈现高电阻值,基本上还是处在截止的状态。当正向电压超过如图 7.2.1 所示的二极管开启电压 $U_{on}$ 时,二极管才呈现低电阻值,处于正向导通的状态。开启电压与二极管的材料和工作温度有关,通常硅管的开启电压为 $U_{on}=0.5$ V,锗管为 $U_{on}=0.3$ V,二极管导通后,二极管两端的导通压降很低,硅管为 $0.5\sim0.7$ V,锗管为 $0.2\sim0.3$ V。

### 2. 反向特性

在分析 PN 结加上反向电压时,已知少数载流子的漂移运动形成反向电流。因少数载流子数量少,且在一定温度下数量基本维持不变。因此,反向电压在一定范围内增大时,反向电流极微小且基本保持不变,等于反向饱和电流 $I_\mathrm{S}$。

当反向电压增大到 $U_\mathrm{(BR)}$ 时,外电场能把原子核外层的电子强制拉出来,使半导体内载流子的数目急剧增加,反向电流突然增大,二极管呈现反向击穿的现象。二极管被反向击穿后,就失去了单向导电性。

## 7.2.2　二极管的主要参数

二极管主要参数是二极管电性能的指标,是正确选用二极管的依据,主要参数有:

**1. 最大整流电流 $I_\mathrm{OM}$**

最大整流电流 $I_\mathrm{OM}$ 是指二极管长期工作时允许流过的正向平均电流的最大值。这是二极管的重要参数,使用中不允许超过此值。对于大功率二极管,由于电流较大,为了降低 PN 结的温度,提高管子的带负载能力,通常将管子安装在规定的散热器上使用。

**2. 反向工作峰值电压 $U_\mathrm{RWM}$**

$U_\mathrm{RWM}$ 是保证二极管不被击穿而给出的反向峰值电压,反向工作峰值电压 $U_\mathrm{RWM}$ 是二极管工作时允许外加反向电压的最大值。通常 $U_\mathrm{RWM}$ 为二极管反向击穿电压 $U_\mathrm{BR}$ 的一半或三分之二。

**3. 反向峰值电流 $I_\mathrm{RM}$**

$I_\mathrm{RM}$ 指二极管加反向峰值工作电压时的反向电流。反向电流大,说明管子的单向导电性差,因此反向电流越小越好。反向电流受温度的影响,温度越高反向电流越大。硅管的反向电流较小,锗管的反向电流要比硅管大几十到几百倍。

**4. 最高工作频率 $f_\mathrm{M}$**

最高工作频率 $f_\mathrm{M}$ 是二极管工作时的上限频率,超过此值,由于二极管结电容的作用,二极管将不能很好地实现单向导电性。

以上这些参数是使用二极管和选择二极管的依据。使用时应根据实际需要,通过产品手册查到参数,并选择满足条件的产品。

## 7.2.3　二极管的应用

二极管应用广泛,主要是利用它的单向导电性,在电子电路中主要起整流、检波、限幅、钳位、开关、元件保护和温度补偿等作用。

**1. 整流电路**

利用二极管的单向导电性可以将交流信号变换成单向脉动的信号,这种过程称为整流。最简单的二极管整流电路如图 7.2.2 所示。

该电路的工作原理是:当 $u_\mathrm{i} > 0$ 时,二极管 D 承受正向电压而导通,在忽略二极管正向压降的情况下,输出电压 $u_\mathrm{o} = u_\mathrm{i}$;当 $u_\mathrm{i} < 0$ 时,二极管 D 承受反向电压而关断,此时,输出电压 $u_\mathrm{o} = 0$。输入、输出电压的波形如图 7.2.2 波形所示。

由波形图可见,二极管的单向导电性将输入波形的一半砍掉了,输出只剩下输入波形的一半,所以,该电路称为半波整流电路。半波整流电路结构虽然简单,但输出电压低,输出信号

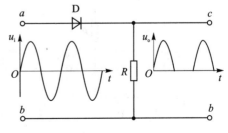

图 7.2.2　整流电路

的脉动系数较大,整流的效率较低,改进的方法是将半波整流改成全波整流,用桥式整流电路即可实现全波整流。详见整流电路章节。

### 2. 限幅电路

在电子电路中,为了保护某些元件不会因输入电压过高而损坏,需要对该元件的输入电压进行限制,利用二极管限幅电路就可实现该目的,二极管限幅电路和电路的输入、输出波形如图 7.2.3 所示。

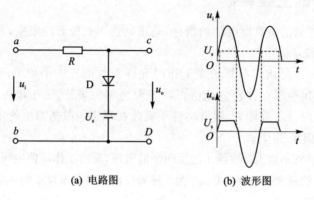

(a) 电路图　　　　　(b) 波形图

**图 7.2.3　二极管限幅电路**

该电路的工作原理是:设二极管 D 的导通电压 0.7 V 可忽略,当输入电压 $u_i > U_s$ 时,二极管 D 导通,输出电压 $u_o = U_s$,实现限幅的目的;当输入电压 $u_i < U_s$ 时,二极管 D 截止,$U_s$ 从输出端断开,输出电压等于输入电压。

### 3. 钳位、开关与门电路

利用二极管通、断的开关特性可以组成实现逻辑函数关系的门电路,二极管与门电路如图 7.2.4 所示。$U_{CC} = 5$ V,二极管导通的压降为 0.7 V,输入 $A$、$B$ 端分别加 3 V 脉冲信号 $u_{11}$、$u_{12}$,求输出电压 Y。

当 $A$、$B$ 的输入电压都是 0 V 时,二极管 $D_1$ 和 $D_2$ 同时导通,输出电压 Y 为 0.7 V;当输入电压 $A$ 为 0 V,$B$ 为 3 V 时,二极管 $D_1$ 两端将承受比 $D_2$ 大的电压,二极管 $D_1$ 优先导通,输出电压 Y 被钳制在 0.7 V,二极管 $D_2$ 因反偏而截止;同理当输入电压 $B$ 为 0 V,$A$ 为 3 V 时,二极管 $D_2$ 导通,二极管 $D_1$ 截止,输出电压 Y 为 0.7 V;当 $A$、$B$ 的输入电压都是 3 V 时,二极管 $D_1$ 和 $D_2$ 同时导通,输出电压 Y 为 3.7 V。输出端 Y 波形如图 7.2.5 所示。

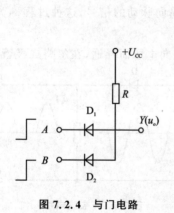

**图 7.2.4　与门电路**　　　　　**图 7.2.5　波形图**

#### 4. 二极管电路分析举例

普通二极管正向压降硅 $0.6 \sim 0.7$ V,锗 $0.2 \sim 0.3$ V;理想二极管正向导通时压降为零,反向截止时二极管相当于断开。判断电路中二极管的工作状态导通截止方法:将二极管断开,分析二极管两端电位的高低。若 $V_{阳} > V_{阴}$ 或 $U_D$ 为正(正向偏置),二极管导通;若 $V_{阳} < V_{阴}$ 或 $U_D$ 为负(反向偏置)则二极管截止。

【例 7.2.1】　电路如图 7.2.6(a)所示,设 $u_i = 5\sin \omega t$ (V), $E_1 = E_2 = 3$ V,二极管具有理想特性,试画出 $u_o$ 波形。

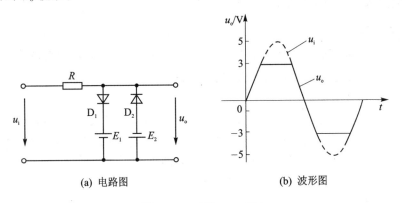

(a) 电路图　　　　　　　　　　　　(b) 波形图

图 7.2.6　【例 7.2.1】图

【解】　① 当"$u_i$ 处在正半周时,$D_2$ 截止,当 $u_i < 3$ V 时,$D_1$ 也截止,此时 $u_o = u_i$;当 $u_i \geq 3$ V 时,$D_1$ 导通,$u_o = 3$ V。

② 同理,当"$u_i$ 处在负半周时,$D_1$ 截止,当 $|u_i| < 3$ V 时,$D_2$ 也截止,于是 $u_o = u_i$;当 $|u_i| \geq 3$ V 时,$D_2$ 导通,$u_o = -3$ V。

$u_o$ 波形的波形如图 7.2.6(b)所示。由此可以看出,这是一个正、反向的限幅电路。

# 7.3　稳压管

稳压管也是一种半导体二极管,它与一般的二极管不同,正常工作在 PN 结的反向击穿区。由于它有稳定电压的作用,所以称为稳压管。

## 7.3.1　稳压管的伏安特性曲线

为什么这种管子能稳定电压呢,从 PN 结的特性可以得到答案。图 7.3.1 表示稳压管的特性曲线和常用符号。由稳压管的伏安持性曲线可见,稳压管的正向特性和普通二极管基本相同;但是,当反向电压增加到一定数值时,反向电流突然急剧增大,此后,反向电压只要有少量的增加,反向电流就会增加很多,PN 结进入击穿状态。这就是说,PN 结反向击穿后,通过的电流可以在相当大的范围内变化,而 PN 结两端的电压却变化很小。这种电流变化而电压基本不变的

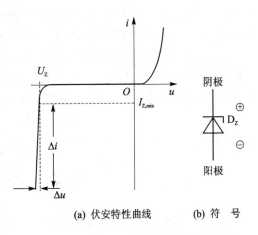

(a) 伏安特性曲线　　　　(b) 符　号

图 7.3.1　稳压管的伏安特性曲线和符号

特性称为稳压特性。稳压管正是利用这一种特性工作的。需要指出,为了避免 PN 结上的功率损耗过大而导致结烧坏,必须限制击穿后的电流不能过大。稳压值的大小,由制造工艺过程来控制。

由于稳压管正常工作在反向击穿状态,故实际应用时其接法与普通二极管相反,它的阴极接高电位,阳极接低电位。为了在电路中与普通二极管相区别,稳压二极管的图形符号有所不同,如图 7.3.1(b)所示。

## 7.3.2　稳压管的主要参数

**1. 稳定电压 $U_Z$**

稳定电压 $U_Z$ 是稳压管正常工作时管子两端的电压,也是与稳压管并联的负载两端的工作电压,按需要可在半导体器件手册中选用。

**2. 稳定电流 $I_Z$**

稳定电流 $I_Z$ 是稳压管工作在稳压状态时的参考电流,电流低于此值时稳压效果变坏,甚至根本不稳压,故 $I_Z$ 常记作 $I_{Z,min}$。稳压管在工作时,流过稳压管的电流只要不超过稳压管的额定功率,电流愈大,稳压效果愈好。但每一种型号的稳压二极管都有一个规定的最大稳定电流 $I_{ZM}$。

**3. 额定功耗 $P_{ZM}$**

额定功耗 $P_{ZM}$ 等于稳压管的稳定电压 $U_Z$ 与最大稳定电流 $I_{ZM}$ 的乘积,稳压管的功耗超过此值时,会因 PN 结温度过高而损坏。

**4. 动态电阻 $r_d$**

动态电阻 $r_d$ 是稳压管工作在稳压区时,端电压变化量与电流变化量的比,即 $\Delta U_Z / \Delta I_Z$,$r_d$ 愈小,电流变化时 $U_Z$ 的变化愈小,即稳压管的稳压特性愈好。

**5. 温度系数 $\alpha$**

温度系数 $\alpha$ 表示温度每变化 1 ℃时,稳压管稳压值的变化量。稳压管的稳定电压小于 4 V 的管子具有负温度系数(属于齐纳击穿),即温度升高时稳定电压值下降;稳定电压大于 7 V 的管子具有正温度系数(属于雪崩击穿),即温度升高时稳定电压值上升;而稳定电压在 4~7 V 之间的管子,温度系数非常小,齐纳击穿和雪崩击穿均有,互相补偿,温度系数近似为零。

由于稳压管的反向电流在小于 $I_{Z,min}$ 时工作不稳压,大于 $I_{ZM}$ 时会因超过额定功耗而损坏,所以在稳压管电路中必须串联一个电阻来限制电流,以保证稳压管正常工作,该电阻称为限流电阻。限流电阻的取值合适时,稳压管才能安全、稳定地工作。

计算限流电阻 $R$ 时应考虑当输入电压处在最小值 $U_{Z,min}$,负载电流处在最大值 $I_{L,max}$ 时,稳压管的工作电流应比 $I_{Z,min}$ 大;当输入电压处在最大值 $U_{i,max}$,负载电流为最小值零时,稳压管的工作电流应小于 $I_{ZM}$。综合考虑上述两个因素,可得计算限流电阻的公式为

$$\frac{U_{i,min} - U_Z}{I_{Z,min} - I_{L,max}} \geqslant R \geqslant \frac{U_{i,max} - U_Z}{I_{ZM}}$$

# 7.4　半导体三极管

半导体三极管通常也称双极型晶体管(Bipolar Junction Transistor,BJT),简称晶体管或三极管。三极管在电路中常用字母 T 来表示,它的放大作用和开关作用促使电子技术飞跃发

展,是一种最重要半导体器件。其种类非常多,按照结构工艺分类,有 PNP 和 NPN 型;按照制造材料分类,有锗管和硅管;按照工作频率分类,有低频管和高频管;一般低频管用以处理频率在 3 MHz 以下的电路中,高频管的工作频率可以达到几百兆赫。按照允许耗散的功率大小分类,可将三极管分为小功率管、中功率管和大功率管等。一般小功率管的额定功耗在 1 W 以下,而大功率管的额定功耗可达几十瓦以上。本节在了解三极管工作原理的基础上,重点掌握三极管特性曲线及工作参数以便达到对 BJT 熟练应用与分析。

## 7.4.1　半导体三极管的基本结构

半导体三极管是一种特殊工艺制成具有三层结构,两个 PN 结的器件。因内部的两个 PN 结相互影响,使三极管呈现出单个 PN 结所没有的电流放大的功能,开拓了 PN 结应用的新领域,如图 7.4.1(a)所示,内部由 N 型半导体和 P 型半导体交错排列形成三个区,分别称为发射区、基区和集电区。从三个区引出的引脚分别称为发射极(emitter)、基极(base)和集电极(collector),用符号 E、B、C 来表示。处在发射区和基区交界处的 PN 结称为发射结;处在基区和集电区交界处的 PN 结称为集电结。具有这种结构特性的器件称为三极管。

图 7.4.1(a)所示三极管的三个区分别由 NPN 型半导体材料组成,称为 NPN 型三极管;图 7.4.1(b)是 NPN 型三极管的符号,符号中箭头的指向表示发射结处在正向偏置时电流的流向。同理,也可以组成 PNP 型三极管,图 7.4.2(a)、(b)分别为 PNP 型三极管的内部结构和符号。

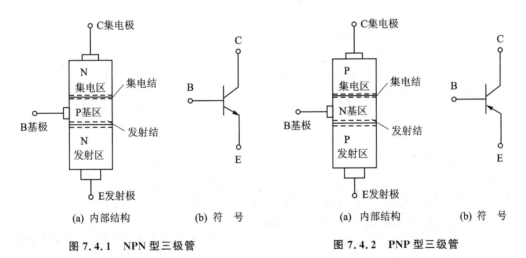

(a) 内部结构　　　(b) 符　号　　　　　(a) 内部结构　　　(b) 符　号

图 7.4.1　NPN 型三极管　　　　　　　　　图 7.4.2　PNP 型三级管

两种类型三极管符号的差别仅在发射结箭头的方向上,理解箭头的指向是代表发射结处在正向偏置时电流的流向,有利于记忆 NPN 和 PNP 型三极管的符号,同时还可根据箭头的方向来判别三极管的类型。

例如,当大家看到"　"符号时,因为该符号的箭头是由基极指向发射极的,说明当发射结处在正向偏置时,电流是由基极流向发射极。根据前面所讨论的内容可知,当 PN 结处在正向偏置时,电流是由 P 型半导体流向 N 型半导体,由此可得,该三极管的基区是 P 型半导体,其他的两个区都是 N 型半导体,所以该三极管为 NPN 型三极管。

## 7.4.2  电流分配和放大原理

### 1. 三极管放大条件

三极管的电流放大作用与三极管内部 PN 结的特殊结构有关。三极管犹如两个反向串联的 PN 结，如果孤立地看待这两个反向串联的 PN 结，或将两个普通二极管串联起来组成三极管，是不可能具有电流放大作用的。三极管要想具有电流放大作用，在制作过程中一定要满足以下内部条件：

① 为了便于发射结发射电子，发射区半导体的掺杂浓度远高于基区半导体的掺杂浓度，且发射结的面积较小。

② 发射区和集电区虽为同一性质的掺杂半导体，但发射区的掺杂浓度要高于集电区的掺杂浓度，且集电结的面积要比发射结的面积大，便于收集电子。

③ 联系发射结和集电结两个 PN 结的基区非常薄，且掺杂浓度也很低。

上述的结构特点是三极管具有电流放大作用的内因，要使三极管具有电流的放大作用，除了三极管的内因外，还要有外部条件，要实现电流放大，必须做到：三极管的发射结为正向偏置，加较小正偏；集电结为反向偏置，加较大反偏。这是三极管具有电流放大作用的外部条件。以 NPN 型三极管为例，分析其内部载流子的运动规律——电流分配和放大的规律。

### 2. 三极管内部载流子的运动情况及电流放大作用

图 7.4.3 中，$U_{BB}$ 是基极电源，使三极管的发射结处在正向偏置的状态；$U_{CC}$ 是集电极电源，作用是使三极管的集电结处在反向偏置状态；$R_b$ 是基极电阻，$R_c$ 是集电极电阻。三极管内部载流子运动情况的示意图如图 7.4.3 所示。图中载流子的运动规律可分为以下的几个过程。

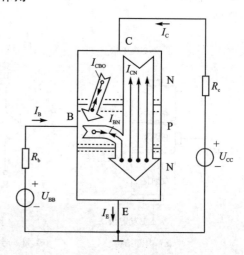

图 7.4.3  三极管内部载流子运动示意图

（1）发射区向基区发射电子

发射结处在正向偏置状态，多数载流子的扩散运动加强，发射区的自由电子不断地通过发射结扩散到基区，即向基区发射电子。与此同时，基区的空穴也会扩散到发射区，由于两者掺杂浓度上的悬殊，形成发射极电流 $I_E$ 的载流子主要是电子，电流的方向与电子流的方向相反。发射区所发射的电子由电源 $U_{CC}$ 的负极来补充。

（2）电子在基区中的扩散与复合

自由电子越过发射结进入基区，则靠近发射结附近的自由电子浓度比靠近集电结附近的自由电子浓度大，于是形成了浓度差，因而自由电子便继续向集电结扩散。在扩散时，绝大部分自由电子扩散到集电结的边缘，但有少部分自由电子与基区中的空穴（P 型半导体中的多数载流子）相遇后复合。基区中的电子不断被电源 $U_{BB}$ 的正极拉走，相当于不断补充基区中被复合掉的空穴，形成电流 $I_{BN}$，它近似等于基极电流 $I_B$。

显然，减少自由电子在基区中的复合机会，有利于自由电子在基区的扩散，从而提高三极管的放大作用。为此，三极管的基区做得很薄，且基区掺杂浓度很低（这是三极管具有放大作用的内部条件）。

（3）集电结收集电子的过程

由于集电结处于反向偏置状态，因此集电结内电场增强，一方面阻挡集电区多数载流子向基区扩散，同时又将扩散到集电结边缘上的自由电子拉入集电区，从而形成电流 $I_{CN}$，它基本上等于集电极电流 $I_C$。

此外，在集电结内电场的作用下，集电区的少数载流子（空穴）和基区的少数载流子（电子）也将产生漂移运动，形成 $I_{CBO}$，$I_{CBO}$ 很小，是集电极电流 $I_C$ 和基极电流 $I_B$ 的一小部分。$I_{CBO}$ 受温度影响很大，与外加电压的大小没有多大关系。

对于 PNP 管，三个电极产生的电流方向正好和 NPN 管相反，其内部载流子的运动情况与此类似。由节点电流定律可得，三极管三个电极的电流 $I_E$、$I_B$、$I_C$ 之间的关系为

$$I_C = I_{CN} + I_{CBO}$$

$$I_B = I_{BN} - I_{CBO}$$

$$I_E = I_{CN} + I_{BN} = I_C + I_B$$

三极管的特殊结构使载流子运动过程中从发射区扩散到基区的电子中只有很少一部分在基区复合，绝大部分到达集电区，说明 $I_E$ 的两部分中 $I_{BN}$ 份额很小，$I_{CN}$ 份额很大，其比值用 $\bar{\beta}$ 表示

$$\bar{\beta} = \frac{I_{CN}}{I_{BN}} = \frac{I_C - I_{CBO}}{I_B + I_{CBO}} \approx \frac{I_C}{I_B}$$

由于 $I_C$ 远大于 $I_B$，故 $\bar{\beta}$ 称为三极管的直流电流放大倍数。$\bar{\beta}$ 值描述三极管基极电流对集电极电流控制能力大小的物理量，$\bar{\beta}$ 大的管子，基极电流对集电极电流控制的能力就大。$\bar{\beta}$ 是由晶体管的结构来决定的，一个管子做成以后，该管子的 $\bar{\beta}$ 就确定了。$I_{CBO}$ 称为集电结反向饱和电流，$I_{CEO}$ 称为穿透电流。当 $I_{CBO}$ 可以忽略时，上式可简化为

$$I_C \approx \bar{\beta} I_B$$

把集电极电流的变化量与基极电流的变化量之比定义为三极管的共发射极交流电流放大系数 $\beta$，体现了三极管的电流放大能力，其表达式为

$$\beta = \frac{\Delta I_C}{\Delta I_B}$$

## 7.4.3　特性曲线

三极管的特性曲线是描述三极管各个电极之间电压与电流关系的曲线，是三极管内部载流子运动规律在管子外部的表现。三极管的特性曲线反映了管子的技术性能，是分析放大电路技术指标的重要依据。三极管特性曲线可在晶体管图示仪上直观地显示出来，也可从手册上查到某一型号三极管的典型曲线。

三极管共发射极放大电路的特性曲线有输入特性曲线和输出特性曲线，下面以 NPN 型三极管为例来讨论三极管共发射级电路的特性曲线。图 7.4.4 为三极管特性曲线的测试电路图，测得三极管的特性曲线如图 7.4.5 所示，图（a）输入特性曲线，图（b）输出特性曲线。

**1. 输入特性曲线**

输入特性曲线是描述三极管在管压降 $U_{CE}$ 保持不变的前提下，基极电流 $I_B$ 和发射结压降 $U_{BE}$ 之间的函数关系，即

$$I_B = f(U_{BE}) \big|_{U_{CE} = \text{const}}$$

三极管的输入特性曲线如图 7.4.5(a)所示。由图可见 NPN 型三极管共射极输入持性曲线的特点是：

① 在输入特性曲线上也有一个开启电压，在开启电压内，$U_{BE}$ 虽已大于零，但 $I_B$ 几乎仍为零，只有当 $U_{BE}$ 的值大于开启电压后，$I_B$ 的值与二极管一样随 $U_{BE}$ 的增加按指数规律增大。

② 两条曲线分别为 $U_{CE}=0$ V 和 $U_{CE}\geqslant 1$ V 的情况。当 $U_{CE}=0$ V 时，相当于集电极和发射极短路，即集电结和发射结并联，输入特性曲线和 PN 结的正向特性曲线相类似。当 $U_{CE}=1$ V，集电结已处在反向偏置，管子工作在放大区，集电极收集基区扩散过来的电子，使在相同 $u_{BE}$ 值的情况下，流向基极的电流 $i_B$ 减小，输入特性随着 $U_{CE}$ 的增大而右移。当 $U_{CE}>1$ V 以后，输入特性几乎与 $U_{CE}=1$ V 时的特性曲线重合，这是因为 $U_{CE}>1$ V 以后，集电极已将发射区发射过来的电子几乎全部收集，对基区电子与空穴的复合影响不大，$I_B$ 的改变也不明显。因晶体管工作在放大状态时，集电结要反偏，$U_{CE}$ 必须大于 1 V，所以，只要给出 $U_{CE}=1$ V 时的输入特性就可以了。

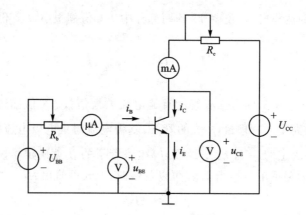

图 7.4.4　三极管特性曲线的测试电路

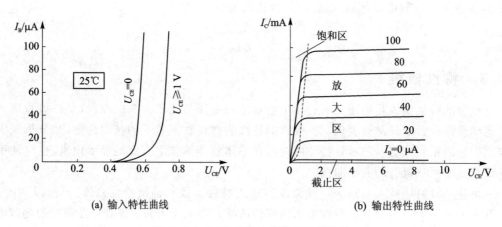

(a) 输入特性曲线　　　　　　　　　(b) 输出特性曲线

图 7.4.5　三极管的输入输出特性曲线

### 2. 输出特性曲线

输出特性曲线是描述三极管在输入电流 $I_B$ 保持不变的前提下，集电极电流 $I_C$ 和管压降 $U_{CE}$ 之间的函数关系，即

$$I_C = f(U_{CE})\big|_{I_B=\text{const}}$$

　　三极管的输出特性曲线如图 7.4.5(b)所示。由图可见,当 $I_B$ 改变时,$I_C$ 和 $U_{CE}$ 的关系是一组平行的曲线族,分为截止、放大、饱和三个工作区,对应三极管截止、放大、饱和三种工作状态。

　　(1) 截止区

　　$I_B = 0$ 时的特性曲线以下的区域称为截止区。此时晶体管的集电结处于反偏,发射结电压 $U_{BE} < 0$,也是处于反偏状态。由于 $I_B = 0$,$I_C = I_{CEO}$,在反向饱和电流可忽略的前提下,$I_C = 0$,晶体管处在截止状态,集电极与发射极之间相当于开路。

　　实际的情况是:处在截止状态下的三极管集电极有很小的电流 $I_{CEO}$,该电流称为三极管的穿透电流,它是在基极开路时测得的集电极—发射极间的电流,不受 $I_B$ 的控制,但受温度的影响。

　　(2) 饱和区

　　在图 7.4.4 的三极管放大电路中,集电极接有电阻 $R_C$,如果电源电压 $U_{CC}$ 一定,当集电极电流 $I_C$ 增大时,$U_{CE} = U_{CC} - I_C R_C$ 将下降,对于硅管,当 $U_{CE}$ 降低到小于 0.7 V 时,集电结也进入正向偏置状态,集电极吸引电子的能力将下降,此时 $I_B$ 再增大,$I_C$ 几乎就不再增大了,三极管失去了电流放大作用,此时三极管处于饱和状态。

　　规定 $U_{CE} = U_{BE}$ 时的状态为临界饱和态,图 7.4.5 中的虚线为临界饱和线,在临界饱和态下工作的三极管集电极电流和基极电流的关系为

$$I_{CS} = \frac{U_{CC} - U_{CES}}{R_C} = \bar{\beta} I_{BS}$$

式中,$I_{CS}$,$I_{BS}$,$U_{CES}$ 分别为三极管处在临界饱和态下的集电极电流、基极电流和集电极与发射机两端的电压(饱和管压降)。当管子两端的电压 $U_{CE} < U_{CES}$ 时,三极管将进入深度饱和的状态,在深度饱和的状态下,$I_C = \beta I_B$ 的关系不成立,三极管的发射结和集电结都处于正向偏置,在 C 和 E 之间犹如一个闭合的开关。此时,$U_{CE} \approx 0$,$I_C = \dfrac{U_{CC}}{R_C}$。

　　综上所述,三极管处于饱和状态的特点是:发射结和集电结均正偏,管子集电极与发射极之间的饱和压降很小,集射极近似短路,集电极电流大小取决于外电路。此外,三极管的截止和饱和状态与开关断、通的特性很相似,数字电路中的各种开关电路就是利用三极管的这种特性来制作的。

　　(3) 放大区

　　输出特性曲线的近似水平部分是放大区。放大区的特点是:发射结处于正向偏置,集电结处于反向偏置,在此条件下,$I_C$ 几乎不随 $U_{CE}$ 变化,而只受 $I_B$ 的控制,并且 $I_C$ 的变化量远大于 $I_B$ 的变化量,这反映出三极管的电流放大作用。

　　由放大区的特性曲线,可求出电流放大系数 $\beta$。例如,设 $I_B$ 从 $40\mu A$ 变到 $60\ \mu A$,其变化量 $\Delta I_B = 20\ \mu A = 0.02\ mA$,相应地 $I_C$ 则从 1.6 mA 变到 2.4 mA,其变化量 $\Delta I_C = 0.8\ mA$,所以三极管的电流放大系数 $\beta$ 为

$$\beta = \frac{\Delta I_C}{\Delta I_B} = \frac{0.8\ mA}{0.02\ mA} = 40$$

　　由此可见,各条输出特性曲线水平部分之间的距离直接反映出电流放大系数 $\beta$ 的大小。

　　上述讨论的是 NPN 型三极管的特性曲线,PNP 型三极管特性曲线是一组与 NPN 型三极管特性曲线关于原点对称的图像。

## 7.4.4　主要参数

### 1. 共射电流放大系数 $\bar{\beta}$ 和 $\beta$

在共射极放大电路中,若交流输入信号为零,则管子各极间的电压和电流都是直流量,此时的集电极电流 $I_C$ 和基极电流 $I_B$ 之比就是 $\bar{\beta}$,$\bar{\beta}$ 称为共射直流电流放大系数。

当共射极放大电路有交流信号输入时,因交流信号的作用,必然会引起 $I_B$ 的变化,相应的也会引起 $I_C$ 的变化,两电流变化量的比称为共射交流电流放大系数 $\beta$,即

$$\beta = \frac{\Delta I_C}{\Delta I_B}$$

上述两个电流放大系数 $\bar{\beta}$ 和 $\beta$ 的含义虽然不同,但工作在输出特性曲线放大区平坦部分的三极管,两者的差异极小,可做近似相等处理,故在今后应用时,通常不加区分,直接互相替代使用。

由于制造工艺的分散性,同一型号三极管的 $\beta$ 值差异较大。常用的小功率三极管,$\beta$ 值一般为 $20\sim100$。$\beta$ 过小,管子的电流放大作用小;$\beta$ 过大,管子工作的稳定性差,一般选用 $\beta$ 在 $40\sim80$ 之间的管子较为合适。

### 2. 极间反向饱和电流 $I_{CBO}$ 和 $I_{CEO}$

① 集电结反向饱和电流 $I_{CBO}$ 是指发射极开路、集电结加反向电压时测得的集电极电流。常温下,硅管的 $I_{CBO}$ 在 $nA(10^{-9})$ 的量级,通常可忽略。

② 集电极—发射极反向电流 $I_{CEO}$ 是指基极开路时,集电极与发射极之间的反向电流,即穿透电流,穿透电流的大小受温度的影响较大,穿透电流小的管子热稳定性好。

### 3. 极限参数

(1) 集电极最大允许电流 $I_{CM}$

晶体管的集电极电流 $I_C$ 在相当大的范围内 $\beta$ 值基本保持不变,但当 $I_C$ 的数值大到一定程度时,电流放大系数 $\beta$ 值将下降,使 $\beta$ 明显减少的 $I_C$ 即为 $I_{CM}$。为了使三极管在放大电路中能正常工作,$I_C$ 不应超过 $I_{CM}$。

(2) 集电极最大允许功耗 $P_{CM}$

晶体管工作时,集电极电流在集电结上将产生热量,产生热量所消耗的功率就是集电极的功耗 $P_{CM}$,即

$$P_{CM} = I_C U_{CE}$$

功耗与三极管的结温有关,结温又与环境温度、管子是否有散热器等条件相关。根据上式可在输出特性曲线上作出三极管的允许功耗线,如图 7.4.6 所示。功耗线的左下方为安全工作区,右上方为过损耗区。

手册上给出的 $P_{CM}$ 值是在常温下 25 ℃时测得的。硅管集电结的上限温度为 150 ℃,锗管为 70 ℃,使用时应注意不要超过此值,否则管子将损坏。

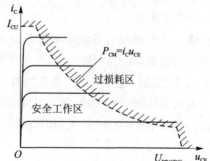

图 7.4.6　三极管工作区域

(3) 反向击穿电压 $U_{BR(CEO)}$

反向击穿电压 $U_{BR(CEO)}$ 是指基极开路时,加在集电极与发射极之间的最大允许电压。使用

中如果管子两端的电压 $U_{CE} > U_{BR(CEO)}$，集电极电流 $I_C$ 将急剧增大，这种现象称为击穿。管子击穿将造成三极管永久性的损坏。三极管电路在电源 $U_{CC}$ 的值选得过大时，有可能会出现，当管子截止时，$U_{CE} > U_{BR(CEO)}$ 导致三极管击穿而损坏的现象。一般情况下，三极管电路的电源电压 $U_{CC}$ 应小于 $1/2U_{BR(CEO)}$。

**4. 温度对三极管参数的影响**

几乎所有的三极管参数都与温度有关，要引起重视，温度对下列的三个参数影响最大。

① 对 $\beta$ 的影响　三极管的 $\beta$ 随温度的升高将增大，温度每上升 1 ℃，$\beta$ 值约增大 0.5% ～ 1%，其结果是在相同的 $I_B$ 情况下，集电极电流 $I_C$ 随温度上升而增大。

② 对反向饱和电流 $I_{CEO}$ 的影响　$I_{CEO}$ 是由少数载流子漂移运动形成的，它与环境温度关系很大，$I_{CEO}$ 随温度上升会急剧增加。温度上升 10 ℃，$I_{CEO}$ 将增加一倍。由于硅管的 $I_{CEO}$ 很小，所以，温度对硅管 $I_{CEO}$ 的影响不大。

③ 对发射结电压 $U_{BE}$ 的影响：和二极管的正向特性一样，温度上升 1 ℃，$U_{BE}$ 将下降 2～2.5 mV。

综上所述，随着温度的上升，$\beta$ 值将增大，$I_C$ 也将增大，$U_{CE}$ 将下降，这对三极管放大作用不利，使用中应采取相应的措施克服温度的影响。

**【例 7.4.1】**　测得放大电路中三极管的直流电位如图 7.4.7 所示，请在圆圈中画出管子的类型。

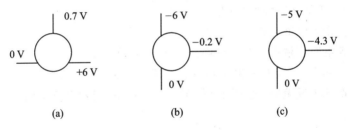

图 7.4.7　【例 7.4.1】图

**【分析】**　这类题判断规则如下：先找出基极 B 和发射极 E，再根据集电极电压 $V_C$ 判断。NPN 型：$V_C > V_B > V_E$，若 $V_{BE} = 0.7$ V，则为硅管；若 $V_{BE} = 0.2$ V，则为锗管。PNP 型：$V_C < V_B < V_E$，若 $V_{BE} = -0.7$ V，则为硅管；若 $V_{BE} = -0.2$ V，则为锗管。根据以上规则，题中三个管子的类型和引脚排列如图 7.4.8 所示。

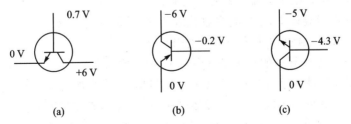

图 7.4.8　【例 7.4.1】图

# 本章小结

PN 结是半导体器件的基础结构，本章从 PN 结内部载流子的运动，PN 结的形成原理入手,通过对器件的非线性伏安特性的描述,引出存在的问题及特殊作用,进一步引入三极管性能特性曲线及存在的问题等。同学们重点掌握:PN 结的特性,二极管的单向导电性、三极管的电流放大作用,以及半导体器件的特殊应用电路及作用。应清楚在分析这种非线性半导体器件电路时应遵循器件本身的伏安特性。

# 习　题

### 7.1　填空题

7.1.1　根据是否掺入杂质,半导体可分为_____半导体和_____半导体两大类。

7.1.2　本征半导体掺入微量的三价元素形成的是_____半导体,其多子为_____。

7.1.3　本征半导体掺入微量的五价元素形成的是_____半导体,其多子为_____。

7.1.4　PN 结的单向导电性指的是 PN 结_____偏置时导通,_____偏置时截止的特性。

7.1.5　半导体的导电能力随着温度的升高而_____。

7.1.6　晶体三极管有两个 PN 结,分别是_____和_____,分三个区域_____区、_____区和_____区。晶体管的三种工作状态是_____、_____和_____。

7.1.7　三极管输入特性曲线指的是 $U_{CE}$ 为一定时,讨论_____和_____之间的关系。

7.1.8　在定量分析放大电路的工作性能时,通常采用图解法和_____法。

7.1.9　稳压管工作在特性曲线的_____区。

7.1.10　物质按导电能力强弱可分为_____、_____和_____。

7.1.11　放大电路应遵循的基本原则是:_____结正偏;_____结反偏。

7.1.12　一个 NPN 三极管发射结和集电结都处于正偏,则此三极管处于_____状态;其发射结和集电结都处于反偏时,此三极管处于_____状态;当发射结正偏、集电结反偏时,三极管为_____状态。

7.1.13　硅晶体管和锗晶体管工作于放大状态时,其发射结电压 $U_{BE}$ 分别为_____ V 和_____ V。

### 7.2　判断题

7.2.1　半导体材料的导电能力比导体强。(　　　　)

7.2.2　二极管若工作在反向击穿区,一定会被击穿。(　　　　)

7.2.3　晶体管可以把小电流放大成大电流。(　　　　)

7.2.4　在 P 型半导体中,空穴是多数载流子,电子是少数载流子。(　　　　)

7.2.5　晶体管可以把小电压放大成大电压。(　　　　)

7.2.6　因为 N 型半导体的多子是自由电子,所以它带负电。(　　　　)

7.2.7　本征半导体温度升高后,自由电子数目增多,空穴数目基本不变。(　　　　)

7.2.8　本征半导体不带电,P 型半导体带正电,N 型半导体带负电。(　　　　)

7.2.9　BJT 是由两个 PN 结组合而成的,所以将两个二极管对接,也可以当 BJT 使用。(　　　　)

7.2.10　二极管只要承受正向阳极电压时就会导通。(　　　　)

7.2.11　二极管具有稳压、开关、箝位、整流、检波等作用。(　　　　)

7.2.12　硅管是指 NPN 型,锗管是指 PNP 型。(　　　　)

7.2.13　三极管使用时,集电极和发射极可以混用。(　　　　)

### 7.3  选择题

**7.3.1**  将 PN 结加适当的正向电压,则空间电荷区将(        )。

A. 变宽                   B. 变窄                   C. 不变

**7.3.2**  将 PN 结加适当的反向电压,则空间电荷区将(        )。

A. 变宽                   B. 变窄                   C. 不变

**7.3.3**  在 PN 结中形成空间电荷区的正、负离子都带电,所以空间电荷区的电阻率(        )。

A. 很高                   B. 很低                   C. 等于 N 型或 P 型半导体的电阻率

**7.3.4**  理想二极管的正向电阻为(        ),理想二极管的反向电阻为(        )。

A. 零                     B. 无穷大                 C. 约几千欧

**7.3.5**  电路如习题 7.3.5 图所示,二极管 D 为理想元件,$U_s = 5$ V,则电压 $u_o = ($        )。

A. $U_s$                  B. $U_s/2$                C. 零

**7.3.6**  电路如习题 7.3.6 图所示,所有二极管均为理想元件,则 $D_1$、$D_2$、$D_3$ 的工作状态为(        )。

A. $D_1$ 导通,$D_2$、$D_3$ 截止            B. $D_1$、$D_2$ 截止 ,$D_3$ 导通

C. $D_1$、$D_3$ 截止,$D_2$ 导通            D. $D_1$、$D_2$、$D_3$ 均截止

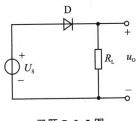

习题 **7.3.5** 图

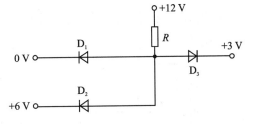

习题 **7.3.6** 图

**7.3.7**  电路如习题 7.3.7 图所示,二极管 $D_1$、$D_2$ 为理想元件,判断 $D_1$、$D_2$ 的工作状态为(        )。

A. $D_1$ 导通,$D_2$ 截止           B. $D_1$ 导通,$D_2$ 导通

C. $D_1$ 截止,$D_2$ 导通           D. $D_1$ 截止,$D_2$ 截止

**7.3.8**  若用万用表测二极管的正、反向电阻的方法来判断二极管的好坏,好的管子应为(        )。

A. 正、反向电阻相等

B. 正向电阻大,反向电阻小

C. 反向电阻比正向电阻大很多倍

D. 正、反向电阻都等于无穷大

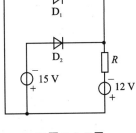

习题 **7.3.7** 图

**7.3.9**  二极管的死区电压随环境温度的升高而(        )。

A. 增大                   B. 不变                   C. 减小

**7.3.10**  在放大电路中的晶体管,其电位最高的一个电极是(        )。

A. PNP 管的集电极       B. PNP 管的发射极       C. NPN 管的发射极

**7.3.11**  测得电路中工作在放大区的晶体管三个极的电位分别为 $0$ V、$0.7$ V 和 $4.7$ V,则该管为(        )。

A. NPN 型锗管         B. PNP 型锗管         C. NPN 型硅管         D. PNP 型硅管

7.3.12　工作在放大状态的晶体管,各极的电位应满足(　　　　)。

A. 发射结正偏,集电结反偏　　　　　　　　　B. 发射结反偏,集电结正偏

C. 发射结、集电结均反偏　　　　　　　　　　D. 发射结、集电结均正偏

7.3.13　晶体管处于截止状态时,集电结和发射结的偏置情况为(　　　　)。

A. 发射结反偏,集电结正偏　　　　　　　　　B. 发射结、集电结均反偏

C. 发射结、集电结均正偏　　　　　　　　　　D. 发射结正偏,集电结反偏

7.3.14　晶体管处于饱和状态时,集电结和发射结的偏置情况为(　　　　)。

A. 发射结反偏,集电结正偏　　　B. 发射结、集电结均反偏　　　C. 发射结、集电结均正偏

7.3.15　三极管各极对公共端电位如习题 7.3.15 图所示,则处于放大状态的硅三极管是(　　　)。

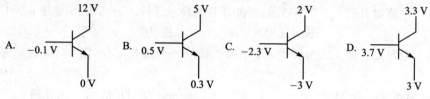

习题 **7.3.15** 图

## 7.4　计算题

7.4.1　在习题 7.4.1 图中,设 D 为理想二极管,已知输入电压的波形,试求输出电压的波形。

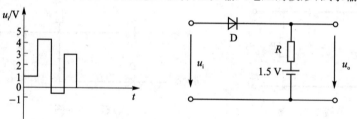

习题 **7.4.1** 图

7.4.2　二极管电路如习题 7.4.2 图所示,判断图中二极管是导通还是截止,并确定各电路的输出电压 $U_o$。① 设二极管为理想二极管。② 设二极管的导通压降为 0.7 V。

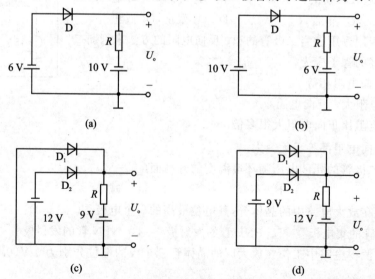

习题 **7.4.2** 图

7.4.3 如习题 7.4.3 图所示电路中,已知 $u_i$ 为幅值 8 V 的正弦波,画出 $u_o$ 波形,其中二极管设为理想二极管。

7.4.4 如习题 7.4.4 图所示电路中,已知 $u_i$ 为幅值 8 V 的正弦波,画出 $u_o$ 波形,其中二极管设为理想二极管。

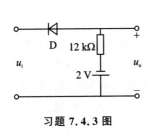

习题 **7.4.3** 图

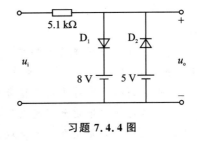

习题 **7.4.4** 图

7.4.5 试分析习题 7.4.5 图中各管的工作状态。

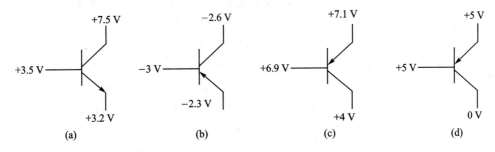

习题 **7.4.5** 图

# 第8章 基本放大电路

**【学习导引】**

三极管的放大电路作用在生产实践和科学实验中具有重要意义。在各类自动控制系统中,人们需要掌控随时间变化的某些物理量,如温度、压力、流量、重量和某气体含量等,由传感器现场检测获得的这些参数值对应的电信号通常都是很微弱的模拟信号,需要放大。利用放大器可以将这些微弱的电信号放大到足够的幅度,并将放大后的信号输送到驱动电路,驱动执行机构完成特定的工作。又如在自动控制机床上,由三极管组成的放大器可将反映加工要求的控制信号进行放大,得到一定的输出功率去推动执行机构、电动机和电磁铁等工作,以完成自动化生产控制。在日常电器(如扩音器、收音机和电视机等电子设备)中放大电路起着重要作用,可见放大电路应用非常广泛。

本章主要学习分立元件组成的基本放大电路的组成原则、工作原理、性能指标及计算分析方法,这些基本放大电路的知识是进一步学习电子技术的重要基础,是模拟电子技术的重点内容也是核心内容之一,是必须做到正确理解和熟练掌握的重要知识。这部分内容包括基本放大电路的组成及其电压放大原理。本章重点介绍两种基本电路:共发射极放大电路(包含固定偏置电路、分压偏置电路)和共集电极放大电路;两种分析方法:图解法和微变等效电路法。一个放大电路一般是由多个单级放大电路组成,需要了解多级耦合特点。直接耦合放大电路引出零点漂移问题,为克服零点漂移引出差动放大器。限于篇幅,本章重点讨论基本的电压放大电路,对于多级放大、功率放大电路以及频率响应等内容只简单介绍,请读者参考有关书籍。

**【学习目标和要求】**

① 理解基本概念:放大电路的静态工作点、饱和失真、截止失真、直流通路与交流通路、微变等效电路模型、放大倍数、输入电阻、输出电阻、最大不失真输出电压、静态工作点的稳定、零点漂移与温度漂移、共模放大倍数、差模放大倍数和共模抑制比。清楚各种基本放大电路的工作原理及特点。

② 掌握放大电路的分析方法,能熟练应用静态工作点估算法及微变等效电路法分析动态参数 $A_u, R_i, R_o$。

③ 了解多级放大电路各种耦合方式的优缺点。

④ 了解双端输入差动放大电路静态工作点和放大倍数的计算方法。

# 8.1 放大电路的基本概念

## 8.1.1 放大器的概念

放大电路又称为放大器,是对模拟信号最基本的处理,也是最为广泛的电子电路之一,是构成其他电子电路的基本单元电路。所谓"放大",就是将输入的微弱信号(简称信号,指变化的电压、电流等)放大到所需要的幅度,且与原输入信号变化规律一致的信号。

放大电路的本质是能量的控制和转换。例如图 8.1.1 所示的扩音机示意图,将话筒传送

出微弱的电压信号放大之后能使扬声器
还原出比较大的声音。表面是将信号的
幅度由小增大,但实质却是能量的转换,
即由一个能量较小的输入信号控制直流
电源,将直流电源的能量转换成与输入
信号频率相同但幅度增大的交流能量输

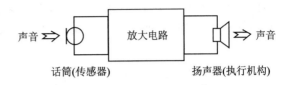

图 8.1.1　扩音机示意图

出,使负载从电源获得的能量大于信号源所提供的能量。因此,电路放大的基本特征是功率放大,即负载上总是获得比输入信号大得多的电压或电流,有时兼而有之。

## 8.1.2　放大电路的性能指标

一个放大电路的性能怎样,都是通过性能指标来描述的,其主要性能指标有:放大倍数、输入电阻、输出电阻、最大不失真输出电压、通频带、最大输出功率、非线性失真等系数。放大电路示意图如图 8.1.2 所示。本节主要介绍前三种性能指标。

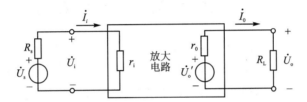

图 8.1.2　放大电路示意图

### 1. 放大倍数

放大倍数是衡量放大电路放大能力的重要指标,常用 $A$ 表示。放大倍数可分为电压放大倍数、电流放大倍数、电导放大倍数和互导放大倍数等,本书只介绍电压放大倍数。

电压放大倍数 $\dot{A}_u$:电压放大倍数是衡量放大电路电压放大能力的指标。它定义为输出电压与输入电压之比,也称为增益(gain),即

$$\dot{A}_u = \frac{\dot{U}_o}{\dot{U}_i}$$

此外,有时也定义源电压放大倍数

$$\dot{A}_{us} = \frac{\dot{U}_o}{\dot{U}_s}$$

它表示输出电压与信号源电压之比。显然,当信号源内阻 $R_s = 0$ 时,$\dot{A}_{us} = \dot{A}_u$,$\dot{A}_u$ 就是考虑了信号源内阻 $R_s$ 影响时的电压放大倍数。

### 2. 输入电阻 $r_i$

输入电阻是从放大电路输入端看进去的交流等效电阻,用 $r_i$ 表示。在数值上等于输入电压有效值 $U_i$ 与输入电流有效值 $I_i$ 之比,即

$$r_i = \frac{U_i}{I_i}$$

$r_i$ 相当于信号源的负载,$r_i$ 越大,放大电路从信号源索取的电流越小,放大电路所得到的输入电压越接近于信号源电压。所以,输入电阻是衡量放大电路对信号源影响的指标。对于

输入电阻的要求视具体情况而不同。进行电压放大时，希望输入电阻要高；进行电流放大时，又希望输入电阻要低；有的时候又要求阻抗匹配，希望输入电阻为某一特殊数值，如 50 Ω、75 Ω、300 Ω 等。

**3. 输出电阻 $r_\text{o}$**

输出电阻 $r_\text{o}$：从放大电路输出端看进去的等效动态电阻；输出电阻的高低表明了放大器所能带负载的能力。输出电阻 $r_\text{o}$ 越小，负载变化所引起输出电压的变化越小，表明带负载能力越强。求 $r_\text{o}$ 的方法，在后面章节具体介绍，实际中也可以通过实验的方法测得 $r_\text{o}$。如图 8.1.2 所示，$U_\text{o}'$ 为空载时的输出电压有效值，$U_\text{o}$ 为带负载后的输出电压有效值，因此

$$U_\text{o} = \frac{R_\text{L}}{r_\text{o} + R_\text{L}} U_\text{o}'$$

$$r_\text{o} = \left( \frac{U_\text{o}'}{U_\text{o}} - 1 \right) R_\text{L}$$

# 8.2　共发射极放大电路

利用三极管电流控制作用可以构成放大电路，通过控制三极管的基极电流来控制集电极的电流，放大电路正是利用三极管的这一特性组成的。我们先以共发射极（common - emitter）电路为例说明放大电路的组成原理及分析计算。

## 8.2.1　共发射极放大电路的基本结构

图 8.2.1 所示为共发射极接法的基本交流放大电路。输入端接交流信号源，输入电压为 $u_\text{i}$，输出端接负载 $R_\text{L}$，输出电压为 $u_\text{o}$，晶体管的发射极是输入回路与输出回路的公共端，常作为放大电路的零电位端点。电路中各个元件的作用如下。

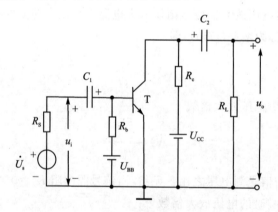

**图 8.2.1　共发射极基本交流放大电路**

**1. 三极管 T**

电路中的核心元件是三极管，利用它的电流放大作用，放大电路在集电极电路获得放大了的电流，这个电流受到输入信号的控制。放大电路仍然遵守能量守恒定律，输出的较大能量来自于直流电源 $U_\text{CC}$。也就是说，输入信号通过三极管的控制作用，去控制电源 $U_\text{CC}$ 所提供的能量，在输出端获得一个能量较大的信号。因此，三极管也可以说是一个控制元件。

**2. 集电极电源 $U_{CC}$**

集电极电源有两个方面的作用,一方面它为放大电路提供电源;另一方面,它保证集电结处于反向偏置,以使三极管起到放大作用。$U_{CC}$ 一般为几伏到几十伏。

**3. 集电极电阻 $R_c$**

集电极电阻主要是将集电极电流的变化转换为电压的变化,以实现电压放大。即 $u_{CE}=U_{CC}-i_cR_c$,如果 $R_c=0$,则 $u_{CE}$ 恒等于 $U_{CC}$,也就是没有交流信号电压传送给负载。它的另一作用是,配合 $U_{CC}$ 使三极管工作在放大区,$R_c$ 的阻值一般为几千欧到几十千欧。

**4. 基极电源 $U_{BB}$ 和基极电阻 $R_b$**

基极电源和基极电阻的共同作用是使发射结处于正向偏置,并提供大小合适的基极电流 $I_B$,以使放大电路获得合适的静态工作点。$R_b$ 的电阻值一般为几十千欧到几百千欧。

**5. 耦合电容(Coupling Capacitor)$C_1$ 和 $C_2$**

耦合电容 $C_1$ 和 $C_2$ 有"隔断直流"和"交流耦合"两个作用。一方面,$C_1$ 用来隔断放大电路与信号源之间的直流通路,$C_2$ 用来隔断放大电路与负载之间的直流通路,使三者之间无直流联系,互不影响。另一方面,$C_1$ 和 $C_2$ 起到交流耦合作用,保证交流信号畅通无阻的经过放大电路,沟通信号源、放大电路和负载三者之间的交流通路。一般要求耦合电容上的交流压降小到可以忽略不计,即对交流信号可视做短路。根据容抗计算公式 $X_c=1/(\omega C)$,要求电容值取得较大些,对交流信号其容抗很小。一般 $C_1$ 和 $C_2$ 的电容值为几微法到几十微法,采用电解电容,连接时要注意其正、负极性。

图 8.2.1 中使用两个电源,即 $U_{BB}$ 和 $U_{CC}$,由于需多个电源,给使用带来不便,为此,只要电阻取值合适,就可以与单电源配合使三极管工作在合适的静态工作点,将 $R_b$ 接至 $U_{CC}$ 即可,如图 8.2.2(a)所示。习惯画法如图 8.2.2(b)所示。

如用 PNP 三极管组成放大电路,则电源和电容 $C_1$、$C_2$ 的极性均相反。

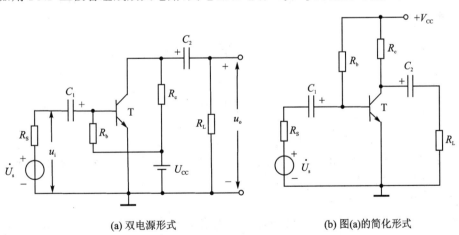

(a) 双电源形式　　　　　　　　　　　　(b) 图(a)的简化形式

**图 8.2.2　共发射极放大电路**

## 8.2.2　共发射极放大电路的静态分析

**1. 直流通路确定静态值**

放大电路未加入信号 $u_i$ 时的状态称为静态,此时电路的电压(电流)值称为静态值,可用 $I_{BQ}$、$I_{CQ}$、$U_{CEQ}$ 表示,这些值在特性曲线上确定一点,这一点就称为静态工作点($Q$ 点)。当放大电路输入信号后,电路中各处的电压、电流便处于变动状态,这时电路处于动态工作情况,简称动态。放大器静态分析的任务就是确定放大器的静态工作点 $Q$,即确定 $I_{BQ}$, $I_{CQ}$ 和 $U_{CEQ}$ 的值。它既可以通过解析的方法求出,也可以通过作图的方法求出。图 8.2.3 为基本共射极放大电路,其直流通路如图 8.2.4 所示。则有

$$U_{BEQ} + I_{BQ}R_b = V_{CC}$$

式中,$U_{BEQ}$(工作在放大区的硅管约为 $0.6 \sim 0.7$ V,锗管约为 $0.2 \sim 0.3$ V)比 $V_{CC}$ 小得多,因此为分析与计算方便,估算时也可以忽略不计,即

$$I_{BQ} = \frac{V_{CC} - U_{BEQ}}{R_b} \approx \frac{V_{CC}}{R_b}$$

可见 $I_{BQ}$ 与 $R_b$ 有关,在电源电压 $V_{CC}$ 固定的情况下,改变 $R_b$ 的值,$I_{BQ}$ 也跟着变,所以 $R_b$ 称为偏流电阻或偏置电阻。当 $R_b$ 固定后,$I_{BQ}$ 也固定了,所以图 8.2.3 所示的电路又称为固定偏流的电压放大器。

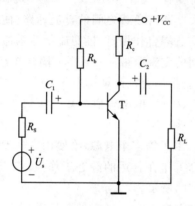
图 8.2.3　基本共射极放大电路

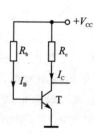
图 8.2.4　直流通路

根据三极管的电流放大作用可求得 $I_{CQ}$,即

$$I_{CQ} = \beta I_{BQ}$$

由放大器的输出电路可得

$$V_{CEQ} + I_{CQ}R_C = V_{CC}$$

则

$$U_{CEQ} = V_{CC} - I_{CQ}R_C$$

静态工作点是保证放大器正常工作的条件,实践中常用万用表测量放大器的静态工作点来判断该放大器的工作状态是否正常。

### 2. 图解分析法确定静态工作点

三极管电流、电压关系可用其输入特性曲线和输出特性曲线来表示,也可以在特性曲线上用直接作图的方法来确定静态工作点。

在图 8.2.5(a) 所示电路中,三极管与集电极负载电阻 $R_c$ 串联后接于电源 $V_{CC}$,由此可以列出方程

$$U_{CE} = V_{CC} - I_C R_c$$

或

$$I_C = -\frac{U_{CE}}{R_c} + \frac{V_{CC}}{R_c}$$

根据上式作图表示出 $V$ – $I$ 特性的直线部分，即是所谓的直流负载线。令 $I_C = 0$，得 $U_{CE} = V_{CC}$；令 $U_{CE} = 0$，得 $I_C = V_{CC}/R_c$。

画出由 $(V_{CC}, 0)$ 和 $(0, V_{CC}/R_c)$ 两点决定的直线（见图 8.2.5(b)），显然这是一条斜率为 $-1/R_c$ 的直线。

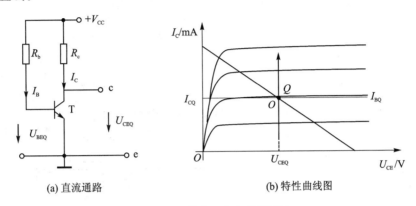

(a) 直流通路　　　　　　　　　　(b) 特性曲线图

**图 8.2.5　静态工作点的图解法**

由于在同一回路中只有一个 $i_c$ 值和 $u_{CE}$ 值，即 $i_c$、$u_{CE}$ 既要满足图 8.2.5(b) 所示的输出特性，又要满足直流负载线，所以电路的直流工作状态，必然是 $I_B = I_{BQ}$ 的特性曲线和直流负载线的交点，只要知道 $I_{BQ}$ 即可。通常通过下式

$$I_{BQ} = \frac{V_{CC} - U_{BEQ}}{R_b} \approx \frac{V_{CC}}{R_b}$$

直接求出，$Q$ 点的确定如图 8.2.5(b) 所示。

由图 8.2.5(b) 可知，$I_B$ 不同，静态工作点在负载线上的位置亦不同。因此，在 $V_{CC}$ 和 $R_c$ 等参数均保持不变时，只需要调整 $R_b$，即可改变 $I_B$ 的大小，从而调整静态工作点 $Q$ 的位置。$Q$ 沿直流负载线变化情况如下：

$R_b \uparrow \rightarrow I_B \downarrow \rightarrow Q$ 点沿负载线下移；　　$R_b \downarrow \rightarrow I_B \uparrow \rightarrow Q$ 点沿负载线上移。

### 8.2.3　共发射极放大电路的动态分析

**1. 微变等效模型(小信号模型)**

由于放大电路中含有非线性元件三极管，这是一种非线性电路，分析较为复杂。对三极管的小信号建模，就是将三极管的输入、输出特性线性化。图 8.2.6 中三极管的输入、输出特性曲线在工作点 $Q$ 附近因输入信号的幅度很小，可用直线对输入特性曲线线性化，经线性化后的三极管输入端等效于一个电阻 $r_{be}$，输出端等效于一个强度为 $\beta i_b$ 的受控电流源，三极管线性化后的微变等效电路如图 8.2.7(b) 所示。图 8.2.7(a) 是 NPN 三极管与外电路的连接图，图 8.2.7(b) 是 NPN 三极管的微变等效电路图。

(1) 三极管的微变等效电路

三极管的输入电压和输入电流的关系由输入特性曲线表示。如果输入信号很小，就可以把静态工作点附近的曲线当成直线，即近似地认为输入信号电流正比于输入电压，这样就可以用一个等效电阻来代表输入电压和电流的关系，即

$$r_{be} = \frac{\Delta V_{BE}}{\Delta I_B}$$

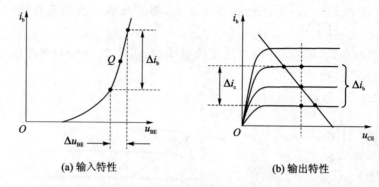

(a) 输入特性　　　　　　　　　　(b) 输出特性

**图 8.2.6　三极管的输入、输出特性曲线图**

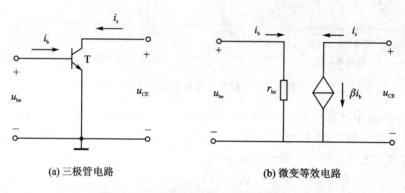

(a) 三极管电路　　　　　　　　　(b) 微变等效电路

**图 8.2.7　三极管线性化后的微变等效电路**

$r_{be}$ 称为三极管的输入电阻,它的大小与静态工作点有关,通常在几百欧至几千欧之间。对于低频小功率三极管,常用下式估算。式中 $r'_{bb}$ 常取 $100\sim300\ \Omega$,$I_{EQ}$ 是发射极静态电流。$r_{be}$ 是

$$r_{be} = r'_{bb} + (1+\beta)\frac{26\ \text{mV}}{I_{EQ}(\text{mA})} = 300\ \Omega + (1+\beta)\frac{26\ \text{mV}}{I_{EQ}(\text{mA})}$$

在输出端,三极管工作在放大区内,输出特性曲线可近似看成是一组与横轴平行的直线。集电极电流与 $U_{CE}$ 无关,而只受基极电流控制,即

$$\beta = \frac{\Delta I_C}{\Delta I_B} = \frac{i_c}{i_b}$$

因此三极管的输出电路可用电流源 $\Delta I_C = \beta \Delta I_B$ 来等效表示。但 $\Delta I_C$ 不是独立电源,而是受 $\Delta I_B$ 控制的电流源,这称为受控电源。

把三极管输入、输出特性的等效电路综合起来,就得到三极管的微变等效电路,利用这个线性等效电路来代替三极管,可使放大器的分析计算变得非常简单。

(2) 微变等效电路的注意点

① “等效”指的是只对微变量(交流)的等效。三极管外部的直流电源应视为零:直流电压源短路、直流电流源开路;电路中的所有电容要短接。

② 等效电路中的电流源 $\beta i_b$ 为一受控电流源,它的数值和方向都取决于基极电流 $i_b$,不能随意改动。$i_b$ 的正方向可以任意假设,但一旦假设好之后,$i_b$ 的方向就一定了。如果假设 $i_b$ 的方向为流入基极,则 $\beta i_b$ 的方向必定从集电极流向发射极;反之,如果假设 $i_b$ 的方向为流出基极,则 $\beta i_b$ 的方向必定从发射极流向集电极。

③ 这种微变等效电路只适合工作频率在低频、小信号状态下的三极管等效。低频通常是指频率低于几百千赫。在大信号工作时，不能用上述参数等效电路来等效。

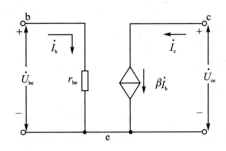

图 8.2.8 为其向量形式等效电路图。将三极管线性化处理后，放大电路从非线性电路转化成线性电路，线性电路所有的分析方法在这里都适用。

图 8.2.8　微变等效电路相量图

**2. 放大电路的动态分析**

对加入交流信号后的放大电路分析称为放大电路动态分析。放大器动态分析的主要任务是：计算放大器的动态参数，即电压放大倍数 $\dot{A}_u$、输入电阻 $r_i$ 和输出电阻 $r_o$ 等。

因动态分析是计算放大器在输入信号作用下的响应，所以计算动态分析的电路是放大器的微变等效电路，由原电路画微变等效电路的方法是：

① 先将电路中的三极管画成图 8.2.7(b) 所示的微变等效电路。

② 因电容对交流信号而言相当于短路，因此，可用导线将电容器短路。

③ 因直流电源对交流信号而言可等效成一个电容，所以直流电源对交流信号也是短路的，用导线将图中的 $+V_{CC}$ 点与接地点相连。

因此，放大电路的微变等效电路如图 8.2.9 所示。根据 $\dot{A}_u$ 的定义可得

$$\dot{A}_u = \frac{\dot{U}_o}{\dot{U}_i} = -\frac{\beta \dot{I}_b R'_L}{\dot{I}_b r_{be}} = -\beta \frac{R'_L}{r_{be}}$$

式中的 $R'_L$ 由 $R'_L = R_c /\!/ R_L$ 确定，因 $U_o$ 的参考方向与 $R'_L$ 上电流的参考方向非关联，所以用欧姆定律写 $U_o$ 的表达式时有负号，该负号也说明输出电压和输入电压反相。$r_{be}$ 是三极管的输入电阻。

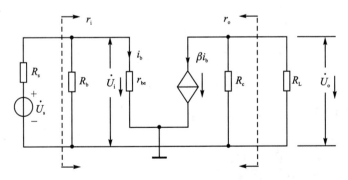

图 8.2.9　放大电路的微变等效电路

放大器的输入电阻 $r_i$ 就是从放大器输入端往放大器内部看（图中输入端虚线箭头所指的方向），除电源后的等效电阻（见图 8.2.9），放大器的输入电阻是 $R_b$ 和 $r_{be}$ 相并联，即

$$r_i = R_b /\!/ r_{be} \approx r_{be}$$

放大器的输出电阻 $r_o$ 就是从放大器输出端往放大器内部看（图中输出端虚线箭头所指的方向），除电源后的等效电阻，受控电流源开路以后，该电阻就是 $R_c$，即

$$r_o = R_c$$

　　求 $r_o$ 的方法,一般是将输入电压信号源短路(或电流信号源开路),注意应保留信号源内阻 $R_s$。然后在输出端外接一电压源 $U_2$(即用含受控源的戴维南等效电路法),并计算出该电源供给的电流 $I_2$,则输出电阻由 $r_o = \dfrac{U_2}{I_2}$ 算出。实际中也可以通过实验的方法测得 $r_o$(戴维南定理)。

　　当考虑信号源内阻对放大器电压放大倍数的影响作用时,放大器的电压放大倍数称为源电压放大倍数,用符号 $\dot{A}_{us}$ 来表示,计算源电压放大倍数 $\dot{A}_{us}$ 的公式为

$$\dot{A}_{us} = \frac{\dot{U}_o}{\dot{U}_s} = \frac{\dot{U}_i \dot{U}_o}{\dot{U}_s \dot{U}_i} = P\dot{A}_u$$

式中的 $P$ 为放大器的输入电阻与信号源内阻 $R_s$ 所组成的串联分压电路的分压比,即

$$P = \frac{r_i}{R_s + r_i}$$

　　应当指出,动态参数的分析只有在 $Q$ 点合适时才有意义,所以对放大电路进行分析时,总是遵循"先静态,后动态"的原则,也只有 $Q$ 点合适才可进行动态分析。

　　**【例 8.2.1】**　如图 8.2.10 所示的电路中,已知 $V_{CC} = 12$ V,$R_b = 120$ kΩ,$R_c = 3$ kΩ,$R_s = 1$ kΩ,$R_L = 3$ kΩ,晶体管电流放大系数 $\beta = 50$,试求放大电路的静态工作点 $I_{CQ}$,$I_{BQ}$,$U_{CEQ}$。

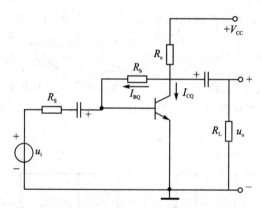

图 8.2.10　【例 8.2.1】电路

　　**【解】**　由 KVL 得 $V_{CC} = R_c(I_{BQ} + I_{CQ}) + R_b I_{BQ} + U_{BEQ}$ 即 $I_{BQ}R_b + R_c I_{BQ} + R_c\beta I_{BQ} = V_{CC} - U_{BEQ}$,则

$$I_{BQ} = \frac{V_{CC} - U_{BEQ}}{R_b + R_c + \beta R_c}$$

$$= \frac{(12 - 0.7) \text{ V}}{(120 \times 10^3 + 3 \times 10^3 + 50 \times 3 \times 10^3) \text{ } \Omega} = 41 \text{ } \mu\text{A}$$

$$I_{CQ} = \beta I_{BQ} = 50 \times 41 \text{ } \mu\text{A} = 2.1 \text{ mA}$$

$$U_{CEQ} = V_{CC} - R_c(I_{BQ} + I_{CQ}) =$$

$$[12 - 3 \times (41 \times 10^{-3} + 2.1)] \text{ V} = 5.67 \text{ V}$$

　　**【例 8.2.2】**　已知图 8.2.11 所示电路中晶体管的 $\beta = 100$,$r_{be} = 1$ kΩ。求:① 现已测得静态管压降 $U_{CEQ} = 6$ V,估算 $R_b$ 约为多少千欧;② 若测得 $\dot{U}_i$ 和 $\dot{U}_o$ 的有效值分别为 1 mV 和

100 mV,则负载电阻 $R_L$ 为多少千欧?

【解】　① 求解 $R_b$:由于

$$I_{CQ} = \frac{V_{CC} - U_{CEQ}}{R_c} = 2 \text{ mA}, \quad I_{BQ} = \frac{I_{CQ}}{\beta} = 20 \text{ }\mu\text{A},$$

故

$$R_b = \frac{V_{CC} - U_{BEQ}}{I_{BQ}} = \frac{12 \text{ V} - 0.7 \text{ V}}{20 \text{ }\mu\text{A}} \approx 565 \text{ k}\Omega$$

② 求解 $R_L$:

$$\dot{A}_u = -\frac{U_o}{U_i} = -100, \quad \dot{A}_u = -\frac{\beta R'_L}{r_{be}}, \quad R'_L = 1 \text{ k}\Omega, \quad \frac{1}{R_c} + \frac{1}{R_L} = 1, \quad R_L = 1.5 \text{ k}\Omega$$

**3. 图解法分析动态特性**

图解法的分析步骤是:在三极管输入特性曲线上,画出输入信号的波形,根据输入信号波形的变化情况,在输出特性曲线相应的地方画出输出信号的波形,并分析输出信号和输入信号在形状、幅度、相位等参量之间的关系,通过图解法,可以画出对应输入波形时的输出电流和输出电压波形。

由于交流信号的加入,此时应按交流通路来考虑。如图 8.2.12 所示,交流负载为 $R'_L = R_c // R_L$。在交流信号作用下,三极管工作状态的移动不再沿着直流负载线,而是按交流负载线(Alternating Load Line)移动。因此,分析交流信号前,应先画出交流负载线。

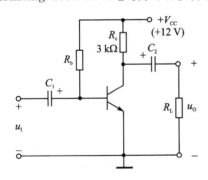 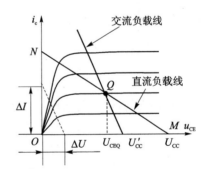

　　图 8.2.11　【例 8.2.2】电路　　　　　　　　图 8.2.12　交流负载线

(1) 交流负载线的确定

当放大器接有负载 $R_L$ 时,对交流信号而言,$R_L$ 和 $R_C$ 是并联的关系,并联后的总电阻为 $R'_L = \dfrac{R_C R_L}{R_C + R_L}$。

根据该电阻,在输出特性曲线上也可做一条斜率为 $-1/R'_L$ 的直线,该直线称为交流负载线,如图 8.2.12 所示。交流负载线具有如下两个特点:

① 交流负载线必然通过静态工作点。因为当输入信号 $u_i$ 的瞬时值为零时(相当于无信号加入),若忽略电容 $C_1$ 和 $C_2$ 的影响,则电路状态和静态相同。

② 交流负载线的斜率由 $R'_L$ 表示。

因此,按上述两个特点可作出交流负载线,即过 $Q$ 点,作一条 $\dfrac{\Delta U}{\Delta I} = R'_L$ 的直线,就是交流负载线。由 $R'_L = R_c // R_L$,所以 $R'_L < R_c$,故一般情况下,交流负载线比直流负载线更陡。在输入信号驱动下,放大器输出端的工作点将沿交流负载线移动,形成交流输出电压。

（2）输出信号波形分析

静态工作点确定之后，根据叠加定理可得放大器输入端的信号为 $u_{BE} = U_{BEQ} + u_i$，即在静态工作点电压上叠加输入的交流信号。放大器放大信号的过程如下：

当输入正半周信号时，放大器输入端的工作点沿输入特性曲线从 $Q$ 点往 $Q'$ 点移，放大器输出端的工作点沿直流负载线从 $Q$ 点往 $Q'$ 点移，在输出端形成负半周信号；当输入负半周信号时，放大器输入端的工作点沿输入特性曲线从 $Q$ 点往 $Q''$ 点移，放大器输出端的工作点沿直流负载线从 $Q$ 点往 $Q''$ 点移，在输出端形成正半周信号。完成对正、负半周输入信号的放大，如图 8.2.13 所示。

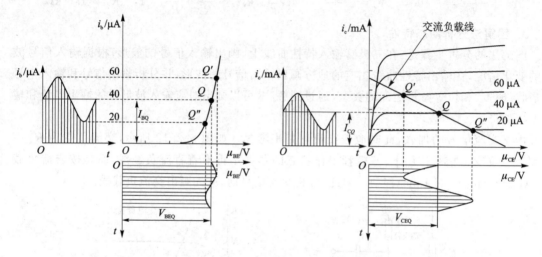

**图 8.2.13　放大器放大信号图解过程**

图解法分析动态特性的步骤，可归纳如下：

① 首先作出直流负载线，求出静态工作点 $Q$。

② 作出交流负载线。根据要求从交流负载线画出电流、电压波形，或求出最大不失真输出电压值。

用图解法分析动态特性，可直观地反映输入电流与输出电流、电压的波形关系。可形象地反映工作点不合适引起的非线性失真，但图解法有它的局限性，信号很小时，作图很难准确。对于非电阻性负载或工作频率较高，需要考虑三极管的电容效应以及分析负反馈放大器和多级放大器时，采用图解法就会遇到无法克服的困难。而且图解法不能确定放大器的输入、输出电阻和频率特性等参数。因此，图解法一般适用于分析输出幅度比较大而工作频率又不太高的情况。对于信号幅度较小和信号频率较高的放大器，常采用微变等效电路法进行分析。

**4. 非线性失真**

对于放大电路，应使输出电压尽可能地大，但它受到三极管非线性的限制。当信号过大或者工作点不合适时，输出电压波形将产生失真。由三极管的非线性引起的失真称为非线性失真。图解法可以清楚地在特性曲线上观察波形的失真情况。

当工作点设置过低，在输入信号的负半周，工作状态进入截止区，因而引起 $i_b$、$i_c$ 和 $u_{CE}$ 的波形失真，称为截止失真。由图 8.2.14(a) 可看出，对于 NPN 三极管共发射极放大电路，截止失真时，输出电压 $u_{CE}$ 的波形出现顶部失真。

如果工作点设置过高，在输入信号的正半周，工作状态进入饱和区，此时，当 $i_b$ 增大时 $i_c$

几乎不随之增大,因此引起 $i_c$ 和 $u_{ce}$ 产生,波形失真,称之为饱和失真,如图8.2.14(b)所示。

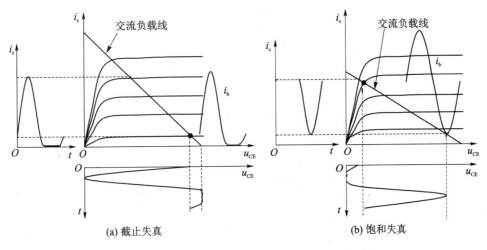

(a) 截止失真　　　　　　　　　　　(b) 饱和失真

**图 8.2.14　静态工作点不合适产生的非线性失真**

# 8.3　静态工作点的稳定

半导体器件是一种对温度十分敏感的器件,温度上升时将引起集电极电流 $I_C$ 增加,使静态工作点随之变化(提高)。我们知道,静态工作点选择过高、过低都会使波形产生失真。解决办法就是从放大电路自身想办法,使其在工作温度变化范围内,尽量减少工作点的变化。

固定偏流电压放大器电路结构虽然简单,但容易产生工作点不稳定的问题。工作点会随着温度的变化而变化,变化的过程是:当温度 $T$ 上升,基极电流 $I_{BQ}$ 将上升,引起集电极电流 $I_{CQ}$ 也上升;集电极电流 $I_{CQ}$ 上升,将引起三极管集电极—发射极间电压 $U_{CEQ}$ 下降。可见,对于固定偏置电路随着温度的变化,放大器工作点的三个量都发生了变化,在常温下已经调好工作点的电路,没有失真的现象,随着工作温度的上升,将改变原电路的工作点,有可能引起输出波形的失真。因此,下面介绍的分压式偏置电路能达到使 $I_C$ 稳定和工作点稳定的效果。

## 8.3.1　分压式偏置放大电路的组成

图 8.3.1 所示分压式偏置放大电路,与固定偏置放大电路比较多了电阻 $R_{b2}$、$R_e$ 和 $C_e$ 三个元件,添加这几个元件的目的是为了利用 $R_e$ 对直流电流的反馈作用来稳定静态工作点。电路图中的 $R_e$ 称为发射极电阻,$C_e$ 称为发射极电容。因该电容可为交流信号提供电阻 $R_e$ 旁边的通路,所以又称为旁路电容(by-pass capacitor)。对于直流,$C_e$ 相当开路;对于交流,$C_e$ 相当短路。$R_{b2}$ 称为下偏流电阻,$R_{b1}$ 则称为上偏流电阻。

## 8.3.2　分压偏置放大电路分析

### 1. 静态分析

图 8.3.1 的直流通路如图 8.3.2 所示。图中已标出各支路电流的参考方向,在 $I_1 \gg I_{BQ}$ 的条件下,$I_{BQ}$ 可忽略,相当于三极管的基极与 $B$ 点断开,上、下偏流电阻组成串联分压电路,根据串联分压公式可得 $B$ 点的电位为

$$V_B = \frac{R_{b2}}{R_{b1} + R_{b2}} V_{CC}$$

$$V_B = I_{EQ} R_e + U_{BEQ}$$

$$I_{EQ} = \frac{V_B - U_{BEQ}}{R_e}$$

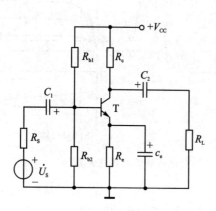
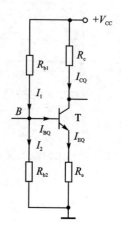

图 8.3.1　分压式偏置放大电路　　　　图 8.3.2　直流通路

　　式中的 $U_{BEQ}$ 为三极管的导通电压,硅管取 $0.6\sim0.7$ V,锗管取 $0.2\sim0.3$ V。根据 KCL、KVL 定律可得

$$I_{BQ} = \frac{I_{CQ}}{\beta}, \qquad I_{EQ} = I_{BQ} + I_{CQ}$$

$$I_{EQ} R_e + U_{CEQ} + I_{CQ} R_c = V_{CC}$$

$$U_{CEQ} \approx V_{CC} - I_{CQ}(R_e + R_c)$$

　　实际中上述公式应满足如下关系:$I_2 \geqslant (5\sim10)I_B$(硅管可以更小),$V_B \geqslant (5\sim10)U_{BE}$。对于硅管 $V_B = 3\sim5$ V;锗管 $V_B = 1\sim3$ V。静态工作点可按上述公式进行估算。该电路利用发射极电流 $I_E$ 在 $R_e$ 上产生的压降 $V_E$,以调节 $V_{BE}$。当 $I_C$ 因温度升高而增大时,$V_E$ 将使 $I_B$ 减小,于是便减小了 $I_C$ 的增加量,达到静态工作点稳定的目的。由于 $I_E \approx I_C$,所以只要稳定 $I_E$,则

$$T \uparrow \longrightarrow I_C \uparrow \longrightarrow V_E \uparrow \longrightarrow U_{BE} \downarrow$$
$$I_C \downarrow \longleftarrow I_B \downarrow \longleftarrow \;\; V_B\text{固定}$$

$I_C$ 便稳定了,由稳定工作点的过程可见,该电路是通过发射极电阻 $R_e$ 将集电极电流 $I_{CQ}$ 的变化情况取出来,利用 $U_{EQ}$ 和 $U_{BEQ}$ 相串联的关系回送到输入端,对净输入信号 $U_{BEQ}$ 进行调控,且这种调控作用可以实现 $I_{CQ}$ 上升时,引起 $U_{BEQ}$ 下降,将 $I_{CQ}$ 拉下来的目的,即负反馈的作用。后面会介绍该电路称为串联电流直流负反馈电路,$R_e$ 又称为反馈电阻。

**2. 动态分析**

　　反馈电阻 $R_e$ 因 $C_e$ 的旁路作用对交流信号没有作用,所以 $R_e$ 通常又称为直流反馈电阻。考虑电容 $C_e$ 对 $R_e$ 的旁路作用,画出微变等效电路如图 8.3.3 所示。已知

$$\dot{A}_u = \frac{\dot{U}_o}{\dot{U}_i} = -\beta \frac{R_L'}{r_{be}}$$

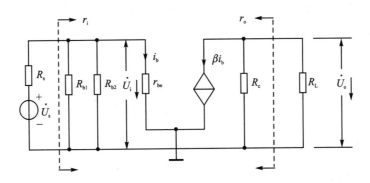

图 8.3.3　分压式偏置放大电路微变等效电路

$$r_i = R_{b1} /\!/ R_{b2} /\!/ r_{be}$$

$$r_o = R_c$$

【例 8.3.1】　电路如图 8.3.4 所示,已知
$R_{b1} = 20 \text{ k}\Omega, R_{b2} = 10 \text{ k}\Omega, R_c = 2 \text{ k}\Omega, R_e = 2 \text{ k}\Omega,$
$R_L = 4 \text{ k}\Omega, \beta = 50, V_{CC} = 12 \text{ V}, U_{BEQ} = 0.6 \text{ V},$试
计算

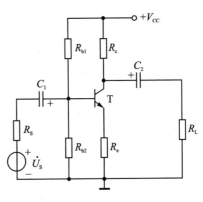

① 静态工作点;

② 放大电路的微变等效电路;

③ 电压放大倍数 $A_u$;

④ 输入电阻 $r_i$ 和输出电阻 $r_o$。

图 8.3.4　【例 8.3.1】电路

【解】　① 计算静态工作点

$$V_{BQ} = \frac{R_{b2}}{R_{b1} + R_{b2}} V_{CC} = \frac{10 \text{ k}\Omega}{20 \text{ k}\Omega + 10 \text{ k}\Omega} \times 12 \text{ V} = 4 \text{ V}$$

$$I_{CQ} \approx I_{EQ} = \frac{V_{EQ}}{R_e} = \frac{V_{BQ} - U_{BEQ}}{R_e} = \frac{4 \text{ V} - 0.6 \text{ V}}{2 \text{ k}\Omega} = 1.7 \text{ mA}$$

$$I_{BQ} = \frac{I_{CQ}}{\beta} = \frac{1.7 \text{ mA}}{50} = 34 \text{ } \mu A$$

$$U_{CEQ} \approx V_{CC} - I_{CQ}(R_c + R_e) = 12 \text{ V} - 1.7 \text{ mA} \times (2 \text{ k}\Omega + 2 \text{ k}\Omega) = 5.2 \text{ V}$$

② 画出放大电路的微变等效电路如图 8.3.5 所示。

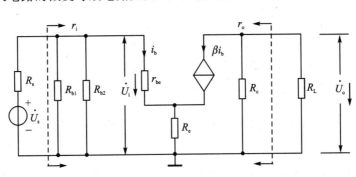

图 8.3.5　【例 8.3.1】微变等效电路

③ 计算电压放大倍数

$$r_{\mathrm{be}}=300\ \Omega+(1+\beta)\frac{26\ \mathrm{mV}}{I_{\mathrm{e}}(\mathrm{mA})}=300\ \Omega+(1+50)\frac{26\ \mathrm{mV}}{1.7\ \mathrm{mA}}=1.1\ \mathrm{k}\Omega$$

$$R'_{\mathrm{L}}=R_{\mathrm{c}}\ /\!/\ R_{\mathrm{L}}=(2\ /\!/\ 4)\ \mathrm{k}\Omega=1.33\ \mathrm{k}\Omega$$

$$\dot{A}_{u}=\frac{\dot{U}_{\mathrm{o}}}{\dot{U}_{\mathrm{i}}}=\frac{-\dot{I}_{\mathrm{c}}R'_{\mathrm{L}}}{\dot{I}_{\mathrm{b}}\left[r_{\mathrm{be}}+(1+\beta)R_{\mathrm{e}}\right]}=-\frac{\beta R'_{\mathrm{L}}}{r_{\mathrm{be}}+(1+\beta)R_{\mathrm{e}}}=$$

$$-\frac{50\times1.33}{1.1+(1+50)\times2}\approx-0.65$$

④ 输入 $r_{\mathrm{i}}$、输出电阻 $r_{\mathrm{o}}$

$$r_{\mathrm{i}}=R_{\mathrm{b1}}\ /\!/\ R_{\mathrm{b2}}\ /\!/\ \left[r_{\mathrm{be}}+(1+\beta)R_{\mathrm{e}}\right]=20\ \mathrm{k}\Omega\ /\!/\ 10\ \mathrm{k}\Omega\ /\!/\ 103.1\ \mathrm{k}\Omega\approx6.28\ \mathrm{k}\Omega$$

$$r_{\mathrm{o}}=R_{\mathrm{c}}=2\ \mathrm{k}\Omega$$

# 8.4　射极输出器

根据输入与输出回路公共端的不同,单管放大电路有三种基本组态:共发射极、共集电极和共基极。前面讨论的电路公共端是发射极,所以称为共发射极放大电路。以集电极为公共端的电压放大器称为共集电极电路。图 8.4.1 所示是共集电极(common-collector)放大电路。信号从基极输入、发射极输出,集电极是输入、输出的公共端,又称为射极输出器。

**1. 静态分析**

共集电极电压放大器电路的组成如图 8.4.1 所示。计算静态工作点画出直流通路如图 8.4.2 所示,则有

$$I_{\mathrm{BQ}}R_{\mathrm{b}}+U_{\mathrm{BEQ}}+I_{\mathrm{EQ}}R_{\mathrm{e}}=V_{\mathrm{CC}}$$

$$I_{\mathrm{BQ}}=\frac{V_{\mathrm{CC}}-U_{\mathrm{BEQ}}}{R_{\mathrm{b}}+(1+\beta)R_{\mathrm{e}}}$$

$$I_{\mathrm{CQ}}=\beta I_{\mathrm{BQ}}$$

$$U_{\mathrm{CEQ}}=V_{\mathrm{CC}}-I_{\mathrm{EQ}}R_{\mathrm{e}}$$

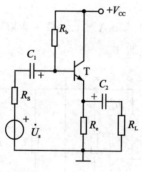

图 8.4.1　射极输出器

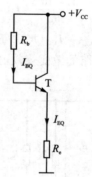

图 8.4.2　直流通路

**2. 动态分析**

进行动态分析需要画出微变等效电路如图 8.4.3 所示,计算动态参数的方法如下:

$$\dot{A}_{u}=\frac{\dot{U}_{\mathrm{o}}}{\dot{U}_{\mathrm{i}}}=\frac{\dot{I}_{\mathrm{e}}R'_{\mathrm{L}}}{\dot{I}_{\mathrm{b}}r_{\mathrm{be}}+\dot{I}_{\mathrm{e}}R'_{\mathrm{L}}}=\frac{(1+\beta)R'_{\mathrm{L}}}{r_{\mathrm{be}}+(1+\beta)R'_{\mathrm{L}}}\approx1$$

式中

$$R'_L = R_e \mathbin{/\mkern-5mu/} R_L = \frac{R_e R_L}{R_e + R_L}$$

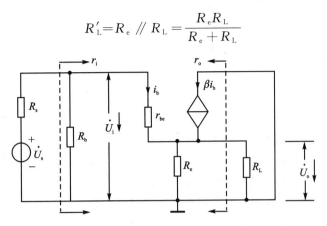

**图 8.4.3　射极输出器微变等效电路图**

共集电极放大电路的电压放大倍数小于 1 而接近于 1,且基极输入电压与射极的输出电压相位相同,所以又称为射极跟随器。尽管共集电极放大电路的电压放大倍数接近于 1,但电路的输出电流要比输入电流大很多倍,所以电路有功率放大作用。

计算输入电阻时,受控电流源支路视为断路处理,另外要注意射极电阻折合到基极阻值大小,所以有

$$r_i = R_b \mathbin{/\mkern-5mu/} \left[ r_{be} + (1+\beta) R_e \mathbin{/\mkern-5mu/} R_L \right]$$

同理,计算输出电阻时,基极支路电阻$(r_{be} + R_b \mathbin{/\mkern-5mu/} R_s)$折合到射极支路电阻值缩小$(1+\beta)$倍可得输出电阻为

$$r_o = R_e \mathbin{/\mkern-5mu/} \frac{r_{be} + R_b \mathbin{/\mkern-5mu/} R_s}{1+\beta}, \quad r_o \approx \frac{r_{be} + R_s \mathbin{/\mkern-5mu/} R_b}{1+\beta}$$

$r_o$ 求取也可用加压求流法得到。求输出电阻时,将信号源短路$(E_s = 0)$,保留信号源内阻 $R_s$,去掉 $R_L$,同时在输出端接上一个信号电压 $U_o$,产生电流 $I_o$,如图 8.4.4 所示。

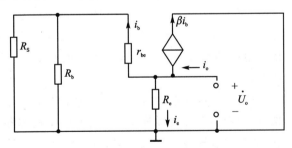

**图 8.4.4　计算 $r_o$ 等效电路图**

由 KCL 得

$$\dot{I}_o = \dot{I}_b + \beta \dot{I}_b + \dot{I}_e = \frac{\dot{U}_o}{r_{be} + R_s \mathbin{/\mkern-5mu/} R_b} + \frac{\beta \dot{U}_o}{r_{be} + R_s \mathbin{/\mkern-5mu/} R_b} + \frac{\dot{U}_o}{R_e}$$

式中

$$\dot{I}_b = \frac{\dot{U}_o}{r_{be} + R_s \mathbin{/\mkern-5mu/} R_b}$$

由此求得

$$r_o = \frac{U_o}{I_o} = \frac{R_e \left[ r_{be} + (R_s /\!/ R_b) \right]}{(1+\beta)R_e + \left[ r_{be} + (R_s /\!/ R_b) \right]}$$

一般

$$(1+\beta)R_e \gg r_{be} + R_s /\!/ R_b$$

所以

$$r_o \approx \frac{r_{be} + R_s /\!/ R_b}{1+\beta}$$

与共发射极电路比较可得射极输出器的主要特点是：输入电阻大；输出电阻小；电压放大倍数接近于 1；输出电压与输入电压同相。

共集电极电路虽然没有电压放大作用，但它的输入电阻大、输出电阻小的特点在电子技术中被广泛应用。由于射极输出器的输入电阻大，因此，它常用作多级放大电路的输入级，可减轻信号源的电流负担，并且输入电阻大对高内阻信号源更有意义，可以使放大电路入端分到较多信号源电压信号。例如，测量仪表为减小测量时对原电路的接入影响，总是希望在放大电路的输入级有较大入端电阻；常用作输出级，因为射极输出器的输出电阻小，对于后级电路此时相当于信号源，当不同负载接入后或增大时，输出电压下降就小，所以用它作输出级带负载能力强；有时射极输出器也用作中间级起缓冲中间隔离作用，起阻抗匹配变换作用。

# 8.5　多级放大器

小信号放大电路的输入信号一般都是微弱信号，为了推动负载工作，输入信号必须经多级放大。多极放大电路的组成框图如图 8.5.1 所示，多级放大电路是由两级或两级以上的单级放大电路连接而成的。

**图 8.5.1　多极放大电路的组成框图**

在多级放大电路中，我们把级与级之间的连接方式称为耦合方式，级与级之间耦合时必须满足：① 耦合后各级电路仍具有合适的静态工作点；② 保证信号在级与级之间能够顺利地传输过去；③ 耦合后多级放大电路的性能指标必须满足实际的要求。一般常用的耦合方式有：阻容耦合、直接耦合、变压器耦合。

直接耦合，级与级之间直接用导线连接的方式。优点：可以放大交流信号，也可以放大直流信号；电路简单，便于集成。缺点：存在各级静态工作点相互牵制和零点漂移。

阻容耦合，级与级之间通过电容连接的方式。优点：电容具有隔直作用，各级电路的静态工作点相互独立。缺点：对交流信号具有一定的容抗，在信号传输过程中，会受到一定的衰减。

变压器耦合，级与级之间通过变压器连接的方式。优点：因变压器不能传输直流信号，只能传输交流信号和阻抗变换，各级电路的静态工作点相互独立，互不影响，能得到交大的输出功率。缺点：体积大而重，不便于集成，同时频率特性差。

阻容耦合在分立元件多级放大器中广泛使用，在集成电路中多用直接耦合，变压器耦合现仅在高频电路中有用。

多级放大电路的性能指标估算：① 电压放大倍数，$A_u = A_{u1} A_{u2} \cdots A_{un}$；② 输入电阻，多级放大电路的输入电阻，就是输入级的输入电阻。计算时要注意：当输入级为共集电极放大电路时,要考虑第二级的输入电阻作为前级负载时对输入电阻的影响;③ 输出电阻,多级放大电路的输出电阻就是输出级的输出电阻。计算时要注意:当输出级为共集电极放大电路时,要考虑其前级对输出电阻的影响;④ 多级放大电路的通频带,耦合后,放大电路的通频带变窄。

## 8.5.1　阻容耦合电压放大器

阻容耦合多级放大器是利用电阻和电容组成的 RC 耦合电路,实现放大器级间信号的传递,两级阻容耦合放大器的电路如图 8.5.2 所示。将两个共发射极电路用电容相连就组成两级阻容耦合电压放大器,第一级放大器的输出端为第二级放大器的输入端。

## 8.5.2　直接耦合电压放大器

阻容耦合放大器是通过电容实现级间信号的耦合,因电容的容抗是频率的函数,所以阻容耦合放大器对低频信号的耦合作用较差,采用直接耦合放大器可解决这一问题。直接耦合放大电路更适用于集成电路,其一种组成如图 8.5.3 所示。

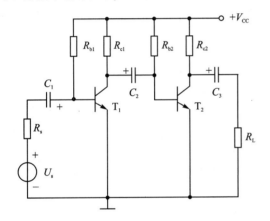

图 8.5.2　阻容耦合放大器

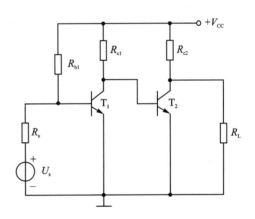

图 8.5.3　直接耦合放大器电路

如图 8.5.4(a)、(b)所示电路图,提高第二级三极管发射极的电位,使两级放大器都有合适的静态工作点,具体的:

图 8.5.4(a)用电阻来提高第二级放大器发射极的电位,对交流信号有反馈作用,使两级

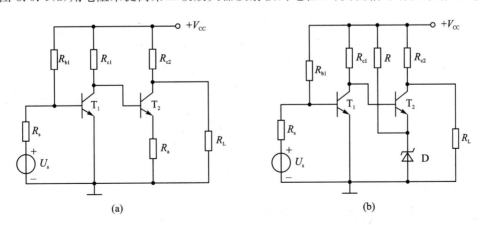

图 8.5.4　两级放大器都有合适工作点的直接耦合电路

放大器的电压放大倍数下降。图 8.5.4(b)电路利用稳压管导通电阻很小,两端电压较大的特点代替电阻,既可以提高第二级放大器发射极的电位,同时对第二级放大器电压放大倍数的影响又很小。

### 8.5.3　零点漂移问题

多级直接耦合放大器无耦合电容,对频率很低的交流信号和频率为零的直流信号都有很好的放大作用,所以又称为直流放大器。但随之又产生了三个问题:① 各级静态工作点之间相互影响,在静态工作点的计算和调试时比较复杂;② 电位移动问题,此问题与都比较好解决;③ 零点漂移,是多级直接耦合放大器的最突出问题。放大器输入端交流对地短路,即 $u_i=0$ 时,理论上,放大器输出电压 $u_o$ 也应该为零,但实际上输出电压 $u_o$ 会偏离零点而出现上下缓慢漂动,造成一定的输出变量。这样将直接耦合放大器的输入端短路,在输出端接记录仪可记录到缓慢的无规则的信号输出,这种现象称为零点漂移,简称零漂。当零点漂移过大时,放大器将无法正常工作。在衡量零点漂移的程度时,不光是看漂移电压的绝对大小,而也要看漂移电压与有用信号电压的比值。下面分析零点漂移的产生和抑制措施。

**1. 零点漂移的产生**

产生零点漂移的原因很多,如温度的变化、电源电压的波动、元器件的老化等因素都会引起放大器发生零点漂移。其中,温度的变化是引起零点漂移的主要原因,这是因为晶体管的参数 $I_{CEO}$、$\beta$ 和 $V_{BEQ}$ 等随温度变化,所以,人们用“温度漂移”作为衡量零点漂移的主要指标。“温度漂移”简称“温漂”,是指温度每变化一度,放大器输出端的漂移电压变量折算到输入端的值。

在阻容耦合和变压器耦合的交流放大器中,同样存在每一级放大器静态工作点的漂移现象,但是缓慢变化的漂移电压不能通过电容器和变压器耦合到下一级,而它对本级的影响非常小,因而不需要考虑零点漂移问题。可是,在直接耦合放大器中,前级漂移电压将耦合到后面各级,并逐级放大,从而在输出端产生较大的漂移电压。由此可见,第一级产生的漂移影响最大,而且放大器放大倍数越大、级数越多,零点漂移现象越严重。要解决直接耦合放大器温漂的问题,主要是解决第一级放大器温漂的问题,一般采用差动放大器能很好地解决放大器温漂的问题。

**2. 抑制零点漂移的主要措施**

① 选用参数稳定、性能好的硅管,以减少零点漂移。原因是硅管受温度的影响比锗管小得多。

② 采用稳定性高的电源,以减少因电源电压波动引起的零点漂移。

③ 采用热敏元件进行温度补偿,以抑制温度变化所引起的零点漂移。

④ 负反馈对抑制零点漂移也起着很重要的作用。

⑤ 输入级采用差分放大电路是抑制零点漂移最有效的方法。

## *8.6　差分放大电路

差分放大电路能够抑制零点漂移,与后级放大电路直接耦合。几乎所有模拟集成电路中的多级放大电路都用它作输入级。

### 8.6.1　差分放大电路的基本结构

差动放大器又称差分放大电路。差动放大电路的基本形式如图 8.6.1 所示。

　　信号电压 $u_{i1}$ 和 $u_{i2}$ 由两个管子的基极输入，输出电压 $u_o$ 由两管的集电极输出。要求理想情况下，两管特性一致，电路为对称结构。

　　在静态时

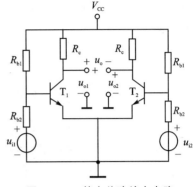

$$I_{C1} = I_{C2}, \quad U_{C1} = U_{C2}$$

故输出电压

$$u_o = V_{C1} - V_{C2} = 0$$

当温度变化时

$$\Delta I_{C1} = \Delta I_{C2}, \quad \Delta V_{C1} = \Delta V_{C2}$$

$$u_o = (V_{C1} + \Delta V_{C2}) - (V_{C2} + \Delta V_{C2}) = 0$$

**图 8.6.1　基本差动放大电路**

不管是温度还是其他原因引起的漂移，只要是引起两管同样的漂移，都可以给予抑制。

## 8.6.2　差分放大电路的分析

### 1. 静态分析

　　在静态时，$u_{i1} = u_{i2} = 0$，两输入端与地之间可视为短路，电源通过电阻向两个三极管提供偏流以建立合适的静态工作点。

### 2. 动态分析

　　在动态时，分为共模、差模和任意三种信号来分析。

　　（1）共模输入信号

　　共模输入信号指的是：两个大小相等，极性相同的输入信号，即 $u_{i1} = u_{i2}$。差动放大器对共模信号放大的过程是：当 $u_{i1} = u_{i2} > 0$ 时，将出现 $u_{C1} = u_{C2} < 0$ 的信号；当 $u_{i1} = u_{i2} < 0$ 时，将出现 $u_{C1} = u_{C2} > 0$ 的信号；根据 $u_o = u_{C1} - u_{C2}$ 可得，$u_o = 0$，所以差动放大器对共模信号没有放大作用。

　　由上面的讨论可见，差动信号是有差别的信号，有差别的信号通常是有用的需要进一步放大的信号；共模信号是没有差别的信号，没有差别的信号通常可归并为需要抑制的温漂信号。差动放大器对差模信号有较强的放大能力，对共模信号却没有放大作用，差动放大器的这些特征，与实际应用的要求相适应，所以差动放大器在直接耦合放大器中被广泛使用。

　　（2）差模输入信号

　　差模输入信号指的是：两个大小相等、极性相反的输入信号，即 $u_{i1} = -u_{i2}$。差动放大器对差模信号放大的过程是：

　　当 $u_{i1} > 0$ 时，$u_{i2} < 0$；大于零的 $u_{i1}$ 信号，使 $u_{C1} < 0$；小于零的 $u_{i2}$ 信号，使 $u_{C2} > 0$。根据 $u_o = u_{C1} - u_{C2}$ 可得，$u_o = -2u_{C1}$，因 $u_{C1} > u_{i1}$，$|u_o| = 2|u_{C1}|$，所以差动放大器对差模信号有较大的放大能力，这也是差动放大器"差动"名词的含义。

　　（3）任意输入信号

　　任意输入信号指的是：两个大小和极性都不相同的输入信号。根据信号分析的理论，任意信号可以分解成一对差模信号 $u_d$ 和一对共模信号 $u_c$ 的线性组合，即

$$u_{i1} = u_c + u_d, \quad u_{i2} = u_c - u_d$$

　　根据上式可得差模信号 $u_d$ 和共模信号 $u_C$ 分别为

$$u_d = \frac{u_{i1} - u_{i2}}{2}, \quad u_c = \frac{u_{i1} + u_{i2}}{2}$$

例如,任意输入信号 $u_{i1} = -6\ \text{mV}$, $u_{i2} = 2\ \text{mV}$,将该信号分解成差模信号和共模信号,可得

$$u_d = \frac{u_{i1} - u_{i2}}{2} = \frac{-6 - 2}{2}\ \text{mV} = -4\ \text{mV}$$

$$u_c = \frac{u_{i1} + u_{i2}}{2} = \frac{-6 + 2}{2}\ \text{mV} = -2\ \text{mV}$$

综上所述,无论差动放大器的输入是何种类型,都可以认为差动放大器是在差模信号和共模信号驱动下工作,因差动放大器对差模信号有放大作用,对共模信号没有放大作用,所以求出差动放大器对差模信号的放大倍数,即为差动放大器对任意信号的放大倍数。

为了全面衡量差分放大电路放大差模信号和抑制共模信号的能力,通常把差分放大电路的差模电压放大倍数 $A_d$ 与共模电压放大倍数 $A_C$ 的比值

$$K_{CMRR} = A_d / A_C$$

称为共模抑制比。显然 $K_{CMRR}$ 越大越好,在电路完全对称的情况下 $A_C = 0$,$K_{CMRR} \to \infty$。但实际上,电路完全对称是很难做到的,所以 $K_{CMRR}$ 不可能为无穷大。

# 本章小结

本章介绍了晶体三极管和场效应三极管的基本放大电路的组成和基本分析方法,主要内容包括:

1. 放大电路是应用最为广泛的模拟电子电路,它是构成电子电路的基本单元电路。放大电路的物理实质是实现能量的控制,作为放大元件的晶体三极管就是控制元件。

2. 衡量放大电路好坏的主要性能指标有:电压放大倍数、输入电阻和输出电阻等。

3. 晶体三极管组成放大电路的原则是:外加直流电源的极性应保证三极管的发射极正偏,集电极反偏,以使三极管工作在放大区。为了克服温度变化对静态工作点的影响,可以采用分压式偏置电路。

4. 对放大电路的分析包括静态分析和动态分析,静态分析主要确定放大电路的静态工作点,只有保证合适的工作点,放大电路才能进行正常的工作,静态工作点的分析中,可采用图解分析法和估算法。

放大电路的动态分析即求电压放大倍数、输入电阻和输出电阻等动态参数,同样可以采用图解分析法和估算法。图解法的主要优点是直观,通过在三极管的特性曲线上作出相应的电压电流波形,可直观地看出三极管的工作状态。因此,常常利用图解分析法来分析放大电路的输出波形的非线性失真,但它只适用于简单放大电路的分析,对于多级放大电路则不适用。微变等效电路法是利用三极管的小信号模型来分析电路各动态参数,也适合于分析复杂的多级放大电路。

# 习　题

## 8.1　选择题

8.1.1　放大电路的静态是指(　　　)信号时的状态。

　　A. 有　　　　　　　　　B. 无

8.1.2　放大电路的动态是指(　　)信号时的状态。

　　　A. 有　　　　　　　　　B. 无

8.1.3　设置静态工作点的目的(　　)。

　　　A. 使放大电路工作在线性放大区　　　　B. 使放大电路工作在非线性区
　　　C. 尽量提高放大电路的放大倍数　　　　D. 尽量提高放大电路的稳定性

8.1.4　在放大电路中,集电极负载电阻 $R_C$ 的作用是(　　)。

　　　A. 三极管集电极的负载电阻　　　　　　B. 使三极管工作在放大状态
　　　C. 把三极管的电流放大作用转换成电压放大作用

8.1.5　放大器的电压放大倍数是在(　　)时增大。

　　　A. 负载电阻减小　　　　　　　　　　　B. 负载电阻增大
　　　C. 负载电阻不变　　　　　　　　　　　D. 电源电压升高

8.1.6　影响放大器工作点稳定的主要因素是(　　)。

　　　A. $\beta$ 值　　　　B. 穿透电流　　　　C. 温度　　　　D. 频率

8.1.7　在放大电路中,静态工作点过低,会引起(　　)。

　　　A. 相位失真　　　B. 截止失真　　　C. 饱和失真　　　D. 交越失真

8.1.8　在要求放大电路有最大不失真输出信号时,应该把静态工作点设置在(　　)。

　　　A. 交流负载线的中点　　　　　　　　　B. 交流负载线的上端
　　　C. 直流负载线的中点　　　　　　　　　D. 直流负载线的上端

8.1.9　已知晶体管的输入信号为正弦波,习题 8.1.9 图所示输出电压波形产生的失真为(　　)。

　　　A. 饱和失真　　　B. 交越失真
　　　C. 截止失真　　　D. 频率失真

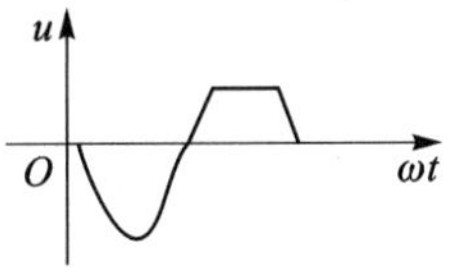

习题 8.1.9 图

8.1.10　分压偏置电路的特点是:静态工作点(　　)。

　　　A. 稳定　　　　　B. 不稳定　　　　C. 很不稳定

8.1.11　分压式偏置电路中 $R_e$ 的作用是(　　)。

　　　A. 稳定静态工作点　　　B. 增大 $U_o$　　　C. 减小 $\beta$

8.1.12　分压式偏置电路中旁路电容 $C_E$ 的作用是(　　)。

　　　A. 稳定静态工作点,使电压放大倍数下降
　　　B. 稳定静态工作点,使电压放大倍数不变
　　　C. 使电压放大倍数大大增加

8.1.13　在共集电极放大电路中,输出电压与输入电压的关系是(　　)。

　　　A. 相位相同,幅度增大　　　　　　　　B. 相位相反,幅度增大
　　　C. 相位相同,幅度相似

8.1.14　半导体三极管是一种(　　)。

　　　A. 电压控制电压的器件　　　　　　　　B. 电压控制电流的器件
　　　C. 电流控制电流的器件　　　　　　　　D. 电流控制电压的器件

8.1.15　工作在放大状态的三极管,当基极电流 $I_B$ 由 60 $\mu A$ 降低到 40 $\mu A$ 时,集电极电流 $I_C$ 由 2.3 mA 降低到 1.5 mA,则此三极管的动态电流放大系数 $\beta$ 为(　　)。

　　　A. 37.5　　　　　B. 38.3　　　　　C. 40　　　　　D. 57.5

8.1.16　一共射极放大电路的 NPN 三极管工作在饱和导通状态,其发射结电压 $U_{BE}$ 和

集电结电压 $U_{BC}$ 分别为(　　)。

　　A. $U_{BE}>0$，$U_{BC}<0$ 　　　　　　　　　B. $U_{BE}>0$，$U_{BC}>0$

　　C. $U_{BE}<0$，$U_{BC}<0$ 　　　　　　　　　D. $U_{BE}<0$，$U_{BC}<0$

　8.1.17　射极跟随器的特点是(　　)。

　　A. 输入电阻小、输出电阻大　　　　B. 输入电阻大、输出电阻小　　　　C. 一样大

## 8.2　计算题

8.2.1　共发射极放大器中集电极电阻 $R_c$ 起什么作用？

8.2.2　放大电路中为什么要设立静态工作点？静态工作点的高、低对电路有何影响？

8.2.3　习题 8.2.3 图示各放大电路能否实现对交流信号的放大，为什么？若有错误，请改正过来。

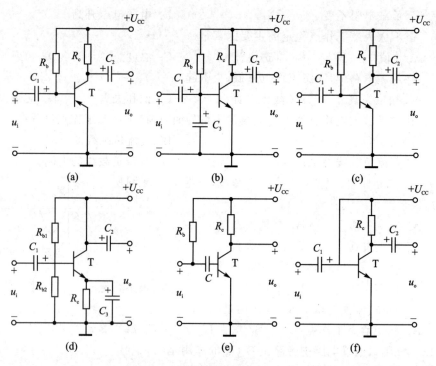

习题 8.2.3 图

　8.2.4　放大电路的输入电阻与输出电阻的含义是什么？为什么说放大电路的输入电阻可以用来表示放大电路对信号源电压的衰减程度？放大电路的输出电阻可以用来表示放大电路带负载的能力？

　8.2.5　画出习题 8.2.5 图所示电路的直流通路和交流通路。设所有电容对交流信号均可视为短路。

　8.2.6　在习题 8.2.6 图所示电路中，$U_{CC}=12$ V，$R_c=4$ kΩ，$R_b=300$ kΩ，$V_{BEQ}=0.7$ V，$\beta=50$。求：

　①　画出电路的直流通路；

　②　求电路的静态工作点；

　③　画出所示电路的微变等效电路；

　④　求负载开路时的电压放大倍数 $A'_u$ 和输入电阻 $r_i$、输出电阻 $r_o$；

⑤ 若电路负载 $R_L = 4$ kΩ 时，求负载状态下的电压放大倍数 $A_u$、$r_i$ 和 $r_o$。

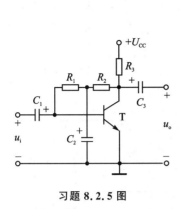

习题 8.2.5 图

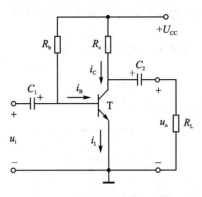

习题 8.2.6 图

8.2.7　电路如习题 8.2.7 图所示。已知：$V_{CC} = 12$ V，$R_{b1} = 2.5$ kΩ，$R_{b2} = 7.5$ kΩ，$R_c = 2$ kΩ，$R_e = 1$ kΩ，$R_L = 2$ kΩ，三极管 $\beta = 100$，$U_{BE} = 0.7$ V。求：① 静态工作点 $Q$；② 画出放大电路的微变等效电路；③ 电压放大倍数 $A_u$、电路输入电阻 $r_i$ 和输出电阻 $r_o$。

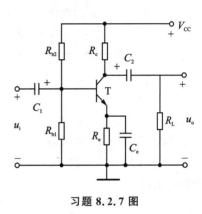

习题 8.2.7 图

8.2.8　电路如习题 8.2.8 图（a）所示，图（b）是晶体管的输出特性，静态时 $U_{BEQ} = 0.7$ V。① 利用图解法分别求出 $R_L = \infty$ 和 $R_L = 3$ kΩ 时的静态工作点和最大不失真输出电压 $U_{om}$（有效值）。② 调整 $R_b$ 的大小，使 $U_{CEQ} = 5$ V，如果不考虑三极管的反向饱和电流 $I_{CEO}$ 和饱和压降 $U_{CES}$，当输入信号 $u_i$ 的幅度逐渐加大时，最先出现的是饱和失真还是截止失真？电路可以得到的最大不失真输出电压的峰值多大？

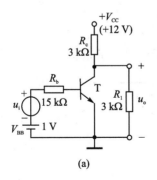

(a)

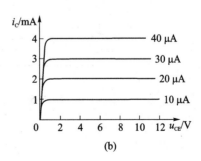

(b)

习题 8.2.8 图

8.2.9　电路如习题 8.2.9 图所示，晶体管的 $\beta = 100$，求：

① 画出直流通路，分析静态工作点 $Q$；

② 画出微变等效电路，进行动态分析，求出 $A_u$，$r_i$，$r_o$。

③ 若电容 $C_e$ 开路，则将引起电路的哪些动态参数发生变化？如何变化？

8.2.10　电路如习题 8.2.10 图所示，如果 $V_{CC} = +12$ V，$R_{b1} = 15$ kΩ，$R_{b2} = 30$ kΩ，$R_c =$

$3.3\ \text{k}\Omega, R_e = 3\ \text{k}\Omega, \beta = 100, U_{BEQ} = 0.7\ \text{V}$, 电容 $C_1$、$C_2$ 足够大。求：

① 计算电路的静态工作点 $I_{BQ}$、$I_{CQ}$ 和 $U_{CEQ}$。

② 分别计算电路的电压放大倍数 $\dot{A}_{u1} = \dfrac{\dot{U}_{o1}}{\dot{U}_i}$ 和 $\dot{A}_{u2} = \dfrac{\dot{U}_{o2}}{\dot{U}_i}$。

③ 求电路的输入电阻 $r_i$。

④ 分别计算电路的输出电阻 $r_{o1}$ 和 $r_{o2}$。

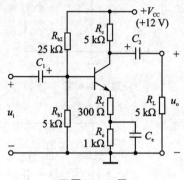　　　　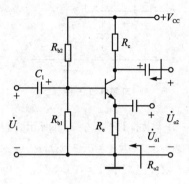

习题 8.2.9 图　　　　　　　　　习题 8.2.10 图

8.2.11　电路如习题 8.2.11 图所示，晶体管的 $\beta = 80, r_{be} = 1\ \text{k}\Omega$。

① 画出直流电路，分析静态工作点 $Q$。

② 画出微变等效电路，分别求出 $R_L = \infty$ 和 $R_L = 3\ \text{k}\Omega$ 时电路的电压放大倍数、输入电阻 $r_i$ 和输出电阻 $r_o$。

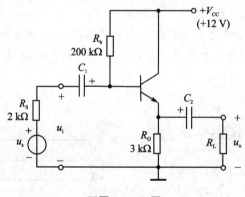

习题 8.2.11 图

# 第9章 集成运算放大电路

## 【学习导引】

由单个电子元件连接而成的线路称为分立元件电子线路。在半导体制造工艺的基础上，为实现特定功能将整个电子电路中的元器件及其连接制作在一块硅基片上形成的的电子电路称为集成电路。集成电路具有体积小、性能好、外围电路简单、应用领域广泛的特点。在集成电路中，为了不使工艺复杂，尽量采用单一类型的管子，元件种类也要少。集成电路中阻值太高或太低的电阻不易制造，常用有源器件取代电阻。大电容和电感不易制造，因此多级放大电路都用直接耦合，所以集成电路在形式上与分立元件电路相比有很大的差别。集成运算放大器（简称集成运放）中单个元件精度不高，受温度影响也大，但元器件的性能参数比较一致，对称性好，在输入级适合采用差动电路。集成运放的实质是一个高增益的直接耦合多级放大电路，集成运放按功能可分为模拟集成电路和数字集成电路。模拟集成电路的种类很多，其中集成运算放大器是模拟集成电路的主要代表器件，这种放大器早期主要用来进行模拟计算机中的数学运算，故叫作运算放大器。目前，它的应用已远远超过了模拟计算的范围，在信号处理、信号测量、波形转换、自动控制等领域都有广泛的应用。

本章重点讨论了集成运放的基本应用电路，主要包括比例、加法、减法、微分、积分运算电路；对电压比较器和有源滤波电路做了简单的分析，讨论了正弦波振荡电路和其他类型的信号产生电路。在分析各种运算和处理电路时，由运放构成的电路通常工作在深度负反馈条件下，常用到以下两个概念：

① 集成运放两个输入端之间的电压差接近于 0，即虚短。

② 集成运放输入电阻很高，两输入电流几乎为零，即虚断。

集成运算放大器外接深度负反馈电路后，可组成比例、加减、微分和积分、对数与反对数等运算电路，这是集成运放电路线性应用的一部分。通过这一部分的分析可以看出，理想运放外接负反馈电路后，其输出电压与输入电压之间的关系只与外接电路的参数有关，而与集成运放本身参数无关。

## 【学习目标和要求】

① 理解集成运算放大器的基本组成、主要参数的意义及电压传输特性。

② 掌握运算放大器电路的基本分析方法。

③ 了解负反馈类型的分析判断方法，了解负反馈对放大性能的影响。

④ 了解电压比较器的工作原理和应用，了解一阶滤波器的电路结构、工作原理。

⑤ 理解自激振荡的条件，掌握 RC 正弦波发生电路的工作原理和计算方法。

# 9.1 运算放大器的基本概念

## 9.1.1 运算放大器的组成

集成运算放大器（Integrated Operational Amplifier, OPA）简称集成运放（Integrated

OPA)，由输入级、中间级、输出级和偏置电路四个基本部分组成(见图 9.1.1)。

输入级有同相和反相两个端，要求其输入电阻高。为了抑制共模信号，输入级一般采用差分输入电路。中间级主要进行电压放大，要求它的电压放大倍数高，一般由共发射极放大电路构成。输出级与负载相接，要求其输出电阻低，带负载能力强，能输出足够大的电压和电流，一般由互补对称电路或射极输出器构成。

偏置电路的作用是为上述各级电路提供稳定和合适的偏置电流，确定各级的静态工作点，一般由各种恒流源电路构成。

集成运算放大器的符号可用图 9.1.2 来表示。图中 ▷ 表示放大器传输方向，$A_\circ$ 表示电压放大倍数，右侧"＋"端为输出端，信号由此端与地之间输出。左侧"－"端为反相输入端，当信号由此端与地之间输入时，输出信号与输入信号相位相反，信号的这种输入方式称为反相输入。左侧"＋"端为同相输入端，当信号由此端与地之间输入时，输出信号与输入信号相位相同，信号的这种输入方式称为同相输入。如果将两个输入信号分别从上述两端与地之间输入，则信号的这种输入方式称为差分输入。

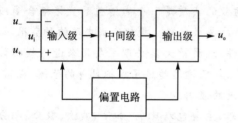

图 9.1.1　运算放大器的方框图

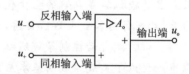

图 9.1.2　运算放大器的图形符号

反相输入、同相输入和差分输入是运算放大器最基本的信号输入方式。集成运放器件除输入和输出接线端(引脚)以外，还有电源和其他用途的接线端。产品型号不同，引脚编号也不相同，使用时可查阅有关手册。

在应用集成运算放大器时，只需要知道它的引脚用途以及放大器的主要参数，不必了解它的内部电路结构。例如 F007(5C24)集成运算放大器的外形、引脚编号和外部接线如图 9.1.3 所示。它的外形有双列直插式(见图 9.1.3(a))和圆壳式(见图 9.1.3(b))两种封装。这种运算

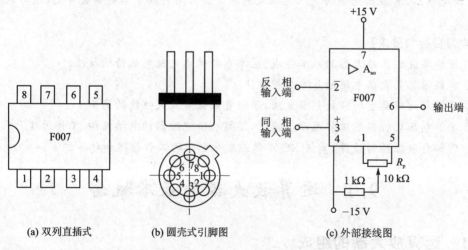

(a) 双列直插式　　　(b) 圆壳式引脚图　　　(c) 外部接线图

图 9.1.3　集成运算放大器(F007)的引脚和外部接线

放大器与外电路相接如图 9.1.3(c)所示。各引脚的功能是：2 为反相输入端，由此端接输入信号，则输出信号和输入信号是反相的(或两者极性相反)。3 为同相输入端，由此端接输入信号，则输出信号和输入信号是同相的(或两者极性相同)。4 为负电源端，接−15 V 稳压电源。7 为正电源端，接＋15 V 稳压电源。6 为输出端。1 和 5 为外接调零电位器(通常为 10 kΩ)的两个端子。8 为空脚。

## 9.1.2　运算放大器的主要技术参数

为了合理地选用和正确地使用运算放大器，应了解它的主要技术参数。

**1. 开环电压放大倍数**

开环电压放大倍数 $A_{uo}$ 是指运放输出端和输入端之间没有外接元件(即无反馈)时，输出端开路，在两输入端 $u_+$、$u_-$ 之间加一个小信号电压时所测出的电压放大倍数。$A_{uo}$ 越大，所构成的运算电路越稳定，运算精度也越高。$A_{uo}$ 一般约为 $10^4 \sim 10^7$，即 80～140 dB。

**2. 最大差模输入电压**

最大差模输入电压 $U_{IDM}$ 是指集成运放两输入端之间所能承受的最大电压值。超过此值，输入级差分管中某个三极管的发射结将反向击穿，从而使集成运放性能变差，甚至损坏。

**3. 最大共模输入电压**

最大共模输入电压 $U_{ICM}$ 是指集成运放所能承受的共模输入电压最大值。超过此值，将会使输入级工作不正常，共模抑制比下降，甚至损坏。

**4. 共模抑制比**

差模电压放大倍数与共模电压放大倍数的比值

$$K_{CMRR} = A_{ud}/A_{uc}$$

称为共模抑制比。它的大小反映集成运算放大器抑制共模信号的能力。$K_{CMRR}$ 数值越大，抑制干扰的能力越强。一般为 70～130 dB。

集成运放的技术参数很多，附录 7 列出了集成运放的主要技术参数。在选用集成运放时，要根据具体要求，选择合适的型号。

## 9.1.3　电压传输特性

集成运放的输出电压 $u_o$ 与输入电压 $u_+ - u_-$ 之间的关系 $u_o = f(u_+ - u_-)$ 称为集成运放的电压传输特性(Voltage Transmission Characteristic)，如图 9.1.4 所示。它包括线性区和饱和区两部分。在线性区内，输出电压 $u_o$ 与输入电压 $u_+ - u_-$ 成正比关系。由于运算放大器的开环电压放大倍数 $A_{uo}$ 很高，即使输入毫伏级以下的信号，也足以使输出电压饱和，其饱和值 $+U_{o(sat)}$ 或 $-U_{o(sat)}$ 达到或接近正电源电压值或负电源电压值，这样输入电压就必须很小。运算放大器的这种工作状态称为"开环运行"。为了使运算放大器工作在线性区，通常外接反馈电路将输出的一部分接回(反馈)到输入

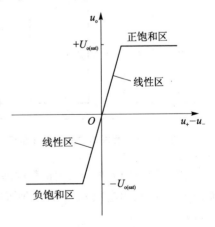

**图 9.1.4　运算放大器的电压传输特性**

中去,这种工作状态称为"闭环运行"。

## 9.1.4 运算放大器分析

运算放大器反相输入端标"-"号,同相输入端和输出端标"+"号。它们对"地"的电压(即各端的电位)分别用 $u_-$、$u_+$ 表示。

当运算放大器的输出信号 $u_o$ 和输入差值信号$(u_+ - u_-)$是线性关系时,即

$$u_o = A_{uo}(u_+ - u_-) \tag{9.1.1}$$

运算放大器对输入信号源来说,相当于一个等效电阻,此等效电阻即为运算放大器的输入电阻 $r_i$;对输出端负载来说,运算放大器可以视为一个电压源。因此运算放大器工作在线性区时,可用电压控制电压源的模型来等效,如图 9.1.5 所示。

当运算放大器工作在线性区时,一般可将它看成是一个理想运算放大器。理想化的条件主要是:

① 由于运算放大器的差模输入电阻 $r_i \to \infty$,故可认为两个输入端的输入电流为零。同相输入端和反相输入端之间相当于断路,而又未真正断路,故称为"虚断"。

② 由于运算放大器的开环电压放大倍数 $A_{uo} \to \infty$,而输出电压是一个有限值,故从式 (9.1.1)可知,即

$$u_+ - u_- = u_o/A_{uo} \approx 0$$

即

$$u_+ \approx u_- \tag{9.1.2}$$

同相输入端和反相输入端之间相当于短路,但又未真正短路,故称为"虚短"。

当同相端接"地",即 $u_+ = 0$,由式(9.1.2)可见,$u_- \approx 0$。这就是说,反相输入端的电位接近于"地"电位,它是一个不接"地"的"地"电位端,通常称为"虚地"。

上面"虚断""虚短""虚地"三条结论是分析集成运放线性应用的重要依据,有了这三个依据,各种运算电路的分析计算就变得简单了。

由于实际运放的技术指标与理想运放十分接近,因此用理想运放代替实际运放所带来的误差很小。图 9.1.6 所示是理想运算放大器的图形符号。

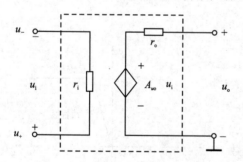

**图 9.1.5 集成运放的电路模型图**

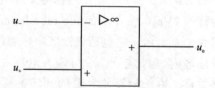

**图 9.1.6 理想运算放大器的图形符号**

图中"∞"表示开环电压放大倍数的理想化条件。当运算放大器工作在饱和区时,式(9.1.1)不能满足,这时输出电压 $u_o$ 只有两种可能,或等于$+U_{o(sat)}$或等于$-U_{o(sat)}$,而 $u_+$ 与 $u_-$ 不一定相等,即

当 $u_+ > u_-$ 时,$u_o = +U_{o(sat)}$;

当 $u_+ <$ 时 $u_-$,$u_o = -U_{o(sat)}$。

此外,运算放大器工作在饱和区时,两个输入端的输入电流也几乎等于零。

【例 9.1.1】　F007 运算放大器的正、负电源电压为 ±15 V,开环电压放大倍数 $A_{uo}=2\times$ $10^5$,输出最大电压($\pm U_{o(sat)}$)为 ±13 V。若在图 9.1.3 中分别加下列输入电压,求输出电压及其极性:

① $u_+=+15\ \mu V$　　　$u_-=-10\ \mu V$

② $u_+=-5\ \mu V$　　　$u_-=+10\ \mu V$

③ $u_+=0\ V$　　　　　$u_-=+5\ mV$

④ $u_+=5\ mV$　　　　 $u_-=0\ V$

【解】　由式(9.1.1)得

$$u_+-u_-=\frac{u_o}{A_{uo}}=\frac{\pm 13}{2\times 10^5}\ V=\pm 65\ \mu V$$

可见,只要两个输入端之间的电压绝对值超过 65 $\mu V$ ,输出电压就达到正或负的饱和值:

① $u_o=2\times 10^5 (15+10)\times 10^{-6}\ V=+5\ V$

② $u_o=2\times 10^5 (-5-10)\times 10^{-6}\ V=-3\ V$

③ $u_o=-13\ V$

④ $u_o=+13\ V$

# 9.2　放大电路中的反馈

所谓反馈就是将电路的输出信号(电压或电流)的一部分或全部通过一定的电路(反馈电路)送回到输入回路,以此影响放大器的输出。

为了改善放大电路的工作性能,电子放大电路常采用负反馈。

## 9.2.1　反馈的基本概念

放大器正常工作时,输入信号经放大器放大后输出。信号的传递方向是从输入端经放大器到输出端。如果采用一定的方式,把放大电路的全部或部分输出电压(或电流),回送到放大电路的输入回路,以改善放大电路的某些性能,这种方法称为"反馈"(Feed Back)。

若返回的信号削弱了原输入信号则称为负反馈(Negative Feed Back);若返回的信号增强了原输入信号则称为正反馈(Positive Feed Back)。在放大电路中经常采用负反馈。

任何带有负反馈的放大电路包含两部分:一个是不带负反馈的基本放大电路 $A$,它可以是单级或多级的;一个是反馈电路 $F$,它是联系放大电路的输出电路和输入电路的环节,多数是由电阻元件组成。图 9.2.1 是放大电路的方框图。图中,设输入信号为正弦信号,它既可以表示电压,也可以表示电流,故用相量 $\dot X$ 表示。信号的传递方向如图中箭头所示,$\dot X_i$、$\dot X_o$ 和 $\dot X_F$ 分别为输入、输出和反馈信号。$\dot X_F$ 和 $\dot X_i$ 在输入端比较($\otimes$是比较环节的符号),并根据图中"+""-"极性可得差值信号(或称净输入信号)为

$$\dot X_d=\dot X_i-\dot X_F$$

若三者同相,则

$$X_d=X_i-X_F$$

可见 $X_d<X_i$,即反馈信号起到削弱净输入信号的作用(负反馈)。

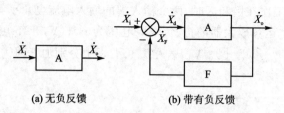

(a) 无负反馈　　　　　　　(b) 带有负反馈

**图 9.2.1　放大电路方框图**

图 9.2.1(a)是不带反馈的电路，$\dot{X}_i$ 直接加到它的输入端，是开环的；而图 9.2.1(b)则是闭环的。

无反馈时，放大电路的电压放大倍数称为开环电压放大倍数(Open Loop Voltage Amplification Factor)，即

$$\dot{A}_o = \dot{X}_o / \dot{X}_d \tag{9.2.1}$$

有反馈时，放大电路的电压放大倍数称为闭环电压放大倍数(Closed Loop Voltage Amplification Factor)，即

$$\dot{A}_F = \dot{X}_o / \dot{X}_i \tag{9.2.2}$$

反馈信号与输出信号之比称为反馈系数(Feedback Coefficient)，即

$$\dot{F} = \dot{X}_F / \dot{X}_o \tag{9.2.3}$$

## 9.2.2　反馈的判断

判断某一电路中是否有反馈存在的方法是分析该电路中是否有将输出回路与输入回路联系起来的反馈元件。例如在图 9.2.2 所示两电路中，$R_F$ 的一端接在输出回路中，另一端接在输入回路中，所以 $R_F$ 是反馈元件，该电路中有反馈。反馈信号是通过反馈元件 $R_F$ 和地线送至输入回路的。

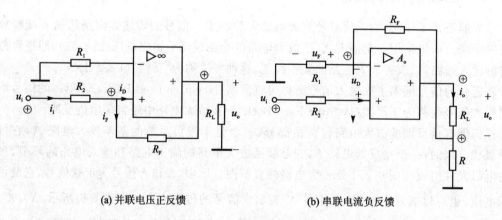

(a) 并联电压正反馈　　　　　　　　　(b) 串联电流负反馈

**图 9.2.2　集成运放电路中的反馈**

正、负反馈的判断通常采用瞬时极性法。这种方法就是设想输入电压 $u_i$ 瞬时增加时，分析输出电压 $u_o$ 的变化，根据 $u_o$ 的变化分析出反馈信号的变化，比较反馈信号和输入信号的关系，找出它对净输入信号的影响。若使净输入信号增加，则是正反馈；若使净输入信号减少，则为负反馈。对反馈信号和输入信号进行比较时，有两种情况：

① 当反馈元件 $R_F$ 接回到信号输入端一侧时(见图 9.2.2(a))，反馈信号与输入信号宜以

电流的形式进行比较,即取 $x_i=i_i,x_F=i_F,x_D=i_D$。在图 9.2.2(a)所示电路中,$u_i$ 加在同相输入端,$u_i$ 增加时,$u_o$ 增加,$R_F$ 上的电压减小,使得反馈信号 $i_F$ 减小,净输入信号 $i_D=i_i-i_F$ 随之增加,故为正反馈。上述分析过程可简述为

$$u_i \uparrow \rightarrow u_o \uparrow \rightarrow i_F \downarrow \rightarrow i_D \uparrow \qquad \text{——正反馈}$$

②　当反馈元件 $R_F$ 接回到接地输入端一侧时(见图 9.2.2(b)),反馈信号与输入信号宜以电压的形式进行比较,即取 $x_i=u_i,x_F=u_F,x_D=u_D$。在如图 9.2.2(b)所示电路中,$u_i$ 加在同相输入端,$u_i$ 增加时,$u_o$ 增加,使得反馈信号 $u_F$ 增加,净输入信号 $u_D=u_i-u_F$ 随之减少,故为负反馈。上述分析过程可简述为

$$u_i \uparrow \rightarrow u_o \uparrow \rightarrow u_F \uparrow \rightarrow u_D \downarrow \qquad \text{——负反馈}$$

串联反馈和并联反馈的判断可以根据反馈信号与输入信号的上述比较方式来判断。当反馈信号与输入信号是以电流方式比较时,说明它们是以并联的形式作用于净输入端的,故为并联反馈。当反馈信号与输入信号是以电压的形式进行比较时,说明它们是以串联的形式作用于净输入端的,故为串联反馈(Series Feedback)。因此,图 9.2.2(a)为并联反馈(Parallel Feedback),图 9.2.2(b)为串联反馈。

电压反馈和电流反馈的判断,比较简单的方法是:令 $R_L=0$,即输出端短路,则 $u_o=0$,如果这时反馈信号等于零,说明它与 $u_o$ 成比例,为电压反馈;若反馈信号不为零,说明它与 $i_o$ 成比例,为电流反馈。或者令 $R_L \rightarrow \infty$,即输出端开路,则 $i_o=0$,如果这时反馈信号等于零,说明它与 $i_o$ 成比例,为电流反馈;若反馈信号不为零,说明它与 $u_o$ 成比例,为电压反馈。按照这一方法可判断出图 9.2.2(a)为电压反馈(Voltage Feedback),图 9.2.2(b)为电流反馈(Current Feedback)。

## 9.2.3　负反馈对放大器性能的影响

### 1. 提高放大倍数的稳定性

令未引入负反馈时,开环放大倍数为 $A$,变化量为 $dA$,则相对变化量为 $dA/A$;引入负反馈后,闭环放大倍数为 $A_F$,变化量为 $dA_F$,则相对变化量为 $dA_F/A_F$。根据

$$A_F = \frac{A}{1+AF}$$

对 $A$ 求导数,可得

$$\frac{dA_F}{dA} = \frac{1}{(1+AF)^2} = \frac{1}{1+AF} \cdot \frac{A_F}{A}$$

所以

$$\frac{dA_F}{A_F} = \frac{1}{1+AF} \cdot \frac{dA}{A} \qquad (9.2.4)$$

式(9.2.4))说明,引入负反馈时的相对变化量 $dA_F/A_F$ 是无反馈时的相对变化量 $dA/A$ 的 $1/(1+AF)$,大大提高了负反馈放大器的工作稳定性。

### 2. 负反馈对输入电阻和输出电阻的影响

负反馈对输入电阻的影响与输入端的连接方式有关,即取决于输入端引入的是串联负反馈或并联负反馈;负反馈对输出电阻的影响与输出端的连接方式有关,即取决于输出端采用的是电压负反馈还是电流反馈。

(1) 对输入电阻的影响

图 9.2.3 所示的串联负反馈放大电路中,反馈信号总是以反馈电压的方式叠加在输入端,

使得基本放大电路的净输入电压 $\dot{U}_d = \dot{U}_i - \dot{U}_F$ 减小。因此,串联负反馈的存在使得信号源 $\dot{U}_i$ 供给的输入电流 $\dot{I}_i$ 减小,增大了输入电阻 $R_{iF}$。

在并联负反馈放大电路中,反馈信号总是以反馈电流的方式叠加在输入端,信号源电流 $\dot{I}_i$ 除供给 $\dot{I}_d$ 外,还要供给反馈电流 $\dot{I}_F$,因此并联负反馈的存在使得信号源 $\dot{U}_i$ 提供的输入电流 $\dot{I}_i$ 增大,减小了输入电阻 $R_{iF}$。

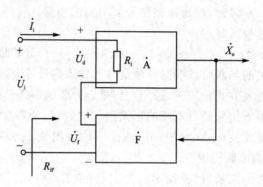

**图 9.2.3　串联负反馈对输入电阻的影响**

（2）对输出电阻的影响

放大电路输出端引入电压负反馈,可以使输出电压基本保持恒定。因此对于负载而言,可把电压负反馈放大电路近似于恒压源,其输出电阻(恒压源内阻)必然很小,说明电压负反馈电路使输出电阻减小。

放大电路输出端引入电流负反馈,可以使输出电流基本保持恒定。因此对于负载而言,可以把电流负反馈放大电路近似于恒流源,则输出电阻(恒流源内阻)必然很大,说明电流负反馈使输出电阻增大。

这里对于负反馈对输入电阻和输出电阻的影响只作简单定性分析。

**3. 扩展频带**

放大电路的频率特性如图 9.2.4 所示。无负反馈时放大电路的幅频特性及通频带如图中上面曲线所示;有负反馈后,放大倍数由 $|A_o|$ 降至 $|A_F|$,幅频特性变为下面的曲线。由于放大倍数的稳定性的提高,在低频段和高频段的电压放大倍数下降程度减小,使得下限频率和上限频率由原来的 $f_1$ 和 $f_2$ 变成了 $f_3$ 和 $f_4$,从而使通频带由 $B_o$ 加宽到了 $B_F$。可以推算出:有反馈比无反馈时的通频带展宽了 $(1+AF)$ 倍。

**4. 减小非线性失真**

放大电路中由于工作点位置选择不合适或输入信号过大,都会导致输出信号失真,如图 9.2.5 中的输出波形 $u'_o$,正半周小,负半周大。引入负反馈的情况下,则通过反馈网络的反馈信号 $\dot{X}_F$ 也为正半周小,负半周大,在输入端与 $\dot{X}_i$ 叠加,由于 $\dot{X}_d = \dot{X}_i - \dot{X}_F$,净输入信号 $\dot{X}_d$ 变成了正半周小,负半周大的波形,再通过基本放大电路的放大,使输出信号 $u_o$ 接近于正弦波,明显地改善了非线性失真的情况。

综上所述,负反馈虽然使放大电路的增益下降,但可从上述各方面改善放大电路的性能,因此得到了广泛应用。

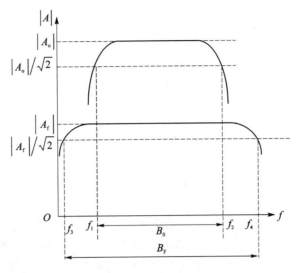

**图 9.2.4　加宽通频带**

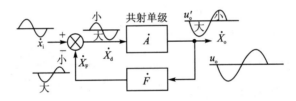

**图 9.2.5　利用负反馈减小非线形失真**

# 9.3　基本运算电路

集成运算放大器外接深度负反馈电路后,便可以进行信号的比例、加减、微分和积分等运算,这是线性应用的一部分。通过这一部分的分析可以看到,理想集成运放外接负反馈电路后,其输出电压与输入电压之间的关系只与外接电路的参数有关,而与集成运放本身的参数无关。

## 9.3.1　比例运算

### 1. 反相输入

输入信号从反相输入端引入的运算是反相运算。图 9.3.1 所示是反相比例运算电路。输入信号 $u_i$ 经输入端电阻 $R_1$ 送到反相输入端,而同相输入端通过电阻 $R_2$(平衡电阻)接"地"。反馈电阻 $R_F$ 跨接在输出端和反相输入端之间。

根据运算放大器工作在线性区时的两条分析依据可知

$$i_1 \approx i_f, \quad u_- \approx u_+ = 0$$

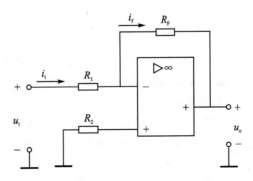

**图 9.3.1　反相比例运算电路**

由图 9.3.1 可列出

$$i_1 = \frac{u_i - u_-}{R_1} = \frac{u_i}{R_1}$$

$$i_f = \frac{u_- - u_o}{R_F} = -\frac{u_o}{R_F}$$

由此得出

$$u_o = -\frac{R_F}{R_1} u_i \tag{9.3.1}$$

闭环电压放大倍数则为

$$A_{uF} = \frac{u_o}{u_i} = -\frac{R_F}{R_1} \tag{9.3.2}$$

式(9.3.2)表明,输出电压与输入电压是比例运算关系,或者说是比例放大的关系。如果 $R_1$ 和 $R_F$ 的阻值足够精确,而且运算放大器的开环电压放大倍数很高,就可以认为 $u_o$ 与 $u_i$ 间的关系只取决于 $R_F$ 与 $R_1$ 的比值而与运算放大器本身的参数无关,这就保证了比例运算的精度和稳定性。式(9.3.1)中的负号表示 $u_o$ 与 $u_i$ 反相。

在图 9.3.1 中,当 $R_F = R_1$ 时,则由式(9.3.1)和式(9.3.2)可得 $u_o = -u_i$,放大倍数为

$$A_{uF} = \frac{u_o}{u_i} = -1 \tag{9.3.3}$$

该电路称为反相器,平衡电阻 $R_2 = R_1 // R_F$。

【例 9.3.1】 电路如图 9.3.2 所示,试分别计算开关 K 断开和闭合时的电压放大倍数 $A_{uf}$。

【解】 ① 当 K 断开时,则

$$A_{uF} = -\frac{10}{1+1} = -5$$

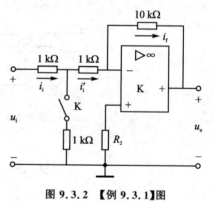

图 9.3.2 【例 9.3.1】图

② 当 K 闭合时,因 $u_- \approx u_+ = 0$,故在计算时可看作两个 1 kΩ 的电阻是并联的,于是得

$$i_i = \frac{u_i}{1 + \frac{1}{2}} = \frac{2}{3} u_i$$

$$i_i' = \frac{1}{2} i_i = \frac{1}{3} u_i, \quad i_f = \frac{u_- - u_o}{10} = -\frac{u_o}{10}$$

因 $i_i' = i_F$,故

$$\frac{1}{3} u_i = -\frac{u_o}{10}, \quad A_{uf} = \frac{u_o}{u_o} = -\frac{10}{3} \approx -3.3$$

上面是从电位 $u_- \approx 0$ 考虑,计算 $i_i$ 时将两个 1 kΩ 电阻视作并联;但不能因为 $u_+ \approx u_-$ 而将反相输入端和同相输入端直接连接起来。

**2. 同相输入**

如果输入信号从同相输入端引入的运算,便是同相运算。图 9.3.3 是同相比例运算电路,根据理想运算放大器工作在线性区时的分析依据

$$i_1 \approx i_f, \quad u_- \approx u_+ = u_i$$

由图 9.3.3 可列出

$$i_1 = \frac{0 - u_-}{R_1} = \frac{-u_i}{R_1}$$

$$i_f = \frac{u_- - u_o}{R_F} = \frac{u_i - u_o}{R_F}$$

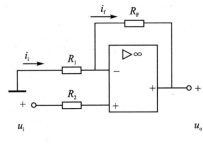

由此得出

$$u_o = \left(1 + \frac{R_F}{R_1}\right) u_i \qquad (9.3.4)$$

闭环电压放大倍数则为

$$A_{uF} = \frac{u_o}{u_i} = 1 + \frac{R_F}{R_1} \qquad (9.3.5)$$

**图 9.3.3  同相比例运算电路**

可见 $u_o$ 与 $u_i$ 间的比例关系也可认为与运算放大
器本身的参数无关,其精度和稳定性都很高。式中 $A_{uf}$ 为正值,这表示 $u_o$ 与 $u_i$ 同相,并且 $A_{uf}$
总是大于或等于 1,不会小于 1,这一点和反相比例运算不同。

当 $R_1 \to \infty$,$R_F \to 0$,$R_2 \to 0$ 时,由式(9.3.4)可知,该电路成为电压跟随器。

## 9.3.2  加法运算

如果在反相输入端增加若干输入电路,则构成反相加法运算电路,如图 9.3.4 所示。由图
可列出

$$i_{i1} = \frac{u_{i1}}{R_{11}}$$

$$i_{i2} = \frac{u_{i2}}{R_{12}}$$

$$i_{i3} = \frac{u_{i3}}{R_{13}}$$

$$i_f = i_{i1} + i_{i2} + i_{i3}$$

$$i_f = -\frac{u_o}{R_F}$$

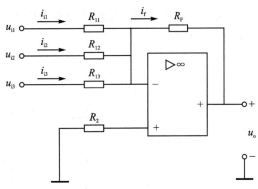

**图 9.3.4  反相加法运算电路**

由上列各式可得

$$u_o = -\left(\frac{R_F}{R_{11}} u_{i1} + \frac{R_F}{R_{12}} u_{i2} + \frac{R_F}{R_{13}} u_{i3}\right) \qquad (9.3.6)$$

当 $R_{11} = R_{12} = R_{13} = R_1$ 时,则式(9.3.6)为

$$u_o = -\frac{R_F}{R_1}(u_{i1} + u_{i2} + u_{i3}) \qquad (9.3.7)$$

当 $R_1 = R_F$ 时,则

$$u_o = -(u_{i1} + u_{i2} + u_{i3}) \qquad (9.3.8)$$

由式(9.3.6)～式(9.3.8)可见,加法运算电路也与运算放大器本身的参数无关,只要电阻
阻值足够精确,就可保证加法运算的精度和稳定性。

平衡电阻 $R_2 = R_{11} // R_{12} // R_{13} // R_F$。

【例 9.3.2】  在图 9.3.5 所示电路中,已知 $R_1 = R_2 = 30\ \text{k}\Omega$,$R_3 = 15\ \text{k}\Omega$,$R_4 = 20\ \text{k}\Omega$,
$R_5 = 10\ \text{k}\Omega$,$R_6 = 20\ \text{k}\Omega$,$R_7 = 5\ \text{k}\Omega$,$u_{i1} = 0.5\ \text{V}$,$u_{i2} = -1\ \text{V}$。求输出电压 $u_o$。

【解】  第一级是反相器,其输出电压为

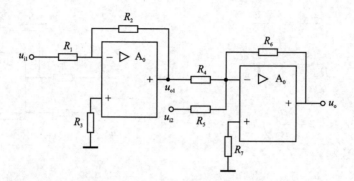

图 9.3.5 【例 9.3.2】图

$$u_{o1} = -\frac{R_2}{R_1}u_{i1} = -u_{i1} = -0.5\ \text{V}$$

第二级为反相输入加法电路,故输出电压为

$$u_o = -\left(\frac{R_6}{R_4}u_{o1} + \frac{R_6}{R_5}u_{i2}\right) = -\left[\frac{20}{20} \times (-0.5) + \frac{20}{10} \times (-1)\right]\ \text{V} = 2.5\ \text{V}$$

## 9.3.3　减法运算

当集成运算放大器的同相输入端和反相输入端都接有输入信号时,称为差分输入运算电路,如图 9.3.6 所示。

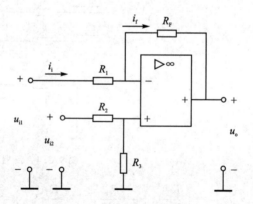

图 9.3.6　差分减法运算电路

电路有两个输入信号 $u_{i1}$ 和 $u_{i2}$,其中 $u_{i1}$ 经 $R_1$ 加于反相输入端,$u_{i2}$ 经 $R_2$ 及 $R_3$ 分压后加在同相输入端。输出电压 $u_o$ 经 $R_F$ 反馈至反相输入端,构成电压负反馈,使集成运放工作在线性区。它多用于测量和控制系统中。由图可列出

$$u_- = u_{i1} - R_1 i_{i1} = u_{i1} - \frac{R_1}{R_1 + R_F}(u_{i1} - u_o)$$

$$u_+ = \frac{R_3}{R_2 + R_3}u_{i2}$$

因为 $u_+ \approx u_-$,故从上列两式可得出

$$u_o = \left(1 + \frac{R_F}{R_1}\right)\frac{R_3}{R_2 + R_3}u_{i2} - \frac{R_F}{R_1}u_{i1} \tag{9.3.9}$$

当 $R_1 = R_2$ 和 $R_3 = R_F$ 时,则式(9.3.9)为

$$u_o = \frac{R_F}{R_1}(u_{i2} - u_{i1})\tag{9.3.10}$$

当 $R_F = R_1$ 时,则得

$$u_o = (u_{i2} - u_{i1})\tag{9.3.11}$$

由式(9.3.10)和式(9.3.11)可见,输出电压 $u_o$ 与两个输入电压的差值成正比,所以可以进行减法运算。

由式(9.3.10)可得出电压放大倍数为

$$A_{uf} = \frac{u_o}{u_{i2} - u_{i1}} = \frac{R_F}{R_1}\tag{9.3.12}$$

由于电路存在共模电压,为了保证运算精度,应当选用共模抑制比较高的运算放大器或选用阻值合适的电阻。

## 9.3.4　积分运算

与反相比例运算电路比较,用电容 $C_F$ 代替 $R_F$ 作为反馈元件,就成为积分运算电路,如图 9.3.7 所示。

由于反相输入,$u_- \approx 0$,故

$$i_i = i_f = \frac{u_i}{R_1}$$

$$u_o = -u_C = -\frac{1}{C_F}\int i_f dt = -\frac{1}{R_1 C_F}\int u_i dt\tag{9.3.13}$$

式(9.3.13)表明 $u_o$ 与 $u_i$ 的积分成比例,式中的负号表示两者反相。$R_1 C_F$ 称为积分时间常数。当 $u_i$ 为阶跃电压(见图 9.3.8(a))时,则

$$u_o = -\frac{U_i}{R_1 C_F}t\tag{9.3.14}$$

其波形如图 9.3.8(b)所示,最后达到负饱和值 $-U_{o(sat)}$。

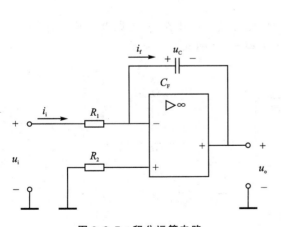

图 9.3.7　积分运算电路

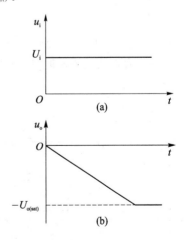

图 9.3.8　积分运算电路的阶跃响应

## 9.3.5　微分运算

微分运算是积分运算的逆运算,只需将积分运算电路的反相输入端的电阻和反馈电容调

换位置即可变成微分运算电路,读者可自行推导。

由于微分电路工作时稳定性不高,通常与比例、积分运算电路组合而成的比例积分微分(Proportional Integral Differential,PID)调节器,在控制系统中能及时地实现无差调节。

# 9.4　电压比较器

电压比较器是用运算放大器构成的最基本的非线性电路,它在电路中起到开关作用或模拟量转换成数字量的作用。它的输出端可以接数字电路的输入端或接被控制的电路,也可以接能直线推动负载工作的功率放大器的输入端。

图 9.4.1(a)是其中一种。运算放大器的两个输入端,一个接参考电压 $U_R$,另一个接输入电压 $u_i$。运算放大器工作于开环状态,由于开环电压放大倍数很高,即使输入端有一个非常微小的差值信号,也会使输出电压饱和。因此,用作比较器时,运算放大器工作在饱和区,即非线性区。当 $u_i < U_R$ 时,$u_o = +U_{o(sat)}$;当 $u_i > U_R$ 时,$u_o = -U_{o(sat)}$。

图 9.4.1(b)是电压比较器的传输特性。可见,在比较器的输入端进行模拟信号大小的比较,在输出端则以高电平或低电平(即为数字信号"1"或"0")来反映比较结果。

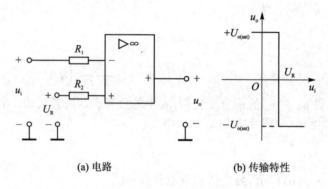

(a) 电路　　　　　　　　　(b) 传输特性

图 9.4.1　电压比较器

当 $U_R = 0$ 时,即输入电压和零电平比较,称为过零比较器,其电路和传输特性如图 9.4.2 所示。当 $u_i$ 为正弦波电压时,则 $u_o$ 为矩形波电压,如图 9.4.3 所示。

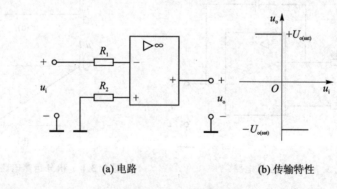

(a) 电路　　　　　　　　　(b) 传输特性

图 9.4.2　过零比较器

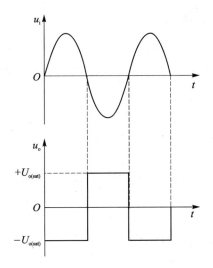

**图 9.4.3　过零比较器将正弦波电压变换为矩形波电压**

# 9.5　RC 正弦波振荡电路

## 9.5.1　自激荡振

### 1. 振荡电路自激振荡的条件

电路中无外加输入信号,而在输出端有一定频率和幅度的信号输出,这种现象称为电路的自激振荡。图 9.5.1 是自激振荡电路的方框图。$A_u$ 是放大电路,$F$ 是正反馈电路。

图中无外加输入信号,放大电路的输入电压 $u_i$ 是由输出电压 $u_o$ 通过反馈电路而得到的,即为反馈电压 $u_f$。设这些电压均为正弦量,于是,放大电路的电压放大倍数为

$$A_u = \dot{U}_o / \dot{U}_i = \dot{U}_o / \dot{U}_F$$

反馈电路的反馈系数为

$$F = \dot{U}_F / \dot{U}_o$$

即 $A_u F = 1$。因此,振荡电路自激振荡的条件是:

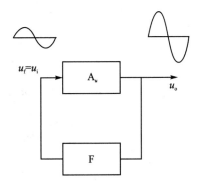

**图 9.5.1　自激振荡电路方框图**

① $u_o$ 和 $u_F$ 要同相,说明必须是正反馈;

② 要有足够的反馈量,满足 $|A_u F| = 1$,即反馈电压等于所需的输入电压。

### 2. 振荡电路自激振荡的过程

当将振荡电路与电源接通时,在电路中激起一个微小的扰动信号,这就是起始信号。通过正反馈电路反馈到输入端,与起始信号叠加(加强),经放大电路放大后就会有更大的输出。这样,经过反馈→放大→再反馈→再放大的多次循环过程,最后利用非线性元件使输出电压的幅度自动稳定在一个数值上。通过选频电路选出某一个特定频率的信号。

### 9.5.2　RC 正弦波振荡电路

RC 振荡电路如图 9.5.2 所示。放大电路是同相比例运算电路,RC 串并联电路既是正反馈电路,又是选频电路。对 RC 选频电路而言,振荡电路的输出电压 $u_o$ 是它的输入电压,其输出电压 $u_i$ 送到同相输入端,是运算放大器的输入电压。由此得

$$F = \frac{\dot{U}_i}{\dot{U}_o} = \frac{-jRX_C/R - jX_C}{R - jX_C + jRX_C/R - jX_C} = \frac{1}{3 + j\left(\dfrac{R^2 - X_C^2}{RX_C}\right)}$$

欲使 $\dot{U}_i$ 与 $\dot{U}_o$ 同相,则上式分母的虚数部分必须为零,即

$$R^2 - X_C^2 = 0, \quad R = X_C = \frac{1}{2\pi fC}, \quad f = f_0 = \frac{1}{2\pi RC}$$

这时 $|F| = U_i/U_o = 1/3$,而同相比例运算电路的电压放大倍数则为

$$|A_u| = U_o/U_i = 1 + R_F/R_1$$

可见,当 $R_F = 2R_1$ 时,$|A_u| = 3$,$|A_u F| = 1$。在特定频率 $f = f_0 = \dfrac{1}{2\pi RC}$ 时,$u_o$ 和 $u_i$ 同相,也就是 RC 串并联电路具有正反馈和选频作用,此时 $u_o$ 和 $u_i$ 都是正弦波电压。

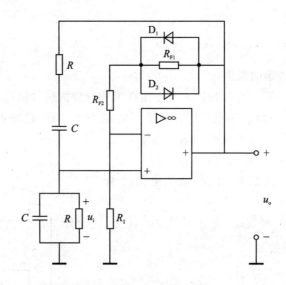

**图 9.5.2　RC 振荡电路**

在起振时,应使 $|A_u F| > 1$,即 $|A_u| > 3$,随着振荡幅度的增大,$|A_u|$ 能自动减小,直到满足 $|A_u| = 3$ 或 $|A_u F| = 1$ 时,振荡幅度达到稳定,以后并能自动稳幅。

在图 9.5.2 中,利用二极管正向伏安特性的非线性来自动稳幅。图中,$R_F$ 分 $R_{F1}$ 和 $R_{F2}$ 两部分。在 $R_{F1}$ 上正、反向并联两只二极管,它们在输出电压 $u_o$ 的正负半周内分别导通。在起振之初,由于 $u_o$ 幅度很小,尚不足以使二极管导通,正向二极管近于开路,此时 $R_F > 2R_1$。而后,随着振荡幅度的增大,正向二极管导通,其正向电阻渐渐减小,直到 $R_F = 2R_1$ 时,振荡稳定。

调节 $R$ 或 $C$ 或同时调节 $R$ 和 $C$ 的数值可改变 RC 振荡电路的振荡频率。由于集成运算放大器的通频带较窄,由它所构成的 RC 振荡电路的振荡频率一般不超过 1 MHz。这种振荡

电路是无线电通信、广播系统的组成部分，也经常用于测量和自动控制等领域。

# 9.6　有源滤波电路

滤波电路就是一种能让设定频率范围内的信号通过，而让设定频率范围外的信号衰减的电路。能够顺利通过的频率称为滤波器的通带，被抑制的频率部分称为滤波器的阻带，通带和阻带的分界频率被称为截止频率。根据通带和阻带位置的不同，常用的滤波器分为低通、高通、带通和带阻四种，频率特性分别如图 9.6.1(a)、(b)、(c)、(d)所示。本节介绍的滤波器含有运算放大的有源器件，因此被称为有源滤波电路。有源滤波较无源滤波可以获得更大的增益，并可增强其带负载能力。这里只简单介绍有源的低通滤波和高通滤波电路。

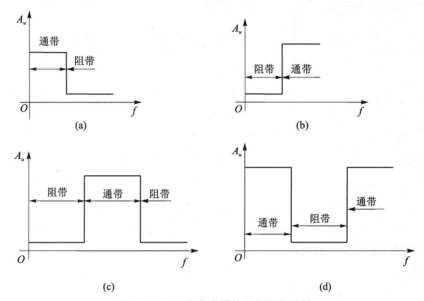

图 9.6.1　四种滤波器的理想幅频特性

## 1. 有源低通滤波电路

一阶有源低通滤波电路如图 9.6.2(a)所示，它是由将 RC 低通电路接在运放的同相输入端构成的。设输入电压 $u_i$ 为某一频率的正弦电压，根据 RC 电路，有

$$\dot{U}_+ = \dot{U}_C = \frac{1/(j\omega C)}{R + 1/(j\omega C)}\dot{U}_i = \frac{\dot{U}_i}{1 + j\omega RC}$$

而对于同相比例放大部分，有

$$\dot{U}_o = \left(1 + \frac{R_F}{R_1}\right)\dot{U}_+$$

因此

$$\frac{\dot{U}_o}{\dot{U}_i} = \frac{1 + R_F/R_1}{1 + j\omega RC} = \frac{A_{uF}}{1 + j\omega/\omega_0} \tag{9.6.1}$$

式中，$\omega_0 = \dfrac{1}{RC}$ 称为截止角频率；$A_{uF} = 1 + \dfrac{R_F}{R_1}$ 为同相比例放大电路的放大倍数。所以该滤波电路的幅频特性方程为

$$A_{uF}(\omega) = \left| \frac{\dot{U}_o}{\dot{U}_i} \right| = \frac{A_{uF}}{\sqrt{1 + \left(\dfrac{\omega}{\omega_0}\right)^2}} \tag{9.6.2}$$

式(9.6.2)反映了放大倍数随频率的变化关系,当 $\omega = 0$ 时, $A_{uF}\big|_{\omega=0} = 1 + \dfrac{R_F}{R_1}$ 对应低频端的电压放大倍数;当 $\omega = \omega_0$ 时, $A_{uF}\big|_{\omega=\omega_0} = \dfrac{1}{\sqrt{2}}\left(1 + \dfrac{R_F}{R_1}\right)$ 下降了 $\dfrac{1}{\sqrt{2}}$ ;当 $\omega > \omega_0$ 以后,电路的放大倍数急剧下降,使高频信号被衰减掉,故称为低通滤波器。其幅频特性曲线如图 9.6.2(b)所示。

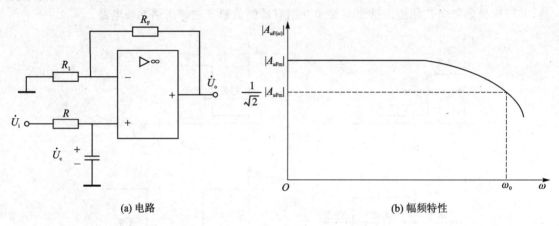

(a) 电路　　　　　　　　　　　　　　　　(b) 幅频特性

**图 9.6.2　一阶有源低通滤波器**

为了改善滤波效果,使 $\omega > \omega_0$ 时信号衰减得更快些,可将两节 RC 电路串接起来构成二阶有源低通滤波器,其电路形式如图 9.6.3 所示。

**2. 有源高通滤波电路**

如果将有源低通滤波器中 RC 电路的 $R$ 和 $C$ 的位置对调,则构成有源高通滤波器。图 9.6.4(a) 为一阶有源高通滤波电路,图 9.6.4(b) 为二阶有源高通滤波电路。此类电路只允许 $\omega > \omega_0$ 的高频成分通过,低频分量被衰减,故称为高通有源滤波电路。

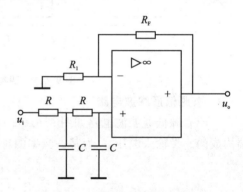

**图 9.6.3　二阶有源低通滤波电路**

下面来分析一阶有源高通滤波电路的频率特性。它是由 RC 无源高通滤波电路后面加上一个同相放大电路组成。设输入电压 $u_i$ 为某一频率的正弦电压,则可用相量表示。先由 RC 电路得出

$$\dot{U}_+ = \frac{R}{R + 1/(j\omega C)}\dot{U}_i = \frac{\dot{U}_i}{1 + 1/(j\omega RC)}$$

而后根据同相比例运算电路的式(9.3.4)得出

$$\dot{U}_o = \left(1 + \frac{R_F}{R_1}\right)\dot{U}_+$$

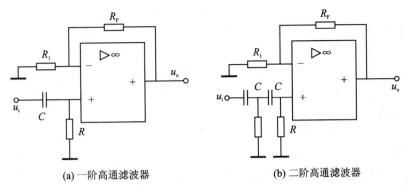

(a) 一阶高通滤波器　　　　　　　　　(b) 二阶高通滤波器

**图 9.6.4　有源高通滤波电路**

故
$$\frac{\dot{U}_o}{\dot{U}_i} = \frac{1 + R_F/R_1}{1 + 1/(j\omega RC)} = \frac{1 + R_F/R_1}{1 - j\omega_0/\omega}$$

式中
$$\omega_o = \frac{1}{RC}$$

若频率 $\omega$ 为变量，则该电路的频率特性为

$$T(j\omega) = \frac{U_o(j\omega)}{U_i(j\omega)} = \frac{1 + R_F/R_1}{1 - j\omega_0/\omega} = \frac{A_{uf0}}{1 - j\omega_0/\omega}$$

其幅频特性为

$$|T(j\omega)| = \frac{|A_{uf0}|}{\sqrt{1 + (\omega_o/\omega)^2}}$$

当 $\omega = 0$ 时，$|T(j\omega)| = 0$

当 $\omega = \omega_0$ 时，$|T(j\omega)| = \frac{|A_{uf0}|}{\sqrt{2}} = 0.707|A_{uf0}|$

当 $\omega = \infty$ 时，$|T(j\omega)| = |A_{uf0}|$

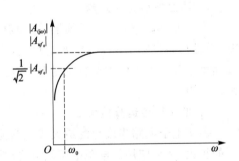

有源高通滤波器的幅频特性如图 9.6.5 所示。可见高通滤波器具有使高频信号通过而抑制低频信号通过的作用，故为高通滤波电路。

原则上只要将低通滤波电路和高通滤波电路串联起来便可以组成带通滤波电路。这里就不作详细介绍了。

**图 9.6.5　有源高通滤波器的幅频特性**

# 9.7　集成运放的使用

## 9.7.1　选用集成运放的原则

集成运算放大器品种繁多，性能各异，可适用于不同的场合。实际使用时，应根据系统对电路的功能和性能的要求来确定集成运放的种类。除特殊情况外要选用高精度、低漂移、低功耗、高压、高速、大功率等有突出性能的专用集成电路外，一般应选用售价较低、性能稳定，又容易购买到的通用型集成电路。选好后，根据引脚图和符号图连接电源、外接偏置电阻和调零电路等。

需要指出的是,并非愈高档集成电路所组成的运放电路,其性能质量就愈好。其原因在于集成电路的某些指标是互相矛盾而又互相制约的。例如,要求高速度,就要有一定的电流,这与要求低功耗必然有矛盾;此外,要注意手册中给定指标所附加的条件。另外要对当前主要集成运放有所了解。目前来说,集成运算放大器可分为如下几类。

**1. 通用型运算放大器**

通用型运算放大器就是以通用为目的而设计的。这类器件的主要特点是价格低廉、产品量大面广,其性能指标能适合于一般性使用。例 $\mu$A741(单运放)、LM358(双运放)、LM324(四运放)及以场效应管为输入级的 LF356 都属于此种。它们是目前应用最为广泛的集成运算放大器。

**2. 高阻型运算放大器**

这类集成运算放大器的特点是差模输入阻抗非常高,输入偏置电流非常小。实现这些指标的主要措施是利用场效应管高输入阻抗的特点,用场效应管组成运算放大器的差分输入级。用 FET 做输入级,不仅输入阻抗高,输入偏置电流低,而且具有高速、宽带和低噪声等优点,但输入失调电压较大。常见的集成器件有 LF356、LF355、LF347(四运放)及更高输入阻抗的 CA3130、CA3140 等。

**3. 低温漂型运算放大器**

在精密仪器、弱信号检测等自动控制仪表中,总是希望运算放大器的失调电压要小且不随温度的变化而变化。低温漂型运算放大器就是为此而设计的。目前常用的高精度、低温漂运算放大器有 OP - 07、OP - 27、AD508 及由 MOSFET 组成的斩波稳零型低漂移器件 ICL7650 等。

**4. 高速型运算放大器**

在快速 A/D 和 D/A 转换器、视频放大器中,要求集成运算放大器的转换速率 SR 一定要高,单位增益带宽 BWG 一定要足够大,像通用型集成运放是不能适合于高速应用的场合的。高速型运算放大器的主要特点是具有高的转换速率和宽的频率响应。常见的运放有 LM318、$\mu$A715 等。

**5. 低功耗型运算放大器**

由于电子电路集成化的最大优点是能使复杂电路小型轻便,所以随着便携式仪器应用范围的扩大,必须使用低电源电压供电、低功率消耗的运算放大器相适用。常用的运算放大器有 TL - 022C、TL - 060C 等,其工作电压为 ±2 V~±18 V,消耗电流为 50~250 $\mu$A。目前有的产品功耗已达微瓦级,例如 ICL7600 的供电电源为 1.5 V,功耗为 10 $\mu$W,可采用单节电池供电。

**6. 高压大功率型运算放大器**

运算放大器的输出电压主要受供电电源的限制。在普通的运算放大器中,输出电压的最大值一般仅几十伏,输出电流仅几十毫安。若要提高输出电压或增大输出电流,集成运放外部必须要加辅助电路。高压大电流集成运算放大器外部不需附加任何电路,即可输出高电压和大电流。例如 D41 集成运放的电源电压可达 ±150 V,$\mu$A791 集成运放的输出电流可达 1 A。

## 9.7.2　使用集成运放的注意事项

集成运放是由一种以金属－氧化物－半导体场效应晶体管为基本元件构成的。由于集成电路内的场效应管,其栅极(G极)和源极(S极)之间的隔离层是一层极薄的二氧化硅,故输入阻抗很高,通常大于 1 000 MΩ,并且具有 5 pF 左右的输入电容,所以输入端极易受到外界静电及干扰噪声的影响。如果输入端静电能量积累到一定程度,就会把二氧化硅层击穿或击损,产生所谓的"栅穿"或"栅漏"现象,集成电路也就失效了。

为了防止静电危害,一般输入回路中均设置了吸收静电的保护电路。但尽管这样,其吸收保护能力有限,通常只能吸收 1~2 kV(静电电容 200 pF 左右)的静电,而实际环境中的静电能量常常超出此值。

① 在储存、携带或运输集成运放器件和焊装有集成运放器件的半成品印制板的过程中,应将集成电路和印制板放置于金属容器内,也可用铝箔将器件包封后放入普通容器内,但不要用易产生静电的尼龙及塑料盒等容器,采用抗静电的塑料盒当然也可以。

② 装配工作台上不宜铺设塑料或有机玻璃板,最好铺上一块平整铝板或铁板,如没有则什么都不要铺。

③ 焊接时,应将集成电路逐一从盒中取出并拆开包封锡箔,切忌一下子把所有器件全部拆封,摊在桌子上。同时,焊接操作人员应避免穿着尼龙、纯涤纶等易生静电的衣裤及手套等。

④ 在进行装配或实验时,电烙铁、示波器、稳压源等工具及仪器仪表都应良好接地,并要经常检查,发现问题应及时处理。一种简易检查接地是否良好的方法是,在电烙铁及仪器通电时,用电笔测试其外壳,若电笔发亮,说明接地不好;反之,若电笔不亮则说明接地良好。

⑤ 集成电路上不用的多余输入端不能悬空,应按不同电路要求进行连接。

**1. 集成运放的电源供给方式**

集成运放一般有两个电源接线端,即 $+U_{CC}$ 和 $-U_{EE}$,不同的电源供给方式对输入信号的要求不同。

① 对称双电源供电方式　运算放大器多采用对称双电源供电方式。此时相对于公共端(地)的正电源和负电源分别接在运放 $+U_{CC}$ 和 $-U_{EE}$ 对应的引脚上。在这种方式下,信号源可直接接到运放的输入端,输出电压的振幅可达正负对称的电源电压。

② 单电源供电方式　单电源供电是将运放 $-U_{EE}$ 接地。此时为了保证运放内部的单元电路具有合适的静态工作点,运放输入端必须要加入一直流电位,此时运放的输出是在某一直流电位的基础上随输入信号变化。

**2. 集成运放的调零问题**

由于集成运放输入失调电压和输入失调电流的影响,当运算放大器组成的线性电路输入信号为零时,输出不等于零。为了提高电路的运算精度,要求对输入失调电压和输入失调电流造成的误差进行补偿,这就是运算放大器的调零。

**3. 集成运放的自激振荡问题**

运算放大器是一个高放大倍数的多级放大器,其内部晶体管的极间电容和其他寄生参数很容易使其产生自激振荡。为使放大器能稳定地工作,就需外加一定的 RC 频率补偿网络,以消除自激振荡。目前由于集成工艺水平的提高,运算放大器内部已集成有消除振荡的网络,无须外接。

**4. 集成运放的保护问题**

集成运放的安全保护有三个方面:电源保护、输入保护和输出保护。

① 电源保护　电源部分常由于电压跳变或电源极性接反而引发电路故障。性能较差的电源电路,在其接通和断开瞬间,往往出现电压过冲现象,这可采取二极管钳位的方式进行保

护。图 9.7.1 为电压极性的保护电路,若电源极性接反,则二极管 $D_1$、$D_2$ 均不会导通,相当于切断了电源,从而实施了保护。

　　② 输入保护　集成运放输入的差模电压或共模电压过高(超出其极限参数范围),会损坏输入级的晶体管。如图 9.7.2 所示的输入保护电路,这可将输入电压钳位在二极管的正向压降 $U_D$ 以下。

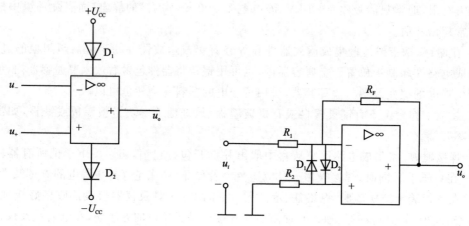

图 9.7.1　电源极性保护　　　　　　　　图 9.7.2　输入保护电路

　　③ 输出保护　集成运放过载或输出短路时,若没有保护电路,集成运放很容易损坏。如图 9.7.3 所示的输出保护电路,利用两个稳压管的反向串联,可将输出电压限制在 $(U_Z + U_D)$ 的范围内,其中,$U_Z$ 是稳压管的稳定电压,$U_D$ 是它的正向压降。

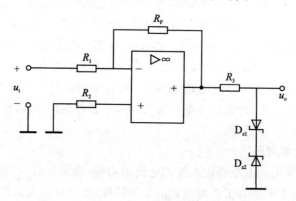

图 9.7.3　输出保护电路

# 本章小结

　　(1) 集成运算放大器是用集成工艺制成的具有高增益的直接耦合多级放大电路。它一般由输入级、中间级、输出级和偏置电路四部分组成。

　　(2) 在放大电路中,把输出回路的电压或电流馈送到输入回路的过程称为反馈。反馈放大器包括电压串联、电压并联、电流串联、电流并联四种基本组态。采用瞬时极性法可以判断电路是正反馈还是负反馈;电压反馈还是电流反馈,取决于反馈网络在输出端的采样方式。串联反馈还是并联反馈取决于反馈网络和输入信号的连接方式。在集成运算放大电路中引入负反馈,可以提高增益的稳定性、减少线性失真、扩展频带和改变输入输出电阻,这些性能的改善与反馈深度有关。一般来说,反馈越深,改善的程度越好。

(3) 模拟运算电路是由集成运放接成负反馈的电路形式,可实现比例、加减、积分和微分等多种数学运算,此时运放是工作在线性工作区域内。这类电路的分析是利用理想运放"虚短"和"虚断"两个基本关系,求出输出量与输入量之间的函数关系。

(4) 集成运放还能构成各种信号处理电路。本章主要介绍了电压比较器和有源滤波电路。电压比较器就是将输入模拟信号和参考电压进行比较,从而使运放输出正向或者反向饱和值的电路。有源滤波电路就是一种能让设定范围频率内的信号通过,而让设定范围频率外的信号衰减的电路。本章简单介绍了有源低通和有源高通滤波电路的基本工作原理。

# 习　题

**9.1　选择题**

9.1.1　集成运算放大器是一个具有_____的、_____耦合的多级放大器(　　)。

　　A. 高放大倍数,直接　　　　　　　　B. 高放大倍数,阻容

　　C. 低放大倍数,直接　　　　　　　　D. 低放大倍数,阻容

9.1.2　理想运算放大器的主要条件是(　　)。

　　A. 开环放大倍数→0,差模输入电阻→0

　　B. 开环放大倍数→0,差模输入电阻→∞

　　C. 开环放大倍数→∞,差模输入电阻→0

　　D. 开环放大倍数→∞,差模输入电阻→∞

9.1.3　集成运放工作在线性放大区,由理想工作条件得出两个重要的规律是(　　)。

　　A. $U_+ = U_- = 0$, $i_+ = i_-$　　　　　　B. $U_+ = U_- = 0$, $i_+ = i_- = 0$

　　C. $U_+ = U_-$, $i_+ = i_- = 0$　　　　　　D. $U_+ = U_- = 0$, $i_+ \neq i_-$

9.1.4　引入负反馈后,不能改善的是(　　)。

　　A. 放大倍数的稳定性　　　　　　　　B. 减少小信号源的波形失真

　　C. 减少放大器的波形失真　　　　　　D. 减少直流稳压电源的波动

9.1.5　反相比例运算放大电路引入的是(　　)负反馈。

　　A. 串联电压　　　B. 并联电压　　　　　C. 串联电流　　　　　D. 并联电流

9.1.6　同相比例运算放大电路引入的是(　　)负反馈。

　　A. 串联电压　　　B. 并联电压　　　　　C. 串联电流　　　　　D. 并联电流

9.1.7　某测量放大电路,要求输入电阻高,输出电流稳定,应引入(　　)负反馈。

　　A. 串联电压　　　B. 并联电压　　　　　C. 串联电流　　　　　D. 并联电流

**9.2　计算题**

9.2.1　某集成运算放大器的开环电压放大倍数 $A_{uo} = 10^4$,最大输出电压 $U_{o(sat)} = \pm 10\ \text{V}$。在开环状态下(见习题 9.2.1 图),当 $U_i = 0$ 时,$U_o = 0$。试问:① $U_i = \pm 0.8\ \text{mV}$ 时,$U_o = ?$ ② $U_i = \pm 1\ \text{mV}$ 时,$U_o = ?$ ③ $U_i = \pm 1.5\ \text{mV}$ 时,$U_o = ?$

9.2.2　为了获得比较高的电压放大倍数,而又避免采用高值电阻 $R_F$,将反相比例运算电路改为习题 9.2.2 图所示电路,并设 $R_F \gg R_4$,试验证:$A_F = \dfrac{u_o}{u_i} = -\dfrac{R_F}{R_1}\left(1 + \dfrac{R_3}{R_4}\right)$。

9.2.3　在习题 9.2.2 图中,已知 $R_1 = 50$ kΩ,$R_2 = 33$ kΩ,$R_3 = 3$ kΩ,$R_4 = 2$ kΩ,$R_F = 100$ kΩ。① 求电压放大倍数;② 如果 $R_3 = 0$,要得到同样大的电压放大倍数,$R_F$ 的阻值应增大到多少?

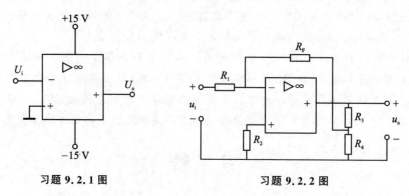

习题 **9.2.1** 图　　　　　　　　　习题 **9.2.2** 图

9.2.4　习题 9.2.4 图所示运算放大电路中的 $R_F$ 应为多少?

9.2.5　习题 9.2.5 图所示电路中,已知 $u_i = 2$ V,则 $u_o = ?$

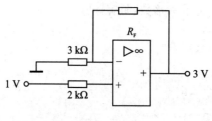

习题 **9.2.4** 图

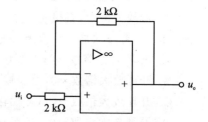

习题 **9.2.5** 图

9.2.6　在习题 9.2.6 图所示电路中,已知输入电压 $u_i = -1$ V,运算放大电路开环电压放大倍数 $A_{uo} = 10^5$,求输出电压 $u_o$ 及运放的输入电压 $u_i$ 各为多少?

9.2.7　求习题 9.2.7 图所示电路的 $u_o$ 与 $u_i$ 的运算关系式。

9.2.8　求习题 9.2.8 图所示的电路中 $u_o$ 与各输入电压的运算关系式。

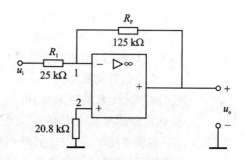

习题 **9.2.6** 图

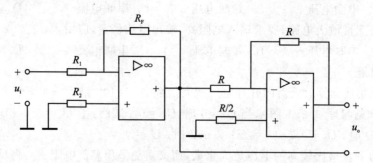

习题 **9.2.7** 图

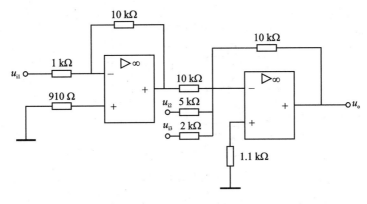

习题 9.2.8 图

9.2.9　习题 9.2.9 图所示是利用两个运算放大器组成的具有较高输入电阻的差分放大电路。试求出 $u_o$ 与 $u_{i1}$、$u_{i2}$ 的运算关系式。

9.2.10　习题 9.2.10 图所示是一基准电压电路，$u_o$ 可做基准电压用，试计算 $u_o$ 的调节范围。

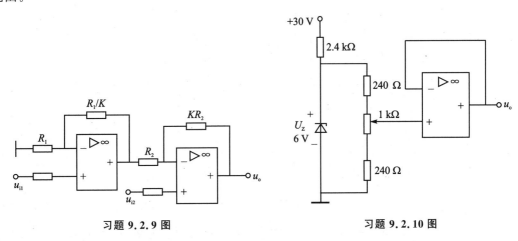

习题 9.2.9 图　　　　　　　　　　　　　　　　习题 9.2.10 图

9.2.11　习题 9.2.11 图所示电路为应用集成运放组成的测量电阻的原理电路，试写出被测电阻 $R_x$ 与电压表电压 $U_o$ 的关系。

9.2.12　求习题 9.2.12 图中的输入—输出关系。

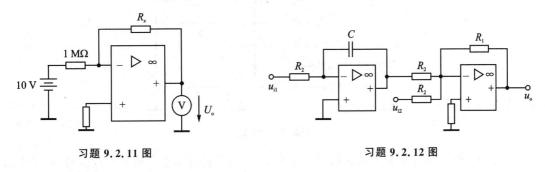

习题 9.2.11 图　　　　　　　　　　　　　　　习题 9.2.12 图

9.2.13　如习题 9.2.13 图所示运算放大器电路中，已知 $u_{i1}=1$ V，$u_{i2}=2$ V，$u_{i3}=3$ V，$u_{i4}=4$ V，$R_1=R_2=2$ kΩ，$R_3=R_4=R_F=1$ kΩ，求 $u_o=?$

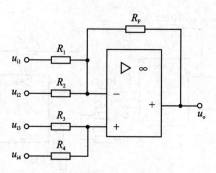

习题 **9.2.13 图**

9.2.14　电路如习题 9.2.14(a)图所示,设图中 $R_1=R_2=R_F=R$,输入电压 $u_{i1}$ 和 $u_{i2}$ 的波形如图 9.2.14(b)所示,试画出输出电压 $u_o$ 的波形图。

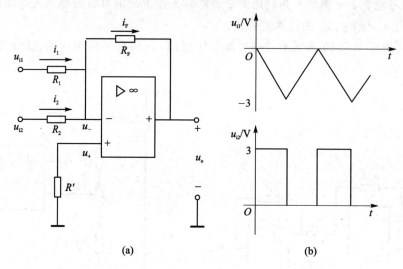

(a)　　　　　　　　　　　　　(b)

习题 **9.2.14 图**

9.2.15　习题 9.2.15 图是应用运算放大器测量电压的原理电路,共有 0.5、1、5、10、50 V 五种量程,试计算电阻 $R_{11}\sim R_{15}$ 的阻值,其中 $R_F=1$ MΩ。输出端接有满量程 5 V、500 $\mu$A 的电压表。

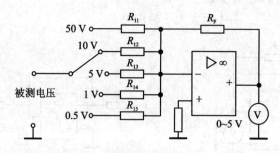

习题 **9.2.15 图**

9.2.16　按下列各运算关系式设计并画出运算电路,计算出电路的阻值及电容,括号中已给出了反馈电阻 $R_F$ 和电容 $C_F$ 的值。

① $u_o=-5u_i$　　　　　　　　　　($R_F=100$ kΩ)

② $u_o = -(u_{i1} + 0.3u_{i2})$           ($R_F = 50\ \text{k}\Omega$)

③ $u_o = 6u_i$                       ($R_F = 50\ \text{k}\Omega$)

④ $u_o = 2u_{i2} - u_{i1}$                ($R_F = 30\ \text{k}\Omega$)

⑤ $u_o = -20\displaystyle\int u_{i1}\,dt - 10\int u_{i2}\,dt$     ($C_F = 1\ \mu\text{F}$)

⑥ $u_o = -\dfrac{du_i}{dt}$                 ($R_F = 100\ \text{k}\Omega$)

**9.2.17** 在习题 9.2.17 图中,运算放大器的最大输出电压 $U_{o,\max} = \pm 12\ \text{V}$,稳压管的稳定电压 $U_Z = 6\ \text{V}$,其正向压降 $U_D = 0.7\ \text{V}$,$u_i = 12\sin\omega t\,(\text{V})$。当参考电压 $U_R = +3\ \text{V}$ 和 $-3\ \text{V}$ 两种情况下,试画出传输特性和输出电压 $u_o$ 的波形。

**9.2.18** 习题 9.2.18 图是监控报警装置,如需对某一参数(温度、压力等)进行监控时,可由传感器取得监控信号 $u_i$,$U_R$ 是参考电压。当 $u_i$ 超过正常值时,报警灯亮,试说明其工作原理。二极管 D 和电阻 $R_3$ 在此起何作用?

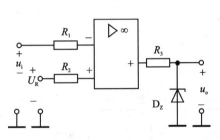

习题 9.2.17 图

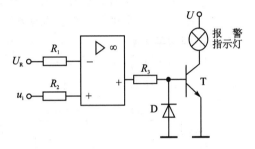

习题 9.2.18 图

# 第 10 章　直流稳压电源

**【学习导引】**

在电子电路中,通常需要电压非常稳定的直流电源供电。根据所提供的功率大小,可以将直流电源分为小功率稳压电源和开关稳压电源。本章将根据稳压电源的组成原理,对其各个组成部分进行详细阐述。图 10.0 是直流稳压电源的组成原理方框图及其各个部分的输出波形,它表示了把交流电转换成直流电的过程,图中各环节的功能如下:

① 电源变压器:改变交流电压的输出,使电压值的大小符合整流电路的需要。

② 整流电路:将工频交流电转变为具有直流电成分的脉动电压。

③ 滤波电路:将脉动电压中的交流成分滤除,保留输出电压中的直流分量。

④ 稳压电路:进一步稳定直流输出电压。

**【学习目标和要求】**

① 了解稳压电源构成环节及各环节作用。

② 理解各元件在电路中的作用。

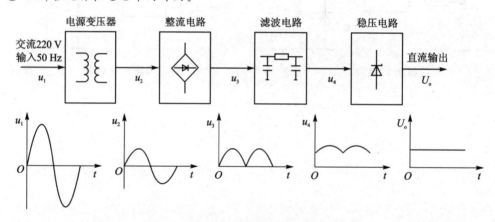

**图 10.0　直流稳压电源的组成原理方框图**

# 10.1　整流电路

将交流电能转换成直流电能的过程称为整流,完成这一转换的电路称为整流电路。图 10.1.1(a)所示是常用的单相桥式整流电路。图中,T 为电源变压器,它的作用是将市电 (50 Hz,220 V)交流电压变换为整流所需要的交流电压;$D_1 \sim D_4$ 是二极管,起整流作用,故称为整流元件;四个二极管构成桥式电路;$R_L$ 为直流用电负载的电阻。在分析电路的工作原理时,将二极管当作理想二极管来处理。

当 $u_2$ 为正半周时,其极性为上正下负,$a$ 点电位高于 $b$ 点电位,二极管 $D_1$ 和 $D_3$ 导通,$D_2$ 和 $D_4$ 截止,电流的通路是 $a \rightarrow D_1 \rightarrow R_L \rightarrow D_3 \rightarrow b$。

当 $u_2$ 为负半周时,其极性为上负下正,$a$ 点电位低于 $b$ 点电位,二极管 $D_2$ 和 $D_4$ 导通,$D_1$

和 $D_3$ 截止,电流的通路是 $b \rightarrow D_2 \rightarrow R_L \rightarrow D_4 \rightarrow a$。

这样,在 $u_2$ 变化的一个周期内,负载 $R_L$ 上始终流过自上而下的电流,其电压和电流的波形为一全波脉动直流电压和电流,其波形如图 10.1.1(b)所示。设

$$u_2 = \sqrt{2} U_2 \sin \omega t$$

则该电路的数量关系如下:

负载直流电压是指负载直流电压的平均值,也就是单相全波整流电压的平均值

$$U_o = \frac{1}{\pi} \int_0^\pi \sqrt{2} U_2 \sin \omega t \, \mathrm{d}(\omega t) = \frac{2\sqrt{2}}{\pi} U_2 = 0.9 U_2 \tag{10.1.1}$$

式中,$U_2$ 是交流电压 $u_2$ 的有效值。

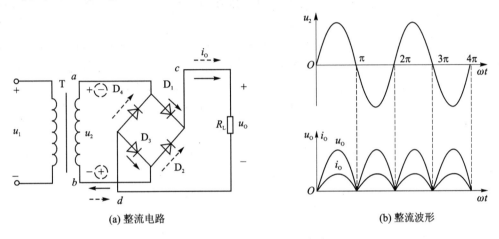

(a) 整流电路　　　　　　　　　　　　　　　(b) 整流波形

**图 10.1.1　单相桥式整流电路**

至于二极管截止时所承受的最高反向电压,从图 10.1.1(a)可以看出。当 $D_1$ 和 $D_3$ 导通时,如果忽略二极管的正向压降,截止管 $D_2$ 和 $D_4$ 的阴极电位等于 $a$ 点的电位,阳极电位等于 $b$ 点的电位。所以截止管所承受的最高反向电压就是电源电压的最大值,即

$$U_{DRM} = \sqrt{2} U \tag{10.1.2}$$

**【例 10.1.1】**　一单相桥式整流电路,接到 380 V 工频交流电源上,负载电阻 $R_L = 80\ \Omega$,负载电压 $U_o = 110$ V。根据电路要求选择整流二极管和求整流变压器的变比及容量。

**【解】**　① 负载电流为

$$I_o = \frac{U_o}{R_L} = \frac{110}{80}\ \text{A} = 1.4\ \text{A}$$

每个二极管通过的平均电流为

$$I_D = I_o/2 = 1.4\ \text{A}/2 = 0.7\ \text{A}$$

变压器副边电压的有效值为

$$U = \frac{U_o}{0.9} = \frac{110}{0.9}\ \text{V} = 122\ \text{V}$$

考虑到变压器副绕组及管子上的压降,变压器的副边电压大约要高出有效值的 10%,即 $122 \times 1.1$ V $= 134$ V。于是 $U_{DRM} = 2 \times 134$ V $= 189$ V。

因此可选用 2CZ55E 晶体二极管,其最大整流电流为 1 A,反向工作峰值电压为 300 V。

② 变压器的变比为

$$K = \frac{380 \text{ V}}{134 \text{ V}} = 2.8$$

变压器副边电流的有效值为

$$I = \frac{I_o}{0.9} = \frac{1.4}{0.9} \text{ A} = 1.55 \text{ A}$$

变压器的容量为

$$S = UI = 134 \text{ V} \times 1.55 \text{ A} = 208 \text{ V} \cdot \text{A}$$

因此,可选用 BK300(300 V·A),380 V/134 V 的变压器。

**【例 10.1.2】** 试分析图 10.1.2 示桥式整流电路中,① 当二极管 $D_2$ 或 $D_4$ 断开时负载电压的波形。② 如果 $D_2$ 或 $D_4$ 接反,后果如何? 如果 $D_2$ 或 $D_4$ 因击穿或烧坏而短路,后果又如何?

**【解】** ① 当 $D_2$ 或 $D_4$ 断开时　电路为单相半波整流电路。正半周时,$D_1$ 和 $D_3$ 导通,负载中有电流过,负载电压 $U_o = u$;负半周时,$D_1$ 和 $D_3$ 截止,负载中无电流通过,负载两端无电压,$U_o = 0$。

② 如果 $D_2$ 或 $D_4$ 接反时　正半周时,二极管 $D_1$、$D_4$ 或 $D_2$、$D_3$ 导通,电流经 $D_1$、$D_4$ 或 $D_2$、$D_3$ 而造成电源短路,电流很大,因此变压器及 $D_1$、$D_4$ 或 $D_2$、$D_3$ 将被烧坏。

③ 如果 $D_2$ 或 $D_4$ 因击穿烧坏而短路　正半周时,情况与 $D_2$ 或 $D_4$ 接反类似,电源及 $D_1$ 或 $D_3$ 也将因电流过大而烧坏。

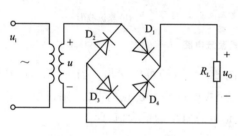

图 10.1.2　【例 10.1.2】图

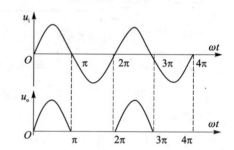

图 10.1.3　【例 10.1.2】图

目前常用的整流桥(或称硅桥堆),采用集成技术将四个伏安特性相同的二极管集成在一个硅片上,引出四根线,如图 10.1.4 所示。图中标有符号"～"的引脚使用时接变压器二次侧绕组或交流电源,标有符号"＋"的引脚是整流后输出电压的正极,标有符号"－"的引脚是整流后输出电压的负极,这两个脚接负载或滤波稳压电路的输入端。

(a) 电路　　　　　　　　　　　(b) 电路符号

图 10.1.4　整流桥

全桥的型号用 QL(额定正向整流电流)A(最高反向峰值电压)表示,例如 QL3A100。半桥的型号用 1/2QL(额定正向整流电流)A(最高反向峰值电压)表示,例如 1/2QL1.5A200。

整流桥的参数和二极管相近,包括额定正向整流电流 $I_F$、最高反向工作电压 $U_{DRM}$、平均整流电压 $U_o$ 等,选用的原则也与二极管相同。

# 10.2　滤波器

整流电路输出电压是单向脉动电压。在某些设备(例如电镀、蓄电池充电等设备)中,这种电压的脉动是允许的。但是在大多数电子设备中,整流电路中都要加接滤波器,以改善输出电压的脉动程度。

## 10.2.1　电容滤波器(C 滤波器)

图 10.2.1(a)中与负载并联的一个容量足够大的电容器就是电容滤波器,利用电容器的充、放电,可以改善输出电压 $u_o$ 的脉动程度。

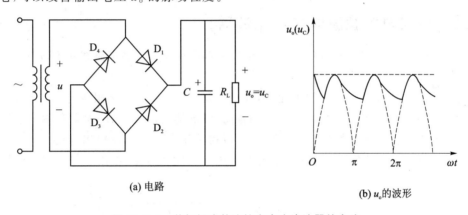

(a) 电路　　　　　　　　　　　　　　　　　　　(b) $u_o$ 的波形

**图 10.2.1　单相桥式整流接有电容滤波器的电路**

在 $u$ 的正半周,且 $u > u_C$ 时,$D_1$ 和 $D_3$ 导通,一方面给负载供电,同时对电容器 C 充电。当充到最大值,即 $u_C = U_m$ 后,$u_C$ 和 $u$ 都开始下降,$u$ 按正弦规律下降,当 $u_C < u$ 时,$D_1$ 和 $D_3$ 承受反向电压而截止,电容器对负载放电,$u_C$ 按放电曲线下降。在 $u$ 的负半周,情况类似,只是在 $|u| > u_C$ 时,$D_2$ 和 $D_4$ 导通。经滤波后 $u_o$ 的波形如图 10.2.1(b)所示,脉动显然减小。放电时间常数 $R_LC$ 大一些,脉动就小一些。一般要求

$$R_L C \geqslant (3 \sim 5)T/2 \tag{10.2.1}$$

式中,$T$ 是 $u$ 的周期。这时,$U_o \approx 1.2U$。

电容滤波器一般用于要求输出电压较高、负载电流较小并且变化也较小的场合。

【例 10.2.1】　一单相桥式整流接有电容滤波的电路(见图 10.2.1),已知交流电源频率 $f = 50$ Hz,负载电阻 $R_L = 200\ \Omega$,要求直流输出电压 $U_o = 30$ V,选择整流二极管及滤波电容器。

【解】　① 选择整流二极管　流过二极管的电流

$$I_D = \frac{1}{2}I_o = \frac{1}{2} \times \frac{U_o}{R_L} = \frac{1}{2} \times \frac{30}{200}\ A = 0.075\ A = 75\ mA$$

取 $U_o \approx 1.2U$,所以变压器副边电压的有效值为

$$U = \frac{U_o}{1.2} = \frac{30}{1.2}\ V = 25\ V$$

二极管所承受的最高反向电压为

$$U_{\mathrm{DRM}} = \sqrt{2}\,U = \sqrt{2} \times 25\ \mathrm{V} = 35\ \mathrm{V}$$

查《晶体管手册》,可以选用 2CZ52B 二极管,其最大整流电流为 100 mA,反向工作峰值电压为 50 V。

② 选择滤波电容器　根据式(10.2.1),取 $R_{\mathrm{L}}C = 5 \times T/2$,工频交流电 $T = 0.02$ s,已知 $R_{\mathrm{L}} = 200\ \Omega$,所以

$$R_{\mathrm{L}}C = 5 \times \frac{0.02\ \mathrm{s}}{2} = 0.05\ \mathrm{s}$$

可求得

$$C = \frac{0.05}{R_{\mathrm{L}}} = \frac{0.05}{200}\ \mathrm{F} = 250 \times 10^{-6}\ \mathrm{F} = 250\ \mu\mathrm{F}$$

所以,选用 $C = 250\ \mu\mathrm{F}$、耐压为 50 V 的电解电容器。

## 10.2.2　电感电容滤波器(LC 滤波器)

为了减小输出电压的脉动程度,在滤波电容之前串接一个铁芯电感线圈 L,这样就组成了电感电容滤波器(见图 10.2.2)。

由于通过电感线圈的电流发生变化时,线圈中要产生自感电动势阻碍电流的变化,因而使负载电流和负载电压的脉动大为减小。频率越高,感抗越大,$\omega L$ 比 $R_{\mathrm{L}}$ 大得越多,则滤波效果越好;而后又经过电容滤波器滤波。这样,便可以得到很平直的直流输出电压。但是,由于电感线圈的电感较大(一般在几亨到几十亨的范围内),其匝数较多,电阻也较大,因而其上也有一定的直流压降,造成输出电压的下降。

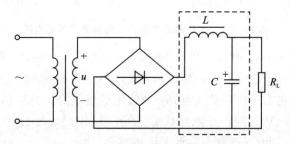

**图 10.2.2　电感电容滤波电路**

具有 LC 滤波器的整流电路适用于电流较大、要求输出电压脉动很小的场合,用于高频时更为适合。在电流较大、负载变动较大、并对输出电压的脉动程度要求不太高的场合下(例如晶闸管电源),也可将电容器除去,而采用电感滤波器(L 滤波器)。

# 10.3　直流稳压电源

经整流和滤波后的电压往往会随交流电源电压的波动和负载的变化而变化。不稳定的电压可能会引起电子线路系统工作的不稳定,严重时甚至根本无法正常工作。特别是精密电子测量仪器、自动控制、计算装置及晶闸管的触发电路等都对直流电源的稳定性要求很高。因此,在滤波电路之后,往往需要增加稳压电路。下面介绍几种常用的稳压电路。

## 10.3.1   稳压管稳压电路

稳压管稳压电路是一种最简单的直流稳压电路。在图 10.3.1 中,稳压电路由限流电阻 R 和稳压管 $D_Z$ 构成。当电源电压出现波动或者负载电阻(电流)变化时,该稳压电路能自动维持负载电压 $U_o$ 的基本稳定。

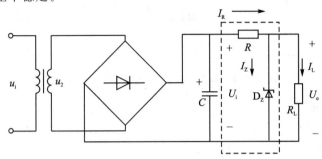

**图 10.3.1   稳压管稳压电路**

假设负载不变,当交流电源电压突然增加时,整流输出电压 $U_i$ 增加,负载电压 $U_o$ 也随着增大。但是对于稳压管而言,$U_o$ 即加在稳压管两端的反向电压,该电压的微小变化将会使流过稳压管的电流 $I_Z$ 显著变化,因此 $I_Z$ 将随着 $U_o$ 的增大而显著增加,使流过电阻 R 的电流增大,导致 R 两端的压降增加,使得 $U_i$ 的增加的电压绝大部分降落在 R 上,负载电压 $U_o$ 保持近似不变。相反,如果交流电源电压降低时,上述电压电流的变化过程刚好相反,负载电压 $U_o$ 亦可以保证基本不变。

假设整流输出电压 $U_i$ 不变,当负载电流 $I_L$ 突然增大(负载降低)时,电阻 R 上的压降增大,导致负载电压 $U_o$ 下降,流过稳压管的电流 $I_Z$ 显著减少,从而使 $I_R$ 基本不变,电阻 R 上的压降近似不变,负载电压 $U_o$ 因此保持稳定。当负载电流减少时,稳压过程的分析类似。稳压管的选取一般按照以下规则来执行,即

$$\left.\begin{array}{l} U_Z = U_o \\ I_{ZM} = (1.5 \sim 3) I_{oM} \\ U_i = (2 \sim 3) U_o \end{array}\right\} \tag{10.3.1}$$

## 10.3.2   串联型直流稳压电路

稳压管稳压电路虽然电路简单,安装调试方便,但具有输出电流受最大电流的限制,稳压管的稳定电压值不能随意调节,且稳压性能不够理想等缺点,故很多情况下使用串联型稳压电路。图 10.3.2 是串联型直流稳压电路的原理方框图,它由调整管、比较放大器、取样环节、基准电压源几个部分组成。

下面根据图 10.3.2 分两种情况来讨论串联型直流稳压电路的稳压过程。

**1. 电网电压波动**

假如电网电压波动使得输入电压 $V_i$ 增加,必然会使输出电压 $V_o$ 有所增加,输出电压经过取样电路取出一部分信号 $V_f$ 与基准源电压 $V_{REF}$ 比较,获得误差信号 $\Delta V$。误差信号经放大后,用 $V_{o1}$ 去控制调整管的基极,使管压降 $V_{ce}$ 增加,从而抵消输入电压增加的影响,使输出电压 $V_o$ 基本保持恒定。这一自动调整过程可简单表示为

$$V_i \uparrow \rightarrow V_o \uparrow \rightarrow V_f \uparrow \rightarrow V_{o1} \downarrow \rightarrow V_{ce} \uparrow \rightarrow V_o \downarrow$$

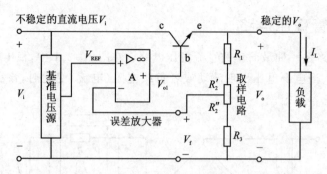

**图 10.3.2　串联型直流稳压电路的原理方框图**

### 2. 负载电流变化

负载电流 $I_L$ 的增加,必然会使线路的损耗增加,从而使输入电压 $V_i$ 有所减小,输出电压 $V_o$ 必然有所下降,经过取样电路取出一部分信号 $V_f$ 与基准源电压 $V_{REF}$ 比较,获得的误差信号使 $V_{o1}$ 增加,从而使调整管的管压降 $V_{CE}$ 下降,从而抵消因 $I_L$ 增加使输入电压减小的趋势,输出 $V_o$ 可基本保持恒定。这一自动调整过程可简单表示为

$$V_L \uparrow \rightarrow V_i \downarrow \rightarrow V_o \downarrow \rightarrow V_f \downarrow \rightarrow V_{o1} \uparrow \rightarrow V_{ce} \downarrow \rightarrow V_o \uparrow$$

假定比较放大器的电压放大倍数很大,可以将其同相输入端和反相输入端看成虚短,则 $V_f \approx V_{REF}$,因此有

$$V_o \approx \left(1 + \frac{R_1 + R_2'}{R_2 + R_2''}\right) V_{REF} \tag{10.3.2}$$

从式(10.3.2)可以看出,可以通过调节 $R_2'$、$R_2''$ 改变输出电压 $V_o$ 的大小。

【例 10.3.1】　电路如图 10.3.3 所示。已知 $U_Z = 6$ V,$R_1 = 2$ kΩ,$R_2 = 1$ kΩ,$R_3 = 2$ kΩ,$U_i = 30$ V,晶体管 T 的电流放大系数 $\beta = 50$。试求:

① 电压输出范围;

② 当 $U_o = 15$ V、$R_L = 150$ Ω 时,调整晶体管 T 的管耗和运算放大器的输出电流。

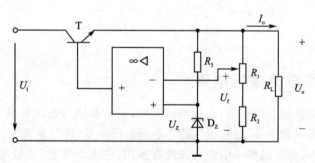

**图 10.3.3　【例 10.3.1】电路图**

【解】　① 求电压输出范围　电位计 $R_1$ 调到最上端:$U_{o,min} = U_Z = 6$ V,电位计 $R_1$ 调到最下端时

$$U_{o,max} = \frac{R_1 + R_2}{R_2} U_Z = \frac{2\text{ kΩ} + 1\text{ kΩ}}{1\text{ kΩ}} \times 6\text{ V} = 18\text{ V}$$

故 $U_o$ 的输出范围为 6～18 V。

② 求 T 的管耗和运算放大器的输出电流　由于 $R_L$ 比 $R_1$、$R_2$、$R_3$ 都小得多,故 $I_C \approx I_o = \frac{U_o}{R_L} = \frac{15}{150}$ mA = 100 mA,T 的管耗为

$$P_C = U_{CE} I_C = (30 - 15) \text{ V} \times 0.1 \text{ A} = 1.5 \text{ W}$$

运算放大器的输出电流为　　$I_B = \dfrac{I_C}{\beta} = \dfrac{100 \text{ mA}}{50} = 2 \text{ mA}$

### 10.3.3　集成稳压电路

集成稳压器是把功率调整管、取样电路以及基准稳压源、误差放大器、启动和保护电路等集成在一块芯片上，由此形成的一种串联型集成稳压电路。常见的集成稳压器引出三个脚，它的输出电压有可调和固定两种形式。固定式输出电压为标准值，使用时不能再调节；可调输出电压可通过外接元件，在较大范围内调节输出电压。此外，还有输出正电压和输出负电压的三端集成稳压器。

三端集成稳压器的型号有多种，常用的输出为固定正电压的型号有 W78XX 系列；输出为固定负电压的型号有 W79XX 系列；输出为可调正电压的型号有 W317 系列；输出为可调负电压的型号有 W337 系列。

**1. 固定输出的三端集成稳压器**

固定输出的三端集成稳压器的三端指输入端（1 脚）、输出端（2 脚）及公共端（3 脚）三个出端，其外形及符号如图 10.3.4 所示。固定输出的三端集成稳压器 W78XX 系列和 W79XX 系列各有 7 个品种，输出电压分别为 ±5 V、±6 V、±9 V、±12 V、±15 V、±18 V、±24 V；最大输出电流可达 1.5 A；公共端的静态电流为 8 mA。型号后两位数字（XX）为输出电压值，例如 W7815 表示输出电压 $U_o = +15$ V。在根据稳定电压值选择稳压器的型号时，要求经整流滤波后的电压要高于三端集成稳压器的输出电压 2～3 V（输出负电压时要低于 2～3 V），但不宜过大。因为输入与输出电压之差等于加在三端集成稳压器中调整管上的 $U_{CE}$，如果过小，调整管容易工作在饱和区，降低稳压效果，甚至失去稳压作用；若过大，则功耗过大。

（1）基本应用电路

固定输出的三端集成稳压器的基本应用电路如图 10.3.5 所示。图 10.3.5 中 $C_1$ 用以抑制过电压，抵消因输入线过长产生的电感效应并消除自激振荡；$C_2$ 用以改善负载的瞬态响应，即瞬时增减负载电流时不致引起输出电压有较大的波动。$C_1$，$C_2$ 一般选涤纶电容，容量为 0.1 μF 至几 μF。安装时，两电容器应直接与三端集成稳压器的引脚根部相连。

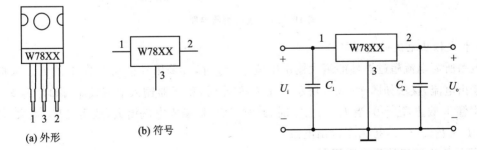

图 10.3.4　固定输出三端集成稳压器　　　　图 10.3.5　固定输出三端集成稳压器基本应用电路

（2）扩展输出电压的应用电路

如果需要高于三端集成稳压器的输出电压，可采用如图 10.3.6 所示的升压电路。图 10.3.6 所示的三端集成稳压器工作在悬浮状态，稳压电路的输出电压为

$$U_o = (1 + R_2 / R_3) U_{XX} + I_Q R_2 \tag{10.3.3}$$

式中,$U_{XX}$ 为三端集成稳压器 W78XX 的标称输出电压;$R_1$ 上的电压为 $U_{XX}$,产生的电流为 $I_{R_1}$,在 $R_1$、$R_2$ 串联电路上产生的压降为 $(1+R_2/R_1)U_{XX}$;$I_Q R_2$ 为三端集成稳压器静态电流在 $R_2$ 上产生的压降。一般 $R_1$ 上流过的电流 $I_{R_1}$ 应大于 $5I_Q$,若 $R_1$、$R_2$ 阻值较小,则可忽略 $I_Q R_2$,于是

$$U_o = (1 + R_2/R_1)U_{XX} \tag{10.3.4}$$

图 10.3.6 所示电路的缺点是,当稳压电路输入电压 $U_i$ 变化时,$I_Q$ 也发生变化,这将影响稳压电路的稳压精度,特别是 $R_2$ 较大时这种影响更明显。为此,可引入集成运放,利用集成运放输入电阻高、输出电阻低的特性来克服三端集成稳压器静态电流变化的影响。

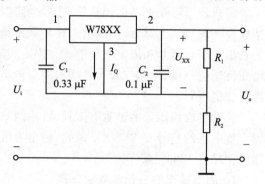

图 10.3.6  提高输出电压电路

(3) 同时输出正、负电压的电路

图 10.3.7 所示为一个双向稳压电路。利用 W7815 和 W7915 两个三端集成稳压器,则可构成同时输出 $+15$ V 和 $-15$ V 两种电压的双向稳压电源。

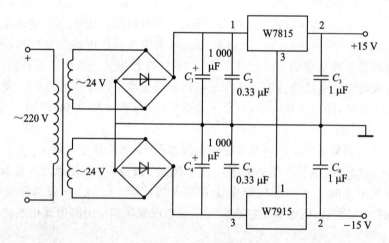

图 10.3.7  双向稳压电路

(4) 扩大输出电流的电路

当电路所需电流超过器件的最大输出电流 $I_{o,max}$ 时,可采用外接功率管 T 的方法来扩大电路的输出电流,接法如图 10.3.8 所示。在 $I_o$ 较小时,稳压器输入电流较小,所以 $U_R$ 较小,外接功率管 T 截止,$I_C = 0$;当 $I_o > I_{o,max}$ 时,此时,稳压器输入电流增大,从而使 $U_R$ 增大,使 T 导通,使 $I_o = I_{o,max} + I_C$,扩大了输出电流。

**2. 可调输出的三端集成稳压器**

可调输出的三端集成稳压器 W217、W317(正输出),CW237、CW337(负输出),它既保持了三端的简单结构,又实现了输出电压连续可调,故有第二代三端集成稳压器之称。W217、W317 与 W78XX 固定式三端集成稳压器比较,它们没有接地(公共)端,只有输入、输出和调整三个端子,是悬浮式电路结构。三端集成稳压器内部设置了过流保护、短路保护、调整管安全区保护及稳压器芯片过热保护等电路,因此使用安全可靠。W317、W337 最大输入、输出电

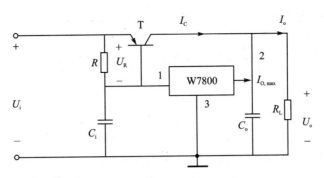

**图 10.3.8　扩大输出电流的电路**

压差极限为 40 V,输出电压 1.2~35 V(或-1.2~-5 V)连续可调,输出电流 0.5~1.5 A,最小负载电流为 5 mA,输出端与调整端之间基准电压为 1.25 V,调整端静态电流 $I_Q$ 为 50 $\mu$A。不同系列的 W317、W337 引脚功能不同,选用时要查阅说明书。

图 10.3.9 所示是 W317 可调输出三端集成稳压器应用电路。最大输入电压不超过 40 V;固定电阻 $R_1$( 240 $\Omega$ )接在三端集成稳压器输出端至调整端之间,其两端电压为 1.25 V,调节可变电阻 $R_P$( 0~6.8 k$\Omega$),就可以从输出端获得 1.25~35 V 连续可调的输出电压。由于三端集成稳压器有维持电压不变的能力,所以 $R_1$ 上流过的是一个恒流,其值为 $I_{R_1}=1.25$ V/240 $\Omega$=5 mA。W317 最小负载电流为 5 mA,所以 240 $\Omega$ 是电阻 $R_1$ 的最大值。流过 $R_P$ 的电流是 $I_{R1}$ 和三端集成稳压器调整端输出的静态电流 $I_Q$(50 $\mu$A)之和,因此调节可变电阻 $R_P$ 能改变输出电压。由图 10.3.9 可知,输出电压为

$$U_o = 1.25\left(1+\frac{R_P}{R_1}\right)+50\times10^{-6}R_P \tag{10.3.5}$$

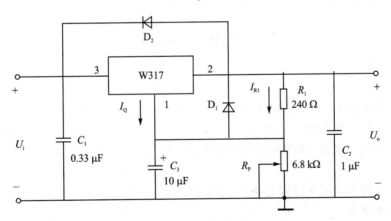

**图 10.3.9　W317 应用线路**

图 10.3.9 中 $D_1$ 是为了防止输出短路时,$C_3$ 放电而损坏三端集成稳压器内部调整管发射结而接入的,如果输出不会短路、输出电压低于 7 V 时,$D_1$ 可不接。$D_2$ 是为了防止输入短路时,$C_2$ 放电损坏三端集成稳压器而接入的,如果 $R_P$ 上电压低于 7 V 或 $C_2$ 容量小于 1 $\mu$F 时,$D_2$ 也可省略不接。W317 是依靠外接给定电阻输出电压的,所以 $R_1$ 应紧接在稳压器输出端和调整端之间,否则输出端电流较大时,将产生附加压降,影响输出精度。$R_P$ 的接地点应与负载电流返回点的接地点相同。同时,$R_1$、$R_P$ 应选择同种材料做的电阻,精度尽量高一些。

### 3. 稳压电源的质量指标

稳压电源的技术指标分为两种：一种是特性指标，包括允许的输入电压、输出电压、输出电流及输出电压调节范围等；另一种是质量指标，用来衡量输出直流电压的稳定程度，如输出电阻及纹波电压等。

输出电阻

$$R_o = \frac{\Delta U_o}{\Delta I_o}\bigg|_{\substack{\Delta U_L=0 \\ \Delta T=0}} (\Omega) \tag{10.3.6}$$

$R_o$ 反映负载电流 $I_o$ 变化对 $U_o$ 的影响。$R_o$ 值越小越好，一般为毫欧数量级。纹波电压是指稳压电路输出端交流分量的有效值，一般为毫伏数量级，它表示输出电压的微小波动。

## 本章小结

（1）直流稳压电源由整流电路、滤波电路和稳压电路组成。整流电路将交流电压变为脉动的直流电压；滤波电路可减小脉动使直流电压平滑；稳压电路的作用是在电网电压波动或负载电流变化时保持输出电压基本不变。

（2）整流电路有半波和全波两种，最常用的是单相桥式整流电路。分析整流电路时，应分别判断在变压器副边电压正、负半周两种情况下二极管的工作状态，从而得到负载两端电压、二极管端电压及其电流波形并由此得到输出电压和电流的平均值，以及二极管的最大整流平均电流和所能承受的最高反向电压。

（3）在串联型稳压电源中，调整管、基准电压电路、输出电压取样电路和比较放大电路是基本组成部分。电路中引入了深度电压负反馈，从而使输出电压稳定。集成稳压器仅有输入端、输出端和公共端三个引出端，使用方便，稳压性较好。

## 习　题

### 10.1　填空题

10.1.1　直流稳压电源的作用是将_____转换为_____。

10.1.2　直流稳压电源一般由_____、_____、_____和_____四部分组成。

10.1.3　三端集成稳压器按输出电压极性分，有_____、_____三端集成稳压器两种类型。

10.1.4　极性电容用在滤波电路中，主要考虑的参数有_____和_____；整流二极管主要考虑的参数有_____和_____。

10.1.5　滤波电路的功能是将脉动电压变为_____，主要的滤波方式有_____、_____。

10.1.6　在三端固定式集成稳压器中，W78 系列输出为_____电压，W79 系列输出为_____电压。

### 10.2　判断题

10.2.1　直流电源是一种将正弦信号转换为直流信号的波形变换电路。（　　　）

10.2.2　若 $V_2$ 为电源变压器副边电压的有效值，则半波整流电容滤波电路和全波整流电容滤波电路在空载时的输出电压均为 $\sqrt{2}V_2$。（　　　）

10.2.3　当输入电压 $v_i$ 和负载电流 $i_L$ 变化时,稳压电路的输出电压是绝对不变的。(　　)

10.2.4　电容滤波电路适用于小负载电流,而电感滤波电路适用于大负载电流。(　　)

10.2.5　在单相桥式整流电容滤波电路中,若有一只整流管断开,输出电压平均值变为原来的一半。(　　)

10.2.6　对于理想的稳压电路,$\Delta V_o / \Delta V_i = 0$,$R_o = 0$。(　　)

10.2.7　因为串联型稳压电路中引入了深度负反馈,因此也可能产生自激振荡。(　　)

10.2.8　在稳压管稳压电路中,稳压管的最大稳定电流必须大于最大负载电流(　　);而且,其最大稳定电流与最小稳定电流之差应大于负载电流的变化范围。(　　)

10.2.9　稳压电源是一种能将交流电转换成稳定直流电的电路。(　　)

10.2.10　在稳压电路中,二极管起滤波作用,电容起整流作用。(　　)

10.2.11　稳压管使用时一定要正向连接,才能起到稳压作用。(　　)

**10.3　选择题**

10.3.1　在桥式整流电路中,输入电压和输出电压的关系为(　　)

　　　A. 0.9　　　　　　B. 0.45　　　　　　C. $\sqrt{2}$　　　　　　D. 1

10.3.2　集成直流稳压电源的制作,经桥式整流后,变压器电压 $U_2$ 和负载电压 $U_o$ 的关系是(　　),滤波电路(不含负载)中的关系是(　　)

　　　A. $U_o = 0.9U_2$　　B. $U_o = 1.2U_2$　　C. $U_o = 1.4U_2$　　D. $U_o = 0.45U_2$

10.3.3　整流的目的是(　　)

　　　A. 将交流变为直流　　　B. 将高频变为低频　　　C. 将正弦波变为方波

10.3.4　在桥式整流电路中,输出电压和输入电压的关系为(　　)

　　　A. 0.45　　　　　B. 0.9　　　　　C. 1　　　　　D. 1/2

10.3.5　滤波电路的作用是(　　)。

　　　A. 减小交流电的脉动　　　B. 输出稳定电压　　　C. 整流

10.3.6　已知变压器二次电压为 20 V,则桥式整流电容滤波电路接上负载时的输出电压平均值为(　　)

　　　A. 28.28 V　　　　B. 20 V　　　　C. 24 V　　　　D. 18 V

10.3.7　在桥式整流电路中,流过每只整流二极管的平均电流 $I_D$ 是负载平均电流的(　　)。

　　　A. 0.45　　　　　B. 0.9　　　　　C. 1　　　　　D. $\dfrac{1}{2}$

10.3.8　在电容滤波电路中,输出电压 平均值 $U_o$ 与时间常数 $R_L C$ 的关系是(　　)

　　　A. $R_L C$ 越大,$U_o$ 越大　　　B. $R_L C$ 越大,$U_o$ 越小　　　C. 无直接关系

10.3.9　在习题 10.3.9 图所示的桥式整流电容滤波电路中,已知变压器副边电压有效值 $V_2$ 为 10 V,$RC \geqslant 3T/2$($T$ 为电网电压的周期),测得输出直流电压 $V_o$ 可能的数值为

　　　A. 14 V　　　　　B. 12 V　　　　　C. 9 V　　　　　D. 4.5 V

选择合适答案填入空内。

①　在正常负载情况下,$V_o \approx$(　　);②　电容虚焊时 $V_o \approx$(　　);

③　负载电阻开路时 $V_o \approx$(　　);④　一只整流管和滤波电容同时开路,$V_o \approx$(　　)。

10.3.10　稳压电路中的无极性电容主要作用是(　　)

　　　A. 滤除直流中的高频成分　　　B. 滤除直流中的低频成分

　　　C. 储存电能的作用

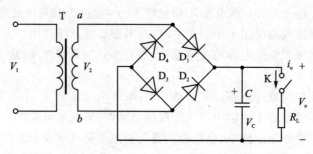

习题 10.3.9 图

10.3.11　串联型稳压电路中的放大环节所放大的对象是（　　）。

　　　　A. 基准电压　　　　　　B. 采样电压　　　　　　C. 基准电压与采样电压之差

10.3.12　串联型反馈式稳压电路由采样单元、基准单元、放大单元和（　　）单元四部分构成。

　　　　A. 调整　　　　　　　　B. 滤波　　　　　　　　C. 稳压

10.3.13　W79 系列引脚 1 表示（　　）端。

　　　　A. 输入　　　　　　　　B. 输出　　　　　　　　C. 接地　　　　　　　　D. 调整

## 10.4　计算题

10.4.1　在如习题 10.4.1 图所示桥式整流电路中，已知电网电压波动范围为 $\pm 10\%$，其二极管的最大整流平均电流 $I_F = 300$ mA，最高反向工作电压 $U_{RM} = 25$ V，能否用于电路中？简述理由。

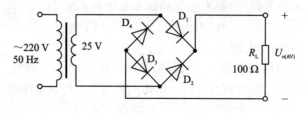

习题 10.4.1 图

10.4.2　习题 10.4.2 图是单相桥式整流滤波稳压电路。当变压器副边电压的有效值 $U_2 = 15$ V 时，两个稳压管的稳压值分别为 $D_1 = 3$ V，$D_2 = 6$ V，正向压降为 0 V。分析以下情况的输出电压 $U_o$ 的值。① 正常情况下。② 当 $D_1$ 倒过来时。③ 当 $D_1$、$D_2$ 都倒过来时。④ 去掉 $D_1$、$D_2$ 和 $R$ 时。⑤ 再去掉电容 C 时。⑥ 当负载开路时。⑦ 当负载接好，但出现 $D_1$ 虚焊时。⑧ 当负载接好，出现 $D_1$ 短路时。

10.4.3　如习题 10.4.3 图所示的桥式整流电路中，设 $u_2 = \sqrt{2} U_2 \sin \omega t$（V），试分别画出下列情况下输出电压 $u_{AB}$ 的波形。

　　① $K_1$、$K_2$、$K_3$ 打开，$K_4$ 闭合。

　　② $K_1$、$K_2$ 闭合，$K_3$、$K_4$ 打开。

　　③ $K_1$、$K_4$ 闭合，$K_2$、$K_3$ 打开。

　　④ $K_1$、$K_2$、$K_4$ 闭合，$K_3$ 打开。

　　⑤ $K_1$、$K_2$、$K_3$、$K_4$ 全部闭合。

10.4.4　电路如习题 10.4.4 图所示，已知稳压管的稳定电压为 6 V，最小稳定电流 $I_{Z,min}$ 为 5 mA，允许耗散功率为 $P_z$ 为 240 mW，动态电阻 $r_z$ 小于 15 $\Omega$。若断开电阻 $R_2$，试问：

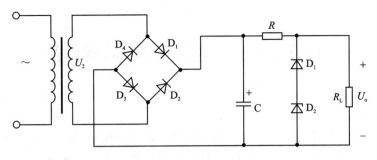

**习题 10.4.2 图**

① 当输入电压 $v_i$ 变化范围为 $20\sim24$ V、$R_L$ 为 $200\sim600$ Ω 时,限流电阻 $R_1$ 的选取范围是多少?

② 若 $R_1=390$ Ω,则电路的稳压系数 $S_r$ 表达式如何表达?

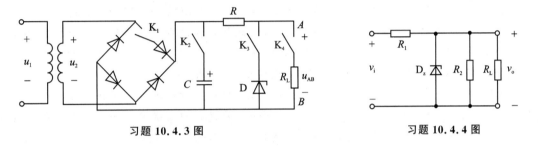

**习题 10.4.3 图**　　　　　　　　　　　　　　　　　　　**习题 10.4.4 图**

10.4.5　分析习题 10.4.5 图中稳压管稳压电路的稳压原理。

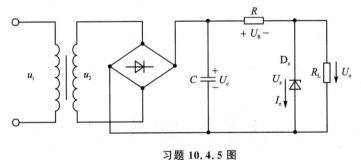

**习题 10.4.5 图**

10.4.6　如习题 10.4.6 图所示电路,试求输出电压 $U_o$ 的可调范围是多大?

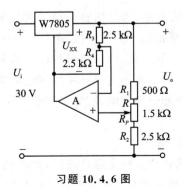

**习题 10.4.6 图**

# 第 11 章　组合逻辑电路

【学习导引】

客观世界存在的各种物理信号,按其幅值随时间的变化规律,可以分为模拟信号和数字信号两种类型。模拟信号是在一定范围内,幅值随时间连续变化的信号,如电压、速度、温度、声音、图像信号等。用于传送、加工和处理模拟信号的电路称为模拟电路。数字信号则是一种离散信号,它在时间上和幅值上都是离散的。也就是说,它们的变化在时间上是不连续的,只发生在一系列离散的时间上。对数字信号进行存储、运算、变换、合成、处理等的电子电路,称为数字电路。

数字电路中数字信号是用二值量来表示的,每一位数只有"0"和"1"两种状态,因此,凡是具有两个稳定状态的元件都可用作基本单元电路,故基本单元电路结构简单。而数字电路采用二进制,所以能够应用逻辑代数这一工具进行研究,使数字电路除了能够对信号进行算术运算外,还具有一定的逻辑推演和逻辑判断等"逻辑思维"能力。

由于数字电路的一系列特点,使它在通信、自动控制、测量仪器等各个科学技术领域中也得到广泛应用。当代最杰出的科技成果——计算机,就是最典型的应用例子。数字电子技术的发展日新月异,内容越来越丰富,用途越来越广泛,技术越来越成熟。在生活中,人们越来越能感受到数字电子技术产品带来的方便与快捷。

【学习目标和要求】

① 了解基本门电路的工作原理和一般用途。
② 了解常用的组合逻辑电路。
③ 熟练掌握逻辑代数的基本概念、公式和定理并会用它们对逻辑函数进行化简。
④ 掌握组合逻辑电路的分析与设计方法。

## 11.1　门 电 路

### 11.1.1　基本门电路

所谓"门电路"就是一种开关电路,当它的输入信号满足某种特定条件时,信号才允许通过,否则信号就不允许通过。如果把输入信号看做"条件",把输出信号看做"结果",那么当"条件"具备时,"结果"就会发生。即门电路的输入信号与输出信号之间存在一定的逻辑关系,因此门电路又被称为逻辑门电路。门电路是组成各种数字电路的基本单元。基本逻辑门电路有"与门""或门"和"非门"三种。下面分别举例说明"与""或""非"逻辑的意义和实现这三种逻辑运算的门电路。

**1. "与"逻辑与二极管"与门"电路**

当决定一件事物结果发生的各个条件全部具备时,此事物结果才会发生;反之,有一个或一个以上条件不满足,事物结果就不会发生的逻辑关系称为"与"逻辑关系,或叫"乘"逻辑。

在图 11.1.1(a)中,开关 A、B 相互串联,只有当开关 A 和开关 B 都闭合时,灯 Y 才会亮。

如果用"1"表示开关的闭合、条件的满足、结果的发生、高电平等,用"0"表示开关的断开、条件不满足、结果不发生、低电平等,则上述关系也可描述为:当逻辑变量 A 和 B 的取值均为 1 时,Y 的值才会为 1。可见,对灯 Y 亮这件事情而言,开关 A、开关 B 闭合是逻辑"与"的关系,并记作

$$Y = A \cdot B = AB$$

读作 Y 等于 A 与 B,把这种运算叫做"与"逻辑运算,简称为"与"运算。与运算和算术运算中的乘法运算是一样的,所以有时又叫逻辑乘法运算,所以上式又可读作 Y 等于 A 乘 B。为简化书写,可以将 A·B 简写为 AB,省略表示与或乘的符号"·"。

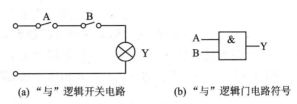

(a) "与"逻辑开关电路     (b) "与"逻辑门电路符号

**图 11.1.1 "与"逻辑开关电路及逻辑门电路符号**

由于逻辑变量和逻辑函数都是二值的,2 个开关一共有 4 种开关状态,可用列表方式将开关和灯的状态罗列出来。令开关合上和灯亮用逻辑值 1 表示,反之用 0 表示,所得表 11.1.1 称为"与"逻辑真值表,表 11.1.2 为"与"逻辑电路输出电压值。

**表 11.1.1 "与"逻辑真值表**

| A | B | Y |
|---|---|---|
| 0 | 0 | 0 |
| 0 | 1 | 0 |
| 1 | 0 | 0 |
| 1 | 1 | 1 |

**表 11.1.2 "与"逻辑电压值 单位:V**

| $V_A$ | $V_B$ | $V_Y$ |
|---|---|---|
| 0 | 0 | 0 |
| 0 | 5 | 0 |
| 5 | 0 | 0 |
| 5 | 5 | 5 |

分析表 11.1.1 可知,输入变量(A,B)中有 0(有开关打开),输出函数(Y)为 0,仅当 A,B 全为 1(所有开关合上),Y 才为 1(灯亮)。即与逻辑有"有 0 则 0,全 1 则 1"的逻辑特点。

图 11.1.1(b)中逻辑门电路符号表示逻辑电路输入(变量)和输出(函数)之间的逻辑关系,符号"&"表示"与"逻辑。

采用二极管组成的与门电路如图 11.1.2 所示。

设输入电压 $V_A$、$V_B$ 高电平为 5 V,低电平为 0 V,电源电压 $V_{CC}$ 为 5 V。当输入中有某一个为低电平(如 $V_A = 0$ V,$V_B = 5$ V)时,对应二极管 $D_1$ 导通,忽略二极管导通压降,输出电压 $V_o = 0$ V。二极管 $D_2$ 因受反向电压而截止。当两个输入全为低电平时,可假设任何一个输入为低电平的二极管导通,此时不管其他的二极管导通与否,输出电压 $V_o = 0$ V。

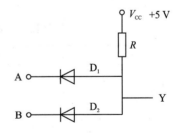

**图 11.1.2 二极管构成的与门电路**

当输入电压 $V_A$、$V_B$ 全为高电平 5 V 时,二极管 $D_1$,$D_2$ 均截止,因 Y 端悬空,$V_{CC}$ 通过 R 后没有任何电压降,输出电压 $V_o = V_{CC} = 5$ V。

将以上各种工作情况下的输入输出电平列为表格,则可得表 11.1.2。若将表 11.1.2 中电平用逻辑值表示,即可得到与真值表 11.1.1 一样的真值表。

**2. "或"逻辑与二极管"或门"电路**

当决定一件事物结果发生的各个条件中,只要有任何一个条件具备时,此事物结果就会发

生,仅当所有条件都不满足时,事物结果才不会发生的逻辑关系称为"或"逻辑关系。这种因果关系,称之为"或"逻辑关系,或叫逻辑相加。

在图 11.1.3(a)中,开关 A、B 相互并联,当开关 A 或者开关 B 闭合时,灯 Y 就会亮,也即当逻辑变量 A 或者 B 的取值为 1 时,Y 的值就会为 1。可见,对灯 Y 亮这件事情而言,开关 A、开关 B 闭合是"或"逻辑的关系,并记作

$$Y = A + B$$

读作 Y 等于 A 或 B,把这种运算叫做"或"逻辑运算,简称为"或"运算。或运算和算术运算中的加法运算是一样的,所以有时又叫逻辑加法运算,所以上式还可读作 Y 等于 A 加 B。

表 11.1.3 是"或"逻辑真值表。由真值表可知,逻辑"或"具有"有 1 则 1,全 0 则 0"的逻辑特点。

图 11.1.3(b)逻辑门电路符号中"≥1"表示输入输出之间为逻辑"或"关系。

采用二极管组成的或门电路如图 11.1.4 所示。

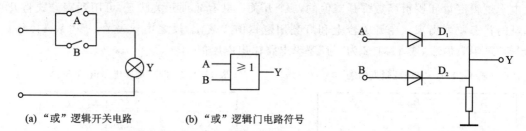

(a) "或"逻辑开关电路　　　　(b) "或"逻辑门电路符号

**图 11.1.3　"或"逻辑开关电路及逻辑门电路符号**　　　**图 11.1.4　二极管构成的或门电路组成**

当输入 A、B 中有一个为高电平(如 $V_A = 5$ V,$V_B = 0$ V)时,高电平对应的二极管 $D_1$ 导通,低电平对应的二极管 $D_2$ 截止,忽略二极管导通压降,输出高电平($V_o = 5$ V)。当 A、B 全为高电平($V_A = V_B = 5$ V)时,二极管 $D_1$、$D_2$ 只要有一个导通,输出就为高电平($V_o = 5$ V)。

当 A、B 全为低电平($V_A = V_B = 0$ V)时,二极管 $D_1$、$D_2$ 均截止,输出低电平($V_o = 0$ V)。

将各种输入输出电平情况列表可得表 11.1.4 所列的电平表。若将表 11.1.4 中电平用逻辑值表示,即可得到的与真值表 11.1.3 一样的真值表。

表 11.1.3　"或"逻辑真值表

| A | B | Y |
| --- | --- | --- |
| 0 | 0 | 0 |
| 0 | 1 | 1 |
| 1 | 0 | 1 |
| 1 | 1 | 1 |

表 11.1.4　"或"逻辑电压值　单位:V

| $V_A$ | $V_B$ | $V_Y$ |
| --- | --- | --- |
| 0 | 0 | 0 |
| 0 | 5 | 5 |
| 5 | 0 | 5 |
| 5 | 5 | 5 |

**3. "非"逻辑与三极管"非门"电路**

当决定一件事物结果发生的条件具备时,此事物结果不发生;而条件不满足时,此事物结果一定发生。这种因果关系称之为"非"逻辑,或叫"非"运算。

如图 11.1.5(a)所示,若开关 A 处在断开位置,电路通,灯 Y 亮。开关处在闭合位置,电路不通,灯 Y 熄灭,即当逻辑变量 A 的取值为 1 时,Y 的值为 0;A 的取值为 0 时,Y 的值为 1。可见,对灯 Y 亮这件事情而言,其与开关 A 闭合是逻辑"非"的关系,并记作

$$Y = \overline{A}$$

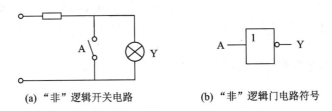

(a) "非"逻辑开关电路　　　　(b) "非"逻辑门电路符号

**图 11.1.5　"非"逻辑开关电路及逻辑门电路符号**

读作 Y 等于 A 非,或者 Y 等于 A 反,A 上面的一横就表示非或反。这种运算就叫做"非"逻辑运算或反逻辑运算,简称为"非"或反运算。由此得"非"逻辑真值表如表 11.1.5 所列。

由表 11.1.5 可以看出,输入和输出之间逻辑值互相相反。图 11.1.5(b)逻辑门电路符号中的小圆圈表示取反的意义。

由三极管构成的"非门"电路(反相器)如图 11.1.6 所示。当输入电压 $V_i$ 为高电平 5 V 时,三极管 T 饱和导通,输出 $V_o$ 为低电平($V_o = V_{CES} \approx 0.3 \text{ V} \approx 0 \text{ V}$)。而当输入电压 $V_i$ 为低电平 0 V 时,三极管 T 截止,输出 $V_o$ 为高电平($V_o = V_{CC} = 5 \text{ V}$)。由此可知输入输出电压具有反相关系。若低电平用逻辑值"0"表示,高电平用逻辑值"1"表示,则以上分析结果可用真值表 11.1.5 所列。

**表 11.1.5　"非"逻辑真值表**

| A | Y |
|---|---|
| 0 | 1 |
| 1 | 0 |

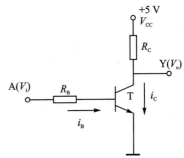

**图 11.1.6　三极管反相器**

## 11.1.2　复合门电路

实际的逻辑问题常常比"与、或、非"逻辑复杂得多,不过它们都可以用"与、或、非"的组合来实现。最常见的复合逻辑门有与非门、或非门、异或门、同或门等。

**1. "与非"门电路**

"与非"逻辑是先进行"与"、再进行"非"的两级逻辑运算。"与非"逻辑关系可表示为: $Y = \overline{AB}$。

图 11.1.7 和表 11.1.6 分别是"与非"逻辑门电路符号和真值表。

分析"与非"真值表可知,"与非"逻辑具有"有 0 则 1,全 1 则 0"的逻辑特点。

**2. "或非"门电路**

"或非"逻辑是先进行"或"再进行"非"的两级逻辑运算。"或非"逻辑关系可表示为: $Y = \overline{A+B}$。

"或非"逻辑门电路符号和真值表见图 11.1.8 和表 11.1.7。

由表 11.1.7 得知"或非"逻辑具有"有 1 则 0,全 0 则 1"的逻辑特点。

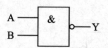

图 11.1.7　"与非"逻辑门电路符号

**表 11.1.6　"与非"逻辑真值表**

| A | B | Y |
|---|---|---|
| 0 | 0 | 1 |
| 0 | 1 | 1 |
| 1 | 0 | 1 |
| 1 | 1 | 0 |

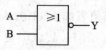

图 11.1.8　"或非"逻辑门电路符号

**表 11.1.7　"或非"逻辑真值表**

| A | B | Y |
|---|---|---|
| 0 | 0 | 1 |
| 0 | 1 | 0 |
| 1 | 0 | 0 |
| 1 | 1 | 0 |

### 3. "异或"与"同或"门电路

"异或"逻辑的函数表达式为：$Y = A\overline{B} + \overline{A}B = A \oplus B$。

"异或"逻辑门电路符号及真值表见图 11.1.9 和表 11.1.8。

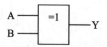

图 11.1.9　"异或"逻辑门电路符号

**表 11.1.8 "异或"逻辑真值表**

| A | B | Y |
|---|---|---|
| 0 | 0 | 0 |
| 0 | 1 | 1 |
| 1 | 0 | 1 |
| 1 | 1 | 0 |

由真值表可知"异或"逻辑有"相异为 1,相同为 0"的逻辑特点。

将表 11.1.8 中 Y 逻辑值取反,即 0 变 1,1 变 0,得"同或"真值表。"异或"逻辑运算后再进行"非"运算具有"相同为 1,相异为 0"的逻辑特点,故称为"同或",记作为：$Y = \overline{A \oplus B} = AB + \overline{A}\,\overline{B} = A \odot B$,其逻辑门电路符号及真值表见图 11.1.10 和表 11.1.9。

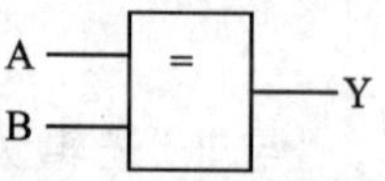

**表 11.1.9　"同或"逻辑真值表**

| A | B | Y |
|---|---|---|
| 0 | 0 | 1 |
| 0 | 1 | 0 |
| 1 | 0 | 0 |
| 1 | 1 | 1 |

图 11.1.10　"同或"逻辑门电路符号

## 11.1.3　TTL 门电路

TTL 电路是用 BJT 工艺制造的数字集成电路,目前产品型号主要为 74LS 系列。本节以 TTL 与非门为例,介绍 TTL 电路的一般组成原理。

### 1. TTL 与非门电路

TTL 与非门内部基本结构如图 11.1.11 所示,多发射极管 $T_1$ 为输入级,$T_2$ 为中间级,$T_3$ 和 $T_4$ 组成输出级。当 A、B、C 中有一个或一个以上为低电平,对应发射结正偏导通,$V_{CC}$ 经

$R_1$ 为 $T_1$ 提供基极电流。设输入低电平 $V_{IL}=0.3$ V，输入高电平 $V_{IH}=3.6$ V，$V_{BE}=0.7$ V，则 $T_1$ 基极电位 $V_{B1}=1$ V，它不足以向 $T_2$ 提供基极电流，因而 $T_2$ 截止，从而 $T_4$ 也截止。因为 $T_2$ 截止，$V_{CC}$ 经 $R_2$ 为 $T_3$ 提供基极电流，$T_3$ 导通输出高电平 $V_{OH}(=V_{CC}-I_{B3}R_2-V_{BE3}-V_D)$，由于 $I_{B2}$ 很小，该电流在 $R_2$ 上直流压降可忽略，则 $V_{OH}=5$ V$-0.7$ V$-0.7$ V$\approx3.6$ V。

当 A，B，C 全为高电平或全部悬空，$V_{CC}$ 和 $R_1$ 经 $T_1$ 集电结为 $T_2$ 提供基极电流，使 $T_2$ 饱和导通。此时，$T_1$ 基极电位 $V_{B1}=2.1$ V（$T_1$ 集电结，$T_2$ 发射结，$T_4$ 发射结三个 PN 结正向压降之和）。$T_2$ 导通一方面为 $T_4$ 提供基极电流，使 $T_4$ 也饱和导通；另一方面因 $T_2$ 集电极电位 $V_{C2}(=V_{BE4}+V_{CES2})\approx1$ V，该电压不足以使 $T_3$ 导通，即 $T_3$ 截止。因 $T_4$ 饱和导通，$T_3$ 截止，因而 $T_4$ 输出低电平 $V_{OL}(=V_{CES4})\approx0.3$ V。由此可见，图 11.1.11 所示电路实现了"有 0 则 1，全 1 则 0"的与非逻辑功能，是 TTL 与非门电路。

**2. TTL 三态输出与非门电路**

TTL 三态输出与非门电路与普通与非门电路不同，它的输出端除了出现高电平和低电平外，还可以出现第三种状态——高阻状态。

TTL 三态与非电路如图 11.1.12 所示，由图可知，使能输入端 EN 为高电平时，二极管 D 截止（开关断开），与其相连的多发射极管的相应发射结反偏截止，此时门电路相当于二输入的与非门；使能输入端 EN 为低电平时，二极管 D 导通（开关合上），与之相连的 $T_1$ 相应的发射结正偏，使 $V_{B1}$ 被箝位在低电平，从而 $T_2$、$T_3$ 管均截止；同时 $T_2$ 集电极电位为低电平，$T_4$ 和 $T_5$ 管也截止，输出端呈现高阻抗状态（Z）。即使能端 EN 高电平有效，EN$=1$，L$=\overline{AB}$；EN$=0$，L$=$Z。

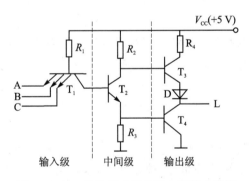

图 11.1.11　TTL 集成与非门内部基本结构

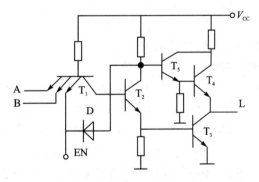

图 11.1.12　TTL 三态与非门电路内部基本结构

图 11.1.13(a)和(b)分别是高电平有效和低电平有效的三态与非门逻辑符号。表 11.1.10 为低电平有效三态与非门电路的真值表。

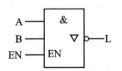

(a) 高电平有效三态与非门

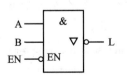

(b) 低电平有效三态与非门

图 11.1.13　三态与非门逻辑符号

表 11.1.10　三态与非门真值

| EN | A | B | L |
|---|---|---|---|
| 0 | 0 | 0 | 1 |
| | 0 | 1 | 1 |
| | 1 | 0 | 1 |
| | 1 | 1 | 0 |
| 1 | × | × | Z |

三态输出与非门电路的多应用于多个门输出共享数据总线的情况,为避免多个门输出同时占用数据总线,这些门的使能信号(EN)中只允许有一个为有效电平(如高电平),如图11.1.14所示。当 $EN_0=1$,$EN_1=EN_2=0$ 时,门电路 $G_0$ 接到数据总线上,$D=L_0$;当 $EN_1=1$,$EN_0=EN_2=0$ 时,门电路 $G_1$ 接到数据总线上,$D=L_1$;当 $EN_2=1$,$EN_0=EN_1=0$ 时,门电路 $G_2$ 接到数据总线上,$D=L_2$。这种用总线来传送数据或信号的方法,在计算机中被广泛采用。

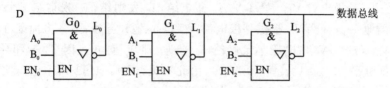

图 11.1.14　高电平有效三态输出门共用一根总线

# 11.2　组合逻辑电路的分析与设计

组合逻辑电路的特点是,电路任一时刻的输出状态只决定于该时刻各输入状态的组合,而与电路的原状态无关。组合电路就是由门电路组合而成,电路中没有记忆单元,没有反馈通路。组合逻辑电路的输出是输入的逻辑函数,所以逻辑代数是分析组合逻辑电路的基础。

## 11.2.1　逻辑代数及其运算法则

同普通代数一样,逻辑代数是用字母表示变量,用代数式描述客观事物间的关系。两者不同的是,逻辑代数是描述客观事物间的逻辑关系。因此,其变量和函数的取值只有两种可能性,即取值为"0"或取值为"1"。这里的逻辑值只表示两种不同的逻辑状态或条件是否满足,结果是否成立,不再具有数量大小的意义。在数字系统中,开关的接通与断开,晶体管的导通与截止,信号的有和无,节点电位的高与低,都可以用"1"或"0"两种不同的逻辑值来表示。0可以表示条件不满足,结果不成立;1可以表示条件满足,结果成立。反之,可用 0 表示条件满足,结果成立;用 1 表示条件不满足,结果不成立。

要描述一个数字系统,仅用逻辑变量的取值"1"或"0"来反映单个逻辑器件的两种状态是不够的,还必须反映一个复杂系统中各个逻辑器件之间的关系,这种相互关系,就是逻辑运算关系。逻辑代数中定义了三种基本逻辑运算:"与"逻辑运算(乘运算)、"或"逻辑运算(加运算)、"非"逻辑运算(取反运算)。根据这三种基本逻辑可推导出逻辑运算的一些法则,即下面列出的逻辑代数的运算法则。

### 1. 基本运算法则

逻辑代数有与普通代数类似的交换律、结合律、分配律等基本运算法则,也有其自身特有的规律。表 11.2.1 列出了逻辑代数的基本定律。

表 11.2.1　逻辑代数的基本运算法则

| 表达式 | 名　称 | 运算规律 |
| --- | --- | --- |
| $A+0=A$;　$A \cdot 0=0$ | 0-1 律 | 变量与常量的关系 |
| $A+1=1$;　$A \cdot 1=A$ | | |

| 表　达　式 | 名　　称 | 运算规律 |
|---|---|---|
| $A+A=A$ | 同一律 | 逻辑代数的特殊规律,不同于普通代数 |
| $A \cdot A=A$ | | |
| $A+\overline{A}=1$ | 互补律 | |
| $A \cdot \overline{A}=0$ | | |
| $\overline{\overline{A}}=A$ | 非非律 | |
| $A+B=B+A$ | 交换律 | 与普通代数规律相同 |
| $A \cdot B=B \cdot A$ | | |
| $(A+B)+C=A+(B+C)$ | 结合律 | |
| $(A \cdot B) \cdot C=A \cdot (B \cdot C)$ | | |
| $A \cdot (B+C)=A \cdot B+A \cdot C$ | 分配律 | |
| $\overline{A+B}=\overline{A} \cdot \overline{B}$ | 反演律<br>(狄·摩根定律) | 逻辑代数的特殊规律,不同于普通代数 |
| $\overline{A \cdot B}=\overline{A}+\overline{B}$ | | |
| $A+AB=A$ | 吸收律 | 逻辑代数的特殊规律,不同于普通代数 |
| $A+\overline{A}B=A+B$ | | |
| $A(A+B)=A$ | | |
| $(A+B)(A+C)=A+BC$ | | |
| $AB+\overline{A}C+BC=AB+\overline{A}C$ | | |

这些定律都可以用一定的方法证明,但是最常用也是最有效的证明方式是真值表证明法。表 11.2.2 给出了狄·摩根定律的证明方法。

**表 11.2.2　狄·摩根定律的证明**

| A | B | AB | A+B | $\overline{A}$ | $\overline{B}$ | $\overline{AB}$ | $\overline{A}+\overline{B}$ | $\overline{A+B}$ | $\overline{A}\,\overline{B}$ |
|---|---|---|---|---|---|---|---|---|---|
| 0 | 0 | 0 | 0 | 1 | 1 | 1 | 1 | 1 | 1 |
| 0 | 1 | 0 | 1 | 1 | 0 | 1 | 1 | 0 | 0 |
| 1 | 0 | 0 | 1 | 0 | 1 | 1 | 1 | 0 | 0 |
| 1 | 1 | 1 | 1 | 0 | 0 | 0 | 0 | 0 | 0 |

由表 11.2.2 很容易看出 $\overline{A+B}=\overline{A} \cdot \overline{B}$ 和 $\overline{A \cdot B}=\overline{A}+\overline{B}$ 成立。

**2. 逻辑函数的化简**

根据逻辑函数表达式,可以画出相应的逻辑电路图。逻辑式的繁简程度直接影响到逻辑电路中所用元件的多少。因此,往往需要对逻辑函数进行化简,找出最简的逻辑函数,以节省器件,降低成本,提高电路的可靠性。通常情况下,化简就是将逻辑函数表达式化成最简与或表达式,所谓最简的与或表达式就是表达式中所含的乘积项最少,且每个乘积项中所含变量的个数也最少。常用的化简方法有:

（1）并项法

利用公式 $A\overline{B}+AB=A$,将两项合并为一项,合并时消去一个变量。如:

$$L = AB\bar{C} + ABC = AB(\bar{C} + C) = AB$$

（2）吸收法

利用公式 $A + AB = A$，吸收多余的乘积项。如：

$$L = A\bar{B} + A\bar{B}(C + DE) = A\bar{B}$$

（3）消去法

利用公式 $A + \bar{A}B = A + B$，消去多余的变量。如：

$$L = AB + \bar{A}C + \bar{B}C = AB + (\bar{A} + \bar{B})C = AB + \overline{AB}C = AB + C$$

（4）配项法

利用公式 $AB + \bar{A}C + BC = AB + \bar{A}C$，为原逻辑函数的某一项配上一项，有利于函数重新组合和化简，或将逻辑函数乘以 $1 = (A + \bar{A})$，以获得新的项，便于重新组合。如：

$$L = AB + \bar{A}C + BCD = AB + \bar{A}C + BCD(A + \bar{A}) = AB + \bar{A}C + ABCD + \bar{A}BCD = AB + \bar{A}C$$

上面介绍的几种常用方法，可以化简比较简单的逻辑函数，而实际中遇到的逻辑函数往往比较复杂，化简时应灵活使用所学的公式、定理和规则，综合运用各种方法，才能获得好的化简结果。

【例 11.2.1】 试用逻辑代数运算法则化简逻辑函数 $L = AB + \bar{A}C + BC$。

【解】　$L = AB + \bar{A}C + BC$

$\qquad = AB + \bar{A}C + (A + \bar{A})BC$ 　利用公式 $A + \bar{A} = 1$ 配项

$\qquad = AB + \bar{A}C + ABC + \bar{A}BC$

$\qquad = AB(1 + C) + \bar{A}C(1 + B)$ 　利用公式 $A + AB = A$，吸收多余的乘积项

$\qquad = AB + \bar{A}C$

【例 11.2.2】 试化简逻辑函数 $L = AC + \bar{B}C + B\bar{D} + A(B + \bar{C}) + \bar{A}C\bar{D} + A\bar{B}DE$。

【解】　$L = AC + \bar{B}C + B\bar{D} + A(B + \bar{C}) + \bar{A}C\bar{D} + A\bar{B}DE$ 　利用摩根定理

$\qquad = AC + \bar{B}C + B\bar{D} + A\overline{BC} + \bar{A}C\bar{D} + A\bar{B}DE$ 　利用 $A + \bar{A}B = A + B$ 消去 $\overline{BC}$

$\qquad = AC + \bar{B}C + B\bar{D} + A + \bar{A}C\bar{D} + A\bar{B}DE$ 　利用 $A + AB = A$ 吸收所有带 $A$ 的乘积项

$\qquad = A + \bar{B}C + B\bar{D} + \bar{A}C\bar{D}$ 　再用消去法消去 $\bar{A}$

$\qquad = A + \bar{B}C + B\bar{D} + C\bar{D}$ 　利用吸收公式 $AB + \bar{A}C + BC = AB + \bar{A}C$

$\qquad = A + \bar{B}C + B\bar{D}$

代数化简法没有固定的步骤和规律可循，对逻辑代数基本公式和常用公式应用的熟练程度和化简的技巧是能够快速化简的基本要素。本例也可按这样化简：

$$L = AC + \bar{B}C + B\bar{D} + A(B + \bar{C}) + \bar{A}C\bar{D} + A\bar{B}DE$$

$$= A(C + B + \bar{C} + \bar{B}DE) + \bar{B}C + B\bar{D} + \bar{A}C\bar{D}$$

$$= A + \bar{B}C + B\bar{D} + \bar{A}C\bar{D}$$

$$= A + \bar{B}C + B\bar{D} + C\bar{D}$$

$$= A + \bar{B}C + B\bar{D}$$

## 11.2.2　组合逻辑电路的分析

组合逻辑电路的分析是对给定逻辑电路获得其逻辑功能的过程。组合逻辑电路的输出是输入的逻辑函数，所以组合逻辑电路的分析以写出组合逻辑电路的逻辑函数表达式为核心，其

一般步骤如下：

① 根据给定组合电路逻辑图，逐级写出组合电路中各个门的输出逻辑表达式。

② 化简输出逻辑表达式。

③ 由化简后的输出逻辑表达式列出真值表。

④ 根据真值表分析组合电路的逻辑功能。

【例 11.2.3】　组合电路如图 11.2.1 所示，分析该电路的逻辑功能。

【解】　① 由逻辑图逐级写出逻辑表达式。为了写表达式方便，借助中间变量 P，即

$$P = \overline{ABC}$$

$$L = AP + BP + CP = A\overline{ABC} + B\overline{ABC} + C\overline{ABC}$$

② 化简与变换为

$$L = \overline{\overline{ABC}(A+B+C)} = \overline{\overline{ABC} + \overline{A+B+C}} = ABC + \overline{ABC}$$

③ 由表达式列出真值表，如表 11.2.3 所列。

表 11.2.3　【例 11.2.3】真值表

| A | B | C | L |
|---|---|---|---|
| 0 | 0 | 0 | 0 |
| 0 | 0 | 1 | 1 |
| 0 | 1 | 0 | 1 |
| 0 | 1 | 1 | 1 |
| 1 | 0 | 0 | 1 |
| 1 | 0 | 1 | 1 |
| 1 | 1 | 0 | 1 |
| 1 | 1 | 1 | 0 |

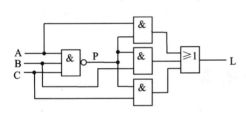

图 11.2.1　【例 11.2.3】电路

④ 分析逻辑功能　由真值表可知，当 A、B、C 三个变量一致时，电路输出为"0"；当 A、B、C 三个变量不一致时，电路输出为"1"，所以这个电路称为"不一致电路"。

## 11.2.3　组合逻辑电路的设计

组合逻辑电路的设计是从对电路的逻辑要求出发，设计出满足要求的逻辑电路的过程。组合逻辑电路的设计过程是组合逻辑电路的设计过程的逆过程，组合逻辑电路设计的一般步骤如下：

① 根据逻辑要求，确定输入（变量）输出（函数）的个数及其逻辑值，列出组合电路的真值表。

② 根据所得组合电路的真值表，化简得逻辑函数的最简与或表达式。

③ 根据所用门电路类型，将最简"与或式"转换成与门电路类型相对应的表达式。

④ 根据所得逻辑函数表达式，画逻辑电路图。

【例 11.2.4】　试用与非门设计三变量表决电路。所谓三变量表决电路是指具有三个输入（逻辑变量如 A，B，C），且有两个或两个以上输入为"1"时，输出（逻辑函数 L）为"1"的逻辑电路，即具有表决功能的逻辑电路。其中，逻辑"0"表示反对，否决；"1"表示赞成，通过等。

【解】　① 由题意列真值表　输入变量有三个，共八种组合，输入变量中有两个或两个以上的"1"时，输出 L 为"1"，所以使 L＝1 的组合有四种，如表 11.2.4 所列。

② 由真值表列写出输出的逻辑表达式　为使输出 L＝1，对某一种组合而言，各输入变量之间是"与"的逻辑关系，所以若输入变量为"1"，则取原变量；输入变量为"0"，则取反变量，然

后取它们的乘积作为输出表达式的一项;对所有组合而言,它们之间的关系是"或"逻辑,故输出表达式为以上各个乘积项的和。因此输出逻辑式应为

$$L = \overline{A}BC + A\overline{B}C + AB\overline{C} + ABC = AB + BC + AC \quad \text{(最简与或式)}$$

③ 由于指定用与非门一种类型,所以逻辑函数要写成与非表达式,即只用与非运算的逻辑关系,即

$$L = \overline{\overline{AB + BC + AC}} = \overline{\overline{AB} \ \overline{BC} \ \overline{AC}} \quad \text{(与非式)}$$

④ 由逻辑式画出如图 11.2.2 所示逻辑图。

表 11.2.4　题 13.2.4 真值表

| A | B | C | L |
|---|---|---|---|
| 0 | 0 | 0 | 0 |
| 0 | 0 | 1 | 0 |
| 0 | 1 | 0 | 0 |
| 0 | 1 | 1 | 1 |
| 1 | 0 | 0 | 0 |
| 1 | 0 | 1 | 1 |
| 1 | 1 | 0 | 1 |
| 1 | 1 | 1 | 1 |

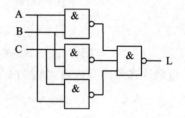

图 11.2.2　三变量表决电路逻辑图

# 11.3　加法器

## 11.3.1　数　制

所谓数制就是计数的进制。在日常生活中,人们最熟悉的是十进制,它有 $0,1,2,\cdots,9$ 共十个数码。在计算机和数字电路中,常用的是二进制数,它只有"0"和"1"两个数码,分别代表数字信号"0"和"1"两个不同的状态。

十进制数是"逢 10 进 1",对于任意一个十进制整数,用多项式表示为

$$N_{(10)} = \sum_{i=0}^{n-1} a_i \times 10^i$$

式中,$a_i = 0,1,2,3,\cdots,9$,是 $10^i$ 位的系数,称为十进制数的基数;$n$ 为整数部分的位数。例如:

$$569_{(10)} = 5 \times 10^2 + 6 \times 10^1 + 9 \times 10^0$$

类似地,二进制数是"逢 2 进 1",对于任意一个二进制整数,用多项式表示为

$$N_{(2)} = \sum_{i=0}^{n-1} a_i \times 2^i$$

式中,$a_i = 0,1$,是 $2^i$ 位的系数,称为二进制数的基数;$n$ 为整数部分的位数。例如:

$$10111_{(2)} = 1 \times 2^4 + 0 \times 2^2 + 1 \times 2^1 + 1 \times 2^0 = 23_{(10)}$$

这样就把一个二进制数转换成了十进制数。

反过来,如何把一个十进制数转换成一个二进制数呢?一种常用的方法是采用"除基取余"法。即将十进制数的整数部分逐次被基数 2 除,每次除完后所得的余数便为要转换的数码,直到商为 0 时止。第 1 个余数为最低位,最后 1 个余数为最高位。概括来说就是:"除以 2 取余,逆序输出"。

【例 11.3.1】 将十进制数 $57_{(10)}$ 转换成二进制数。

【解】 采用"除 2 取余"法转换。

$$
\begin{array}{r|l}
 & \text{余数} \\
2\,\underline{|\,57} & \cdots\cdots \quad 1 = a_0 \quad \text{最低位(LSB)} \\
2\,\underline{|\,28} & \cdots\cdots \quad 0 = a_1 \\
2\,\underline{|\,14} & \cdots\cdots \quad 0 = a_2 \\
2\,\underline{|\,7} & \cdots\cdots \quad 1 = a_3 \\
2\,\underline{|\,3} & \cdots\cdots \quad 1 = a_4 \\
2\,\underline{|\,1} & \cdots\cdots \quad 1 = a_5 \quad \text{最高位(MSB)} \\
0 &
\end{array}
$$

所以,$57_{(10)} = 111001_{(2)}$。

## 11.3.2 半加器

算术运算是数字系统的基本功能,更是计算机中不可缺少的组成部分。由于在两个二进制数之间的加、减、乘、除等算术运算过程,最终都可化作若干步加法运算来完成,因此,加法器是算术运算的基本单元。

加法器是能实现二进制加法逻辑运算的组合逻辑电路。但二进制加法运算与逻辑加法运算的含义不同。前者是数值的运算,后者是逻辑运算在二进制加法中 $1 + 1 = 10$,而在逻辑运算中 $1 + 1 = 1$。

只考虑两个一位二进制数的相加,而不考虑来自低位进位数的运算电路,称为半加器。如某位的两个加数 A 和 B 相加,它除产生本位和数 S 之外,还有一个向高位的进位数。因此,输入信号为加数 A 和被加数 B;输出信号为本位和 S 和向高位的进位 CO。

根据半加器定义,得其真值表,如表 11.3.1 所列。由真值表得输出函数表达式

**表 11.3.1 半加器真值表**

| A | B | S | CO |
|---|---|---|----|
| 0 | 0 | 0 | 0 |
| 0 | 1 | 1 | 0 |
| 1 | 1 | 0 | 1 |
| 1 | 0 | 1 | 0 |

$$S = A\overline{B} + \overline{A}B = A \oplus B$$
$$CO = AB$$

显然,半加器的和函数 S 是其输入 A,B 的异或函数;进位函数 C 是 A 和 B 的逻辑乘。用一个异或门和一个与门即可实现半加器功能。图 11.3.1 给出了半加器逻辑电路图和半加器逻辑符号。

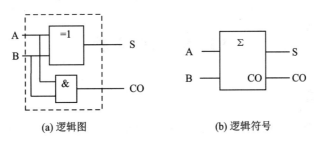

(a) 逻辑图 　　　　　　 (b) 逻辑符号

**图 11.3.1 半加器**

### 11.3.3　全加器

全加器不仅有被加数 A 和加数 B,还有低位来的进位 CI 作为输入;三个输入相加产生全加器两个输出,和 S 及向高位进位 CO。根据全加器功能可得真值表,如表 11.3.2 所列。

由真值表直接写出 S 和 CO 的输出逻辑函数表达式,再经代数法化简和转换得:

$$S = \overline{A}\,\overline{B}CI + \overline{A}B\overline{CI} + A\overline{B}\,\overline{CI} + ABCI =$$
$$\overline{(A \oplus B)CI + (A \oplus B)\overline{CI}} = A \oplus B \oplus CI$$
$$CO = \overline{A}BCI + A\overline{B}CI + AB\overline{CI} + ABCI =$$
$$AB + (A \oplus B)CI$$

由此可见,和函数 S 是三个输入变量的异或。为了利用和函数的共同项,进位函数 CO 按上式所示化简,而不是按最简与或式化简得逻辑图,如图 11.3.2 所示。

**表 11.3.2　全加器真值表**

| A | B | CI | S | CO |
|---|---|----|---|----|
| 0 | 0 | 0 | 0 | 0 |
| 0 | 0 | 1 | 1 | 0 |
| 0 | 1 | 0 | 1 | 0 |
| 0 | 1 | 1 | 0 | 1 |
| 1 | 0 | 0 | 1 | 0 |
| 1 | 0 | 1 | 0 | 1 |
| 1 | 1 | 0 | 0 | 1 |
| 1 | 1 | 1 | 1 | 1 |

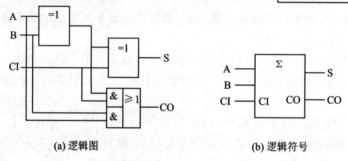

(a) 逻辑图　　　　　　　　　(b) 逻辑符号

**图 11.3.2　全加器**

用全加器可以实现多位二进制加法运算,实现四位二进制加法运算的逻辑图如图 11.3.3 所示。图中低位进位输出作为高位进位输入,依此类推,该进位方式称为异步进位。

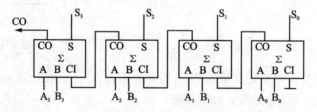

**图 11.3.3　采用异步进位的四位二进加法器逻辑图**

# 11.4　编码器

### 11.4.1　编　码

用文字、符号或数码表示特定对象的过程称为编码,如邮政编码、身份证号码、汽车牌号等。在数字电路中用二进制代码表示有关信号,称为二进制代码。用来完成编码工作的逻辑电路称为编码器。组合逻辑部件中的编码器是对输入赋予一定的二进制代码,给定输入就会有相应的二进制码输出。常用的编码器有二进制编码器和二—十进制编码器等。所谓二进制编码器是指输入变量数($m$)和输出变量数($n$)成 $2^n$ 倍关系的编码器,如 4 线/2 线,8 线/3 线,16 线/4 线的集成二进制编码器;二—十进制编码器是输入十进制数(10 个输入分别代表 0~9 10 个数)输出相应 BCD 码的 10 线/4 线编码器。8421BCD 码是最常用的一种 BCD 码。4 位二进制数 0000(0)~1111(15)16 种组合的前 10 种组成,即 0000(0)~1001(9),其余 6 种组合是无效的。其编码中每位的值都是固定数,称为位权,最高位的权为 $2^3=8$,而后其权值依次为 $2^2=4,2^1=2,2^0=1$,因此这种编码被称为 8421BCD 码。例如 0101,这个二进制代码就是表示:$0 \times 8 + 1 \times 4 + 0 \times 2 + 1 \times 1 = 0 + 4 + 0 + 1 = 5$。

## 11.4.2 二–十进制编码器

二—十进制编码器码对十个输入 $I_0 \sim I_9$(代表 0~9)进行 8421BCD 编码,输出一位 BCD 码(ABCD)。因为有 10 个输入信号,所以用四位二进制数来表示一位十制数。输入十进制数可以是键盘,也可以是开关输入。

若输入信号低电平有效可得二—十进制编码器真值表(见表 11.4.1),表中输入变量上的非代表输入低电平有效的意义。

**表 11.4.1 4 线/10 线编码器真值表**

| 十进制数 | $\overline{I_0}$ | $\overline{I_1}$ | $\overline{I_2}$ | $\overline{I_3}$ | $\overline{I_4}$ | $\overline{I_5}$ | $\overline{I_6}$ | $\overline{I_7}$ | $\overline{I_8}$ | $\overline{I_9}$ | D | C | B | A |
|---|---|---|---|---|---|---|---|---|---|---|---|---|---|---|
| 0 | 0 | 1 | 1 | 1 | 1 | 1 | 1 | 1 | 1 | 1 | 0 | 0 | 0 | 0 |
| 1 | 1 | 0 | 1 | 1 | 1 | 1 | 1 | 1 | 1 | 1 | 0 | 0 | 0 | 1 |
| 2 | 1 | 1 | 0 | 1 | 1 | 1 | 1 | 1 | 1 | 1 | 0 | 0 | 1 | 0 |
| 3 | 1 | 1 | 1 | 0 | 1 | 1 | 1 | 1 | 1 | 1 | 0 | 0 | 1 | 1 |
| 4 | 1 | 1 | 1 | 1 | 0 | 1 | 1 | 1 | 1 | 1 | 0 | 1 | 0 | 0 |
| 5 | 1 | 1 | 1 | 1 | 1 | 0 | 1 | 1 | 1 | 1 | 0 | 1 | 0 | 1 |
| 6 | 1 | 1 | 1 | 1 | 1 | 1 | 0 | 1 | 1 | 1 | 0 | 1 | 1 | 0 |
| 7 | 1 | 1 | 1 | 1 | 1 | 1 | 1 | 0 | 1 | 1 | 0 | 1 | 1 | 1 |
| 8 | 1 | 1 | 1 | 1 | 1 | 1 | 1 | 1 | 0 | 1 | 1 | 0 | 0 | 0 |
| 9 | 1 | 1 | 1 | 1 | 1 | 1 | 1 | 1 | 1 | 0 | 1 | 0 | 0 | 1 |

由真值表可得输出逻辑函数为

$$D = I_9 + I_8 = \overline{\overline{I_9}\,\overline{I_8}}$$

$$C = I_7 + I_6 + I_5 + I_4 = \overline{\overline{I_7}\,\overline{I_6}\,\overline{I_5}\,\overline{I_4}}$$

$$B = I_7 + I_6 + I_3 + I_2 = \overline{\overline{I_7}\,\overline{I_6}\,\overline{I_3}\,\overline{I_2}}$$

$$A = I_9 + I_7 + I_5 + I_3 + I_1 = \overline{\overline{I_9}\,\overline{I_7}\,\overline{I_5}\,\overline{I_3}\,\overline{I_1}}$$

采用与非门实现十进制编码电路的逻辑图如图 11.4.1(a)所示,在 $I_1 \sim I_9$ 全为 0 时,输出就是 $I_0$ 的编码,故 $I_0$ 未画。图 11.4.1(b)用方框图表示此编码器,输入端用非号和小圈双重表示输入信号低电平有效,并不表示输入信号要经过两次反相。输出端没有小圈和非符号,表示输出高电平有效。

## 11.4.3 优先编码器

由上述编码器真值表可以知道,10 个输入中只允许一个输入有信号(输入低电平)。若 $\overline{I_1}$

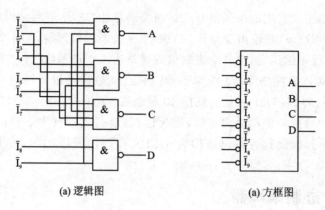

(a) 逻辑图　　　　　　　　　　　(a) 方框图

**图 11.4.1　10 线/4 线编码器**

和 $\overline{I_2}$ 同时为 0,则输出 BA 为 11,此二进制码是 $\overline{I_3}$ 有输入时的输出编码。即此编码器在多个输入有效时会出现逻辑错误,这是其一。其二,在无输入时,即输入全为 1 时,输出 DCBA 为 0000,与 $\overline{I_0}$ 为 0 时相同。也就是说,当 DCBA=0000 时,输入端 $\overline{I_0}$ 并不一定有信号输入。

为了解决多个输入同时有效问题可采用优先编码方式。优先编码器是在多个信息同时输入时,只对输入中优先级别最高的信号进行编码。在优先编码器中优先级别高的信号排斥级别低的,即具有单方面排斥的特性。表 11.4.2 为十进制优先编码器 74LS147 的真值表(表中 X 表示任意态),由真值表可以很容易的看出 74LS147 输入和输出信号是低电平有效的,输出为相应 BCD 码的反码,而且编码的优先级别是从 $I_9$ 至 $I_0$ 递降的。

**表 11.4.2　74LS147 真值表**

| 十进制数 | 输　入 | | | | | | | | | | 输　出 | | | |
|---|---|---|---|---|---|---|---|---|---|---|---|---|---|---|
| | $\overline{I_0}$ | $\overline{I_1}$ | $\overline{I_2}$ | $\overline{I_3}$ | $\overline{I_4}$ | $\overline{I_5}$ | $\overline{I_6}$ | $\overline{I_7}$ | $\overline{I_8}$ | $\overline{I_9}$ | $\overline{D}$ | $\overline{C}$ | $\overline{B}$ | $\overline{A}$ |
| 0 | 0 | 1 | 1 | 1 | 1 | 1 | 1 | 1 | 1 | 1 | 1 | 1 | 1 | 1 |
| 1 | X | 0 | 1 | 1 | 1 | 1 | 1 | 1 | 1 | 1 | 1 | 1 | 1 | 0 |
| 2 | X | X | 0 | 1 | 1 | 1 | 1 | 1 | 1 | 1 | 1 | 1 | 0 | 1 |
| 3 | X | X | X | 0 | 1 | 1 | 1 | 1 | 1 | 1 | 1 | 1 | 0 | 0 |
| 4 | X | X | X | X | 0 | 1 | 1 | 1 | 1 | 1 | 1 | 0 | 1 | 1 |
| 5 | X | X | X | X | X | 0 | 1 | 1 | 1 | 1 | 1 | 0 | 1 | 0 |
| 6 | X | X | X | X | X | X | 0 | 1 | 1 | 1 | 1 | 0 | 0 | 1 |
| 7 | X | X | X | X | X | X | X | 0 | 1 | 1 | 1 | 0 | 0 | 0 |
| 8 | X | X | X | X | X | X | X | X | 0 | 1 | 0 | 1 | 1 | 1 |
| 9 | X | X | X | X | X | X | X | X | X | 0 | 0 | 1 | 1 | 0 |

# 11.5　译码和数字显示

译码器是编码器的逆过程,它的功能是将二进制代码按编码时的原意转换为相应的信息状态。能实现译码功能的电路称译码器。译码器按功能分有两大类:通用译码器和显示译码器。

## 11.5.1　二进制译码器

这里通用译码器是指将输入 $n$ 位二进制码还原成 $2^n$ 个输出信号,或将一位 BCD 码还原为 10 个输出信号的译码器,称为 2 线/4 线译码器,3 线/8 线译码器,4 线/10 线译码器等。下面以 3 线/8 线译码器为例说明其译码过程。

(1) 列出译码器的真值表

设 A、B 和 C 是译码器的三位二进制输入端,$\overline{Y_0}$,$\overline{Y_1}$,$\overline{Y_2}$,$\overline{Y_3}$,$\overline{Y_4}$,$\overline{Y_5}$,$\overline{Y_6}$,$\overline{Y_7}$ 是 8 个低电平有效输出端,可列出如表 11.5.1 所列的真值表。

**表 11.5.1　译码器 74LS138 真值表**

| $EN_1$ | $\overline{EN_{2A}}$ | $\overline{EN_{2B}}$ | $A_2$ | $A_1$ | $A_0$ | $\overline{Y_7}$ | $\overline{Y_6}$ | $\overline{Y_5}$ | $\overline{Y_4}$ | $\overline{Y_3}$ | $\overline{Y_2}$ | $\overline{Y_1}$ | $\overline{Y_0}$ |
|---|---|---|---|---|---|---|---|---|---|---|---|---|---|
| 0 | X | X | X | X | X | 1 | 1 | 1 | 1 | 1 | 1 | 1 | 1 |
| X | 1 | X | X | X | X | 1 | 1 | 1 | 1 | 1 | 1 | 1 | 1 |
| X | X | 1 | X | X | X | 1 | 1 | 1 | 1 | 1 | 1 | 1 | 1 |
| 1 | 0 | 0 | 0 | 0 | 0 | 1 | 1 | 1 | 1 | 1 | 1 | 1 | 0 |
| | | | 0 | 0 | 1 | 1 | 1 | 1 | 1 | 1 | 1 | 0 | 1 |
| | | | 0 | 1 | 0 | 1 | 1 | 1 | 1 | 1 | 0 | 1 | 1 |
| | | | 0 | 1 | 1 | 1 | 1 | 1 | 1 | 0 | 1 | 1 | 1 |
| | | | 1 | 0 | 0 | 1 | 1 | 1 | 0 | 1 | 1 | 1 | 1 |
| | | | 1 | 0 | 1 | 1 | 1 | 0 | 1 | 1 | 1 | 1 | 1 |
| | | | 1 | 1 | 0 | 1 | 0 | 1 | 1 | 1 | 1 | 1 | 1 |
| | | | 1 | 1 | 1 | 0 | 1 | 1 | 1 | 1 | 1 | 1 | 1 |

(2) 由真值表写出逻辑式

$$\overline{Y_0} = \overline{\overline{A_2}\,\overline{A_1}\,\overline{A_0}} \qquad \overline{Y_1} = \overline{\overline{A_2}\,\overline{A_1}\,A_0} \qquad \overline{Y_2} = \overline{\overline{A_2}\,A_1\,\overline{A_0}} \qquad \overline{Y_3} = \overline{\overline{A_2}\,A_1\,A_0}$$

$$\overline{Y_4} = \overline{A_2\,\overline{A_1}\,\overline{A_0}} \qquad \overline{Y_5} = \overline{A_2\,\overline{A_1}\,A_0} \qquad \overline{Y_6} = \overline{A_2\,A_1\,\overline{A_0}} \qquad \overline{Y_7} = \overline{A_2\,A_1\,A_0}$$

(3) 由逻辑式画出逻辑图

如图 11.5.1 所示 3 线/8 线为逻辑图。

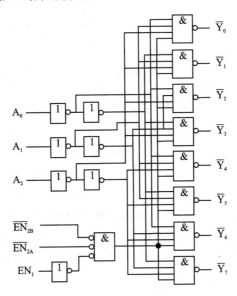

**图 11.5.1　3 线/8 线译码器 74LS138**

由于 3 线/8 线译码器应用非常广泛,现在已经做成型号为 74LS138 的译码器,该译码器的真值表和逻辑图分别如表 11.5.1 和图 11.5.1 所示。有图表可知 74LS138 还有一个使能端 $EN_1$ 和两个控制端 $\overline{EN_{2A}}$,$\overline{EN_{2B}}$。$EN_1$ 高电平有效,$\overline{EN_{2A}}$ 和 $\overline{EN_{2B}}$ 低电平有效。只有在所有使能端都为有效电平($EN_1\ \overline{EN_{2A}}\ \overline{EN_{2B}} = 100$)时,LS74138 才对输入进行译码,相应输出端为低电平,即输出信号为低电平有效。在 $EN_1\ \overline{EN_{2A}}\ \overline{EN_{2B}} \neq 100$ 时,译码器停止译码,输出无效电平(高电平)。

## 11.5.2　二-十进制显示译码器

在数字系统中,常常需要将数字、字母、符号等直观地显示出来,供人们读取或监视系统的工作情况。能够显示数字、字母或符号的器件称为数字显示器。

在数字电路中,数字量都是以一定的代码形式出现的,所以这些数字量要先经过译码,才能送到数字显示器去显示。这种能把数字量翻译成数字显示器所能识别的信号的译码器称为数字显示译码器。

常用的数字显示器有多种类型,按显示方式分,有字型重叠式、点阵式、分段式等。按发光物质分,有半导体显示器,又称发光二极管(LED)显示器、荧光显示器、液晶显示器、气体放电管显示器等。目前应用最广泛的是由发光二极管构成的七段数字显示器。

**1. 七段字符显示器**

七段数字显示器就是将七个发光二极管(加小数点为八个)按一定的方式排列起来,七段 a、b、c、d、e、f、g(小数点 DP)各对应一个发光二极管,利用不同发光段的组合,显示不同的阿拉伯数字。根据内部连接的不同,LED 显示器有共阴和共阳之分,如图 11.5.2 所示。由图可知,共阴极 LED 显示器适用于高电平驱动,共阳极 LED 显示器适用于低电平驱动。

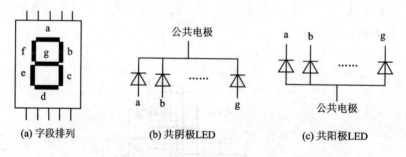

**图 11.5.2　七段字符显示器**

半导体显示器的优点是工作电压较低(1.5～3 V)、体积小、寿命长、亮度高、响应速度快、工作可靠性高。缺点是工作电流大,每个字段的工作电流约为 10 mA 左右。

**2. 集成七段显示译码器 74LS48**

集成显示译码器有多种型号,如 TTL 集成显示译码器,CMOS 集成显示译码器;有高电平输出有效的,也有低电平输出有效的;有推挽输出结构的,也有集电极开路输出结构的;有带输入锁存的,有带计数器的集成显示译码器。就七段显示译码器而言,它们的功能大同小异,主要区别在于输出有效电平。七段显示译码器 74LS48 是输出高电平有效的译码器,其真值表如表 11.5.2 所列。

74LS48 除了有实现七段显示译码器基本功能的输入(DCBA)和输出($Y_a \sim Y_g$)端外,74LS48 还引入了灯测试输入端($\overline{LT}$)和动态灭零输入端($\overline{RBI}$),以及既有输入功能又有输出功能的消隐输入/动态灭零输出($\overline{\text{BI}}/\overline{\text{RBO}}$)端。

**表 11.5.2　七段显示译码器 74LS48 真值表**

| 输　入 | | | | | | $\overline{\text{BI}}/$ | 输　出 | | | | | | | 显示字符 |
|---|---|---|---|---|---|---|---|---|---|---|---|---|---|---|
| $\overline{\text{LT}}$ | $\overline{\text{RBI}}$ | D | C | B | A | $\overline{\text{RBO}}$ | $Y_a$ | $Y_b$ | $Y_c$ | $Y_d$ | $Y_e$ | $Y_f$ | $Y_g$ | |
| 1 | 1 | 0 | 0 | 0 | 0 | 1 | 1 | 1 | 1 | 1 | 1 | 1 | 0 | 0 |
| 1 | X | 0 | 0 | 0 | 1 | 1 | 0 | 1 | 1 | 0 | 0 | 0 | 0 | 1 |
| 1 | X | 0 | 0 | 1 | 0 | 1 | 1 | 1 | 0 | 1 | 1 | 0 | 1 | 2 |
| 1 | X | 0 | 0 | 1 | 1 | 1 | 1 | 1 | 1 | 1 | 0 | 0 | 1 | 3 |
| 1 | X | 0 | 1 | 0 | 0 | 1 | 0 | 1 | 1 | 0 | 0 | 1 | 1 | 4 |
| 1 | X | 0 | 1 | 0 | 1 | 1 | 1 | 0 | 1 | 1 | 0 | 1 | 1 | 5 |
| 1 | X | 0 | 1 | 1 | 0 | 1 | 0 | 0 | 1 | 1 | 1 | 1 | 1 | 6 |
| 1 | X | 0 | 1 | 1 | 1 | 1 | 1 | 1 | 1 | 0 | 0 | 0 | 0 | 7 |
| 1 | X | 1 | 0 | 0 | 0 | 1 | 1 | 1 | 1 | 1 | 1 | 1 | 1 | 8 |
| 1 | X | 1 | 0 | 0 | 1 | 1 | 1 | 1 | 1 | 0 | 0 | 1 | 1 | 9 |
| 1 | X | 1 | 0 | 1 | 0 | 1 | 0 | 0 | 0 | 1 | 1 | 0 | 1 | c |
| 1 | X | 1 | 0 | 1 | 1 | 1 | 0 | 0 | 1 | 1 | 0 | 0 | 1 | ⊐ |
| 1 | X | 1 | 1 | 0 | 0 | 1 | 0 | 1 | 1 | 0 | 0 | 0 | 1 | U |
| 1 | X | 1 | 1 | 0 | 1 | 1 | 1 | 0 | 0 | 1 | 0 | 1 | 1 | |
| 1 | X | 1 | 1 | 1 | 0 | 1 | 0 | 0 | 0 | 1 | 1 | 1 | 1 | |
| 1 | X | 1 | 1 | 1 | 1 | 1 | 0 | 1 | 1 | 0 | 0 | 0 | 0 | |
| X | X | X | X | X | X | 0 | 0 | 0 | 0 | 0 | 0 | 0 | 0 | |
| 1 | 0 | 0 | 0 | 0 | 0 | 0 | 0 | 0 | 0 | 0 | 0 | 0 | 0 | |
| 0 | X | X | X | X | X | 1 | 1 | 1 | 1 | 1 | 1 | 1 | 1 | 8 |

由 74LS48 真值表可获知 74LS48 所具有的逻辑功能：

（1）七段译码功能（$\overline{\text{LT}}=1$，$\overline{\text{RBI}}=1$）

在灯测试输入端（$\overline{\text{LT}}$）和动态灭零输入端（$\overline{\text{RBI}}$）都接无效电平时，输入 DCBA 经 74LS48 译码，输出高电平有效的七段字符显示器的驱动信号，显示相应字符。除 DCBA$=0000$ 外，$\overline{\text{RBI}}$ 也可以接低电平，见表 11.5.2 中 1～16 行。

（2）消隐功能（$\overline{\text{BI}}=0$）

此时 $\overline{\text{BI}}/\overline{\text{RBO}}$ 端作为输入端，该端输入低电平信号时，表 11.5.2 倒数第 3 行，无论 $\overline{\text{LT}}$ 和 $\overline{\text{RBI}}$ 输入什么电平信号，不管输入 DCBA 为什么状态，输出全为"0"，7 段显示器熄灭。该功能主要用于多显示器的动态显示。

（3）灯测试功能（$\overline{\text{LT}}=0$）

此时 $\overline{\text{BI}}/\overline{\text{RBO}}$ 端作为输出端，$\overline{\text{LT}}$ 端输入低电平信号时，表 11.5.2 最后一行，与 $\overline{\text{RBI}}$ 及 DCBA 输入无关，输出全为"1"，显示器 7 个字段都点亮。该功能用于 7 段显示器测试，判别是否有损坏的字段。

（4）动态灭零功能（$\overline{LT}=1,\overline{RBI}=0$）

此时 $\overline{BI}/\overline{RBO}$ 端也作为输出端，$\overline{LT}$ 端输入高电平信号，$\overline{RBI}$ 端输入低电平信号，若此时 $DCBA=0000$，表 11.5.2 倒数第 2 行，输出全为"0"，显示器熄灭，不显示这个零。$DCBA\neq0$，则对显示无影响。该功能主要用于多个 7 段显示器同时显示时熄灭高位的零。

图 11.5.3 给出了 74LS48 的逻辑图、方框图和符号图。由符号图可以知道，4 号端具有输入和输出双重功能。作为输入（$\overline{BI}$）低电平时，G21 为 0，所有字段输出置 0，即实现消隐功能。作为输出（$\overline{RBO}$），相当于 $\overline{LT}$，$\overline{RBI}$ 及 CT0 的与非关系，即 $\overline{LT}=1$，$\overline{RBI}=0$，$DCBA=0000$ 时输出低电平，可实现动态灭零功能。3 号（$\overline{LT}$）端有效低电平时，V20=1，所有字段置 1，实现灯测试功能。

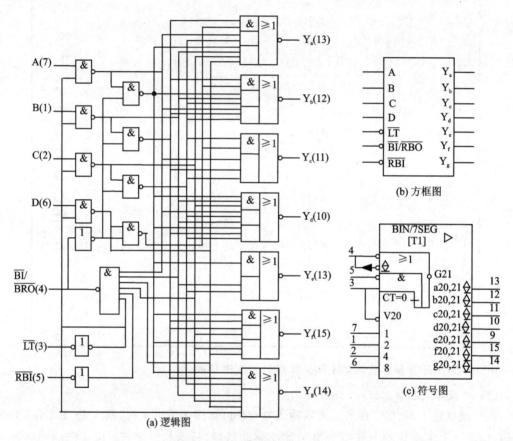

**图 11.5.3　七段显示译码器 7448**

# 本章小结

逻辑电路是计算机电路的基础。逻辑电路包括组合逻辑电路和时序逻辑电路两部分，相应的有组合逻辑元件和时序逻辑元件之分。半加器、全加器、译码器和编码器是计算机中常用的组合逻辑部件；而计数器和寄存器是计算机中常用的时序逻辑部件。

构成组合逻辑电路的基本元件是各种逻辑门。与门、或门和非门是三种最基本的逻辑门，由这三种逻辑门还可组成与非、或非门、与或非门、异或门等。三态门是计算机中非常重要的逻辑门，常用于构成数据缓冲器和总线控制器等。组合逻辑电路的理论基础是逻辑代数。

分析组合逻辑电路,一般需先根据电路写出输出逻辑表达式,然后化简、计算并列出真值表,最后由真值表总结逻辑功能。设计组合逻辑电路,需先根据逻辑功能要求,确定逻辑变量,然后列出真值表,由真值表写出逻辑表达式,化简后画出逻辑电路。化简逻辑表达式是分析和设计逻辑电路的重要工作,化简的方法是公式法。公式法是利用逻辑代数的基本定律和常用公式对逻辑函数表达式进行合并、消去和吸收等处理,得到最简的逻辑表达式。

半加器和全加器是构成加法器的逻辑单元。半加器是实现半加运算(不考虑低位进位运算)的电路,全加器是实现全加运算(考虑低位进位的运算)的电路。由全加器级联可得多位串行进位的并行加法器,为提高运算速度,可采用快速进位电路,得到并行进位的并行加法器。

编码器就是对输入信号进行编码的电路。普通编码器的输入必须具有互斥关系,否则将造成输入信号的混乱。优先编码器是一种能按输入信号的优先级别有选择地进行编码的逻辑部件,74LS147 是典型的优先编码器。

译码是编码的逆运算,译码器是计算机控制器、存储器和 I/O 接口电路的重要组成部分,其功能是将指令、数据和地址编码翻译成其所表示的信息。74LS138 是典型的中规模集成译码器,它是低电平输出的 3 线输入、8 线输出的 3 线/8 线译码器,有 3 个使能控制端,必须在使能信号均有效的情况下,译码器才能译码。

在数字仪表、计算机和各种数字系统中,常需要把测量数据和运算结果用十进制数显示出来,一方面供人们直接读取测量和运算结果,另一方面用以监视数字系统的工作情况。这些都需要用到显示器件。常用的显示器件就是半导体数码显示器和液晶数码显示器。

# 习　题

11.1　在习题 11.1 图所示二极管门电路中,设二极管导通压降 $V_D = +0.7$ V,内阻 $r_D <$ 10 Ω;输入信号 $V_{IH} = +5$ V,$V_{IL} = 0$ V,则它的输出信号 $V_{OH}$ 和 $V_{OL}$ 各等于几伏?

11.2　习题 11.2 图所示电路中,$D_1$、$D_2$ 为硅二极管,导通压降为 0.7 V。

① B 端接地,A 端接 5 V 时,$V_o$ 等于多少伏?

② B 端接 10 V,A 端接 5 V 时,$V_o$ 等于多少伏?

③ B 端悬空,A 端接 5 V,测 B 和 $V_o$ 端电压,各应等于多少伏?

④ A 端接 10 kΩ 电阻,B 端悬空,测 B 和 $V_o$ 端电压,各应为多少伏?

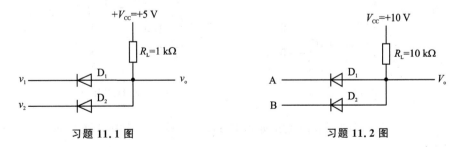

习题 11.1 图　　　　　　　　　　　　　　习题 11.2 图

11.3　TTL 门电路的电原理图和电压传输特性曲线如习题 11.3 图所示。

① 分析在不同输入下,电路中三极管的工作状态。

② 求电路的输入短路电流 $I_{IS}$。

③ 当 $V_A = V_B = 3.6$ V 时,求 $T_5$ 管的基极电流 $I_{B5}$。

④ 当 $V_A = V_B = 0.135$ V,根据电压传输特性曲线,求此时相应的输出 $V_o$ 应为多少?

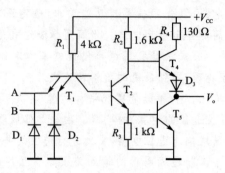 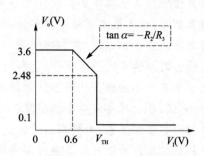

习题 **11.3** 图

**11.4** 用代数法证明下列等式成立:

① $A\overline{B} + B\overline{C} + \overline{A}C = \overline{A}B + \overline{B}C + A\overline{C}$

② $\overline{\overline{A} + C + D}\overline{(\overline{A} + C)(A + \overline{B})(B + \overline{C})} = A\overline{C} + \overline{A}BD + \overline{B}CD$

③ $A \oplus \overline{B} = \overline{A} \oplus B = \overline{A \oplus B}$

**11.5** 利用代数化简法将下列函数化为最简与一或式:

① $L = A\overline{B} + \overline{A}C + \overline{B}C$

② $L = AD + \overline{D} + (\overline{A} + \overline{B})C$

③ $L = \overline{\overline{A}\overline{C}D} + \overline{\overline{B}D} + \overline{A}BC$

④ $L = ABC + \overline{ABC}DE + \overline{A} + \overline{B} + \overline{C}$

⑤ $L = \overline{\overline{A}BD} + \overline{A}C + \overline{BCD} + \overline{BD} + AC$

**11.6** 写出习题 11.6 图所示电路的逻辑表达式,列出真值表并说明电路完成的逻辑功能。

**11.7** 分析习题 11.7 图所示逻辑电路,已知 $S_1$、$S_0$ 为功能控制输入,A、B 为输入信号,L 为输出,求电路所具有的功能真值表。

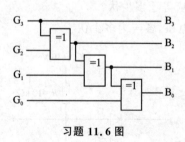　　　　　　　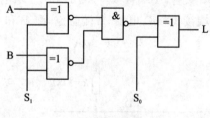

习题 **11.6** 图　　　　　　　　　习题 **11.7** 图

**11.8** 由与非门构成的某表决电路如习题 11.8 图所示。其中 ABCD 表示 4 个人,L=1 时表示决议通过。

① 试分析电路,说明决议通过的情况有几种。

② 分析 ABCD 四个人中,谁的权利最大。

**11.9** 试分析习题 11.9 图所示电路的逻辑功能,并用最少的与非门实现。

**11.10** 写出习题 11.10 图所示组合逻辑电路的输出表达式 L。

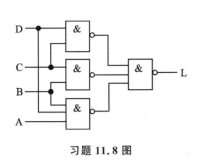

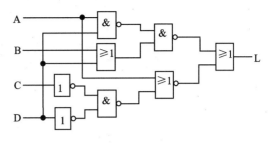

习题 **11.8 图**　　　　　　　　　　　　习题 **11.9 图**

11.11　设计以下 3 变量组合逻辑电路：

① 判奇电路。输入中有奇数个 1 时，输出为 1，否则为 0。

② 判偶电路。输入中有偶数个 1 时，输出为 1，否则为 0。

③ 一致电路。输入变量取值相同时，输出为 1，否则为 0。

④ 不一致电路。输入变量取值不一致时，输出为 1，否则为 0。

⑤ 被 3 整除电路。输入代表的二进制数能被 3 整除时，输出为 1，否则为 0。

⑥ A，B，C 多数表决电路。有 2 个或 2 个以上输入为 1 时，输出为 1，否则为 0。

11.12　三线排队的组合电路的框图如习题 11.12 图所示。A、B、C 为三路输入信号，$F_1$、$F_2$、$F_3$ 为其对应的输出。电路在同一时间只允许通过一路信号，且优先的顺序为 A，B，C。试分别写出 $F_1$、$F_2$、$F_3$ 的逻辑表达式，并用与非门实现框图内的三线排队电路。

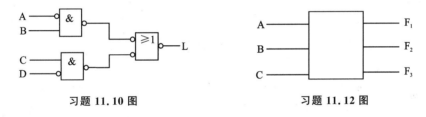

习题 **11.10 图**　　　　　　　　　　　习题 **11.12 图**

11.13　已知习题 11.13 图所示电路及输入 A、B 的波形，试画出相应的输出波形 F，不计门的延迟。

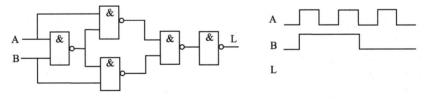

习题 **11.13 图**

11.14　完成下列数的进制变换。

① $(10101101)_2 = ($　　　　　　$)_{10}$

② $(385)_{10} = ($　　　　　　$)_2$

③ $(625)_{10} = ($　　　　　　$)_2$

④ $(11010111101)_2 = ($　　　　　　$)_{10}$

⑤ $(256)_{10} = ($　　　　$)_2$

# 第 12 章 时序逻辑电路

## 【学习导引】

数字电路包含组合电路和时序电路两大类。上章所讲的门电路及其组成的组合逻辑电路不具有记忆功能,即任何时刻的输出信号仅取决于当时的输入信号,与电路以前所处的状态无关。但在数字系统中,为了能实现按一定程序进行运算,需要记忆功能。本章所介绍的时序逻辑电路是由具有记忆功能的触发器组成的,它的输出信号不仅与电路当时的输入信号有关,而且与电路以前所处的状态也有关,即时序电路具有记忆功能。

本章重点应掌握三种基本触发器的逻辑功能,常用时序逻辑电路中寄存器和计数器的分析方法。

## 【学习目标和要求】

① 掌握基本 RS 触发器、JK 触发器和 D 触发器的逻辑功能。

② 理解寄存器和移位寄存器的工作原理,二进制计数器、十进制计数器的逻辑功能,会分析时序逻辑电路。

③ 了解集成定时器及由它组成的单稳态触发器和多谐振荡器的工作原理。

④ 学会使用本章所介绍的典型集成电路。

# 12.1 触发器

触发器是时序逻辑电路的记忆元件,为了实现记忆一位二值信号的功能,触发器必须具备两个基本的特点:一个是具有两个能自行保持的稳定状态,用来表示二值信号的"0"或"1";另一个是不同的输入信号可以将触发器置成"0"或"1"的状态。

触发器的种类很多,根据触发器电路结构的特点,可以将触发器分为基本 RS 触发器,同步 RS 触发器,主从触发器,维持阻塞触发器和 CMOS 边沿触发器等几种类型。

根据触发器逻辑功能的不同,又可以将触发器分为 RS 触发器、JK 触发器、T 触发器和 D 触发器等几种类型。

因含有触发器是时序逻辑电路的特征,在讨论时序逻辑电路问题之前,先来讨论触发器电路的结构和动作特点。

## 12.1.1 RS 触发器

### 1. 基本 RS 触发器的电路结构和动作特点

基本 RS 触发器的电路结构是由两个与非门的输入、输出端交叉连接而成,如图 12.1.1(a)所示,图 12.1.1(b)是由与非门构成的基本 RS 触发器的逻辑符号,输入端的小圆圈表示用低电平作输入信号,或称为低电平有效。

由图 12.1.1(a)可见,该触发器有两个输入端 $\bar{S}$ 和 $\bar{R}$,其中"$\bar{S}$"端称为直接置位端或直接置 1 端,"$\bar{R}$"称为直接复位端或直接清零端;两个输出端分别为 Q 和 $\bar{Q}$,两者的逻辑状态应相反。

　　在数字电路中,用触发器输出端 Q 的状态来定义触发器的状态。当触发器的输出端 $Q=1,\overline{Q}=0$ 时,称为触发器的"1 态";当触发器的输出端 $Q=0,\overline{Q}=1$ 称为触发器的"0 态"。通常情况下,$\overline{S}$ 和 $\overline{R}$ 固定接高电位。

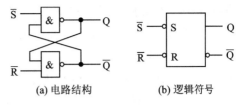

(a) 电路结构　　　　(b) 逻辑符号

**图 12.1.1　基本 RS 触发器**

　　设触发器原来的状态(即初态)为 $Q^n$,加触发信号后新的状态(即新态或次态)为 $Q^{n+1}$,由图 12.1.1(a)可列出触发器输入和输出逻辑关系的真值表,即逻辑状态表。分析如下:

　　(1) $\overline{S}=1,\overline{R}=0$

　　当输入变量 $\overline{R}=0,\overline{S}=1$ 时,不管初态 $Q^n$ 是"1"或者是"0",因 $\overline{R}$ 端所在的与非门遵守"有 0 出 1"的逻辑关系,所以,$\overline{Q}^{n+1}=1$,该信号与 $\overline{S}=1$ 信号与非的结果,使次态 $Q^{n+1}$ 等于 0。因触发器的这个动作过程称为复位,或清 0,所以,触发器的输入端 $\overline{R}$ 称为复位端。

　　(2) $\overline{S}=0,\overline{R}=1$

　　当输入变量 $\overline{R}=1,\overline{S}=0$ 时,不管初态 $Q^n$ 是"1"或者是"0",次态 $Q^{n+1}$ 都等于 1。因触发器的这个动作过程称为置 1,或置位,所以,触发器的输入端 $\overline{S}$ 称为置位端。

　　(3) $\overline{S}=1,\overline{R}=1$

　　当 $\overline{R}=1,\overline{S}=1$ 时,电路维持原来状态不变。

　　(4) $\overline{S}=0,\overline{R}=0$

　　当输入变量 $\overline{S}=0,\overline{R}=0$ 时,不管初态 $Q^n$ 是"1"或者是"0",次态 $Q^{n+1}$ 和 $\overline{Q}^{n+1}$ 同时都为"1"。该状态既不是触发器定义的状态"1",也不是规定的状态"0",且当 $\overline{R}$ 和 $\overline{S}$ 同时变为"1"以后,无法断定触发器是处在"1"的状态,或者是处在"0"的状态。因此这种情况在使用中应禁止出现。

　　综上所述,可得基本 RS 触发器的逻辑状态表如表 12.1.1 所列。

**2. 触发器的工作波形图**

　　触发器的动作特点除了用逻辑状态表来描述外,还可以用工作波形图来描述,图 12.1.2 所示是基本 RS 触发器典型的工作波形图(设初始状态 $Q^n=0$)。

**表 12.1.1　用与非门组成的基本 RS 触发器的逻辑状态表**

| $\overline{S}$ | $\overline{R}$ | $Q^n$ | $Q^{n+1}$ | 功　能 |
|---|---|---|---|---|
| 1 | 0 | 0 | 0 | 清　零 |
|   |   | 1 | 0 |   |
| 0 | 1 | 0 | 1 | 置 1 |
|   |   | 1 | 1 |   |
| 1 | 1 | 0 | 0 | 保　持 |
|   |   | 1 | 1 |   |
| 0 | 0 | 0 | × | 不确定 |
|   |   | 1 | × |   |

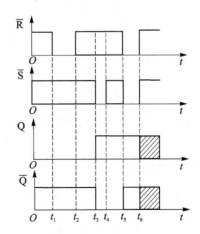

**图 12.1.2　基本 RS 触发器工作波形图**

画触发器工作波形图的要点:在输入信号的跳变处引入虚线,并在时间轴上标明时间,根据逻辑状态表画出每一时间间隔内的信号,作图的过程如下。

(1) $0\sim t_1$ 时间段

$\bar{S}=1$,$\bar{R}=1$,触发器处于记忆状态下,$Q$,$\bar{Q}$ 保持原态,所以 $Q=0$,$\bar{Q}=1$。

(2) $t_1\sim t_2$ 时间段

$\bar{S}=1$,$\bar{R}=0$,触发器清零,$Q=0$,$\bar{Q}=1$。

(3) $t_2\sim t_3$ 时间段

$\bar{S}=1$,$\bar{R}=1$,触发器再次处于记忆状态下,$Q$,$\bar{Q}$ 保持原态,所以 $Q=0$,$\bar{Q}=1$。

(4) $t_3\sim t_4$ 时间段

$\bar{S}=0$,$\bar{R}=1$,触发器置 1,$Q=1$,$\bar{Q}=0$。

(5) $t_4\sim t_5$ 时间段

$\bar{S}=1$,$\bar{R}=1$,触发器再次处于记忆状态下,$Q$,$\bar{Q}$ 保持上个状态,所以 $Q=1$,$\bar{Q}=0$。

(6) $t_5\sim t_6$ 时间段

$\bar{S}=0$,$\bar{R}=0$,触发器处在 $Q=1$,$\bar{Q}=1$ 的非正常状态下。

(7) $t>t_6$ 时间段

$\bar{S}=1$,$\bar{R}=1$,触发器处在记忆状态下,因前一个时段触发器工作在非正常的状态下,触发器无法保持 $Q=1$,$\bar{Q}=1$ 的原态,所以,触发器的状态是"0"或是"1"无法确定,用斜线来表示这种不确定的状态。

基本 RS 触发器除了可用与非门组成外,还可以用或非门来组成,用或非门组成的 RS 触发器电路如图 12.1.3(a)所示,图 12.1.3(b)是该电路的符号。

与前者不同的是,或非门结构的基本 RS 触发器用正脉冲来清零或置 1,即高电平有效。它的逻辑状态表如表 12.1.2 所列。

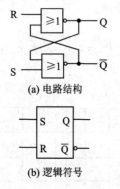

**(a) 电路结构**

**(b) 逻辑符号**

**图 12.1.3　用或非门组成的基本 RS 触发器**

表 12.1.2　用或非门组成的基本 RS 触发器的逻辑状态表

| S | R | $Q^n$ | $Q^{n+1}$ | 功　能 |
|---|---|---|---|---|
| 0 | 1 | 0 | 0 | 清　零 |
| | | 1 | 0 | |
| 1 | 0 | 0 | 1 | 置 1 |
| | | 1 | 1 | |
| 0 | 0 | 0 | 0 | 保　持 |
| | | 1 | 1 | |
| 1 | 1 | 0 | × | 不确定 |
| | | 1 | × | |

## 12.1.2　同步 RS 触发器

前面所讨论的基本 RS 触发器的输出状态是由输入信号直接控制的,所以,基本 RS 触发器又称为直接复位、置位触发器。但是这种触发器抗干扰能力差,而且不能实施多个触发器的同步工作。为了解决多个触发器同步工作的问题,发明了同步触发器。其电路结构和逻辑符号图如图 12.1.4 所示。

由图 12.1.4(a)可知,与非门 $G_1$ 和 $G_2$ 组成基本 RS 触发器,在此之前增加一级输入控制

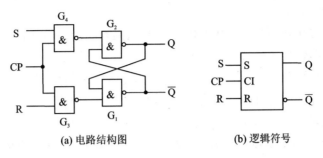

**(a) 电路结构图**　　　　**(b) 逻辑符号**

**图 12.1.4 同步 RS 触发器**

门电路,CP 为同步控制信号,通常称为脉冲方波信号,或称为时钟信号,简称时钟,用字母 CP (Clock Pulse)来表示。通过控制 CP 端电平,可以是实现多个触发器同步工作。

当时钟脉冲到来之前,即 CP＝0 时,不论 R 和 S 端的电平如何变化,$G_3$ 和 $G_4$ 输出都是 "1",基本触发器保持原状态不变;当 CP＝1 时,该信号对两个与非门 $G_3$ 和 $G_4$ 的输出信号没有影响,同步触发器的输出状态随输入信号变化而变化的情况与基本 RS 触发器相同。

同步 RS 触发器的逻辑状体表如表 12.1.3 所列。

根据表 12.1.3 画出同步 RS 触发器的工作波形图,同步 RS 触发器的工作波形图如图 12.1.5 所示。

**表 12.1.3 同步 RS 触发器的逻辑状态表**

| CP | S | R | $Q^n$ | $Q^{n+1}$ | 功 能 |
|---|---|---|---|---|---|
| 0 | × | × | 0 | 0 | 保持 |
|  |  |  | 1 | 1 |  |
| 1 | 0 | 1 | 0 | 0 | 清零 |
|  |  |  | 1 | 0 |  |
| 1 | 1 | 0 | 0 | 1 | 置 1 |
|  |  |  | 1 | 1 |  |
| 1 | 0 | 0 | 0 | 0 | 保持 |
|  |  |  | 1 | 1 |  |
| 1 | 1 | 1 | 0 | × | 禁用 |
|  |  |  | 1 | × |  |

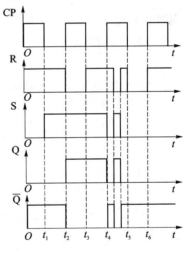

**图 12.1.5 同步 RS 触发器波形图**

(1) $0 \sim t_1$ 时间段

CP＝1,R＝1,S＝0,触发器复位,Q＝0,$\overline{Q}$＝1。

(2) $t_1 \sim t_2$ 时间段

CP＝0,触发器的输入信号对触发器的状态不影响,触发器保持原态,Q＝0,$\overline{Q}$＝1。

(3) $t_2 \sim t_3$ 时间段

CP＝1,R＝0,S＝1,触发器置位,Q＝1,$\overline{Q}$＝0。

(4) $t_3 \sim t_4$ 时间段

CP＝0,触发器保持原态,Q＝1,$\overline{Q}$＝0。

（5）$t_4 \sim t_5$ 时间段

CP＝1，R 和 S 经历从 0 到 1 和从 1 到 0 的跳变，触发的输出信号 Q 和 $\overline{Q}$ 也经历了从 0 到 1 和从 1 到 0 的跳变，最后的状态为 $\overline{Q}$＝0。

（6）$t_5 \sim t_6$ 时间段

CP＝0，触发器保持原态，Q＝0，$\overline{Q}$＝1。

（7）$t > t_6$ 时间段

CP＝1，R＝1，S＝0，触发器处在清零的状态下，输出 Q＝0，$\overline{Q}$＝1 的状态。

由上面的讨论可见，同步触发器在一个时钟脉冲时间内（例 $t_4 \sim t_5$ 的时间内），输出状态有可能发生两次或两次以上的翻转，触发器的这种翻转现象在数字电路中称为空翻。因触发器正常工作的干扰信号可能会引起空翻，所以，触发器的空翻影响触发器的抗干扰能力。

## 12.1.3　JK 触发器

### 1. 主从型 JK 触发器的电路结构和动作特点

同步 RS 触发器虽然解决了同步工作的问题，但还存在着每个 CP 周期内触发器的输出状态多次改变的空翻问题，主从触发器就是为了解决触发器空翻的问题而设计的。

图 12.1.6(a) 是主从型 JK 触发器的逻辑图，它由两个同步 RS 触发器串联组成，其中与非门 $G_5$，$G_6$，$G_7$ 和 $G_8$ 组成主触发器，与非门 $G_1$，$G_2$，$G_3$ 和 $G_4$ 组成从触发器，且两个同步触发器 CP 脉冲的相位正好相反。J 和 K 是输入信号，他们分别与 $\overline{Q}$ 和 Q 构成与逻辑关系，成为主触发器的 S 端和 R 端，即

$$S = J\overline{Q}, \quad R = KQ$$

从触发器 S 和 R 端为主触发器的输出端。

JK 触发器动作的特点：在 CP 信号为高电平"1"时，主触发器的输入控制门 $G_7$ 和 $G_8$ 打开，输入信号 J 和 K 可以使主触发器的输出状态发生变化。因从触发器的输入控制门（即 CP 信号）是低电平有效的，所以，从触发器的输入控制门 $G_3$ 和 $G_4$ 关闭，主触发器的输出信号 $Q'$ 和 $\overline{Q'}$ 不能输入从触发器使其状态发生变化，从触发器保持原态。

当 CP 信号从高电平"1"跳变到低电平"0"时，CP 信号将产生一个脉冲下降沿信号。当脉冲下降沿信号到来以后，主触发器的输入控制门 $G_7$ 和 $G_8$ 关闭，J 和 K 信号不能输入主触发器，使主触发器的状态发生变化，主触发器保持脉冲下降沿到来时刻的信号 $Q'$ 和 $\overline{Q'}$；从触发器的输入控制门 $G_3$ 和 $G_4$ 打开，主触发器的输出信号 $Q'$ 和 $\overline{Q'}$ 输入从触发器使从触发器的状态发生变化。

由上面的分析可知，主从型触发器具有在 CP 从"1"下跳为"0"时翻转的特点，也就是具有在时钟下降沿触发的特点。其逻辑符号如图 12.1.6(b) 所示，其中，CP 输入控制端旁边的小圆圈和符号"＞"用来表示触发器的状态变换仅发生在脉冲下降沿；$\overline{R}_D$ 和 $\overline{S}_D$ 是直接复位和直接置位端，就是不经过时钟脉冲 CP 的控制可以对触发器清零或置 1，一般用在工作之初，预先使触发器处于某一给定状态，在工作过程中不用它们。不用时让它们处于 1 态（高电平）。

根据图 12.1.6(a)，可得 JK 触发器逻辑状态如表 12.1.4 所列。

由表 12.1.4 可见，JK 触发器在 J＝1，K＝1 的情况下，来一个时钟脉冲，就使它翻转一次，即 $Q^{n+1} = \overline{Q^n}$。这表明，在这种情况下，触发器具有计数功能。

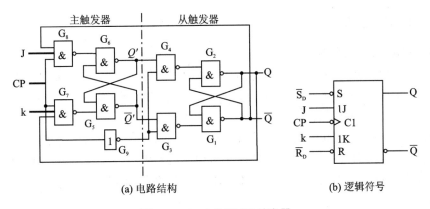

(a) 电路结构　　　　　　(b) 逻辑符号

图 12.1.6　主从型 JK 触发器

表 12.1.4　JK 触发器的逻辑状态表

| $\bar{S}_D$ | $\bar{R}_D$ | CP | J | K | $Q^n$ | $Q^{n+1}$ | 功　能 |
|---|---|---|---|---|---|---|---|
| 0 | 1 | × | × | × | × | 1 | |
| 1 | 0 | × | × | × | × | 0 | |
| 1 | 1 | ↓ | 0 | 1 | 0 | 0 | 清零 |
| | | | | | 1 | 0 | |
| 1 | 1 | ↓ | 1 | 0 | 0 | 1 | 置1 |
| | | | | | 1 | 1 | |
| 1 | 1 | ↓ | 0 | 0 | 0 | 0 | 保持 |
| | | | | | 1 | 1 | |
| 1 | 1 | ↓ | 1 | 1 | 0 | 1 | 计数 |
| | | | | | 1 | 0 | |

注:"↓"表示 CP 脉冲的下降沿。

### 2. 主从型 JK 触发器的工作波形图

设下降沿触发的 JK 触发器的时钟脉冲和 J、K 信号的波形如图 12.1.7 所示,画出输出端 Q 的波形。设触发器的初始状态为 0。

【分析】　第 1 个 CP 脉冲作用期间:J=0,K=1,触发器置 0;第 2 个 CP 脉冲作用期间:J=1,K=0,触发器置 1;第 3 个 CP 脉冲作用期间:J=0,K=1,触发器置 0;第 4 个 CP 脉冲作用期间:J=0,K=0,触发器

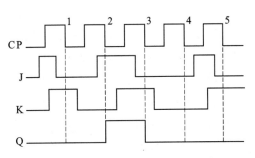

图 12.1.7　主从型 JK 触发器的波形图

保持原态不变,Q=0;第 5 个 CP 脉冲作用期间:J=0,K=1,触发器置 0。

用画波形图的方法分析触发器的工作情况时,必须注意几点:

① 触发器的触发翻转发生在时钟脉冲的触发边沿。

② 判断主从触发器状态的依据是下降沿前瞬间(触发沿为下降沿时)或上升沿前(触发沿为上升沿时)输入端的状态。

## 12.1.4　D 触发器

**1. 维持阻塞型 D 触发器的原理图**

触发器的结构类型有多种,除上述的主从型外,常用的还有边沿触发器。边沿触发器的次态取决于 CP 边沿(上升沿或下降沿)到达时刻输入信号的状态,而与此边沿时刻以前或以后的输入状态无关,因而可以提高它的可靠性和抗干扰能力。

边沿触发器有利用 CMOS 管组成的触发器,还有 TTL 维持阻塞触发器和利用传输延迟时间组成的边沿触发器等,这些触发器的电路结构虽然不相同,但它们的逻辑功能和符号都是相同的,本书只介绍一种目前用的较多的维持阻塞型 D 触发器,其电路结构图、逻辑符号图如图 12.1.8 所示。

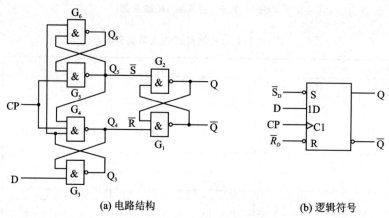

(a) 电路结构　　　　　　　　　(b) 逻辑符号

图 12.1.8　维持阻塞型 D 触发器

由图 12.1.8(a)可知,该触发器是由 3 个与非门构成的基本 RS 触发器组成,其中 $G_3$、$G_4$ 和 $G_5$、$G_6$ 构成两组基本 RS 触发器,它们响应外部输入数据 D 和时钟信号 CP,它们的输出信号 $Q_4$、$Q_5$ 作为 $\bar{R}$、$\bar{S}$ 信号控制着由 $G_1$、$G_2$ 构成的第三个基本 RS 触发器的状态。其工作原理分析如下:

① 当 CP=0 时,与非门 $G_4$、$G_5$ 被封锁,它们的输出 $Q_4=1$,$Q_5=1$,即 $\bar{S}=1$,$\bar{R}=1$,所以第三个基本 RS 触发器保持原态,这时不论 D 取何值,Q 和 $\bar{Q}$ 的状态都不变。

② 当 CP 由 0 变 1 后瞬间,$G_4$、$G_5$ 打开,它们的输出 $Q_4$ 和 $Q_5$ 的状态由 $G_3$ 和 $G_6$ 的输出状态决定,所以有 $\bar{S}=\overline{Q_6}=Q_3=\bar{D}$,$\bar{R}=\overline{Q_3}=D$,$\bar{R}$ 和 $\bar{S}$ 的状态永远相反。当 D=0 时:$\bar{S}=1$,$\bar{R}=0$,D 触发器输出 Q=0;当 D=1 时:$\bar{S}=0$,$\bar{R}=1$,D 触发器输出 Q=1。即 $Q^{n+1}=D$,D 触发器按此前 D 的逻辑值刷新。

③ 在 CP=1 期间,由 $G_3$、$G_4$ 和 $G_5$、$G_6$ 构成的两个基本 RS 触发器可以保证 $Q_4$、$Q_5$ 的状态不变,使 D 触发器不受输入信号 D 变化的影响。现分析如下:若在 CP 由 0 变 1 后瞬间,Q=1,则有 $Q_5=0$,与非门 $G_4$、$G_6$ 被封锁,$Q_5$ 到 $G_4$ 的反馈线使 $G_4$ 得输出 $Q_4=1$,这时,即使 D 信号的变化可能使 $Q_3$ 发生相应变化,但不能改变 $Q_4$ 的状态,从而阻塞了 D 端输入的置 0 信号;若在 CP 由 0 变 1 后瞬间,Q=0,则有 $Q_4=0$,与非门 $G_3$ 被封锁,此时,不论 D 信号变化为何值,都不能改变 $Q_3$ 的状态,所以 D 触发器的输出状态保持原态。

综上所述,维持阻塞型 D 触发器具有在 CP 上升沿出发的特点,且此时有

$$Q^{n+1}=D$$

　　脉冲上升沿有效的边沿触发器在符号的表示上没有了 CP 输入端旁边的小圆圈,如图 12.1.8(b)所示。表 12.1.5 是维持阻塞型 D 触发器的逻辑状态表。

**2. 维持阻塞型 D 触发器的工作波形图**

　　设上升沿触发的 D 触发器的时钟脉冲和 D 信号的波形如图 12.1.9 所示,触发器的初始状态为 0。

表 12.1.5　上升沿 D 触发器的逻辑状态表

| CP | D | $Q^n$ | $Q^{n+1}$ | 功　能 |
|----|----|-----|-------|------|
| 0 | × | 0 | 0 | |
| 1 | × | 1 | 1 | |
| ↑ | 0 | 0 | 0 | 清零 |
| | | 1 | 0 | |
| ↑ | 1 | 0 | 1 | 置1 |
| | | 1 | 1 | |

注:"↑"表示 CP 脉冲的上升沿。

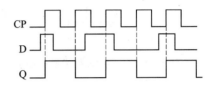

图 12.1.9　上升沿 D 触发器的波形图

　　边沿触发器输出状态的翻转仅出现在脉冲上升沿或下降沿到来的时刻,所以,边沿触发器抗干扰能力和工作的稳定性较好,被广泛使用在各种电子电路中。

## 12.1.5　触发器逻辑功能的转换

　　因 JK 触发器和 D 触发器分别是双端输入和单端输入功能最完善的触发器,所以,集成电路产品大多是 JK 触发器(CC4027,74LS112 等)和 D 触发器(CC4013,7474 等)。下面来讨论触发器逻辑功能转换的问题。

**1. 将 JK 触发器转换为 D 触发器**

　　转换电路图如图 12.1.10 所示。

　　【分析】　当 D=0 时,J=0,K=1,在 CP 的下降沿,触发器置 0;当 D=1 时,J=1,K=0,在 CP 的上升沿,触发器置 1。这符合下降沿 D 触发器的逻辑功能。

**2. 将 JK 触发器转换为 T 触发器**

　　在时钟信号的作用下,具有表 12.1.6 所列的逻辑状态功能的触发器称为 T 触发器。

表 12.1.6　上升沿 T 触发器逻辑状态表

| CP | T | $Q^n$ | $Q^{n+1}$ | 功　能 |
|----|----|-----|-------|------|
| 0 | × | 0 | 0 | |
| 1 | × | 1 | 1 | |
| ↑ | 0 | 0 | 0 | 保持 |
| | | 1 | 1 | |
| ↑ | 1 | 0 | 1 | 计数 |
| | | 1 | 0 | |

注:T 触发器是上升沿触发器,也有下降沿 T 触发器。

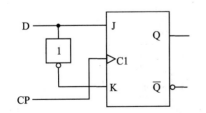

图 12.1.10　将 JK 触发器转换为 D 触发器

　　JK 触发器转换为 T 触发器的变换电路如图 12.1.11 所示。

　　【分析】　当 T=0 时,J=0,K=0,在 CP 的下降沿,触发器保持原态;当 T=1 时,J=1,K=1,在 CP 的下降沿,触发器翻转,处于计数状态。

### 3. 将 D 触发器转换为 T′ 触发器

输入信号 T 恒等于 1 的 T 触发器称为 T′ 触发器。其动作特点是每输入一个触发脉冲，触发器的状态翻转一次。

图 12.1.12 是将 D 触发器转换为 T′ 触发器的电路连接图。

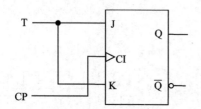
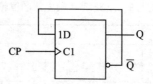

**图 12.1.11　将 JK 触发器转换为 D 触发器**　　　　**图 12.1.12　D 触发器转换为 T′ 触发器**

# 12.2　寄存器

本节介绍在数字系统中广泛应用的几种典型时序逻辑功能电路：寄存器、移位寄存器、计数器，它们与各种组合电路一起，可以构成逻辑功能及其复杂的数字系统。

可以存储二进制代码的器件称为寄存器，它是用来暂时存放参与运算的数据和运算结果的。1 个触发器可存储 1 位二进制数据，存储 $n$ 位二进制数据，就需要选用 $n$ 个触发器。

寄存器输入数据的方式有两种：串行和并行。串行方式是指数据随时钟信号 CP 的节拍从一个输入端逐位的存入；并行方式就是数码各位从各对应位输入端同时输入的寄存器。

寄存器输出数据的方式也有串行和并行两种。串行方式是指被取出的数据在同一个输出端逐位出现；并行方式是指被取出的几位数据同时出现。

根据数据有无移位功能，通常将寄存器分为数码寄存器和移位寄存器两类。

## 12.2.1　数码寄存器

数码寄存器只有存储数码和清除原有数码的功能。图 12.2.1 是一种四位数码寄存器，它由 4 个上升沿触发的 D 触发器组成，$\overline{R}_D$ 是异步清零控制端。在向寄存器中寄存代码之前，必

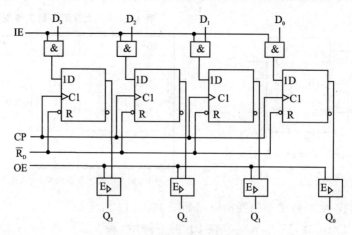

**图 12.2.1　四位数码寄存器**

须先将寄存器清零,否则有可能出错。IE 是输入控制信号,当 IE=1 时,4 个与门打开,$D_3 \sim$
$D_0$ 便可以输入。OE 是输出控制信号,当 OE=1 时,4 个三态门打开,$D_3 \sim D_0$ 便可从三态门
的 $Q_3 \sim Q_0$ 端输出。CP 是时钟控制信号。

## 12.2.2 移位寄存器

具有移位功能的寄存器又称为移位寄存器。在移位脉冲的作用下,可将寄存器里存储的
二进制代码依次移位,用来实现数据的串行/并行或并行/串行转换、数值运算以及数据处理等
功能。显然,移位寄存器属于同步时序电路。

图 12.2.2 是由 D 触发器组成的四位移位寄存器,将一列串行数据 1101 从移位寄存器的
数据信号输入端 D 输入,在触发脉冲的作用下,串行数据逐个输入移位寄存器,经 4 个触发脉
冲以后,4 位串行数据全部输入移位寄存器,移位寄存器内 4 个触发器 $FF_3$,$FF_2$,$FF_1$,$FF_0$ 状
态信号输出端的信号 $Q_3 Q_2 Q_1 Q_0$=1101 是一个并行的输出数据。再输出 4 个触发脉冲,并行
数据 1101 又从 $Q_3$ 端以串行数据的形式输出。移位寄存器串行数据转并行数据的时序图如
图 12.2.2 所示。

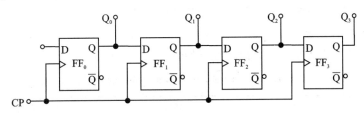

**图 12.2.2 移位寄存器逻辑图**

根据图 12.2.2 可以详细说明串行数据转并行数据
的过程。图 12.2.3 表明,4 个触发器的初态都是 0。在
第一个触发脉冲作用下,$FF_0$ 接收输入的数据 1,其余
的触发器接收的数据都是 0,在 $t_1 \sim t_2$ 时间间隔内,移
位寄存器各触发器输出的数据为 0001。在第二个触发
脉冲作用下,$FF_0$ 接收输入的数据 1,$FF_1$ 接收 $Q_0$ 的输
出数据 1,其余的触发器接收的数据都是 0。在 $t_2 \sim t_3$
时间间隔内,移位寄存器各触发器输出的数据为 0011。
在第三个触发脉冲作用下,$FF_0$ 接收输入的数据 0,$FF_1$
接收 $Q_0$ 的输出数据 1,$FF_2$ 接收 $Q_1$ 的输出数据 1,$FF_3$
接收 $Q_2$ 的输出数据 0,在 $t_3 \sim t_4$ 时间间隔内,移位寄存
器各触发器输出的数据为 0110。在第四个触发脉冲作

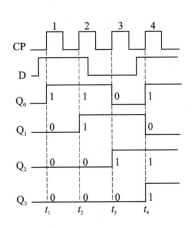

**图 12.2.3 移位寄存器数据转换图**

用下,$FF_0$ 接收输入的数据 1,$FF_1$ 接收 $Q_0$ 的输出数据 0,$FF_2$ 接收 $Q_1$ 的输出数据 1,$FF_3$ 接收
$Q_2$ 的输出数据 1,在 $t > t_4$ 时间间隔内,移位寄存器各触发器输出的数据为 1101。

# 12.3 计 数 器

在数字电路中,将能够实现计数逻辑功能的器件称为计数器,计数器计数的脉冲信号是触
发器输入的 CP 信号。

计数器的种类非常繁多。如果按计数器中的触发器是否同时翻转分类，可以把计数器分为同步式和异步式两种。在同步式计数器中，当时钟脉冲输入时所有触发器同时翻转；而在异步计数器中，触发器的翻转有先有后，不是同时发生的。

另外，按计数增减趋势分，有加法计数器、减法计数器和可逆计数器（或称为加/减计数器）；按数字的编码方式分，有二进制计数器、BCD 码（又称二-十进制）计数器、循环码计数器等；按内部器件分，有 TTL 和 CMOS 计数器等；有时，也用计数器的计数容量将计数器分为二进制、十进制和任意进制计数器。

## 12.3.1　二进制计数器

触发器有"1"和"0"两个状态，二进制有"1"和"0"两个数码，因此，一个触发器可以用来表示一位二进制数。如果要表示几位二进制数，就得用几个触发器。

能够实现二进制数计数功能的器件称为二进制计数器。二进制计数器有加法和减法，同步和异步之分。

四位二进制数计数器是数字电路中常用的器件，四位二进制数计数器又称为十六进制计数器。下面介绍两种实现四位二进制加法计数器的方法。

**1. 异步二进制计数器**

首先列出四位二进制加法计数器的状态如表 12.3.1 所列。

**表 12.3.1　四位二进制加法计数器的状态表**

| 计　数脉冲数 | 二进制数 | | | | 等　效十进制数 |
|:---:|:---:|:---:|:---:|:---:|:---:|
| | $Q_3$ | $Q_2$ | $Q_1$ | $Q_0$ | |
| 0 | 0 | 0 | 0 | 0 | 0 |
| 1 | 0 | 0 | 0 | 1 | 1 |
| 2 | 0 | 0 | 1 | 0 | 2 |
| 3 | 0 | 0 | 1 | 1 | 3 |
| 4 | 0 | 1 | 0 | 0 | 4 |
| 5 | 0 | 1 | 0 | 1 | 5 |
| 6 | 0 | 1 | 1 | 0 | 6 |
| 7 | 0 | 1 | 1 | 1 | 7 |
| 8 | 1 | 0 | 0 | 0 | 8 |
| 9 | 1 | 0 | 0 | 1 | 9 |
| 10 | 1 | 0 | 1 | 0 | 10 |
| 11 | 1 | 0 | 1 | 1 | 11 |
| 12 | 1 | 1 | 0 | 0 | 12 |
| 13 | 1 | 1 | 0 | 1 | 13 |
| 14 | 1 | 1 | 1 | 0 | 14 |
| 15 | 1 | 1 | 1 | 1 | 15 |
| 16 | 0 | 0 | 0 | 0 | 0 |

由表 12.3.1 可知，每来一个计数脉冲，最低位触发器翻转一次；而高位触发器是在相邻的低位触发器从 1 变为 0 时翻转。因此可用四个主从型 JK 触发器来组成四位异步二进制加法计数器，图 12.3.1 是其电路结构图。每个触发器的 J、K 端悬空，相当于其接"1"，故具有计数功能。触发器的进位脉冲从 Q 端输出送到相邻高位触发器的 CP 段，这符合主从型触发器下

降沿触发的特点。图 12.3.2 是它的工作波形图。

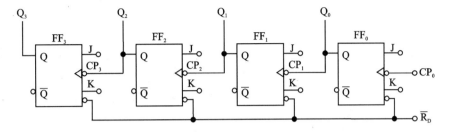

**图 12.3.1 四位异步二进制加法计数器电路结构图**

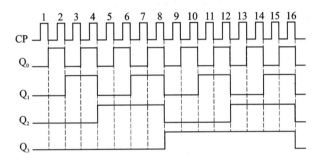

**图 12.3.2 四位异步二进制加法计数器波形图**

显然,该计数器以 16 个 CP 脉冲构成一个计数周期,其中,$Q_0$ 的频率是 CP 的 1/2,即实现了 2 分频,$Q_1$ 得到 CP 的 4 分频,以此类推,$Q_3$、$Q_4$ 分别得到了 CP 的 8 分频和 16 分频,因而计数器也可作为分频器使用。

【**例 12.3.1**】 分析比较图 12.3.3(a)和(b)两个逻辑电路的逻辑功能。

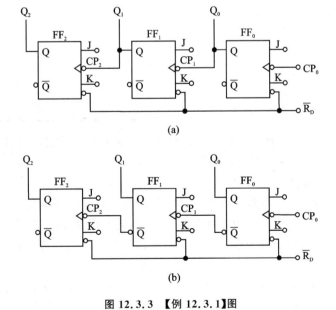

(a)

(b)

**图 12.3.3 【例 12.3.1】图**

【**分析**】 显然,图 12.3.3(a)是三位异步二进制加法计数器,图 12.3.4 是其工作波形图,表 12.3.2 所列其逻辑状态表。

　　图 12.3.3(b)与图 12.3.3(a)的不同之处仅在于两者级间连接方式不同,加法计数器是将其低位触发器的一个输出端 Q 接到高位触发器的时钟输入端组成,即 Q→CP;而图(b)中是 $\overline{Q}$ →CP,若低位触发器已经为 0,则再输入一个计数脉冲后应翻转为 1,同时向高位发出借位信号,使高位翻转,符合二进制减法规则,又因为有三个触发器构成,所以图 12.3.3(b)是三位异步二进制减法计数器,图 12.3.5 是其工作波形图,表 12.3.3 是其逻辑状态表。

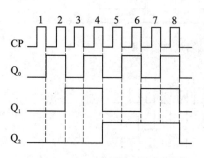

图 12.3.4　三位异步二进制加法
计数器波形图

**表 12.3.2　三位异步二进制加法计数器状态表**

| 计　数 | 二进制数 | | | 等效十 |
|---|---|---|---|---|
| 脉冲数 | $Q_2$ | $Q_1$ | $Q_0$ | 进制数 |
| 0 | 0 | 0 | 0 | 0 |
| 1 | 0 | 0 | 1 | 1 |
| 2 | 0 | 1 | 0 | 2 |
| 3 | 0 | 1 | 1 | 3 |
| 4 | 1 | 0 | 0 | 4 |
| 5 | 1 | 0 | 1 | 5 |
| 6 | 1 | 1 | 0 | 6 |
| 7 | 1 | 1 | 1 | 7 |
| 8 | 0 | 0 | 0 | 0 |

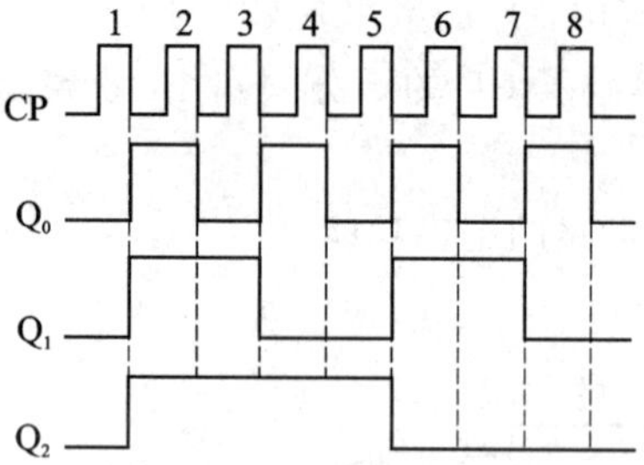

图 12.3.5　三位异步二进制减法
计数器波形图

**表 12.3.3　三位异步二进制减法计数器状态表**

| 计数脉冲数 | 二进制数 | | | 等效十 |
|---|---|---|---|---|
| | $Q_2$ | $Q_1$ | $Q_0$ | 进制数 |
| 0 | 0 | 0 | 0 | 0 |
| 1 | 1 | 1 | 1 | 7 |
| 2 | 1 | 1 | 0 | 6 |
| 3 | 1 | 0 | 1 | 5 |
| 4 | 1 | 0 | 0 | 4 |
| 5 | 0 | 1 | 1 | 3 |
| 6 | 0 | 1 | 0 | 2 |
| 7 | 0 | 0 | 1 | 1 |
| 8 | 0 | 0 | 0 | 0 |

　　**【思考】**　若采用上升沿触发的 D 触发器组成三位异步加法或者减法计数器时,低位触发器的输出端应怎样与高位触发器的 CP 端相连?

　　**2. 同步二进制计数器**

　　同步计数器的特点是,计数脉冲作为时钟信号同时接到各位触发器的 CP 输入端,在每次时钟脉冲沿到来之前,根据当前计数器状态,利用组合逻辑控制,准备好适当的条件。从而,当计数脉冲沿到来时,所有应翻转的触发器同时翻转,同时,也使所有应保持原状的触发器不改变状态。

　　仍以四位二进制加法计数器为例,可用四个主从型 JK 触发器来设计四位同步二进制加法计数器。

　　(1)同步二进制计数器的电路及原理

　　由表 12.3.1 可得出:

　　① $Q_0$ 每来一个计数脉冲就翻转一次,所以 $J_0 = K_0 = 1$。

② $Q_1$ 需要在 $Q_0 = 1$ 时,再来一个时钟脉冲才翻转,所以 $J_1 = K_1 = Q_0$。

③ $Q_2$ 需要在 $Q_1 = Q_0 = 1$ 时,再来一个时钟脉冲才翻转,所以 $J_2 = K_2 = Q_0 Q_1$。

④ $Q_3$ 则在 $Q_2 = Q_1 = Q_0 = 1$ 的次态翻转,所以 $J_3 = K_3 = Q_2 Q_1 Q_0$。

以此类推,可以扩展到更多的位数。

根据上述逻辑关系,可得图 12.3.6 所示为四位同步二进制加法计数器的电路结构图。

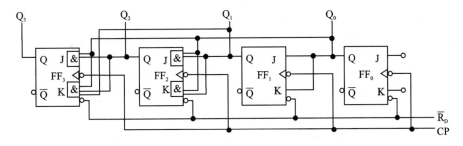

**图 12.3.6　四位同步二进制加法计数器电路结构图**

目前生产的同步计数器芯片基本上分为二进制和十进制两种。

图 12.3.7 所示是 74LS161 型四位同步二进制计数器的外引线和逻辑符号,表 12.3.4 是其功能表。

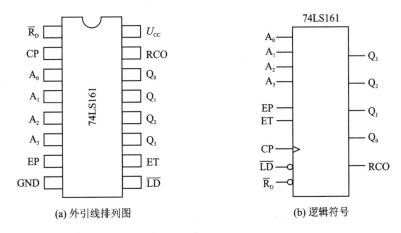

(a) 外引线排列图　　　　　　　　(b) 逻辑符号

**图 12.3.7　74LS161 型四位同步二进制计数器**

**表 12.3.4　74LS161 型同步二进制计数器功能表**

| CP | $\overline{R}_D$ | $\overline{LD}$ | EP | ET | 工作状态 |
|----|------|------|----|----|---------|
| × | 0 | × | × | × | 置　　零 |
| ↑ | 1 | 0 | × | × | 预置数 |
| × | 1 | 1 | 0 | 1 | 保　　持 |
| × | 1 | 1 | × | 0 | 保持(但 RCO=0) |
| ↑ | 1 | 1 | 1 | 1 | 计　　数 |

(2) 引脚功能介绍

① $\overline{R}_D$:清零端,低电平有效。

② CP:脉冲输入端,上升沿有效。

③ $A_0 \sim A_3$：数据输入端，在 $\overline{LD}=0$ 时，可预置任何一个四位二进制数。

④ EP，ET：计数控制端，当两者或其中之一为低电平时，计数器保持原态；只有当两者均为高电平时，计数器才处于计数状态。

⑤ $\overline{LD}$：并行置数控制端，低电平有效。

⑥ $Q_3 \sim Q_0$：数据输出端。

⑦ RCO：进位输出端，高电平有效。

## 12.3.2　十进制计数器

为读数方便，有时采用十进制计数器。能够实现十进制数计数功能的器件称为十进制计数器，它是在二进制计数器的基础上得出的，通常采用 8421 码的前 10 种组合状态 0000～1001 来表示十进制的 0～9 十个数码，所以十进制计数器应由 4 个触发器组成。十进制计数器同样有加法和减法，同步和异步之分。表 12.3.5 是 8421 码十进制加法计数器的状态表。

**表 12.3.5　8421 码十进制加法计数器的状态表**

| 计数脉冲数 | 二进制数 | | | | 十进制数 |
|:---:|:---:|:---:|:---:|:---:|:---:|
| | $Q_3$ | $Q_2$ | $Q_1$ | $Q_0$ | |
| 0 | 0 | 0 | 0 | 0 | 0 |
| 1 | 0 | 0 | 0 | 1 | 1 |
| 2 | 0 | 0 | 1 | 0 | 2 |
| 3 | 0 | 0 | 1 | 1 | 3 |
| 4 | 0 | 1 | 0 | 0 | 4 |
| 5 | 0 | 1 | 0 | 1 | 5 |
| 6 | 0 | 1 | 1 | 0 | 6 |
| 7 | 0 | 1 | 1 | 1 | 7 |
| 8 | 1 | 0 | 0 | 0 | 8 |
| 9 | 1 | 0 | 0 | 1 | 9 |
| 10 | 0 | 0 | 0 | 0 | 0（进位） |

**1. 同步十进制计数器**

与二进制加法计数器比较，来第十个脉冲不是由 1001→1010，而是回复为 0000，即要求第二位触发器不得翻转，保持 0 态，第四位触发器 $FF_3$ 应翻转为 0。如果仍然采用主从型 JK 触发器组成该计数器，则 J、K 端的逻辑关系为：

① 第一位触发器 $FF_0$：每来一个脉冲翻转一次，故 $J_0=K_0=1$；

② 第二位触发器 $FF_1$：在 $Q_0=1$ 时再来一个脉冲翻转，而在 $Q_3=1$ 时不得翻转，故 $J_1 = Q_0\overline{Q_3}$，$K_1=Q_0$；

③ 第三位触发器 $FF_2$：在 $Q_1=Q_0=1$ 时再来一个脉冲翻转，故 $J_2=K_2=Q_0Q_1$；

④ 第四位触发器 $FF_3$：在 $Q_2=Q_1=Q_0=1$ 时再来一个脉冲翻转，并来第十个脉冲时应由 1 翻转为 0，故 $J_3=Q_2Q_1Q_0$，$K_3=Q_0$。

根据上述逻辑关系可得出图 12.3.8 所示的同步十进制加法计数器的逻辑图，图 12.3.9 所示是其波形图。

常用的同步十进制计数器芯片有 74LS160，它具有置数、异步清零和保持的功能。各输入端的功能和用法与 74LS161 相同，这里不再重复了。所不同的是 74LS160 是十进制的，而 74LS161 是十六进制的。

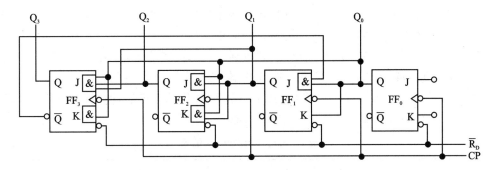

图 12.3.8  同步十进制加法计数器电路结构图

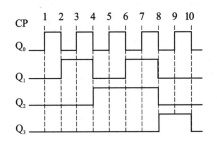

图 12.3.9  十进制加法计数器波形图

## 2. 异步十进制计数器

本节将以集成异步十进制计数器 74LS290 为例,对其工作原理进行分析。

图 12.3.10 是 74LS290 的逻辑图和引脚排列图。

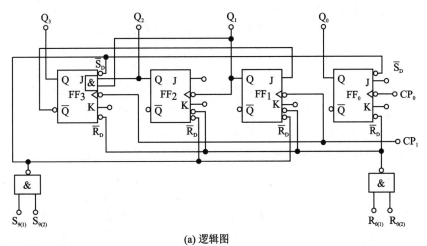

(a) 逻辑图

(b) 引脚排列图

图 12.3.10  74LS290 型计数器

引脚排列图为由 4 个主从型 JK 触发器组成的十进制计数单元。$CP_0$、$CP_1$ 均为计数输入端，$R_{0(1)}$、$R_{0(2)}$ 为置零控制端，$S_{9(1)}$、$S_{9(2)}$ 为置 9 控制端。

若以 $CP_0$ 为计数输入端，$Q_0$ 为输出端，即得到一位二进制计数器（或二分频器）；若以 $CP_1$ 为计数输入端，$Q_3$ 为输出端，则得到五进制计数器（或五分频器）；若将 $CP_1$ 与 $Q_0$ 相连，同时以 $CP_0$ 为输入端，从 $Q_3$、$Q_2$、$Q_1$、$Q_0$ 输出，就是一个 8421 码的十进制计数器，所以 74LS290 也称为二—五—十进制计数器。表 12.3.6 是其功能表。

**表 12.3.6　74LS290 功能表**

| 输　入 | | | | | 输　出 | | | |
|---|---|---|---|---|---|---|---|---|
| $R_{0(1)}$ | $R_{0(2)}$ | $S_{9(1)}$ | $S_{9(2)}$ | CP | $Q_3$ | $Q_2$ | $Q_1$ | $Q_0$ |
| 1 | 1 | 0 | × | × | 0 | 0 | 0 | 0 |
| 1 | 1 | × | 0 | × | 0 | 0 | 0 | 0 |
| × | × | 1 | 1 | × | 1 | 0 | 0 | 1 |
| × | 0 | × | 0 | ↓ | 计　数 | | | |
| 0 | × | 0 | × | ↓ | 计　数 | | | |
| 0 | × | × | 0 | ↓ | 计　数 | | | |
| × | 0 | 0 | × | ↓ | 计　数 | | | |

# 本章小结

（1）时序逻辑电路与组合逻辑电路的区别。时序逻辑电路通常由组合逻辑电路和存储电路两部分组成，其任意时刻的输出不仅与当前的输入信号有关，而且还与电路的原来状态有关。

（2）触发器是具有存储功能的逻辑电路，它是构成时序逻辑电路的基本单元。每个触发器都可以保存一位二值信息，因此又被称为存储单元或记忆单元。触发器按逻辑功能分类有 RS 触发器、JK 触发器、D 触发器、$T(T')$ 触发器。它们的逻辑功能可用状态表、特性方程和状态图来描述。按照电路结构又可以将触发器分为基本 RS 触发器、同步 RS 触发器、主从型触发器、边沿触发器。从本章的阐述中，可以看出，触发器的电路结构与逻辑功能没有必然的联系。同一种逻辑功能的触发器可以用不同的电路结构实现，同一种电路结构的触发器可以有不同的逻辑功能。每一种逻辑能的触发器都可以通过增加门电路和适当的外部连线转换为其他功能的触发器。

（3）时序逻辑电路的结构、功能和种类繁多。本章仅对几种较典型的时序电路进行了详细的介绍，包括寄存器、移位寄存器和计数器。应用这些集成电路器件，能够设计出各种不同功能的电子系统。接下来阐述了时序逻辑电路的分析，其步骤是首先按照给定电路列出各逻辑方程组，进而列出状态表、画出状态图和时序图，最后分析得到电路的逻辑功能。

# 习　题

12.1　画出由与非门组成的基本 RS 触发器输出端 Q 的波形，输入端 $\bar{R}$、$\bar{S}$ 波形如习题 12.1 图所示。设触发器的初始状态为 0。

12.2　画出由或非门组成的基本 RS 触发器输出端 Q 的波形，输入端 R、S 波形如习题 12.2 图所示。设触发器的初始状态为 0。

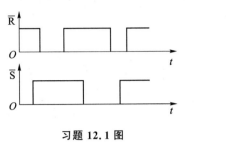

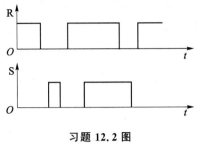

**习题 12.1 图**　　　　　　　　　　　**习题 12.2 图**

12.3　当同步 RS 触发器见习题 12.3 图所示的 CP、S 和 R 端波形时,试画出 Q 端的输出波形。设触发器的初始状态为 0。

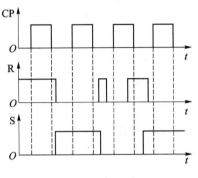

**习题 12.3 图**

12.4　若主从型 JK 触发器输入端 J、K、CP 的波形如习题 12.4 图所示,试画出 Q 端对应的波形。设触发器的初始状态为 1。

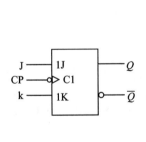

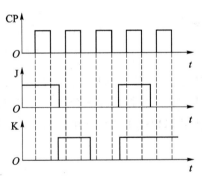

**习题 12.4 图**

12.5　维持-阻塞 D 触发器的输入波形如习题 12.5 图所示。试画出 Q 端对应的波形。

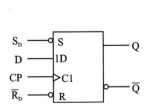

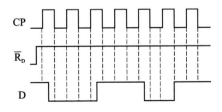

**习题 12.5 图**

12.6　设习题 12.6 图示中各个触发器的初始状态均为 0,试画出在 CP 信号连续作用下各触发器输出端的波形。

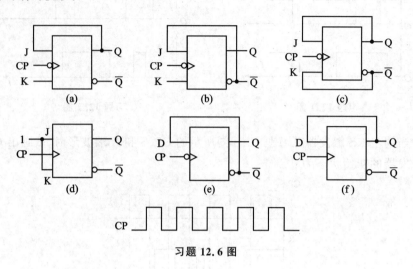

(a)　　　　　　　(b)　　　　　　　(c)

(d)　　　　　　　(e)　　　　　　　(f)

CP

**习题 12.6 图**

12.7　习题 12.7 图示中,试画出在 CP 信号连续作用下 $Q_1$、$Q_2$ 端的波形。如果时钟脉冲的频率是 2 kHz,那么 $Q_1$ 和 $Q_2$ 波形的频率各为多少? 设初始状态 $Q_2 = Q_1 = 0$。

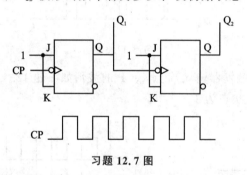

**习题 12.7 图**

12.8　试用上升沿触发的 D 触发器和门电路设计一个同步三进制减法计数器。

12.9　试用 JK 触发器设计一个同步六进制计数器。

12.10　试用 74LS161 设计一个计数器,其计数状态为自然二进制数 **0111~1110**。

# 附　录

## 附录 1　国际单位制(SI)、静电单位制(CGSE)和电磁单位制(CGSM)之间的关系

| 名　称 | 各　制　的　单　位 | | |
| --- | --- | --- | --- |
| | SI | CGSE | CGSM |
| 力 | 1 牛[顿](N) | $10^5$ 达因(dyn) | $10^5$ 达因(dyn) |
| 功 | 1 焦[耳](J) | $10^7$ 尔格(erg) | $10^7$ 尔格(erg) |
| 电流 | 1 安[培](A) | $3\times10^9$ | $10^{-1}$ |
| 电量 | 1 库[仑](C) | $3\times10^9$ | $10^{-1}$ |
| 电位 | 1 伏[特](V) | $3^{-1}\times10^{-2}$ | $10^8$ |
| 电场强度 | $1\dfrac{伏[特]}{米}\left(\dfrac{V}{m}\right)$ | $3^{-1}\times10^{-4}$ | $10^6$ |
| 介电常数 | $1\dfrac{法[拉]}{米}\left(\dfrac{F}{m}\right)$ | $4\pi\times9\times10^9$ | $4\pi\times10^{-11}$ |
| 电阻 | 1 欧[姆](Ω) | $9^{-1}\times10^{-11}$ | $10^9$ |
| 电容 | 1 法[拉](F) | $9\times10^{11}$ | $10^{-9}$ |
| 磁场强度 | $1\dfrac{安[培]}{米}\left(\dfrac{A}{m}\right)$ | $4\pi\times3\times10^7$ | $4\pi\times10^{-3}$ 奥[斯特](Oe) |
| 磁感应(强度) | 1 特[斯拉](T) | $3^{-1}\times10^{-6}$ | $10^4$ 高斯(Gs) |
| 磁通 | 1 韦[伯](Wb) | $3^{-1}\times10^{-2}$ | $10^8$ 麦克斯韦(Mx) |
| 磁导率 | $1\dfrac{亨[利]}{米}\left(\dfrac{H}{m}\right)$ | $\dfrac{9^{-1}\times10^{-13}}{4\pi}$ | $\dfrac{10^7}{4\pi}$ |
| 磁通势 | 1 安[培](A) | $4\pi\times3\times10^9$ | $4\pi\times10^{-1}$ 韦[伯](Gb) |
| 电感、互感 | 1 亨[利](H) | $9^{-1}\times10^{-11}$ | $10^9$ |

## 附录 2　国际单位制(SI)的词头

| 因　数 | 词头名称 | | 符　号 | 因　数 | 词头名称 | | 符　号 |
| --- | --- | --- | --- | --- | --- | --- | --- |
| | 英　文 | 中　文 | | | 英　文 | 中　文 | |
| $10^{24}$ | yotta | 尧[它] | Y | $10^{-1}$ | deci | 分 | d |
| $10^{21}$ | zetta | 泽[它] | Z | $10^{-2}$ | centi | 厘 | c |
| $10^{18}$ | exa | 艾[可萨] | E | $10^{-3}$ | milli | 毫 | m |
| $10^{15}$ | peta | 拍[它] | P | $10^{-6}$ | micro | 微 | μ |
| $10^{12}$ | tera | 太[拉] | T | $10^{-9}$ | nano | 纳[诺] | n |
| $10^{9}$ | giga | 吉[咖] | G | $10^{-12}$ | pico | 皮[可] | p |
| $10^{6}$ | mega | 兆 | M | $10^{-15}$ | femto | 飞[母托] | f |
| $10^{3}$ | kilo | 千 | k | $10^{-18}$ | atto | 阿[托] | a |
| $10^{2}$ | hecto | 百 | h | $10^{-21}$ | zepto | 仄[普托] | z |
| $10^{1}$ | deca | 十 | da | $10^{-24}$ | yocto | 幺[科托] | y |

## 附录 3　常用导电材料的电阻率和电阻温度系数

| 材料名称 | 电阻率 $\rho$[20℃]<br>/($\Omega \cdot mm^2 \cdot m^{-1}$) | 电阻温度系数 $\alpha$<br>[0～100℃]/(1 · ℃$^{-1}$) |
|---|---|---|
| 铜 | 0.017 5 | 0.004 |
| 铝 | 0.026 | 0.004 |
| 钨 | 0.049 | 0.004 |
| 铸铁 | 0.50 | 0.001 |
| 钢 | 0.13 | 0.006 |
| 碳 | 10.0 | $-0.000\ 5$ |
| 锰铜 | 0.42 | 0.000 005 |
| 康铜 | 0.44 | 0.000 005 |
| 镍铬铁 | 1.0 | 0.000 13 |
| 铝铬铁 | 1.2 | 0.000 08 |

## 附录 4　半导体分立器件型号命名方法(国家标准 GB/T 249—1989)

| 第一部分 | | 第二部分 | | 第三部分 | | 第四部分 | 第五部分 |
|---|---|---|---|---|---|---|---|
| 用阿拉伯数字表示<br>器件的电极数目 | | 用汉语拼音字母表示<br>器件的材料与极性 | | 用汉语拼音字母<br>表示器件的类别 | | 用阿拉伯<br>数字表示<br>序号 | 用汉语拼<br>音字母表<br>示规格号 |
| 符　号 | 意　义 | 符　号 | 意　　义 | 符　号 | 意　　义 | | |
| 2 | 二极管 | A | N 型,锗材料 | P | 小信号管 | | |
| | | B | P 型,锗材料 | V | 混频检波管 | | |
| | | C | N 型,硅材料 | W | 电压调整管和电压基准管 | | |
| | | D | P 型,硅材料 | C | 变容管 | | |
| | | A | PNP 型,锗材料 | Z | 整流管 | | |
| | | B | NPN 型,锗材料 | L | 整流堆 | | |
| 3 | 三极管 | C | PNP 型,硅材料 | S | 隧道管 | | |
| | | D | NPN 型,硅材料 | K | 开关管 | | |
| | | E | 化合物材料 | U | 光电管 | | |
| 示　例<br>　3　A　G　I　B<br>　　　　　┃┃规格号<br>　　　　序号<br>　　高频小功率管<br>　PNP型,锗材料<br>三极管 | | | | X | 低频小功率管(截止频率＜<br>3 MHz,耗散功率＜1 W) | | |
| | | | | G | 高频小功率管(截止频率≥<br>3 MHz,耗散功率＜1 W) | | |
| | | | | D | 低频大功率管(截止频率＜<br>3 MHz,耗散功率≥1 W) | | |
| | | | | A | 高频大功率管(截止频率≥<br>3 MHz,耗散功率≥1 W) | | |
| | | | | T | 晶体晶闸管 | | |

# 附录5　常用半导体分立器件的参数

## 1. 1N、2CZ 系列常用整流二极管的主要参数

| 型　号 | 反向工作峰值电压 $U_{RM}/V$ | 额定正向整流电流 $I_F/A$ | 正向压降 $U_F/V$ | 反向电流 $I_R/\mu A$ | 工作频率 $f/kHz$ |
|---|---|---|---|---|---|
| 1N4000 | 25 | | | | |
| 1N4001 | 50 | | | | |
| 1N4002 | 100 | | | | |
| 1N4003 | 200 | 1 | ≤1 | <5 | 3 |
| 1N4004 | 400 | | | | |
| 1N4005 | 600 | | | | |
| 1N4006 | 800 | | | | |
| 1N4007 | 1 000 | | | | |
| 1N5100 | 50 | | | | |
| 1N5101 | 100 | | | | |
| 1N5102 | 200 | | | | |
| 1N5103 | 300 | | | | |
| 1N5104 | 400 | 1.5 | ≤1 | <5 | 3 |
| 1N5105 | 500 | | | | |
| 1N5106 | 600 | | | | |
| 1N5107 | 800 | | | | |
| 1N5108 | 1 000 | | | | |
| 1N5200 | 50 | | | | |
| 1N5201 | 100 | | | | |
| 1N5202 | 200 | | | | |
| 1N5203 | 300 | | | | |
| 1N5204 | 400 | 2 | ≤1 | <10 | 3 |
| 1N5205 | 500 | | | | |
| 1N5206 | 600 | | | | |
| 1N5207 | 800 | | | | |
| 1N5208 | 1 000 | | | | |
| 1N5400 | 50 | | | | |
| 1N5401 | 100 | | | | |
| 1N5402 | 200 | 3 | ≤0.8 | <10 | 3 |
| 1N5403 | 300 | | | | |
| 1N5404 | 400 | | | | |
| 1N5405 | 500 | | | | |
| 1N5406 | 600 | 3 | ≤0.8 | <10 | 3 |
| 1N5407 | 800 | | | | |
| 1N5408 | 1 000 | | | | |

续表

| 型　号 | 反向工作<br>峰值电压<br>$U_{RM}/V$ | 额定正向<br>整流电流<br>$I_F/A$ | 正向压降<br>$U_F/V$ | 反向电流<br>$I_R/\mu A$ | 工作频率<br>$f/kHz$ |
|---|---|---|---|---|---|
| 2CZ52A | 25 | | | | |
| 2CZ52B | 50 | | | | |
| 2CZ52C | 100 | | | | |
| 2CZ5D | 200 | | | | |
| 2CZ52E | 300 | | | | |
| 2CZ52F | 400 | 0.1 | ≤1 | ≤100 | 3 |
| 2CZ52G | 500 | | | | |
| 2CZ52H | 600 | | | | |
| 2CZ52J | 700 | | | | |
| 2CZ52K | 800 | | | | |
| 2CZ52L | 900 | | | | |
| 2CZ52M | 1 000 | | | | |
| 2CZ53A | 25 | | | | |
| 2CZ53B | 50 | | | | |
| 2CZ53C | 100 | | | | |
| 2CZ53D | 200 | | | | |
| 2CZ53E | 300 | | | | |
| 2CZ53F | 400 | 0.3 | ≤1 | 5 | 3 |
| 2CZ53G | 500 | | | | |
| 2CZ53H | 600 | | | | |
| 2CZ53J | 700 | | | | |
| 2CZ53K | 800 | | | | |
| 2CZ53L | 900 | | | | |
| 2CZ53M | 1 000 | | | | |
| 2CZ54A | 25 | | | | |
| 2CZ54B | 50 | | | | |
| 2CZ54C | 100 | | | | |
| 2CZ54D | 200 | | | | |
| 2CZ54E | 300 | | | | |
| 2CZ54F | 400 | 0.5 | ≤1 | <10 | 3 |
| 2CZ54G | 500 | | | | |
| 2CZ54H | 600 | | | | |
| 2CZ54J | 700 | | | | |
| 2CZ54K | 800 | | | | |
| 2CZ54L | 900 | | | | |
| 2CZ54M | 1 000 | | | | |

续表

| 型　号 | 反向工作峰值电压 $U_{RM}$/V | 额定正向整流电流 $I_F$/A | 正向压降 $U_F$/V | 反向电流 $I_R$/μA | 工作频率 $f$/kHz |
|---|---|---|---|---|---|
| 2CZ55A | 25 | | | | |
| 2CZ55B | 50 | | | | |
| 2CZ55C | 100 | 1 | 1.0 | 10 | 3 |
| 2CZ55D | 200 | | | | |
| 2CZ55E | 300 | | | | |
| 2CZ55F | 400 | | | | |
| 2CZ55G | 500 | | | | |
| 2CZ55H | 600 | | | | |
| 2CZ55J | 700 | | | | |
| 2CZ55K | 800 | 1 | 1.0 | 10 | 3 |
| 2CZ55L | 900 | | | | |
| 2CZ55M | 1 000 | | | | |
| 2CZ56A～M | 25～1 000 | 3 | 0.8 | 20 | 3 |
| 2CZ57A～M | 25～1 000 | 5 | 0.8 | 20 | 3 |
| 2CZ58C | 100 | | | | |
| 2CZ58D | 200 | | | | |
| 2CZ58F | 400 | | | | |
| 2CZ58G | 500 | | | | |
| 2CZ58H | 600 | 10 | ≤1.3 | <40 | 3 |
| 2CZ58K | 800 | | | | |
| 2CZ58M | 1 000 | | | | |
| 2CZ58N | 1 200 | | | | |
| 2CZ58P | 1 400 | | | | |
| 2CZ58Q | 1 600 | | | | |
| 2CZ100－1～16 | 100～1 600 | 100 | ≤0.7 | <200 | 3 |
| 2CZ200－1～16 | 100～1 600 | 200 | ≤0.7 | <200 | 3 |
| 2CZ32B | 50 | 1.5 | ≤1.0 | ≤10 | 3 |
| 2CZ32C | 100 | 1.5 | ≤1.0 | ≤10 | 3 |

## 2. 晶体管参数

| 参数符号 | | 单　位 | 测试条件 | 型　号 | | | |
|---|---|---|---|---|---|---|---|
| | | | | 3DG100A | 3DG100B | 3DG100C | 3DG100D |
| 直流参数 | $I_{CBO}$ | μA | $U_{CB}=10$ V | ≤0.1 | ≤0.1 | ≤0.1 | ≤0.1 |
| | $I_{EBO}$ | μA | $U_{EB}=1.5$ V | ≤0.1 | ≤0.1 | ≤0.1 | ≤0.1 |
| | $I_{CEO}$ | μA | $U_{CE}=10$ V | ≤0.1 | ≤0.1 | ≤0.1 | ≤0.1 |
| | $U_{BE(sat)}$ | V | $I_B=1$ mA $I_C=10$ mA | ≤1.1 | ≤1.1 | ≤1.1 | ≤1.1 |
| | $h_{PE}(\beta)$ | | $U_{CB}=10$ V $I_C=3$ mA | ≥30 | ≥30 | ≥30 | ≥30 |

### 3. 绝缘栅场效应晶体管参数

| 参　数 | 符　号 | 单　位 | 型　号 | | | |
|---|---|---|---|---|---|---|
| | | | 3DO4 | 3DO2（高频管） | 3DO6（开关管） | 3CO1（开关管） |
| 饱和漏极电流 | $I_{DSS}$ | $\mu A$ | $0.5\times10^3\sim$ $15\times10^3$ | | $\leqslant1$ | $\leqslant1$ |
| 栅源夹断电压 | $U_{GS(off)}$ | V | $\leqslant\lvert-9\rvert$ | | | |
| 开启电压 | $U_{GS(th)}$ | V | | | $\leqslant5$ | $-2\sim-8$ |
| 栅源绝缘电阻 | $R_{GS}$ | $\Omega$ | $\geqslant10^9$ | $\geqslant10^9$ | $\geqslant10^9$ | $\geqslant10^9$ |
| 共源小信号低频跨导 | $g_m$ | $\mu A/V$ | $\geqslant2000$ | $\geqslant4000$ | $\geqslant2000$ | $\geqslant500$ |
| 最高振荡频率 | $f_M$ | MHz | $\geqslant300$ | $\geqslant1000$ | | |
| 最高漏源电压 | $U_{DS(BR)}$ | V | 20 | 12 | 20 | |
| 最高栅源电压 | $U_{GS(BR)}$ | V | $\geqslant20$ | $\geqslant20$ | $\geqslant20$ | $\geqslant20$ |
| 最大耗散功率 | $P_{DM}$ | mW | 100 | 100 | 100 | 100 |

注：3CO1 为 P 沟道增强型，其他为 N 沟道管（增强型：$U_{GS(th)}$ 为正值；耗尽型 $U_{GS(off)}$ 为负值）。

## 附录6　半导体集成电路型号命名方法（国家标准 GB/T 3430—1989）

| 第0部分 | | 第一部分 | | 第二部分 | 第三部分 | | 第四部分 | |
|---|---|---|---|---|---|---|---|---|
| 用字母表示器件符合国家标准 | | 用字母表示器件的类型 | | 用阿拉伯数字表示器件的系列和品种代号 | 用字母表示器件的工作温度范围 | | 用字母表示器件的封装 | |
| 符号 | 意　义 | 符号 | 意　义 | | 符　号 | 意　义 | 符　号 | 意　义 |
| C | 符合国家标准 | T | TTL | | C | 0～70℃ | F | 多层陶瓷扁平 |
| | | H | HTL | | G | −25～70℃ | B | 塑料扁平 |
| | | E | ECL | | L | −25～85℃ | H | 黑瓷扁平 |
| | | C | CMOS | | E | −40～85℃ | D | 多层陶瓷双列直插 |
| | | M | 存储器 | | R | −55～85℃ | J | 黑瓷双列直插 |
| | | F | 线性放大器 | | M | −55～125℃ | P | 塑料双列直插 |
| | | W | 稳压器 | | | | S | 塑料单列直插 |
| | | B | 非线性电路 | | | | K | 金属菱形 |
| | | J | 接口电路 | | | | T | 金属圆形 |
| | | AD | A/D 转换器 | | | | C | 陶瓷片状载体 |
| | | DA | D/A 转换器 | | | | E | 塑料片状载体 |
| | | | | | | | G | 网格阵列 |

示例

```
C F 741 C T
```
金属圆形封装
工作温度为0～70 ℃
通用型运算放大器
线性放大器
符合国家标准

## 附录7 集成运算放大器主要技术指标

| 类型 参数 型号 | 通用型 | 高速型 | 高阻型 | 高精度型 | 低功耗型 |
|---|---|---|---|---|---|
| | CF741 | CF715 | CF3140 | CF7650 | CF253 |
| 电源电压/V | $\pm15$ | $\pm15$ | $\pm15$ | $\pm5$ | $\pm36$ 或 $\pm18$ |
| 开环差模增益/dB | 106 | 90 | 100 | 134 | 90 |
| 输入失调电压/mV | 1 | 2 | 5 | $\pm7\times10^{-4}$ | 1 |
| 输入失调电流/nA | 20 | 70 | $5\times10^{-4}$ | $5\times10^{-4}$ | 50 |
| 输入偏置电流/nA | 80 | 400 | $10^{-2}$ | $1.5\times10^{-3}$ | 20 |
| 最大共模输入电压/V | $\pm15$ | $\pm12$ | $+12.5$ $-15.5$ | $+2.6$ $-5.2$ | $\pm13.5$ |
| 最大差模输入电压/V | $\pm30$ | $\pm15$ | $\pm8$ | | $\pm30$ |
| 共模抑制比/dB | 90 | 92 | 90 | 130 | 100 |
| 差模输入电阻/M$\Omega$ | 2 | 1 | $5\times10^6$ | $10^6$ | 6 |

## 附录8 常用半导体集成电路的参数与符号

### 1. 运算放大器

| 参数 | 符号 | 单位 | 型号 | | | | | |
|---|---|---|---|---|---|---|---|---|
| | | | F007 | F101 | 8FC2 | CF118 | CF725 | CF747M |
| 最大电源电压 | $U_S$ | V | $\pm22$ | $\pm22$ | $\pm22$ | $\pm20$ | $\pm22$ | $\pm22$ |
| 差模开环电压放大倍数 | $A_{u0}$ | | $\geqslant80$ dB | $\geqslant88$ dB | $3\times10^4$ | $2\times10^5$ | $3\times10^6$ | $2\times10^5$ |
| 输入失调电压 | $U_{io}$ | mV | $2\sim10$ | $3\sim5$ | $\leqslant3$ | 2 | 0.5 | 1 |
| 输入失调电流 | $I_{io}$ | nA | $100\sim300$ | $20\sim200$ | $\leqslant100$ | | | |
| 输入偏置电流 | $I_{iB}$ | nA | 500 | $150\sim500$ | | 120 | 42 | 80 |
| 共模输入电压范围 | $U_{ICR}$ | V | $\pm15$ | | | $\pm11.5$ | $\pm14$ | $\pm13$ |
| 共模抑制比 | $U_{CMR}$ | dB | $\geqslant70$ | $\geqslant80$ | $\geqslant80$ | $\geqslant80$ | 120 | 90 |
| 最大输出电压 | $U_{OPP}$ | V | $\pm13$ | $\pm14$ | $\pm12$ | | $\pm13.5$ | |
| 静态功耗 | $P_D$ | mW | $\leqslant120$ | $\leqslant60$ | 150 | | 80 | |

### 2. W7800 系列和 W7900 系列集成稳压器

| 参数名称 | 符号 | 单位 | 7805 | 7815 | 7820 | 7905 | 7915 | 7920 |
|---|---|---|---|---|---|---|---|---|
| 输出电压 | $U_o$ | V | $5\pm5\%$ | $15\pm5\%$ | $20\pm5\%$ | $-5\pm5\%$ | $-15\pm5\%$ | $-20\pm5\%$ |
| 输入电压 | $U_I$ | V | 10 | 23 | 28 | $-10$ | $-23$ | $-28$ |
| 电压最大调整率 | $S_U$ | mV | 50 | 150 | 200 | 50 | 150 | 200 |
| 静态工作电流 | $I_o$ | mA | 6 | 6 | 6 | 6 | 6 | 6 |
| 输出电压温漂 | $S_T$ | mV/℃ | 0.6 | 1.8 | 2.5 | $-0.4$ | $-0.9$ | $-1$ |
| 最小输入电压 | $U_{i,min}$ | V | 7.5 | 17.5 | 22.5 | $-7$ | $-17$ | $-22$ |
| 最大输入电压 | $U_{i,max}$ | V | 35 | 35 | 35 | $-35$ | $-35$ | $-35$ |
| 最大输出电流 | $I_{o,max}$ | A | 1.5 | 1.5 | 1.5 | 1.5 | 1.5 | 1.5 |

## 附录 9　数字集成电路各系列型号分类表

| 系 列 | 子系列 | 名　称 | 国标型号 | 国际型号 | 速度/ns～功耗/MW |
|---|---|---|---|---|---|
| TTL | TTL | 标准 TTL 系列 | CT1000 | 54/74×× | 10～10 |
| | HTTL | 高速 TTL 系列 | CT2000 | 54/74H×× | 6～22 |
| | STTL | 肖特基 TTL 系列 | CT3000 | 54/74S×× | 3～19 |
| | LSTTL | 低功耗肖特基 TTL 系列 | CT4000 | 54/74LS×× | 9.5～2 |
| | ALSTTL | 先进低功耗肖特基 TTL 系列 | | 54/74ALS×× | 4～1 |
| MOS | PMOS | P 沟道场效应晶体管系列 | | | |
| | NMOS | N 沟道场效应晶体管系列 | | | |
| | CMOS | 互补场效应晶体管系列 | CC4000 | | 1 251 ns～1.25 $\mu$W |
| | HCMOS | 高速 CMOS 系列 | | | 8～2.5 |
| | HCMOST | 与 TTL 兼容的 HC 系列 | | | 8～2.5 |

## 附录 10　TTL 门电路、触发器和计数器的部分品种型号

| 类　型 | 型　号 | 名　称 |
|---|---|---|
| 门电路 | CT4000(74LS00) | 四 2 输入与非门 |
| | CT4004(74LS04) | 六反相器 |
| | CT4008(74LS08) | 四 2 输入与门 |
| | CT4011(74LS11) | 三 3 输入与门 |
| | CT4020(74LS20) | 双 4 输入与非门 |
| | CT4027(74LS27) | 三 3 输入或非门 |
| | CT4032(74LS32) | 四 2 输入或门 |
| | CT4086(74LS86) | 四 2 输入异或门 |
| 触发器 | CT4074(74LS74) | 双上升沿 D 触发器 |
| | CT4112(74LS112) | 双下降沿 JK 触发器 |
| | CT4175(74LS175) | 四上升沿 D 触发器 |
| 计数器 | CT4160(74LS160) | 十进制同步计数器 |
| | CT4161(74LS161) | 十进制同步计数器 |
| | CT4162(74LS162) | 二进制同步计数器 |
| | CT4192(74LS192) | 十进制同步可逆计数器 |
| | CT4290(74LS290) | 2－5－10 进制计数器 |
| | CT4293(74LS293) | 2－8－16 进制计数器 |

## 附录 11　中英名词对照

# 二　画

PN 结　　　　　　　　　　PN junction

P 型半导体　　　　　　　　P - type semiconductor

J - K 触发器　　　　　　　J - K flip - flop

| | |
|---|---|
| D 触发器 | D flip – flop |
| 二极管 | diode |
| 二极管钳位 | diode clamp |
| 二进制 | binary system |
| 二进制计数器 | binary counter |
| 十进制 | decimal system |
| 十进制计数器 | decimal counter |
| 二-十进制 | binary coded decimal system（BCD） |

## 三　画

| | |
|---|---|
| RC 选频网络 | RC selection frequency network |
| R – S 触发器 | R – S flip – flop |
| N 型半导体 | N – type semiconductor |
| 门电路 | gate circuit |
| 三态逻辑门 | tri – state logic gate |
| 三相整流器 | three – phase rectifier |
| 工作点 | operating point |
| 干扰 | interference |

## 四　画

| | |
|---|---|
| 方框图 | block diagram |
| 双稳态触发器 | bistable flip – flop |
| 无稳态触发器 | astable flip – flop |
| 反向电阻 | backward resistance |
| 反向偏置 | backward bias |
| 反向击穿 | reverse breakdown |
| 反相器 | inverter |
| 反馈 | feedback |
| 反馈系数 | feedback coefficient |
| 少数载流子 | minority carrier |
| 分立电路 | discrete circuit |
| 分辨率 | resolution |
| 开启电压 | threshold voltage |
| 计数器 | counter |
| "与"门 | AND gate |
| "与非"门 | NAND gate |
| "与或非"门 | and – or – invert（AOI）gate |

## 五　画

| | |
|---|---|
| 电子器件 | electron device |

| 电感滤波器 | inductance filter |
| 电感三点式振荡器 | tapped – coil oscillator |
| 电容滤波器 | capacitor filter |
| 电容三点式振荡器 | tapped – condencer oscillator |
| 电流放大系数 | current amplification coefficient |
| 电压放大器 | voltage amplifier |
| 电压放大倍数 | voltage gain |
| 电压比较器 | voltage comparator |
| 主从型触发器 | master – slave flip – flop |
| 失真 | distortion |
| 功率放大器 | power amplifier |
| 正向电阻 | forward resistance |
| 正向偏置 | forward bias |
| 正反馈 | positive feedback |
| 正弦波振荡器 | sinusoidal oscillator |
| 正逻辑 | positive logic |
| 击穿 | breakdown |
| 发射极 | emitter |
| 发光二极管 | light – emitting diode（LED） |
| 布尔代数 | Boolean algebra |
| 半波可控整流 | half – wave controlled rectifier |
| 半波整流器 | half – wave rectifier |
| 半加器 | half – adder |
| 半导体 | semiconductor |
| 本征半导体 | intrinsic semiconductor |
| 失调电压 | offset voltage |
| 平均延迟时间 | average delay time |

# 六　画

| 共模信号 | common – mode signal |
| 共模输入 | common – mode input |
| 共模抑制比 | common – mode rejection ratio（CMRR） |
| 共发射极接法 | common – emitter configuration |
| 动态 | dynamics |
| 杂质 | impurity |
| 伏安特性 | volt – ampere characteristics |
| 扩散 | diffusion |
| 全波整流器 | biphase(full – wave) rectifier |
| 全波可控整流 | biphase controlled rectifier |
| 全加器 | full adder |

| | |
|---|---|
| 负反馈 | negative feedback |
| 负载电阻 | load resistance |
| 负载线 | load line |
| 负电阻 | negative resistance |
| 负逻辑 | negative logic |
| 夹断电压 | pinch – off voltage |
| 多级放大器 | multistage amplifier |
| 多数载流子 | majority carrier |
| 自由电子 | free electron |
| 自激振荡器 | self – excited oscillator |
| 自偏压 | self – bias |
| 导通 | on |
| 导电沟道 | conductive channel |
| "异或"门 | exclusive – OR gate |
| 交越失真 | cross – over distortion |
| 场效应管 | field – effect transistor |
| 阳极 | anode |
| 阴极 | cathode |
| 光敏电阻 | photo – sensitive resistor |
| 光电二极管 | photodiode |

## 七　画

| | |
|---|---|
| 运算放大器 | operational amplifier |
| 低频放大器 | low – frequency amplifier |
| 时钟脉冲 | clock pulse |
| 时序逻辑电路 | sequential logic circuit |
| 谷点 | valley point |
| 译码器 | decipherer |
| 阻容耦合放大器 | resistance – capacitance coupled amplifier |
| 阻断 | interception |
| 阻挡层 | barrier |
| 采样保持 | sample and hold |

## 八　画

| | |
|---|---|
| 空穴 | hole |
| 空间电荷区 | space – charge layer |
| 固定偏置 | fixed – bias |
| 直接耦合放大器 | direct – coupled amplifier |
| 单稳态触发器 | monostable flip – flop |
| 单结晶体管 | unijunction transistor（UJT） |

| 金属-氧化物-半导体 | metal – oxide – semiconductor（MOS） |
| "非"门 | NOT gate |
| 非线性失真 | nonlinear distortion |
| "或"门 | OR gate |
| 饱和 | saturation |
| 转移特性 | transfer characteristic |
| 定时器 | timer |
| 基准电压 | reference voltage |

# 九　画

| 穿透电流 | penetration current |
| 栅极 | gate，grid |
| 复合 | recombination |
| 复合晶体管 | composite transistor |
| 差分放大器 | differential amplifier |
| 差模信号 | differential – mode signal |
| 差模输入 | differential – mode input |
| 绝缘栅场效应管 | insulated gate field – effect transistor（IGFET） |
| 品质因数 | quality factor |
| 脉冲 | impulse |
| 脉冲电路 | pulse circuit |
| 脉冲宽度 | pulse length |
| 脉冲幅度 | pulse amplitude |
| 脉冲周期 | pulse period |
| 脉冲前沿 | pulse front edge |
| 脉冲后沿 | pulse trailing edge |

# 十　画

| 桥式整流器 | bridge rectifier |
| 旁路电容 | by – pass capacitor |
| 射极输出 | emitter follower |
| 射极复合 | emitter coupling |
| 振荡器 | oscillator |
| 振荡频率 | oscillation frequency |
| 耗尽层 | depletion layer |
| 耗尽层 MOS 场效应管 | depletion mode MOSFET |
| 载流子 | carrier |
| 硅 | silicon |
| 稳压二极管 | zener diode |
| 峰点 | peak point |

| 热敏电阻 | thermal resistor |
|---|---|

# 十一画

| 逻辑门 | logic gates |
|---|---|
| 逻辑电路 | logic circuit |
| 基极 | base |
| 控制极控制 | control grid |
| 偏流 | bias current |
| 偏置电路 | biasing current |
| 接地 | grounding |
| 虚地 | imaginary ground |
| 维持电流 | holding current |
| 寄存器 | register |
| 位移寄存器 | shift register |
| 清零 | clear |
| 掺杂半导体 | doped semiconductor |

# 十二画

| 晶体 | crystal |
|---|---|
| 晶体管 | transistor |
| 晶体管—晶体管逻辑电路 | transistor – transistor logic(TTL)circuit |
| 晶闸管 | thyristor |
| 温度补偿 | thermal compensation |
| 集成电路 | integrated circuit (IC) |
| 集电极 | collector |
| 幅频特性 | amplitude – frequency characteristic |

# 十三画

| 源极 | source electrode |
|---|---|
| 滤波器 | wave filter |
| 数字电路 | digital circuit |
| 数字集成电路 | digital integrated circuit |
| 数码显示 | digital display |
| 数-模转换器 | digital – analog converter (DAC) |
| 锗 | germanium |
| 输入电阻 | input resistance |
| 输出电阻 | output resistance |
| 零点漂移 | zero drift |
| 跨导 | transconductance |

## 十四画

| | |
|---|---|
| 截止 | cut – off |
| 漂移 | drift |
| 静态 | static state |
| 静态工作点 | quiescent point |
| 漏极 | drain |
| 模-数转换器 | analog – digital converter（ADC） |
| 模拟电路 | analog circuit |

## 十五画

| | |
|---|---|
| 增强型 MOS 场效应管 | enhancement mode （MOSFET） |

# 参考答案

## 第 1 章

**1.1** $W=Pt=100 \text{ W}\times(5\times30)\text{h}\times50=5 \text{ kW}\times150 \text{ h}=750 \text{ kW}\cdot\text{h}=750 \text{ 度}$。

**1.2** 图(a)$P=0.1 \text{ mA}\times2 \text{ mV}=2\times10^{-7} \text{ W}$,吸收;图(b) $P=-5 \text{ A}\times(-2 \text{ V})=10 \text{ W}$,吸收;

图(c) $P=-3 \text{ A}\times3 \text{ V}=-9 \text{ W}$,发出;图(d) $P=1 \text{ A}\times3 \text{ V}=3 \text{ W}$,吸收;

图(e) $P=2 \text{ A}\times5 \text{ V}=10 \text{ W}$,发出。

**1.3** 见习题 1.3 解图。

**1.4** 见习题 1.4 解图。

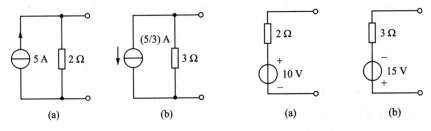

(a)　　　　(b)　　　　　　(a)　　　　(b)

　习题 **1.3** 解图　　　　　习题 **1.4** 解图

**1.5** $I=1 \text{ A}$。

**1.6** $I_1=94 \text{ A}, I_2=-42 \text{ A}, I_3=136 \text{ A}$。

**1.7** $I_1=\dfrac{4}{3}\text{A}, I_2=\dfrac{13}{3} \text{ A}$。

**1.8** $I_3=0.6 \text{ A}$。

**1.9** $I_{1\Omega}=6 \text{ A}, I_{4\Omega}=4 \text{ A}, I_{5\Omega}=2 \text{ A}$,方向朝下。

**1.10** 见习题 1.10 解图。

**1.11** $R=118 \text{ }\Omega$。

**1.12** 开关 K 断开时,$V_A=-5.84 \text{ V}$;开关 K 闭合时,$V_A=12 \text{ V}\times\left(\dfrac{3.9}{3.9+20}\right) \text{ }\Omega=1.96 \text{ V}$。

**1.13** $R_0=0.06 \text{ }\Omega$。

**1.14** 见习题 1.14 解图。

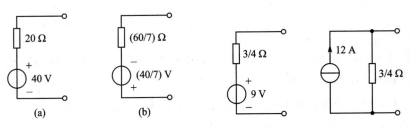

(a)　　　　(b)　　　　　　　　　　

　习题 **1.10** 解图　　　　　　习题 **1.14** 解图

1.15　电流表读数 $I=2$ mA,电压表读数 $U=6$ V。

1.16　$I=2$ A。

1.17　$R_L=2$ Ω,$P_{max}=2$ W。

1.18　静态电阻 $R=1.5$ Ω,动态电阻 $r=1$ Ω。

## 第 2 章

### 2.1　填空题

2.1.1　稳,稳　　　　　　　2.1.2　动态,一阶微分

2.1.3　换路　　　　　　　　2.1.4　电感,电容

2.1.5　零输入　　　　　　　2.1.6　$\tau=RC,\tau=L/R$

2.1.7　长,短　　　　　　　　2.1.8　初始值,稳态值,时间常数

### 2.2　判断题

2.2.1　错误　　2.2.2　正确　　2.2.3　错误　　2.2.4　正确

### 2.3　解答题

2.3.1　$i(0_+)=3$ A,　$i_S(0_+)=2$ A,　$i_L(0_+)=1$ A,　$u_L(0_+)=-4$ V。

2.3.2　$u_C(0_+)=4$ V,　$i_C(0_+)=i_1(0_+)=1$ A,　$i_2(0_+)=0$ A。

2.3.3　图(a) $i(0_+)=1.5$ A,　$i(\infty)=3$ A;图(b) $i(0_+)=0$ A,　$i(\infty)=1.5$ A。

2.3.4　$u_C=10(1-e^{-10^5t})$V,　$i=e^{-10^5t}$ A。

2.3.5　$u_C=6(1-e^{-0.5\times10^5t})$V。

2.3.6　$u_C=60e^{-10^2t}$ V,　$i_1=12\times10^{-3}e^{-10^2t}$ A。

2.3.7　$i_L=1(1-e^{-7.5t})$ A。

2.3.8　$u_C=18(1+2e^{-0.25\times10^3t})$ V。

2.3.9　$u_C=(-5+15e^{-10t})$ V。

2.3.10　$i_L=(0.9-0.4e^{-5t})$ A。

2.3.11　$i_L=0.5e^{-10t}$ A,　$i_2=\dfrac{1}{6}e^{-10t}$ A,　$i_3=-\dfrac{1}{3}e^{-10t}$ A。

2.3.12　$i_1=(2-1e^{-2t})$ A,　$i_2=(3-2e^{-2t})$ A,　$i_L=(5-3e^{-2t})$ A。

2.3.13　$i_L=\left(\dfrac{6}{5}-\dfrac{12}{5}e^{-\frac{5}{9}t}\right)$ A,$i=\left(\dfrac{9}{5}-\dfrac{8}{5}e^{-\frac{5}{9}t}\right)$ A。

2.3.14　$i_L=(3.5-3e^{-2t})$ A。

2.3.15　$u_C=(20-5e^{-t})$ V。

## 第 3 章

3.1　① $\omega=314$ rad/s, $f=50$ Hz, $T=0.02$ s, $U_m=220$ V, $U=110\sqrt{2}$ V, $\varphi_u=30°$;
　　② $u_0=191$ V, $u_{0.01}=-191$ V;③ 略。

3.2　① $\dot{U}=10\angle0°$ V;② $\dot{I}=2.5\sqrt{2}\angle120°$ A 或 $\dot{I}_m=5\angle120°$ A。

3.3　④⑥对,　①②③⑤⑦⑧错。

3.4　$U=50$ V,　$u=50\sqrt{2}\sin(314t+36.9°)$ V。

3.5　$i_1=20\sin(314t-6.87°)$A，　$Z_1=(4+\text{j}3)$ Ω，　$Z_2=(6-\text{j}8)$ Ω。

3.6　$A_2=0$，　$A_3=3$ A。

3.7　$U=U_R=U_L=U_C=10$ V，　$|Z|=10$ Ω。

3.8　$Z_{ab}=(3+\text{j})$ Ω。

3.9　$X_C=5.36$ Ω 或 $X_C=74.63$ Ω。

3.10　$i_1=1.816\sin(314t+68.7°)$ A，　$i_2=1.86\sin(314t+68.7°)$ A，
　　　$u_C=9.32\sin(314t-21.3°)$ V。

3.11　$i=6$ A，　$i_1=4.25$ A。

3.12　设 $\dot{U}=220\angle0°$ V，则 $\dot{I}_1=4.4\angle-36.9°$ A，$\dot{I}_2=2.59\angle45°$ A，　$P=1.18$ kW，
　　　$Q=178.2$ var，$\cos\varphi=0.989$。

3.13　① $Z_{AB}=3+\text{j}4(\text{Ω})$；　② $\dot{U}_{AF}=8\angle36.9°$ V，　$\dot{U}_{DF}=10\angle-180°$ V；
　　　③ $P=12$ W，$Q=16$ var。

3.14　$\cos\varphi=0.5$，　$C=2.58$ $\mu$F。

3.15　$C=559$ $\mu$F。

3.16　$L=2.38\times10^{-4}$ H，　$f=1.88\times10^6$ Hz。

3.17　① $C=158.3$ pF，　$I=0.5$ A，　$U_C=2\,512$ V，　$Q=100.5$；
　　　② $I=0.026$ A，　$U_C=118.95$ V。

## 第 4 章

4.1　$u_A=220\sqrt{2}\sin(\omega t-60°)$ V。

4.2　可将 66 个照明灯分成三组，每组 22 个相互并联后接入三相电源的一个相的相线与
　　　中性线间，获得相电压 220 V。当负载对称时，$I_1=10$ A。

4.3　$U_P=220$ V，$I_P=I_1=22$ A。

4.4　这是由于 A 相绕组接反所致，结果
$$\dot{U}_{AB}=-\dot{U}_A-\dot{U}_B=-220\angle0°-220\angle-120°=220\angle120° \text{ V}$$
$$\dot{U}_{CA}=\dot{U}_C+\dot{U}_A=220\angle120°+220\angle0°=220\angle60° \text{ V}$$
$$\dot{U}_{BC}=\dot{U}_B-\dot{U}_C=220\angle-120°-220\angle120°=380\angle-90° \text{ V}$$

4.5　$I_1\approx20$ A，$I_P\approx11.5$ A

4.6　证明：在电压相等和输送功率相等的条件下，三相输电电流应比单相输电电流大 $\sqrt{3}$
　　　倍。即 $P_3=\sqrt{3}UI_1\cos\varphi=3P_\text{单}=3UI_P\cos\varphi$，$I_1=\sqrt{3}I_P$。
　　　令三相输电线每根导线电阻为 $R_1$，单相输电线每根导线电阻为 $R_2$，则线路功率损
　　　失分别为：三相输电 $3I_1^2R_1=3\left(\sqrt{3}I_P\right)^2R_1$，单相输电 $6I_P^2R_2$，$9I_P^2R_1=6I_P^2R_2\Rightarrow$
　　　$R_1=\dfrac{2}{3}R_2$，$R_1=\rho\dfrac{l}{S_1}$，$R_2=\rho\dfrac{l}{S_2}\Rightarrow S_1=1.5S_2$。
　　　用铜量：用导线体积计算，令三相为 $V_1$，单相为 $V_2$，则 $V_1=3S_1l$，$V_2=6S_2l$，即
$$\frac{V_1}{V_2}=\frac{3S_1l}{6S_2l}=\frac{S_1}{2S_2}=\frac{1.5S_1}{2S_2}=\frac{3}{4}$$

4.7　① 不对称；

　　②　$\dot{I}_A=10\angle 0°$ A, $\dot{I}_B=10\angle -180°$ A, $\dot{I}_C=10\angle 180°$ A, $\dot{I}_N=10\angle 180°$ A;

　　③　$P=4\,400$ W, $Q=0$, $S=P$。

4.8　①　$\dot{I}_A=11\angle 30°$ A, $\dot{I}_B=11\sqrt{3}\angle -120°$ A, $\dot{I}_C=11\angle 90°$ A;

　　　②　$P=9\,907$ W, $Q=17$ var, $S=9\,907$ V·A。

4.9　①　$\dot{I}_A=10\angle -60°$ A, $\dot{I}_B=5.18\angle -105°$ A, $\dot{I}_C=14.1\angle 105°$ A;

　　　②　$P=5\,700$ W, $Q=-509$ var(容性), $S=5\,723$ V·A;

　　　③　$P_1=3\,800$ W, $P_2=1\,900$ W。

4.10　①　$I=11.4$ A;②　$Z_2=R$ 时可使 $I$ 最大, $I=16$ A;

　　　③　$Z_2=-jX_C$ 时可使 $I$ 最小, $I=2$ A。

4.11　$I=10$ A, $X_L=7.5$ Ω, $X_C=15$ Ω, $R_2=7.5$ Ω。

## 第 5 章

5.1　变压器是利用电磁感应原理的电气设备,不能用来变换直流电压。如果将变压器接到与它的额定电压相同的直流电源上,不会有输出,会因电流过大而烧毁。

5.2　二次绕组的电流: $I_2=114$ A,一次绕组的电流: $I_1=8.36$ A。

5.3　16 盏。

5.4　①　$U_2=110$ V,②　$I_2=22$ A,③　$P_2=1\,936$ W。

5.5　80 A。

5.6　150 Ω。

5.7　①　开启式:用于干燥无灰尘的场所,通风非常良好。

　　　②　防护式:用于灰尘和潮气不太严重的场所。

　　　③　封闭式:多用于灰尘多、潮湿、有腐蚀性气体、易引起火灾等恶劣环境中。

　　　④　密封式:用于浸在液体的环境中。

　　　⑤　防爆式:用于有易燃易爆气体的场所,如矿井、油库和煤气站等。

5.8　笼形异步电机的转子绕组是由嵌放在转子铁芯槽内的裸铜或裸铝条组成的。在转子铁芯的两端槽的出口处各有一个导电铜环,并把所有的铜条或铝条连接起来,形成一个短路回路。

5.9　通常从外观结构上看,具有三个滑环的必为绕线型。

5.10　电压过高会导致电动机的定子磁通接近饱和状态,出现电流急剧增大,电动机效率下降而发热严重。电压过低时电机转速降低,风扇的散热量减小而发热,如果出现堵转现象电动机很容易烧毁。电压过低会烧毁三相异步电动机。

5.11　转速低时消耗的功率大,因为转速低时,转差率上升。

5.12　21 A, 44.5 A。

5.13　三角形误接成星形功率会下降,达不到额定功率,但是星形接成三角形功率会增大,但是电动机将被烧坏。

5.14　直流电动机的电磁转矩是随电枢电流的增加而增大的,电枢电流又随负载的增加而增加。由转速公式 $n=(U-I_aR)/C_e\Phi$ 可知,他励、并励电动机电枢电流的增加会使电阻压降增大,尽管电枢反应有去磁性,使转速有增大的趋势,但电阻压降的分量较去磁效应大,故使他励、并励电动机转速随负载的增加而略有下降。在串励电动机中,电枢电流的增加使电阻压降与磁通都增大。这两个因素都会使电动机的转速下降。

5.15 若电源电压下降过多,导致电磁转矩严重下降,电动机转速下降甚至停转,从而造成转差率大大上升,其结果使电动机的转子电流,定子电流都大幅增加,造成电动机过热甚至烧毁。

5.16 20 N·m, 12 N·m。

5.17 ① 2；② 0.047；③ 48 Hz；④ 70 r/min。

5.18 绕组电压降到 $1/\sqrt{3}$,启动电流降到 1/3,启动转矩降为 1/3。

5.19 同步转速变为原来的 1.2 倍,额定电流时的电机转速变为 1.2 倍,最大转矩变为 1.44 倍,产生最大转矩时的转差率变为 1.2 倍,启动转矩变为 1.44 倍。

5.20 定子电流变为 $1/k$ 倍,定子电压变为 $1/k$ 倍,变压器原边的启动电流变为 $1/k^2$ 倍,启动转矩变为 $1/k^2$ 倍。

5.21 ① 0.04；② 8.77 A；③ 61.4 A；④ 26.5 N·m；⑤ 58.3 N·m；⑥ 58.3 N·m；⑦ 3 332.6 W。

5.22 $P_1 = 28\,342$ W, $I = 74.59$ A, $T_N = 402$ N·m。

5.23 ① 81%；② 20 N·m；③ 0.047；④ $p = 2$。

5.24 ① 三角形连接, $I_N = 6$ A, $I_{st} = 42$ A, $T_N = 9.68$ N·m, $T_{st} = 14.5$ N·m, $T_{max} = 14.5$ N·m；

② 星形连接, $I_N = 10.4$ A, $I_{st} = 72.8$ A, $T_N = 3.23$ N·m, $T_{st} = 4.8$ N·m, $T_{max} = 4.8$ N·m。

5.25 ① 30 r/min；② 195 N·m；③ 0.88；④ 234 N·m  402.5 A；⑤ 78 N·m  134 A 60%时,不能启动；20%时,可以启动

5.26 $T_N = 49.4$ N·m, $T_{st} = 69.16$ N·m, $T_{max} = 98.8$ N·m。

5.27 1 488～1 491。

5.28 变极调速,用于笼式电机；变转差率调速,用于绕线式电机；变频调速,用于多极电动机。

5.29 ① $p = 1$；② 0.04；③ 0.502；④ $T_N = 9.95$ N·m, $I_{st} = 71.5$ A；⑤ $I_{st} = 23.8$ A, $T_{st} = 7.96$ N·m；⑥ 可以启动。

5.30 $S_N = 0.02$, $I_N = 11.6$ A, $T_N = 35.73$ N·m, $I_{st} = 81.2$ A, $T_{st} = 107.19$ N·m, $T_{max} = 107.19$ N·m。

5.31 ① 16.32 A,114.24 A；② 0.02；③ 48.72 N·m,107.184 N·m,97.44 N·m；④ 不能。

5.32 单相罩极式电动机的转子为笼形,定子铁芯做成凸极式磁极,有两极和四极两种,定子绕组套装在这个磁极上,并在每个磁极表面约 1/3 处开有一个凹槽,将磁极分成大小两个部分,在较小的磁极上套一个短路铜环,成为罩极。

5.33 不能改变。不能用于洗衣机带动波轮。电容分相式的可以。

5.34 三相异步电动机断了一根电压线后,转子的两个旋转磁场分别作用于转子,由此产生两个方向相反的转矩,而转矩大小相等,故作用相互抵消,合转矩为零,因而转子不能自行启动,而在运行时断了一线,仍能继续转动,转动方向的转矩大于反向转矩。这两种情况都会使电动机的电流增加。

### 第 6 章

（略）

### 第 7 章

**7.1 填空题**

7.1.1 P 型、N 型　　7.1.2 P 型、空穴

7.1.3 N 型、电子　　7.1.4 正向、反向

7.1.5 增加　　7.1.6 发射结、集电结、集电、基、发射、放大状态、饱和状态、截止

7.1.7 $I_B$、$U_{BE}$　　7.1.8 微变等效电路

7.1.9 反向击穿　　7.1.10 导体、绝缘体、半导体

7.1.11 发射、集电　　7.1.12 饱和、截止、放大

7.1.13 0.7、0.3

**7.2 判断题**

7.2.1 错　7.2.2 错　7.2.3 对　7.2.4 对　7.2.5 错　7.2.6 错　7.2.7 错

7.2.8 错　7.2.9 错　7.2.10 错　7.2.11 对　7.2.12 错　7.2.13 错

**7.3 选择题**

7.3.1 B　7.3.2 A　7.3.3 A　7.3.4 A　7.3.5 A　7.3.6 A　7.3.7 A

7.3.8 C　7.3.9 C　7.3.10 B　7.3.11 C　7.3.12 A　7.3.13 B　7.3.14 C

7.3.15 C

**7.4 计算机**

7.4.1 输出的电压波形见习题 7.4.1 解图。

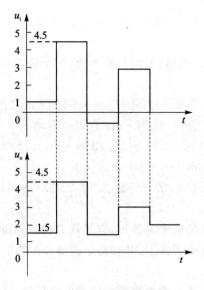

习题 7.4.1 解图

7.4.2 ① (a) 导通，−6 V，(b) 截止，−6 V，(c) $D_1$ 优先导通，$D_2$ 截止，0 V

　　(d) $D_1$ 优先导通，$D_2$ 截止，0 V；

　　② (a) 导通，−6.7 V，(b) 截止，−6 V，(c) $D_1$ 优先导通，$D_2$ 截止，−0.7 V，

（d）$D_1$ 优先导通，$D_2$ 截止；$-0.7$ V。

7.4.3 见习题 7.4.3 解图。

7.4.4 见习题 7.4.4 解图。

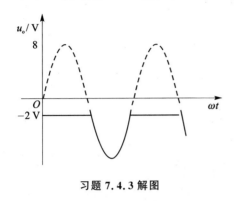

习题 7.4.3 解图

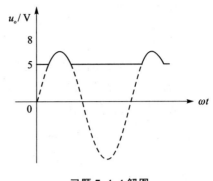

习题 7.4.4 解图

7.4.5 （a）$U_{BE}=0.3$ V，所以三极管为锗材料，而 $V_C>V_B>V_E$，则管子工作在放大区。

（b）$U_{BE}=-0.7$ V，所以三极管为硅材料，而 $V_C>V_B$，且 $U_{CE}=0.3$ V，则管子工作在饱和区。

（c）$U_{BE}=-0.2$ V，所以三极管为锗材料，而 $V_C<V_B<V_E$，则管子工作在放大区。

（d）$U_{BE}=0$ V，所以三极管的发射结无正偏电压，则管子工作在截止区。

# 第 8 章

## 8.1 选择题

8.1.1 B    8.1.2 A    8.1.3 A    8.1.4 C    8.1.5 B    8.1.6 C

8.1.7 B    8.1.8 A    8.1.9 C    8.1.10 A    8.1.11 A    8.1.12 B

8.1.13 C    8.1.14 C    8.1.15 C    8.1.16 B    8.1.17 B

## 8.2 计算题

8.2.1 答：共发射极放大器中集电极电阻 $R_C$ 起的作用是将集电极电流的变化转化为电压的变化，即让输出电压 $u_o$ 因 $R_C$ 上电压的变化而改变，从而使放大电路实现电压放大作用。

8.2.2 答：为了不失真地放大交流信号，必须在电路中设置合适的静态工作点。若静态工作点高时，易造成饱和失真；若静态工作点设置低了时，又易造成截止失真。

8.2.3

（a）不能，不满足放大条件。将电源 $+U_{CC}$ 改为 $-U_{CC}$，同时改变 $C_1$，$C_2$ 极性。

（b）不能。输入交流信号被短路。去掉 $C_3$。

（c）能。

（d）不能。无法将电流放大转换为电压放大。加入 $R_C$。

（e）不能。无法得到合适的偏流 $I_B$。C 移至输入节点外侧，输出端加入电容，电容极性同（c）图。

（f）不能。基极电流 $I_B$ 不合适，加入 $R_B$。$C_1$ 极性同图（c）。

8.2.4 略

8.2.5　略

8.2.6

① 见习题8.2.6①解图。

② 电路的静态工作点

$$I_B = \frac{U_{CC}-U_{BE}}{R_B} = \frac{(12-0.7)\ \text{V}}{300\ \text{k}\Omega} \approx 0.04\ \text{mA} = 40\ \mu\text{A}$$

$$I_C = \beta I_B = 50 \times 0.04\ \text{mA} = 2\ \text{mA}$$

$$U_{CE} = U_{CC} - I_C R_C = (12 - 2 \times 4)\ \text{V} = 4\ \text{V}$$

③ 见习题8.2.6③解图。

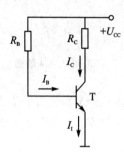

习题8.2.6①解图　　　　　　　　　　习题8.2.6③解图

④ 空载时的电压放大倍数

$$r_{be} = 300 + (1+\beta)\frac{26(\text{mV})}{I_E(\text{mA})} = \left(300 + (1+50)\frac{26}{2}\right)\ \Omega \approx 963\ \Omega = 0.963\ \text{k}\Omega \approx 1\ \text{k}\Omega$$

$$A_u' = -\frac{\beta R_C}{r_{be}} = -\frac{50 \times 4\ \text{k}\Omega}{1\ \text{k}\Omega} = -200$$

$$r_i = R_B /\!/ r_{be} = 300\ \text{k}\Omega /\!/ 0.963\ \text{k}\Omega \approx r_{be} = 0.963\ \text{k}\Omega$$

$$r_o = R_C = 4\ \text{k}\Omega$$

⑤ 带载时的电压放大倍数

带载时，$R_L' = R_C /\!/ R_L = 4\ \text{k}\Omega /\!/ 4\ \text{k}\Omega = 2\ \text{k}\Omega$

$$A_u = -\frac{\beta R_L'}{r_{be}} = -\frac{50 \times 2\ \text{k}\Omega}{1\ \text{k}\Omega} = -100$$

$$r_i = R_B /\!/ r_{be} = 300\ \text{k}\Omega /\!/ 0.963\ \text{k}\Omega \approx r_{be} = 0.963\ \text{k}\Omega$$

$$r_o = R_C = 4\ \text{k}\Omega$$

8.2.7

① 直流通路如图8.2.7①所示。

$$I_1 \approx I_2 = \frac{V_{CC}}{R_{b1}+R_{b2}} = \frac{12\ \text{V}}{(2.5+7.5)\ \text{k}\Omega} \times 10^{-3} = 1.2\ \text{mA}$$

$$V_B = I_2 R_{b1} = 1.2 \times 10^{-3}\ \text{A} \times 2.5 \times 10^3\ \text{k}\Omega = 3\ \text{V}$$

$$I_C \approx I_E = \frac{V_B - U_{BE}}{R_e} \approx \frac{V_B}{R_e} = \frac{3\ \text{V}}{1 \times 10^3\ \Omega} = 3\ \text{mA}$$

$$I_B = \frac{I_C}{\beta} = \frac{3 \times 10^{-3}\ \text{A}}{100} = 30\ \mu\text{A}$$

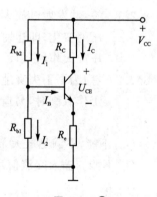

图8.2.7①

$U_{CE} \approx V_{CC} - I_C(R_C + R_e) = 12\ \text{V} - 3 \times 10^{-3}\ \text{A} \times (2+1) \times 10^3\ \Omega = 3\ \text{V}$

② 见习题 8.2.7② 解图。

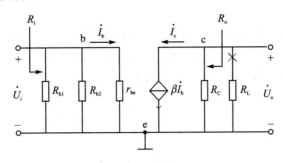

习题 8.2.7② 解图

③ 求 $A_u, r_{be}, R_i$ 和 $R_o$

$$r_{be} = 200\ \Omega + (1+\beta)\frac{26\ \text{mV}}{I_E(\text{mA})} = 200\ \Omega + (1+100)\frac{26\ \text{mV}}{3\ \text{mA}} \approx 1\ \text{k}\Omega$$

$$A_u = -\beta\frac{R_C /\!/ R_L}{r_{be}} = -100\ \frac{1 \times 10^3\ \text{k}\Omega}{1 \times 10^3\ \text{k}\Omega} = -100$$

$$r_i = R_{b1} /\!/ R_{b2} /\!/ r_{be} \approx 0.65\ \text{k}\Omega$$

$$r_o \approx R_C = 2\ \text{k}\Omega$$

8.2.8

① 当 $R_L = \infty$ 时,$U_{CE} = 12 - 3I_C$,当 $R_L = 3\ \text{k}\Omega$ 时,$2U_{CE} + 3I_C = 12$。

$I_{BQ} = 20\ \mu\text{A}$

两种情况下线性方程与 $I_{BQ} = 20\ \mu\text{A}$ 的输出特性曲线交点即为两者的静态工作点。由题图可知

当 $R_L = \infty$ 时,$I_{BQ} = 20\ \mu\text{A}$、$I_{CQ} = 2\ \text{mA}$、$U_{CEQ} = 6\ \text{V}$;

当 $R_L = 3\ \text{k}\Omega$ 时,$I_{BQ} = 20\ \mu\text{A}$、$I_{CQ} = 2\ \text{mA}$、$U_{CEQ} = 3\ \text{V}$。

$U_{om1} = 3.75\ \text{V}, U_{om2} = 1.63\ \text{V}$

② 当 $U_{CEQ} = 5\ \text{V}$ 时,忽略饱和压降和截止压降,对于 $R_L = \infty$ 时,该静态工作点上移,首先进入饱和失真 $U_{om} = 3.54\ \text{V}$;

对于 $R_L = 3\ \text{k}\Omega$ 时,该静态工作点下移,首先进入静止失真 $U_{om} = 0.707\ \text{V}$

8.2.9

$V_B = 2\ \text{V}$

$I_{CQ} = 1\ \text{mA}$

$I_{BQ} = 10\ \mu\text{A}$

$U_{CEQ} = 5.7\ \text{V}$

$A_u = -7.59$

$r_i \approx 3.7\ \text{k}\Omega$

$r_o \approx 5\ \text{k}\Omega$

8.2.10

① $I_{EQ} = 1.48\ \text{mA}, \quad I_{BQ} = 14.8\ \mu\text{A}, \quad U_{CEQ} = 2.68\ \text{V}$

② $A_{u1} = -1.09, \quad A_{u2} = 1$

③ $r_i \approx 10$ kΩ

④ $r_{o2} \approx R_c = 3.3$ kΩ，$r_{o1} = 20.5$ Ω

8.2.11

① $I_{BQ} = 24.83\ \mu A$　$I_{CQ} = 1.99$ mA　$U_{CEQ} = 6.03$ V

② $R_L = \infty$ 时，$A_u \approx 1$　$r_i = 109.9$ kΩ　$r_o = 36.78$ kΩ

　　$R_L = 3$ kΩ 时，$A_u \approx 0.99$　$r_i = 75.97$ kΩ　$r_o = 36.78$ kΩ

## 第 9 章

### 9.1　选择题

9.1.1　A

9.1.2　D

9.1.3　C

9.1.4　B

9.1.5　B

9.1.6　A

9.1.7　C

### 9.2　计算题

9.2.4　$R_F = 6$ kΩ

9.2.5　$u_o = 2$ V

9.2.7　$u_o = \dfrac{2R_F}{R_1} u_i$

9.2.8　$u_o = 10u_{i1} - 2u_{i2} - 5u_{i3}$

9.2.9　$u_o = (1+K)(u_{i2} - u_{i1})$

9.2.10　$0.97 \sim 5.02$ V

9.2.11　$U_o = -I_f R_x = -10^{-5} R_2$

9.2.12　$u_o = \dfrac{R_1}{R_2^2 C} \int u_{i1}\, \mathrm{d}t - \dfrac{R_1}{R_2} u_{i2}$

9.2.13　$u_o = 5.5$ V

9.2.14　见习题 9.2.10 解图。

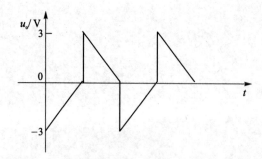

习题 **9.2.10 解图**

9.2.15　$R_{11} = 10$ MΩ，　$R_{12} = 2$ MΩ，　$R_{13} = 1$ MΩ，　$R_{14} = 200$ kΩ，　$R_{15} = 100$ kΩ

9.2.16　略

9.2.17　略

9.2.18　答:① 正常情况下,$u_i < U_R$,反相端起作用,运算放大器输出低电平,三极管处于截止状态,$I_B = 0$,所以 $I_C = 0$,不报警。

② 异常情况下,$u_i > U_R$,同相端起作用,运算放大器输出高电平,三极管处于导通状态,$I_B$ 不等于 0,所以 $I_C$ 不等于 0,报警。二极管 D 的作用是使三极管能够可靠地被截止,电阻 $R_3$ 的作用是使三极管不进入饱和状态。

## 第 10 章

10.1　填空题

10.1.1　交流电 、直流电

10.1.2　变压、整流、滤波、稳压

10.1.3　正电压、负电压

10.1.4　击穿电压、容量大小、最大反向工作电压、最大反向工作电流

10.1.5　纹波电压、极性电容滤波、非极性电容滤波

10.1.6　正、负

10.2　判断题

10.2.1　×　10.2.2　√　10.2.3　×　10.2.4　√　10.2.5　×　10.2.6　√

10.2.7　√　10.2.8　× √　10.2.9　√　10.2.10　×　10.2.11　×

10.3　选择题

10.3.1　A　10.3.2　A,B　10.3.3　A　10.3.4　B　10.3.5　A　10.3.6　C

10.3.7　D　10.3.8　A　10.3.9　B,C,A,D　10.3.10　A　10.3.11　C

10.3.12　A　10.3.13　A

10.4　计算题

10.4.1　不能,因为在此电路中二极管承受的最高反向电压为 $1.1\sqrt{2}U_2 \approx 39$ V$> U_{RM}$。

10.4.2　① $U_o = 9$ V　② $U_o = 6$ V　③ $U_o = 0$ V　④ $U_o = 1.2$ V,$U_2 = 18$ V

⑤ $U_o = 0.9$ V,$U_2 = 13.5$ V　⑥ $U_o = \sqrt{2}$ V, $U_2 = 21.21$ V

⑦ $U_o = 0.45$ V,$U_2 = 6.75$ V　⑧ 烧坏变压器

10.4.3

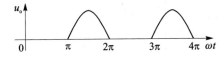

习题 10.4.3①解图

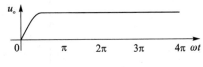

习题 10.4.3②解图

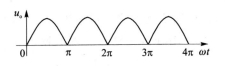

习题 10.4.3③解图

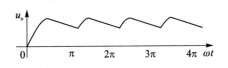

习题 10.4.3④解图

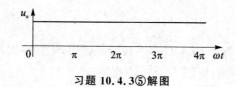

习题 10.4.3⑤解图

10.4.4　①　$360\sim400\ \Omega$　②　$0.154$

10.4.5　略

10.4.6　$U_{\circ}$ 的可调范围是 $5.625\sim22.5\ \text{V}$。

## 第 11 章

11.1　$V_{\text{OH}}=+5\ \text{V}$，　$V_{\text{OL}}=0.7\ \text{V}$

11.2　①　$0.7\ \text{V}$　②　$5.7\ \text{V}$　③　$5.7\ \text{V},5.7\ \text{V}$　④　$10\ \text{V},10\ \text{V}$

11.3　① 当输入 $V_{\text{i}}=0.3$ 时，$T_1$ 导通，将 $T_1$ 的基极电位钳制为 $(0.3+0.7)\ \text{V}=1\ \text{V}$，因而 $T_2$ 和 $T_5$ 截止，$T_4$ 和 $D_3$ 导通，输出 $V_{\circ}$ 为高电平；当 $V_{\text{i}}=3.6\ \text{V}$ 时，$T_1$ 先导通，$T_1$ 的基极电位为 $(3.6+0.7)\ \text{V}=4.3\ \text{V}$，因而 $T_2$ 和 $T_5$ 导通，$T_2$ 和 $T_5$ 导通后便将 $T_1$ 的基极电位钳制到 $2.1\ \text{V}$，因此使 $T_1$ 工作在倒置状态，此时 $T_4$ 和 $D_3$ 截止，输出为低电平。

② $V_{\text{i}}=0$ 时的输入电流称为输入短路电流，因此可得 $I_{\text{IS}}=(E_{\text{c}}-U_{\text{BE1}})/R_1=(5-0.7)\ \text{V}/4\ \text{k}\Omega=1.075\ \text{mA}$，方向向外。

③ $I_{\text{B5}}=1.925\ \text{mA}$

④ $V_{\circ}=3.6\ \text{V}$

11.4　略

11.5　①　$A+\overline{C}$　②　$A+C+\overline{D}$　③　$\overline{A}B+\overline{A}D+BC$　④　$1$

⑤　$ABC+ACD+\overline{A}BD+B\overline{C}D$

11.6　$B_3=G_3$，　$B_2=G_3\oplus G_2$，　$B_1=B_2\oplus G_1$，　$B_0=B_1\oplus G_0$

11.7　解：$L=\overline{\overline{A\oplus S_1}\cdot\overline{B\oplus S_1}}\oplus S_0=(A\oplus S_1+B\oplus S_1)\oplus S_0$
功能真值表如表 11.7 所列。

表 11.7 功能真值表

| $S_1$　$S_0$ | $L$ |
|:---:|:---:|
| 0　0 | $A+B$ |
| 0　1 | $\overline{A+B}$ |
| 1　0 | $\overline{AB}$ |
| 1　1 | $A+B$ |

由真值表可得，当 $S_1S_0=00$ 和 $S_1S_0=11$ 时，该电路实现两输入或逻辑功能，当 $S_1S_0=01$ 时，该电路实现两输入或非逻辑功能，当 $S_1S_0=10$ 时，该电路实现两输入与非逻辑功能。

11.8　解：① $L=\overline{\overline{CD}\cdot\overline{BC}\cdot\overline{ABD}}=CD+BC+ABD$

真值表如表 11.8 所列。

**表 11.8 真值表**

| A | B | C | D | L | A | B | C | D | L |
|---|---|---|---|---|---|---|---|---|---|
| 0 | 0 | 0 | 0 | 0 | 1 | 0 | 0 | 0 | 0 |
| 0 | 0 | 0 | 1 | 0 | 1 | 0 | 0 | 1 | 0 |
| 0 | 0 | 1 | 0 | 0 | 1 | 0 | 1 | 0 | 0 |
| 0 | 0 | 1 | 1 | 1 | 1 | 0 | 1 | 1 | 1 |
| 0 | 1 | 0 | 0 | 0 | 1 | 1 | 0 | 0 | 0 |
| 0 | 1 | 0 | 1 | 0 | 1 | 1 | 0 | 1 | 1 |
| 0 | 1 | 1 | 0 | 1 | 1 | 1 | 1 | 0 | 1 |
| 0 | 1 | 1 | 1 | 1 | 1 | 1 | 1 | 1 | 1 |

根据真值表可知,四个人当中 $C$ 的权利最大。

11.9

解:① $L = \overline{\overline{\overline{AD}(B+D)} + \overline{CD} + A} = AD + \overline{\overline{(B+D)}} + \overline{CD} \cdot \overline{A}$

$= AD + \overline{B} \cdot \overline{D} + \overline{CD}\,\overline{A} = \overline{\overline{AD} \cdot \overline{\overline{B}\overline{D}} \cdot \overline{\overline{CD}\,\overline{A}}}$

②

| A | B | C | D | L | A | B | C | D | L |
|---|---|---|---|---|---|---|---|---|---|
| 0 | 0 | 0 | 0 | 1 | 1 | 0 | 0 | 0 | 1 |
| 0 | 0 | 0 | 1 | 0 | 1 | 0 | 0 | 1 | 1 |
| 0 | 0 | 1 | 0 | 1 | 1 | 0 | 1 | 0 | 1 |
| 0 | 0 | 1 | 1 | 0 | 1 | 0 | 1 | 1 | 1 |
| 0 | 1 | 0 | 0 | 1 | 1 | 1 | 0 | 0 | 0 |
| 0 | 1 | 0 | 1 | 0 | 1 | 1 | 0 | 1 | 1 |
| 0 | 1 | 1 | 0 | 0 | 1 | 1 | 1 | 0 | 0 |
| 0 | 1 | 1 | 1 | 0 | 1 | 1 | 1 | 1 | 1 |

③

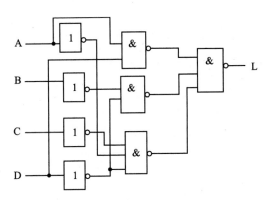

11.10 解:由电路的逻辑功能图(见图 11.10),得

$F = (A + \overline{B})(\overline{C} + D)$

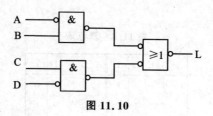

**图 11.10**

11.11　略

11.12　略

11.13　$\overline{A}\overline{B}+AB$

11.14

① $(10101101)_2 = (173)_{10}$

② $(385)_{10} = (1\ 1000\ 0001)_2$

③ $(625)_{10} = (10\ 0111\ 0001)_2$

④ $(11010111101)_2 = (1725)_{10}$

⑤ $(256)_{10} = (1\ 0000\ 0000)_2$

## 第 12 章　略

# 参考文献

[1] 秦曾煌. 电工学(上册)[M]. 7 版. 北京:高等教育出版社,2009.

[2] 秦曾煌. 电工学(下册)[M]. 7 版. 北京:高等教育出版社,2009.

[3] 邱关源,罗先觉. 电路[M]. 4 版. 北京:高等教育出版社,2010.

[4] 卢元元,王晖. 电路理论基础[M]. 2 版. 西安:西安电子科技大学出版社,2012.

[5] 林瑞光. 电机与拖动基础[M]. 3 版. 杭州:浙江大学出版社,2013.

[6] 顾绳谷. 电机及拖动基础(上册)[M]. 4 版. 北京:机械工业出版社,2011.

[7] 顾绳谷. 电机及拖动基础(下册)[M]. 4 版. 北京:机械工业出版社,2011.

[8] 杨渝钦. 控制电机[M]. 2 版. 北京:机械工业出版社,2011.

[9] 叶挺秀. 电工电子学[M]. 3 版. 北京:高等教育出版社. 2010.

[10] 吉培荣. 电工技术实验与测量[M]. 武汉:华中科技大学出版社,2012.

[11] 王永华. 现代电气控制及 PLC 应用技术[M]. 3 版. 北京:北京航空航天大学出版社,2013.

[12] 鹿晓力,电工学[M]. 北京:北京航空航天大学出版社,2009.

[13] 鹿晓力,电工技术[M]. 北京:北京航空航天大学出版社,2011.

[14] 孙君曼. 电子技术[M]. 北京:北京航空航天大学出版社,2016.

[15] 孙君曼. 电工电子技术实验教程[M]. 北京:北京航空航天大学出版社,2016.

[16] 赵君有. 电工学[M]. 北京:中国电力出版社,2016.

[17] 曹卫锋,黄春. 电工电子技术[M]. 北京:北京航空航天大学出版社,2015.

[18] 姜三勇. 电工学简明教程[M]. 3 版. 北京:高等教育出版社,2018.